AF873148

Sanitäre und phytosanitäre Handelsbeschränkungen unter dem Einfluss des WTO-Abkommens

Schriften zur Internationalen Entwicklungs- und Umweltforschung

Herausgegeben vom

Zentrum für internationale Entwicklungs- und Umweltforschung

der Justus-Liebig-Universität Gießen

Band 25

PETER LANG
Frankfurt am Main · Berlin · Bern · Bruxelles · New York · Oxford · Wien

Marc Christopher Kramb

Sanitäre und phytosanitäre Handelsbeschränkungen unter dem Einfluss des WTO-Abkommens

Ein Gravitationsansatz unter besonderer Berücksichtigung des EU-Rindfleischsektors

PETER LANG
Internationaler Verlag der Wissenschaften

Bibliografische Information der Deutschen Nationalbibliothek
Die Deutsche Nationalbibliothek verzeichnet diese Publikation in der Deutschen Nationalbibliografie; detaillierte bibliografische Daten sind im Internet über <http://www.d-nb.de> abrufbar.

Dissertation zur Erlangung des Doktorgrades der Agrarwissenschaften am Fachbereich der Agrarwissenschaften, Ökotrophologie und Umweltmanagement der Justus-Liebig-Universität Gießen 2008.

Gedruckt auf alterungsbeständigem,
säurefreiem Papier.

D 26
ISSN 1615-312X
ISBN 978-3-631-58978-6

© Peter Lang GmbH
Internationaler Verlag der Wissenschaften
Frankfurt am Main 2009
Alle Rechte vorbehalten.

Das Werk einschließlich aller seiner Teile ist urheberrechtlich geschützt. Jede Verwertung außerhalb der engen Grenzen des Urheberrechtsgesetzes ist ohne Zustimmung des Verlages unzulässig und strafbar. Das gilt insbesondere für Vervielfältigungen, Übersetzungen, Mikroverfilmungen und die Einspeicherung und Verarbeitung in elektronischen Systemen.

Printed in Germany 1 2 3 4 5 7

www.peterlang.de

VORWORT

Das vorliegende Werk ist das Ergebnis einer wissenschaftlichen Arbeit, die ohne die Mithilfe verschiedener Personen und Gruppen in dieser Art nicht zustande gekommen wäre.

Ich möchte mich an dieser Stelle für die akademische, finanzielle, kameradschaftliche und familiäre Unterstützung bedanken, die mir während der gesamten Schaffensperiode zuteil wurde.

Meinen Dank richtet sich an erster Stelle meinem Doktorvater, Herrn Prof. Dr. Roland Herrmann, der mich in den entscheidenden Momenten auf den richtigen Kurs zurückgebracht und meine akademische Entwicklung entscheidend geprägt hat.

Ich danke der Volkswagen-Stiftung, die diese Arbeit als Teil des Projektes "Institutionelle Ausgestaltung der Liberalisierung des internationalen Agrarhandels nach GATT: Tatsächliche Liberalisierungseffekte und Vorschläge zur weiteren Steuerung im Liberalisierungsprozess" finanziell gefördert hat.

Ich möchte meinen Kollegen am Institut für Agrarpolitik und Marktforschung der JLU-Gießen und am Zentrum für internationale Entwicklungs- und Umweltforschung Gießen für die gute und fruchtbare Zusammenarbeit in all den Jahren danken. Insbesondere danke ich meinen Kolleginnen Frau Dr. Anke Möser und Frau Dr. Christina Mönnich sowie meinem Kollegen Herrn Dipl. oec.troph. Sascha Weber für die gemeinsame Zeit in Gießen.

Besonderen Dank gilt meiner Familie.

Meine Frau Petra sowie meine Söhne Jakob und Jonas boten mir immer wieder eine Rückzugsmöglichkeit und motivierten mich die Arbeit zu vollenden.

Meinen Eltern und Geschwistern danke ich, dass sie immer an mich und das Gelingen der Arbeit glaubten.

Meinen Großeltern Hildegard und August Kramb danke ich, die beim Entstehen der Arbeit dabei waren, aber leider den Abschluss nicht mehr erleben durften. Sie fehlen mir.

Meinen Großeltern Ottilie und Eginhard Kuhmann danke ich für die gesamte Unterstützung, die mir von ihnen zuteil wurde. Besonders hervorheben möchte ich die Hilfe meines Großvaters, Herrn Dekan i.R. Eginhard Kuhmann, der mich bei der abschließenden redaktionellen Arbeit entscheidend unterstützt hat.

Limburg, im Dezember 2008

Marc Christopher Kramb

Inhaltsverzeichnis

Schaubildverzeichnis

Tabellenverzeichnis

Verzeichnis der Abkürzungen

AR1	Autokorrelation der Residuen erster Art
BIFSCo	Beef Industry Food Safety Council
BIP	Bruttoinlandsprodukt
BLUE	Best Linear Unbiased Estimator
BSE	Bovinen Spogiformen Encephalopathie
BSP	Bruttosozialprodukt
bzw.	beziehungsweise
CAC	Codex Alimentarius Commission
d. h.	das heißt
DM	domestic market
DSB	Dispute Settlement Bodies
DSU	Dispute Settlement Understanding
DW	Durbin-Watson-Test
EEC	European Economic Countries
EG	Europäische Gemeinschaft
EGLS-Prozedur	Estimated-Generalized-Least-Squares-Prozedur
etc.	et cetera
EU	Europäischen Union
FAO	Food and Agricultural Organization
FAPRI	Food and Agricultural Policy Research Institute
FG	Freiheitsgrade
FGLS-Prozedur	Feasible-Generalized-Least-Squares-Prozedur
FM	foreign market
F-Test	empirischer F-Test
GATS	General Agreement of Trade in Services
GATT	General Agreement on Tariffs and Trade
GDP	gross domestic product
GLS-Verfahren	Generalized-Least-Squares-Verfahren
GNP	Gross-National-Product
GVO	Gentechnisch Veränderte Organismen

HTML	Hypertext Markup Language
HT	Hausman-Test
i. d. R.	in der Regel
IOE	International Office of Epizootics
IPPC	International Plant Protection Convention
ISO	International Standards Organization
ITO	International Trade Organization
Kap.	Kapitel
KN	Kombinierten Nomenklatur
LM-Test	Lagrange-Multiplier-Tests
LSDV	Least-Squares-Dummy-Variable-Modell
max.	maximal
Mio.	Millionen
MKS	Maul- und Klauenseuche
Mrd.	Milliarden
n. a.	nicht ausgewiesen.
n. v.	nicht verfügbar
o. ä.	oder ähnliche
o. d.	oben dargestellten
o. g.	oben genannt
OLS-Schätzung	Ordinary-Least-Squares-Schätzung
sog.	sogenannte
SPS-Abkommen	Agreement on the Application of Sanitary and Phytosanitary Measures
SPS-Maßnahmen	sanitären und phytosanitären Maßnahmen
s. u.	siehe unten
t	Tonne
TBT-Abkommen	Agreement on Technical Barriers to Trade
TPRM	Trade Policy Review Mechanism
TRIPS	Agreement on Trade-Related Aspects of the Intellectual Property Rights
TSP	Time Series Processor

u. a.	unter anderem
UNCTAD	United Nation Conference on Trade and Development
USA	United States of America
USDA	US Department of Agriculture
usw.	und so weiter
u. U.	unter Umständen
US-$	US-Dollar
vgl.	vergleiche
WHO	World Health Organization
WTO	World Trade Organization
z. B.	zum Beispiel
%	Prozent

1 EINLEITUNG

1.1 PROBLEMSTELLUNG UND ZIELSETZUNG DES VORHABENS

In der Uruguay-Runde des "General Agreement on Tariffs and Trade" (GATT) wurden 1994 erstmals grundsätzliche Liberalisierungsbeschlüsse zum internationalen Agrarhandel getroffen. Diese Beschlüsse haben größte Aufmerksamkeit in der Öffentlichkeit erzielt. Schon seit vielen Jahren wurden von einer solchen Agrarhandelsliberalisierung weltweite Wohlstandsgewinne erwartet. Zentrale Elemente dieser Liberalisierungsbeschlüsse waren ein Abbau der Preisstützung in Industrieländern sowie die Tarifizierung. Unter Tarifizierung wird die Umwandlung der nichttarifären Handelshemmnisse in Zölle verstanden. In vielen Bereichen haben diese nichttarifären Handelshemmnisse mit dem Abbau der tarifären Handelsbeschränkungen sowohl relativ als auch absolut zugenommen. Zu der Gruppe dieser nichttarifären Handelshemmnisse zählen zahlreiche handelspolitische Instrumente wie z. B. die variable Abschöpfung, Handelsquoten, Subventionen, allgemeine Verbote und verbindliche Richtlinien. Unter diesen zahlreichen Erscheinungsformen ist die der sanitären und phytosanitären Maßnahmen (SPS-Maßnahmen) eine besonders interessante Form, der in der neu gegründeten "World Trade Organization" (WTO) besonderes Augenmerk geschenkt wird.

Im Sinne der allgemeinen Liberalisierungsbemühungen des GATT ist ein eigenes Abkommen über sanitäre und phytosanitäre Handelsmaßnahmen vereinbart worden, das "Agreement on the Application of Sanitary and Phytosanitary Measures" (SPS-Abkommen). Dieses Abkommen legt die für die WTO-Mitglieder allgemeingültigen Regeln zum Umgang mit den SPS-Maßnahmen fest. Diese Regeln beinhalten den Hinweis auf die Berücksichtigung und Verwendung bereits bestehender internationaler Standards im Zuge der Harmonisierung und die Regeln zur Gestattung von Ausnahmen hierbei. Das Abkommen regelt somit den erlaubten Umgang mit SPS-Maßnahmen, die in ihrer Folge den Handel mit WTO-Partnern positiv, neutral oder gar negativ beeinflussen können. Gleichzeitig zieht es eine Grenze, von wann an diese Maßnahmen als unerlaubt anzusehen sind.

Nichttarifäre Handelshemmnisse zeichnen sich in der Regel durch ihre Intransparenz aus. Das neue Abkommen der WTO begegnet dieser mit der Verpflichtung seiner Mitglieder zur Meldung aller neuen oder veränderten nationalen SPS-Maßnahmen. Hierfür wurde eine Datenbank eingerichtet, die der gesamten Öffentlichkeit zur Einsicht zur Verfügung steht.

Mit der wachsenden Bedeutung der Maßnahmen zum Schutz menschlichen, tierischen und pflanzlichen Lebens im internationalen Handel durch die zunehmende Vernetzung und dem steigenden Handel mit Nahrungsmitteln hat auch das Interesse der Konsumenten, der Produzenten, der Politik und der Wissenschaft an diesem Themenbereich deutlich zugenommen. Die Öffentlichkeit diskutiert die Auswirkungen der Globalisierung. Die Gruppe der Konsumenten sieht sich mit zunehmenden Gefahren für das eigene Wohl durch Importe aus Regionen, die mit Standards arbeiten, die außerhalb deren Einflussbereich liegen, konfrontiert. Gleichzeitig befürchten sie eine Welle der Harmonisierung internationaler

Standards, deren Auslöseschwelle unterhalb des eigenen Schutzbedürfnisses liegt. Die Produzenten sehen einerseits die Kostensteigerungen, die im Falle höherer Auflagen im Handel die Wettbewerbsfähigkeit und damit die ökonomischen Renten senken könnten. Andererseits sehen sie auch den Vorteil, durch einheitliche oder höhere Standards im Handel vor Konkurrenten geschützt zu werden, wenn diese bisher mit niedrigeren Standards auskommen konnten. Die Politik greift die öffentliche Diskussion auf und entscheidet über Maßnahmen. Die Wissenschaft begleitet die Diskussion und die politischen Entscheidungsprozesse.

Mit der durch die WTO aufgezwungenen Reduzierung der Instrumente zur Protektion mit tarifären und nichttarifären Maßnahmen wächst der Druck auf die nationale Politik, die Nachfrage nach Protektion der Konsumenten und Produzenten mit den verbleibenden Instrumenten zu befriedigen. So liegt der Verdacht nahe, dass Instrumente für den Schutz von menschlichem, tierischem und pflanzlichem Leben für die Protektion von Produzenten missbraucht werden könnten. Das primäre Ziel ist dann nicht mehr der Schutz vor Gefahren, sondern der Schutz vor wirtschaftlicher Konkurrenz und der Generierung von ökonomischen Renten hierdurch. Dieser Missbrauch liegt auch dann noch vor, wenn als zusätzlicher Effekt menschliches, tierisches und pflanzliches Leben geschützt wird. Die Politik muss somit verschiedene Interessen gegeneinander abwägen.

Die Politik als legislative Instanz muss sich folglich den nationalen und internationalen Verpflichtungen anpassen und Entscheidungen hinsichtlich der unterschiedlichen Handelsmaßnahmen treffen. Die Wissenschaft begleitet diesen Prozess. Mit neuen naturwissenschaftlichen Erkenntnissen wächst die Erkenntnis über potentielle Risiken für die menschliche und tierische Gesundheit. Gleichzeitig bietet die Wissenschaft auch vielfältige Möglichkeiten, diese Gefahren durch Seuchenprogramme und Schutzmaßnahmen im Allgemeinen zu begrenzen. Die ökonomische Wissenschaft hingegen muss über die Politikberatung einen Beitrag zur Abschätzung der wirtschaftlichen Folgen potentieller Eingriffe der Politik leisten. Konzepte zur Quantifizierung dieser Eingriffe müssen hierzu entwickelt werden.

Die Weltbank sowie die United Nation Conference on Trade and Development (UNCTAD) haben seinerzeit in einer großangelegten Aktion versucht, mit einem einfachen Index den Effekt der nichttarifären Handelshemmnisse zu schätzen. Die konzeptionellen Probleme des von ihnen verwendeten einfachen Maßes zur Auszählung der Hemmnisse sowie die Schwierigkeiten bei der Erfassung an sich waren und sind jedoch enorm. Es ist zum Beispiel schwierig, diejenigen Maßnahmen zu definieren, die in den engeren Kreis der nichttarifären Handelshemmnisse gehören. Die Antwort auf die viel interessantere Frage nach dem tatsächlichen protektionistischen Effekt dieser nichttarifären Handelshemmnisse wird aber auch durch die Bemühungen der Weltbank und der UNCTAD nicht beantwortet [BHAGWATI (1988)].

Wird eine SPS-Maßnahme eingeführt und ist deren primäres Ziel der Schutz menschlichen, tierischen und pflanzlichen Lebens, so wird diese international unter WTO-Mitgliedern durch das SPS-Abkommen statthaft. Wird jedoch eine Maßnahme eingeführt, deren primäres Ziel die Generierung von Renten durch Protektion der heimischen Produzenten ist, dann wird diese Maßnahme zu einem Handelshemmnis, das auch unter dem SPS-Abkommen weiterhin nicht erlaubt ist. In diesem Sinne wird auch in der folgenden Arbeit eine sprachliche Unterscheidung zwischen einer SPS-Maßnahme und einem SPS-Hemmnis gemacht[1].

Das Ziel dieser Arbeit soll sein, den protektionistischen Effekt von nichttarifären Handelshemmnissen auf Basis der zugänglichen Informationen über die WTO-Homepage mit Hilfe eines ökonometrischen Modells herauszuarbeiten und zu quantifizieren. Hiermit können gleichzeitig mehrere Unterziele verfolgt werden. Für die Quantifizierung wurden in der Vergangenheit mehrere Möglichkeiten diskutiert, wobei es jedoch in der Literatur wenige empirische Arbeiten hierzu gibt. Hier soll eine der vorgestellten Methoden in diesem Bereich angewandt und die Zuverlässigkeit für zukünftige Studien getestet werden. Des Weiteren kann mit der Arbeit auf Basis der öffentlich zur Verfügung stehenden Informationen der WTO geprüft werden, inwieweit diese für die empirische Arbeit nutzbar zu machen sind. Sollte hier ein wirksames Instrument zur Schaffung notwendiger Transparenz etabliert worden sein, müsste dies anhand der Auswirkungen auf den Handel mittels geeigneter Modelle getestet werden können.

Die Arbeit wird auf die Gruppe der zunehmend an Bedeutung gewinnenden SPS-Maßnahmen begrenzt. Diese Gruppe wird als eine besonders vielschichtige Form der nichttarifären Handelshemmnisse angesehen. Die quantitative Analyse solcher Maßnahmen soll auf Basis des bilateralen Handels der Europäischen Union (EU) mit Drittländern durchgeführt werden. Die hierbei berücksichtigten Handelsgüter sind Rindfleisch und einige ausgewählte Verarbeitungsprodukte. Die Einschränkung ist aus mehreren Gründen notwendig. In erster Linie kann hierdurch jedoch die Vielzahl der unterschiedlichen Meldungen der einzelnen WTO-Mitglieder gefiltert werden.

Für die folgende Arbeit wird der Begriff der SPS-Maßnahmen geklärt und die wachsende Bedeutung dieser Kategorie der politischen Handelsinstrumente in den Kontext der weltweiten Protektionsdebatte gebracht. Die Rolle des GATT und der WTO ist ebenfalls von besonderer Bedeutung. Durch das neue SPS-Abkommen wird die Handhabung der SPS-Maßnahmen im Außenhandel zwischen WTO-Partnern auf eine neue Ebene gestellt. Gleichzeitig wird sich dies aber auch auf die Handhabung der Handelströme mit Drittstaaten auswirken. Um die Bedeutung dieses Vorganges und die Auswirkungen auf die nationale Gesetzgebung und internationale Regelvereinbarungen abzuschätzen, wird diese internationale Institution und deren Organe und Instrumente vorgestellt.

Für die Quantifizierung stehen eine Reihe von Möglichkeiten zur Verfügung. Jede dieser Möglichkeiten hat Vor- und Nachteile. Es werden in dieser Arbeit die verschiedenen Arten

---

[1] Die Beurteilung, ob eine konkrete Maßnahme nun als primäres Ziel dem Schutz vor Gefahren dient oder dem Schutz vor Konkurrenz, ist in vielen Fällen nur schwer möglich und in manchen Fällen sicherlich unmöglich. Aus diesem Grund wird in der Arbeit überwiegend der neutrale Begriff der Maßnahme verwendet.

und Methoden der Quantifizierung von nichttarifären Handelshemmnissen im Allgemeinen und SPS-Maßnahmen im Speziellen vorgestellt. Von diesen vorgestellten Methoden wird die der Analyse mittels eines Gravitationsmodells aufgegriffen und für die der Arbeit zugrunde liegenden Fragestellung und Datenverfügbarkeit angepasst. Auf Basis dieses modifizierten Gravitationsmodells soll die Möglichkeit zur Quantifizierung der über die WTO gemeldeten SPS-Maßnahmen untersucht werden. Sollte sich das Gravitationsmodell als ein geeignetes Instrument für die Quantifizierung von handelspolitischen Eingriffen im Bereich der sanitären und phytosanitären Handelshemmnisse für eine solche disaggregierte Produktgruppe eignen, werden signifikante Ergebnisse der durch die WTO-Partner gemeldeten Maßnahmen erzielt werden können.

Solche quantitative Analysen helfen der Politik, die Kosten von SPS-Maßnahmen darzustellen und die politischen Instrumente so einzusetzen, dass sie möglichst effizient verwendet werden [ANTLE (1995)]. Mit Hilfe der hierbei erzielten Ergebnisse soll der Effekt ausgewählter Handelshemmnisse quantifiziert und die Methode, dies über Gravitationsmodelle zu schätzen, für zukünftige Arbeiten beurteilt werden. Gleichzeitig können die Bemühungen zur Schaffung von Transparenz mittels der WTO-Datenbank beurteilt und Verbesserungsmöglichkeiten in Form von Politikempfehlungen aufgezeigt werden.

1.2 VORGEHENSWEISE

Die Arbeit ist in vier große Bereiche mit insgesamt sieben Kapiteln unterteilt. Der erste große Block mit den Kapiteln 2 und 3 beschäftigt sich mit dem GATT, der Nachfolgeinstitution WTO sowie den SPS-Maßnahmen. Der zweite Block mit dem Kapitel 4 beschreibt den der darauf folgenden Analyse zugrunde liegenden Rindfleischmarkt. Der dritte Block mit dem Kapitel 5 schafft einen umfassenden Überblick über die in der Literatur diskutierten Methoden zur Quantifizierung der nichttarifären Handelshemmnisse im Allgemeinen und SPS-Maßnahmen im Speziellen. Der letzte Block mit Kapitel 6 und 7 stellt die Theorie des Gravitationsmodells umfassend vor, um darauf basierend mit einem für die Fragestellung modifizierten Modells den Effekt von Handelsmaßnahmen auf den bilateralen Rindfleischhandel der EU mit Drittländern zu schätzen.

In Kapitel 2 wird das GATT sowie deren Nachfolgeinstitution WTO umfassend vorgestellt. Das GATT war und die WTO ist das zentrale internationale Vertragswerk bzw. die zentrale internationale Institution, die über die multilateral zustande gekommenen Handelsregeln im Bereich der SPS-Maßnahmen wacht. Dort werden die Weichen für den zukünftigen Umgang mit dieser Gruppe der nichttarifären Handelsmaßnahmen gestellt.

Kapitel 3 widmet sich den SPS-Maßnahmen selbst. Sie werden zum einen definiert als auch kategorisiert, zum anderen wird ihre spezielle Rolle in der WTO unter Berücksichtigung des neuen SPS-Abkommens dargestellt. Abschließend werden die aus dieser Gruppe der Handelsmaßnahmen zu erwartenden Wirkungen diskutiert. Aufgrund der Vielfältigkeit dieses Instrumentariums als auch der vielfältigen Wirkungsmöglichkeiten wird dies überwiegend exemplarisch durchgeführt.

Das 4. Kapitel stellt den Rindfleischmarkt dar. Hier wird sowohl auf die weltweiten Trends in der Produktion und Verbrauch als auch auf den innergemeinschaftlichen Markt und Handel sowie die weltweiten Handelsströme eingegangen. Der Rindfleischmarkt ist in der Vergangenheit besonders durch zahlreiche Seuchen und Krankheiten in Mitleidenschaft gezogen worden. Besonders der Ausbruch der Bovinen Spogiformen Encephalopathie (BSE) sowie der Ausbruch der Maul- und Klauenseuche (MKS) haben den Markt erheblich beeinflusst.

Das 5. Kapitel beschäftigt sich mit den Möglichkeiten zur Quantifizierung der SPS-Maßnahmen. Was die Frage der Quantifizierung von sanitären und phytosanitären Handelsmaßnahmen anbelangt, so steht die empirische Forschung vor einer scheinbar unlösbaren Aufgabe. Viele dieser Maßnahmen zeichnen sich durch ihre Vielfalt und spezifischen Wirkungen aus, die sich zum Teil ergänzen oder aufheben, so dass eine lückenlose Erfassung oder Wirkungsanalyse oft sehr schwer fällt.

Das 6. Kapitel widmet sich der Theorie der Gravitationsmodelle als den für diese Arbeit gewählten Ansatz zur Quantifizierung der SPS-Maßnahmen. Das Gravitationsmodell hat sich in der empirischen Analyse von Handelsdaten als ein sehr erfolgreiches Instrument erwiesen. Es wurde bisher auf verschiedene Datensätze bilateralen Handels angewandt und hat dabei in der Regel stabile Ergebnisse hervorgebracht. Es wird die Entwicklung des Gravitationsmodells zur Analyse bilateraler Handelsdaten aufgezeigt und die Theorie, die hinter diesem Ansatz steht, näher erläutert. Hiermit soll die zukünftige Eignung des Gravitationsmodells zur Erarbeitung der ökonomischen Effekte von handelspolitischen Maßnahmen auf den bilateralen Handelsstrom überprüft werden.

In Kapitel 7 wird das in Kapitel 6 vorgestellte klassische Gravitationsmodell aufgegriffen und in einer modifizierten Form auf den bilateralen Handel der EU mit Drittländern angewandt. Gegenstand der Analyse ist der Handel mit Rindern, Rindfleisch sowie den disaggregierten Rindfleischprodukten. Hiermit sollen die Auswirkungen der über die WTO-Homepage gemeldeten nationalen SPS-Maßnahmen auf den Handel quantifiziert werden. Damit soll einerseits die Verwendungsmöglichkeit dieser Sammlung an SPS-Meldungen für solche Analysen getestet werden, während andererseits auch die weitere Verwendungsmöglichkeit von Gravitationsmodellen für die Analyse von disaggregierten Datensätzen in der Quantifizierung von SPS-Maßnahmen untersucht wird. Es wird der für die Analyse der Fragestellung ermittelte Datensatz und seine besonderen Eigenschaften vorgestellt. Danach wird das bereits vorgestellte Modell auf den neuen Datensatz angewandt. Es wird gezeigt, dass den verschiedenen Maßnahmen ein statistisch nachweisbarer Handelseffekt zugeordnet und mit dessen Hilfe der hinter diesen SPS-Meldungen stehender tatsächlicher Handelseffekt quantifiziert werden kann. Gleichzeitig wird auch auf die Fragen eingegangen, die bisherigen Arbeiten zum Gravitationsmodell relativ wenig behandelt wurden und die die verschiedenen Schätzverfahren sowie deren ökonometrische Probleme betreffen.

2 DAS GATT NACH 1995, DAS NEUE STREITSCHLICHTUNGSVERFAHREN SOWIE DIE EINZELSTAATLICHEN UND SUPRANATIONALEN KONSEQUENZEN DARAUS

2.1 EINLEITUNG

Mit dem Übereinkommen der Uruguay-Runde löste die neue Welthandelsorganisation in Form der WTO das alte GATT ab. Während das GATT völkerrechtlich lediglich vorläufigen Charakter hatte, hat die WTO den Status einer internationalen und völkerrechtlich selbstständigen Organisation angenommen [HERRMANN (1995)].

Mit der Verwaltung der in der GATT-Schlussakte von 1994 unterzeichneten Abkommen werden in Zukunft aber auch größere Aufgaben auf die WTO zukommen. Eine dieser Aufgaben wird die rechtliche Sicherung des internationalen Handels sein. Bestehende und in der Uruguay-Runde neu geschaffene Marktzugangsberechtigungen müssen von ihr erhalten und gegen neue Beschränkungen gesichert werden. Um nach der erfolgreichen Tarifizierung[2] preiswirksamer Handelshemmnisse eine neue Welle der Protektion im nichttarifären Bereich zu vermeiden, wird sich das zukünftige Interesse auf die nationalen SPS-Maßnahmen im Weltwirtschaftsgeschehen konzentrieren. Der WTO obliegt dabei die Aufgabe, dafür zu sorgen, dass dort keine neuen nichttarifären Handelshemmnisse entstehen [ROBERTS (1998b)]. Hierfür wurden spezielle Regeln geschaffen, die für die Beurteilung solcher Maßnahmen herangezogen werden sollen. Ein neues Konfliktmanagement sowie Sanktionsmöglichkeiten ergänzen die allgemeinen Prinzipien und speziellen Regeln und sollen für eine funktionierende Institution sorgen.

Bereits 1984 wurde innerhalb der GATT-Verhandlungen ein Versuch unternommen, nichttarifäre Handelshemmnisse zu tarifizieren [JOSLING und TANGERMANN (1994)]. Im Gegensatz zu 1994 blieben diese Bemühungen ohne Erfolg. Durch die im internationalen Handel immer bedeutender werdenden Handelshemmnisse [SUMNER und LEE (1997)] war der Druck auf einen erfolgreichen Abschluss der Uruguay-Runde gewachsen. Mit der Übernahme des leicht modifizierten Abkommens zur Regelung der technischen Handelshemmnisse, dem "Agreement on Technical Barriers to Trade" (TBT-Abkommen), der Schaffung eines neuen Abkommens zur Regelung des Umgangs mit sanitären und phytosanitären Handelshemmnissen, dem "Agreement on the Application of Sanitary and Phytosanitary Measures" (SPS-Abkommen) und der Verbesserung der Sanktionsmechanismen werden diese Bemühungen deutlich. Inwieweit diese neuen Instrumente und Regeln der ebenfalls neu geschaffenen Institution jedoch Wirkung in der Vermeidung von sanitären und phytosanitären Handelshemmnissen zeigen, wird schon heute durch einige Fallbeispiele deutlich. Die Erwartungen waren zumindest groß.

---

[2] Die Tarifizierung der nichttarifären Handelshemmnisse war ein Hauptanliegen der Verhandlungsrunde.

Auch wenn die Realität diese Erwartungen zwar nicht vollends erfüllt hat und es immer noch einige Verbesserungsmöglichkeiten gibt, so ist die Arbeit der WTO im Bereich der nichttarifären Handelshemmnisse im Allgemeinen und im Bereich der sanitären und phytosanitären Handelshemmnisse im Speziellen weitestgehend ein Erfolg.

2.2 INTERNATIONALE REGIME UND DIE BEDEUTUNG DER HARMONISIERUNG

2.2.1 Das internationale Regime der WTO

Als Regime wird eine kooperative, internationale Institution oder Ordnung bezeichnet [RODE (1998)]. Internationale Regime werden standardmäßig in vier Ebenen untergliedert [RODE (1998); GOLDSTEIN et al. (2000)]. Die Elemente der vier Ebenen sind die Prinzipien, die Normen, die Regeln sowie die Entscheidungsverfahren.

In den Prinzipien werden die Grundsätze für das allgemeine Handeln innerhalb des Regimes zugrundegelegt. Diese Grundsätze formulieren die für die einzelnen Akteure innerhalb des Regimes geltenden Zielvorstellungen. Es ist zugleich eine Art Zustandsbeschreibung des Umgangs miteinander, wobei auch die Mittel zur Erreichung der formulierten Zielvorstellungen in Relation zueinander gestellt werden.

Die Normen geben definitionsgemäß für abgegrenzte Situationen einzuhaltende Verfahren oder Rahmen vor. Sie legen damit die Verhaltensrichtlinien der Akteure im Sinne der Rechte und Pflichten fest. Diese sind für einen reibungslosen Umgang zwischen den Akteuren von essentieller Bedeutung, da sie mit ihren formellen und informellen Regeln das Regime in seiner Arbeit unterstützen. Ein Regime ist somit nicht nur von seinen Rechtsinstrumenten alleine abhängig. Eine "Verrechtlichung" durch die Entwicklung neuer formeller Regeln ist somit keine zwingende Bedingung für den Bestand eines Handelsregimes [RODE (1998)].

Eine weitere Untergliederung findet sich somit in den Regeln eines Regimes wieder. Die Regeln sind vor allem für die Evolution und den Fortbestand einer solchen Institution wichtig. Bei diesen Regeln müssen einzelne Kooperationspartner in Form der teilnehmenden Staaten bei gewissen Entscheidungen auf Teilaspekte ihrer Souveränität verzichten. Mit diesem Verzicht sind für die einzelnen Partner jedoch auch Kosten verbunden.

Wichtiger Bestandteil eines Regimes ist das Konfliktmanagement. Es ist Bestandteil des Entscheidungsverfahrens in einem Regime. Wesentliche Konflikte haben ihren Ursprung in den durch die Anwendung der Regeln auferlegten Kosten. Aus diesem Grund ist die Interpretation der Regeln ein sehr sensibler Bereich und wichtiger Bestandteil eines stabilen Regimes. Zur multilateralen Sicherung dieser Interpretation ist ein Streitschlichtungsverfahren notwendig. Neben diesen Verfahren zur Konfliktbeseitigung ist auch ein Weg zur Sanktionierung derjenigen Mitglieder notwendig, die sich nachweislich nicht an die allgemeine Regeln halten. Mit diesem institutionellen Rahmen soll das "free-rider-Verhalten" unterbunden werden.

Die WTO ist nach dem Verständnis der Fachdisziplin der internationalen Beziehungen ein solches internationales Regime, da es alle beschriebenen Elemente beinhaltet.

2.2.2 Die Harmonisierung

Die WTO versucht über Verhandlungen und Verträge eine Harmonierung des internationalen Warenverkehrs herbeizuführen. Die Notwendigkeit einer Harmonisierung von Institutionen, Politiken, Handlungsweisen usw. als Voraussetzung für den Freihandel ist momentan auf internationaler Ebene die zentrale Idee. Die Nachfrage nach Harmonisierung kann dabei in ökonomische, philosophische und politische Aspekte unterteilt werden [BHAGWATI (1996)].

Das ökonomische Argument beruht auf der strukturellen Entwicklung der Welt sowie den wohlfahrtstheoretischen Aspekten. Das politische Argument liegt in der Förderung eines fairen Handels.

Das philosophische Argument richtet sich auf die Etablierung von Standards im Bereich Umwelt- und Arbeitsschutz. Hierbei werden folgende Unterscheidungen getroffen:

- "Transborder obligation" (Grenzüberschreitende Verpflichtung) zur Etablierung solcher Rechte. Diese können durch Druck über den Handel forciert werden;
- Verteilungsgerechtigkeit, die durch die Aufnahme von Handel negativ beeinflusst wird;
- Fairness in Wettbewerbssituationen, deren Kosten auf Umwelt und sonstige Faktoren abgewälzt werden.

Welche Verpflichtung haben dabei Menschen gegenüber anderen Menschen? Inwieweit ist es gerechtfertigt, anderen Staaten und Menschen die eigenen Standards und Wertvorstellungen aufzuzwingen? Darf der politisch und wirtschaftlich stärkere Staat den anderen zwingen, entgegen seines Auftrages und Verantwortung für seine Mitglieder eine Reduzierung von Standards durchzuführen? John Locke formulierte es in der Weise, dass die Menschen in einer Gemeinschaft leben, deren Lebensraum die Welt ist und deren Verpflichtung füreinander nicht an einer künstlich gezogenen Grenze enden[3]. Dieses Recht, das wir uns damit anmaßen, wird allerdings in einer inkonsequenten Art und Weise angewandt. So wird man nach einem schweren Unglück Bedauern äußern, sich aber kurze Zeit später der humanistischen Verantwortung entziehen und dem normalen Tagesgeschäft widmen. Diese Verantwortung wandelt sich jedoch über die Zeit und über die Gemeinschaften hinweg.

Man kann auch unterscheiden, inwieweit die Nachfrage nach Harmonisierung an das eigene Land gerichtet wird, und inwieweit die Nachfrage nach Harmonisierung und der Schaffung von zusätzlichen Standards an ein anderes Land gerichtet ist im Zusammenhang mit den dafür zu verwendeten Ressourcen. Die Nachfrage an das eigene Land wird durch die Ressourcenknappheit abgemildert, während man von den anderen einen höheren

---

[3] Es ist sicherlich eine christliche bzw. stark religiös geprägte Diskussion.

Ressourceneinsatz fordert. Es ist dabei auf manch scheinheiliges Argument zu achten, wenn von anderen Staaten eine Maßnahme mit einer ökonomischen Begründung[4] verlangt wird, nur weil man seine eigenen Interessen nicht gegenüber dem eigenen Staat durchsetzen konnte.

Eine starke Motivation ist der Gedanke an die armen Leute unter uns. Eine Öffnung der Grenzen, die dazu führen kann, dass der Lebensstandard der ungelernten Kräfte sinkt, führt oft zu der Vorbedingung, dass andere Länder unseren hohen Standard übernehmen sollen. Einkommensverteilungsaspekte spielen also eine enorme Rolle. Ein weiterer Effekt könnte die Kapitalabwanderung sein, die dazu führt, dass das Kapital dort fehlt, wo die Standards hoch sind.

In der internationalen Debatte gibt es kulturell bedingt sehr unterschiedliche Ansichten. So ist das in Europa vorherrschende Argument bezüglich der Verteilung, dass diese gerechtfertigt sein soll, während die Bevölkerung der USA in diesem Zusammenhang von Fairness sprechen. Hinter diesen scheinbar gleichen Aussagen stehen feine, diffizile Nuancen, die wiederum große ökonomische Auswirkungen haben können. Der Begriff Fairness bezieht sich auf den ökonomischen Wettbewerb und favorisiert ihn. Der europäische Begriff der Gerechtigkeit hingegen ist auf die Verteilung des Erfolges gerichtet. Es wird in diesem Zusammenhang auch von der Leistungs- und der Bedarfsgerechtigkeit gesprochen. Mit Leistungsgerechtigkeit ist gemeint, dass nur nach eigener Anstrengung und Leistung beurteilt werden sollte, während der Begriff der Bedarfsgerechtigkeit meint, dass die Verteilung der Ressourcen einer Gesellschaft nach den jeweiligen Bedürfnissen der Menschen erfolgen sollte. Da die USA immer eine große Rolle in den internationalen Liberalisierungsbemühungen spielen, finden sich auch ihre Ansichten in den Intentionen ihrer Bemühungen wieder. So sind für die USA unterschiedliche Normen und Standards, die den Wettbewerb hindern können, grundsätzlich nicht akzeptabel [BHAGWATI (1996)].

Strukturelle Änderungen werden in Verbindung mit dem Begriff des "Diminished Giant Syndrome" gebracht. Solche strukturellen Änderungen haben bereits mehrere Ökonomien betroffen. Dieses "Giant Syndrome" ist mit der Situation Großbritannien vergleichbar, als das Land seine internationale Führungsrolle abgeben musste. In diesem Fall war bei der Öffnung eines Marktes lediglich das Prinzip der Reziprozität anerkannt, während eine einseitige Öffnung nicht akzeptabel war [BHAGWATI (1988)]. Durch die Vernetzung der Welt, den großen verbundenen Kapitalmarkt und die Möglichkeit, Technologie und Wissen schneller zu transferieren als es früher möglich war, kam es dazu, dass die Unterschiede zwischen den Ländern insgesamt und relativ abgenommen haben. Dies hat die potentielle Wettbewerbsfähigkeit verändert.

So kann eine kleine Verschiebung der wettbewerbsbestimmenden Faktoren dazu führen, dass sich Industrien verlagern und somit die sog. Industriestaaten in ihrem ökonomischen Kern getroffen werden.

---

[4] Es wäre effektiver und billiger.

2.3 Die WTO als Folgeinstitution des GATT

Mit dem Abschluss des "Marrakesch-Abkommens" wurde die WTO zum 01.01.1995 gegründet. Sie wurde damit im Gegensatz zum GATT zur vollwertigen Institution. Die WTO beinhaltet und verwaltet die multilateralen Abkommen zur Regelung des Handels von Gütern und Dienstleistungen zwischen den einzelnen Mitgliedern der WTO.

2.3.1 Das GATT bis 1994

2.3.1.1 Die Anfänge

Um die Art und Weise zu verstehen, wie sich die WTO heute darstellt, muss auch in die Vergangenheit geblickt werden. Nach dem Ende des Zweiten Weltkrieges musste die auf Kriegsgüter ausgerichtete Weltwirtschaft auf die Bedürfnisse der Bevölkerung mit der Sicherung der Nahrungsmittelversorgung sowie dem Wiederaufbau der zerstörten Infrastruktur umgestellt und gleichzeitig in seinem Wirtschaftswachstum forciert werden. Zu diesem Zweck sollte auch der monetäre Sektor stabilisiert werden. Es war den Beteiligten noch in guter Erinnerung, dass in den zwanziger Jahren eine galoppierende Inflation eine Abwärtsspirale der Bewertung nationaler Zahlungsmittel bewirkte. Gleichzeitig wurde nach einer Phase mit einer liberalen Außenhandelspolitik der Protektionismus, einer "Beggar the Neighbour"-Politik, zunehmend forciert [Rode (1998)]. Beides waren Tendenzen, die zu einer unaufhaltsamen Abwärtsspirale der Weltwirtschaft und deren politischen Folgen führten [Meng (1998)].

Als 1944 auf der Konferenz von Bretton Woods die Weltbank sowie der internationale Währungsfond gegründet wurden, sollten damit stabile Wechselkurse als Voraussetzung für die internationalen Wirtschaftsbeziehungen geschaffen, und in einem zweiten Schritt dem zunehmenden Protektionismus Einhalt geboten werden. Hierzu sollte eine internationale Institution dienen, die supranational die internationalen Handelsregeln überwacht und Zuwiderhandlungen sanktioniert [Meng (1998)]. Die Motivation der Architekten dieser liberaleren Weltordnung war nicht der unbedingte Glauben an den Freihandel. Der Grund für den Sinneswandel war vielmehr die schlechte Erfahrung mit dem grassierenden Protektionismus in den 20er Jahren. Viele der verantwortlichen Politiker erkannten, dass diese Welle des Protektionismus ein Grund für die schwierige wirtschaftliche Lage war [Bhagwati (1988)].

Mit der Gründung der "International Trade Organization" (ITO) sollte der Prozeß der Schaffung eines "triumvirate of institutions" [Josling, Tangermann und Warley (1996)] zur Sicherung der internationalen Kooperation in wirtschaftlichen Angelegenheiten abgeschlossen werden. Im Jahre 1946 begannen die Gespräche zur Gründung der ITO. Die Verhandlungen dauerten zwei Jahre und wurden mit dem "Final Act" der Konferenz von Havanna, der sogenannten "Havanna-Charta", abgeschlossen. Im Rahmen der Gespräche um die Ausgestaltung der Zölle, Quoten und Präferenzregelungen wurden die unterschiedlichen Interessen der einzelnen Gründungsmitglieder deutlich. Allen voran waren die Interessen der USA sowie Großbritanniens, die sich in dieser Zeit gerade in einer

Finanzkrise befanden, unterschiedlich. Hinzu kam ein Stimmungswechsel innerhalb der USA. Dort gewannen Vertreter von Protektionismus und Isolationismus immer mehr an politischem Gewicht. Die Folge war eine Einstellung der Bemühungen zur Ratifizierung der "Havana-Charter" durch den US-Kongress. Da jedoch die anderen potentiellen Mitglieder der ITO ihre Zustimmung und Ratifizierung von der Teilnahme der größten Handelsnation abhängig machten, wurden auch dort die Bemühungen zur Ratifizierung eingestellt. Am Ende scheiterte die ITO daran, dass mit ihr nicht die Ziele der US-amerikanischen Politik verfolgt wurden. Die ITO war somit eine Totgeburt [JOSLING, TANGERMANN und WARLEY (1996)]. Erst 1994 wurde ein Abkommen geschlossen, das der Idee einer internationalen Handelsorganisation wieder Leben einhauchte.

2.3.1.2 Das General Agreement on Tariffs and Trade

Bereits 1945 wurde auf Initiative der US-Regierung mit Gesprächen begonnen, die das Ziel hatten, Zölle und andere Handelshemmnisse zu senken [JOSLING, TANGERMANN und WARLEY (1996)]. In London wurde daraufhin 1946 zur ersten Konferenz in diesem Zusammenhang eingeladen. Als sich 1947 ein Komitee aus Vertretern von 18 Staaten in Genf traf, wurde dort auf zwei Ebenen gearbeitet. Zum einen sollte die Charter für die Etablierung der ITO voran getrieben werden und zum anderen wurden Verhandlungen zum Abbau von Zöllen geführt. Beide Verhandlungsrunden wurden getrennt voneinander betrachtet. Bereits im Vorfeld wurde ein Entwurf für einen Vertragstext zum Abbau tarifärer Handelsschranken entworfen, der nun zur Diskussion stand. Am 30.10.1947 wurden die Verhandlungen abgeschlossen. Das Ergebnis war ein von 23 Staaten unterzeichnetes allgemeines Handelsabkommen, das "General Agreement on Tariffs and Trade" (GATT). Es umfasste drei Teile. Der erste Teil enthielt die vereinbarten Zölle. Der zweite und der dritte Teil umfasste die allgemeinen Regeln im Umgang miteinander. Sie dienten dem Schutze der Vereinbarungen sowie der Streitbeilegung[5]. Mit dem Aus für die ITO blieb lediglich das Vertragswerk des GATT übrig.

Die Weiterentwicklung des GATT fand vornehmlich in den der Uruguay-Runde vorangegangenen acht Handelsrunden statt. Die ersten drei Runden in Genf (1947), Annecy (1949) sowie Torquay (1950/51) brachten erste deutliche Zollkonzessionen an die Mitglieder und eine grundsätzliche Geltung für das Prinzip der Meistbegünstigung[6].

Alle weiteren Handelsrunden waren reine Zollsenkungsrunden. So wurden die durchschnittlichen Zollsätze in der Dillon-Runde (1960/61), der Kennedy-Runde (1962/67) und der Tokio-Runde (1973/79) von 40 auf unter 5 % im Jahr 1987 gesenkt.

---

[5] Die Trennung der Verhandlungen zwischen ITO und dem Handelsabkommen war das Ergebnis der eingeschränkten Vollmachten der Verhandlungsführer der USA. Es sollte strikt zwischen Handelsabkommen und Institution getrennt werden, so dass mit der Zustimmung zum Abkommen nicht gleichzeitig eine Institution gegründet wurde, die in den USA zunehmend an Zuspruch verlor [JOSLING, TANGERMANN und WARLEY (1996)].

[6] "Der Meistbegünstigungsgrundsatz stellt sicher, dass jede einseitig gewährte oder mit ausgewählten Handelspartnern vereinbarte Handelsvereinbarung "unverzüglich und bedingungslos" allen GATT-Vertragsparteien zugänglich gemacht werden muss" [HAUSER und SCHANZ (1995)].

Als Ersatz für die gefallenen Zölle versuchten die einzelnen Mitglieder, über andere Wege nationale Märkte zu schützen. Dieser neue Protektionismus bediente sich z. B. der sogenannten Grauzonenmaßnahmen wie der freiwilligen Exportvereinbarungen, bilateraler Reziprozitätsbestimmungen und der Erhaltungssubventionen [RODE (1998)]. Sogenannte nichttarifäre Handelshemmnisse machten in dieser Zeit bis zum Vierfachen des normalen Zollschutzes aus [RODE (1998)]. Im September 1986 wurde in Punta del Este (Uruquay) die achte Handelsrunde etabliert. Bereits in den achtziger Jahren waren die Rufe nach einer neuen Handelsrunde deutlicher geworden. Die Forderung gleich nach dem Inkrafttreten der Vereinbarungen der gerade zu Ende gegangenen Tokio-Runde spiegelte die Unzufriedenheit mit den dort zustande gekommenen Ergebnissen wieder. So konnte sie der Herausforderung nach dem Eindämmen der neuen Protektionismuswelle nicht gerecht werden. Weitere Defizite innerhalb des GATT waren mit der Handelsstruktur verbunden. Die Anzahl der Mitglieder wuchs zwar durch den Beitritt vieler Entwicklungsländer stark an, doch konzentrierte sich der Handel auch weiterhin auf einige wenige große Handelsnationen. Eine Folge daraus war, dass diese Nationen die Führungsrolle innerhalb des GATT übernahmen und kleine Nationen im handelspolitischen Sinne lediglich "mitspielten". Die favorisierte Prämisse war zwar weiterhin der Multilateralismus, der Alltag dennoch Bi- oder Unilateralismus [RODE (1998)].

Das verstärkte Aufkommen des nichttarifären Protektionismus sowie der mit der steigenden Zahl von Regeln und deren Ausnahmen einhergehenden Funktionsunfähigkeit des GATT verlieh der Forderung nach einer neuen Handelsrunde Nachdruck [HAUSER UND SCHANZ (1995)].

Nicht zuletzt in der Rhetorik der einzelnen Vertreter nationaler Politiken spiegelte sich der Trend zu einer negativen Haltung gegenüber dem GATT wider. Es wurde oft davon gesprochen, dass die <u>Aufgabe</u> des Schutzes nationaler Interessen der <u>Preis</u> für einen freieren Markt sei. Hierdurch <u>gewinne</u> man Zugang zu neuen Märkten, während der Anteil am eigenen Markt <u>aufgegeben</u> werde [LINDSEY (2000)].

Für das Verhältnis zur WTO sollte die Politik bei der Begründung für den Freihandel nicht mehr die Theorie der Reziprozität benutzen, sondern die positiven Effekte auf die heimische Wirtschaft selber nutzen. Ein wichtiger Grund hierfür ist, dass die Reziprozitätseffekte in der Regel geringer sind als die positiven Effekte der Öffnung des eigenen Landes [LINDSEY (2000)]. Des Weiteren sollte die WTO nicht dazu missbraucht werden, jede mögliche handelsbeeinflussende Maßnahme zu überwachen. Es sollte hier lediglich die Liberalisierung geregelt und nicht eine Institution der Weltordnung etabliert werden. Das Credo lautete: Öffnung, auch wenn die anderen nicht mitmachen.

2.3.2 Das WTO-Gebilde

Mit dem Marrakesch-Abkommen wurde die Idee einer Welthandelsorganisation verwirklicht. Die bereits 1947 geplante Institution zur Regelung des Welthandels auf Basis multilateraler Abkommen wurde somit realisiert.

2.3.2.1 Rahmen

Mit der Gründung der Welthandelsorganisation WTO wurde die Uruguay-Runde des GATT abgeschlossen. Die Vertragstexte, auf der sie basiert, sind jedoch sehr komplex. Das alles überspannende Abkommen ist der reaktiv kurz gehaltene "Final Act". Dort werden die verschiedenen Ergebnisse der einzelnen Abkommen zusammengefasst. Eines der zentralen Elemente ist das Marrakesch-Abkommen zur Gründung der WTO [JOSLING, TANGERMANN und WARLEY (1996)].

Das Marrakesch-Abkommen besteht aus vielen Einzelteilen. Es beinhaltet in einem kurzen Teil die Gründung der WTO, der wiederum durch vier Anhänge ergänzt wird. Diese werden ihrerseits wieder selbst durch Anhänge ergänzt. Die ersten beiden Anhänge des Final Acts betreffen den Bereich Handel. Dort lassen sich die WTO-Abkommen in zwei Kategorien einordnen: Zum einen in die Kategorie des Handels mit Gütern und zum anderen in die Kategorie des Handels mit Dienstleistungen.

Anhang 1 betrifft das multilaterale Handelsabkommen. Es ist untergliedert in die Anhänge 1A, 1B und 1C. Der Anhang 1A beinhaltet das Abkommen des General Agreement on Tariffs and Trade (GATT) in seiner alten Form von 1947 sowie seiner aktualisierten Form von 1994. Der Anhang 1B beinhaltet das Handelsabkommen bezüglich des Handels mit Dienstleistungen, das "General Agreement on Trade in Services" (GATS). Anhang 1C beinhaltet abschließend das "Agreement on Trade-Related Aspects of the Intellectual Property Rights" (TRIPS).

Anhang 2 des Final Acts beinhaltet hingegen die Verfahrensweise des "Dispute Settlement Understanding" (DSU). Anhang 3 ist für "reviews" vorgesehen, während Anhang 4 plurilaterale Abkommen beinhaltet. Die plurilateralen Abkommen sind zwar Bestandteil des WTO-Rahmenabkommens, wurden jedoch im Unterschied zu den multilateralen Abkommen nicht von allen Mitgliedern akzeptiert.

Die Ausgestaltung des Anhangs 1A mit dem GATT ist in drei Teile untergliedert. Diese Teile sind: die "basic principles", die "additional details" sowie die "market access commitments" [WTO (1994)].

Die basic principles regeln allgemeine Verfahrensweisen. Neben GATT beinhaltet auch das GATS, das TRIPS, das Abkommen zum Dispute Settlement Understanding sowie das Trade Policy Review Mechanism (TPRM)-Abkommen solche grundlegenden Prinzipien.

Die additional details enthalten beim GATT und GATS zusätzliche Abkommen bezüglich einzelner Güter sowie weitere Details als Anhänge zum eigentlichen Vertrag. Zu diesen zusätzlichen Abkommen gehören u. a. das Abkommen über die Landwirtschaft, das Abkommen über die sanitären und phytosanitären Maßnahmen (SPS-Abkommen) und das Abkommen über technische Standards (TBT-Abkommen).

In den market access commitments werden die individuellen einzelstaatlichen Zugeständnisse festgehalten so z. B. das "Schedule LXXX: European Communities", "Part I Most-Favoured-Nation Tariff", "Section I - Agricultural Products: Tariffs".

2.3.2.2 Ziele

Primäres Oberziel des GATT ist der Freihandel. Zur Erreichung dieses Zieles bediente sich die internationale Gemeinschaft des Multilateralismus und nicht des einseitigen Handelns weniger Mitglieder zur Erreichung dieses Zieles. Als Zugeständnis an die Realität wurden bestimmte Abweichungen vom Freihandelsprinzip hingenommen. Mit diesem Abweichen beließ man eine gewisse Souveränität in der wirtschaftspolitischen Autonomie bei den einzelnen Partnern und senkte damit die Anpassungskosten. Hiermit ist allerdings ein Zielkonflikt entstanden, der auch zur Destabilisierung des neuen Regimes, der WTO, führen könnte. Ohne dieses Zugeständnis wäre es aber auch nicht zustande gekommen. Die Prinzipien und Normen sind dadurch komplizierter und ein funktionierendes Streitschlichtungsverfahren um so wichtiger geworden. Der Grund für die konstitutionellen Probleme des GATT war der Trugschluss der merkantilistischen Sichtweise. Die Handelspolitik war immer noch als ein Element oder Maßnahme der Außenpolitik angesehen worden, in der Liberalisierung lediglich eine Konzession an andere Handelsnationen als Entschädigung für erhaltene Zugeständnisse darstellte. Demnach bezahlte man mit Liberalisierungsmaßnahmen die eigenen Möglichkeiten des Handels, ohne zu sehen, dass die eigene Liberalisierung auch Vorteile bringt [PETERSMANN (1988)]. Aus diesem Grund sieht man liberale Handelsregeln oftmals lediglich in den internationalen Vereinbarungen wie dem GATT, während nationale Außenhandelsregeln eher einen konservativen Charakter haben. Durch die Umwandlung des GATT in die WTO und der damit verbundenen Institutionalisierung hat sich daran wenig geändert. Schon an den Überschriften kann dies festgestellt werden. So untergliedert z. B. das "Uruguay Round Agreement on Agriculture" die neuen Regelungen für den Handel mit Agrargütern unter folgenden drei Überschriften [nach JOSLING UND TANGERMANN (1999)]: "market access", "export competition" und "domestic support".

Ein großes Ziel der Uruguay-Runde war es u. a., die wenig transparenten Handelsbarrieren durchschaubarer zu machen. Zu diesen wenig transparenten Handelshemmnissen gehört der große Block der nichttarifären Handelshemmnisse. Sie sollten im Zuge der Verhandlungen in tarifäre Handelshemmnisse umgewandelt werden, damit diese in Zukunft dem Credo des GATT und der WTO folgend schrittweise abgebaut werden können. Große Bedeutung erlangten die nichttarifären Handelshemmnisse durch die zunehmende Verbreitung im Handel. Mit dem schrittweisen Abbau der tarifären Handelshemmnisse wurde dort ein Ansteigen der nichttarifären Handelshemmnisse bemerkt. Vor allem die entwickelten Länder setzten verstärkt auf den Einsatz der nichttarifären Handelshemmnisse. Insbesondere der mit dem Anstieg des Wohlstandes einhergehende Bedarf nach steigender Lebens- und Lebensmittelqualität führt zu einem steigenden Bedürfnis nach Schutz. Diese Nachfrage wird oftmals von der Politik durch verschärfte Kontrollen und Auflagen im Handel befriedigt. Ein Anstieg der SPS-Maßnahmen im Handel ist daraufhin die Folge. Es ist bei der Beurteilung einer solchen Maßnahme die Frage zu stellen, inwieweit diese dem gerechtfertigten Bedürfnis nach Schutz dient oder ob sie lediglich als Protektionsinstrument missbraucht wird. Zur Beurteilung dieser Frage wird ein Maßstab sowie Regeln und

Grundsätze benötigt, anhand derer eine solche Maßnahme unabhängig beurteilt werden kann.

Mit dem Abschluss der Uruguay-Runde wurden Regeln etabliert, die einen solchen Missbrauch verhindern sollten. Es wird darin erstmals klar definiert, in welchen Situationen und in welchem Umfang SPS-Maßnahmen eingesetzt werden können. In Streitfällen kann dann mit Hilfe eines unabhängigen Gremiums die Sachlage geklärt, Schuld und Unschuld festgestellt, Streit geschlichtet oder Sanktionsmöglichkeiten vorgeschlagen werden.

2.3.3 Die Abkommen

Mit der Gründung der WTO zum 01.01.1995 trat auch das SPS-Abkommen in Kraft. Mit diesem Abkommen sollte der schwierige Prozess der Tarifizierung nichttarifärer Handelshemmnisse flankiert werden. Die Furcht vor einem Missbrauch bei Maßnahmen, die unter dem Vorwand gesundheitspolitischer Vorsorge etabliert werden, führte zu dieser Institutionalisierung im Umgang mit diesen Maßnahmen. Die Kernelemente des Abkommens sind die Etablierung von internationalen Standards zur Harmonisierung des internationalen Warenverkehrs bei gleichzeitiger Option der Staaten, individuelle Standards unter Berücksichtigung einer anerkannten qualitativen naturwissenschaftlichen Risikoabschätzung einzuführen[7].

Ohne Zweifel muss im Zusammenhang mit dem Regelwerk auch die Streitschlichtungsinstitution in Form des "Dispute Settlement Bodies" (DSB) genannt werden[8]. Das DSB ist eine neu geschaffene Instanz innerhalb der WTO, die die zwischenstaatlichen Streitfälle auf Basis der bestehenden Verträge zwar schlichtet, die Kontrolle jedoch den einzelnen Mitgliedern überlässt[9].

Eine immer wieder erwähnte Schwäche des alten GATT war, dass das vorhandene Regelwerk und die entsprechenden Institutionen, die auch den Umgang mit nichttarifären Handelshemmnissen umfassen, nicht die entsprechenden Kontroll- und Maßregelmechanismen besaßen. Verstöße gegen das Regelwerk konnten dementsprechend nicht geahndet werden. Erst durch die Automatisierung und Etablierung einer rechtlichen Basis innerhalb der WTO wurde das Verfahren der Streitbeilegung zu einem wirksamen Instrument zur Durchsetzung der in den einzelnen Abkommen festgehaltenen Rechte und Pflichten der einzelnen WTO-Mitglieder. Es ist ersichtlich, dass fundamentale Änderungen im Streitbeilegungsmechanismus sowohl materielle und prozessuale als auch institutionelle Belange betreffen. Die durchgesetzte formelle Reform des Mechanismus stellt eine Neuorientierung des GATT-Systems mit dem Bestreben dar, juristisch nachvollziehbare Entscheidungen den Vorrang vor politisch motivierten Verhandlungslösungen zu geben. Der zentrale kritische Aspekt bleibt jedoch die Tatsache,

---

[7] Eine detailliertere Darstellung der Elemente des SPS-Abkommen findet sich in Kap. 3.

[8] Das DSB ist das Forum des allgemeinen Verfahrens zur Streitschlichtung, dem DSU.

[9] In den meisten Fällen ging es um tarifäre oder sanitäre und phytosanitäre Auflagen im Handelsverkehr, die durch das DSB bearbeitet wurden [o.V. (2001b)].

dass die optionalen Sanktionsmechanismen nicht zur Disziplinierung der Mitglieder ausreichen [KRAMB (2001)]. Durch das DSB wurde nicht nur eine Art von globaler Sozialkontrolle etabliert, sondern der damit verbundene wirtschaftliche Druck führte zur Unzufriedenheit innerhalb der WTO. Diese Unzufriedenheit äußerte sich vor allem in der Forderung der weniger entwickelten Länder, sie bei der Umsetzung der Maßnahmen durch Schulungen des Mitarbeiterstabes zu unterstützen.

2.3.3.1 Die Entwicklung des Konfliktmanagements

Im ursprünglichen institutionellen Rahmen der ITO war ein ausgebautes Streitschlichtungsverfahren mit weitgehender Nutzung von Schiedsgerichten und der Inanspruchnahme des internationalen Gerichtshofes vorgesehen. Nach dem Scheitern der ITO setzten 1952 die ursprünglichen GATT-Mitglieder eine Arbeitsgruppe zur Schlichtung zwischenstaatlicher Handelsdispute ein [O.V. (2001b)]. Hieraus entwickelte sich das Vorgehen, für jeden Streitfall eine unabhängige Sachverständigengruppe einzusetzen.

Von dem ursprünglich recht ehrgeizigen Projekt zur Streitbeilegung innerhalb der ITO blieben mit deren Scheitern im GATT deshalb nur noch Reste übrig [HAUSER (2000)]. Die einzelnen Verfahren der Streitbeilegung entwickelten sich aus dem pragmatischen Handeln der ursprünglichen 47 GATT-Mitglieder.

Die insgesamt 27 Artikel umfassende neue Streitschlichtungsvereinbarung von 1994 bedeutete eine Zäsur in der zwischenstaatlichen Streitschlichtung. Sie können nach HAUSER (2000) in drei Kernaussagen zusammengefaßt werden:

1) Eine Vertragspartei kann das Streitschlichtungsverfahren in Anspruch nehmen, wenn sie der Ansicht ist, dass Vorteile, die ihr aus dem Abkommen erwachsen, aus Gründen der Vertragsverletzung ("violation complaints"), vertragskonformer Handlung mit handelsschädigender Wirkung ("non-violation complaints") oder besonderer Situation mit handelsschädigender Wirkung ("situation complaints") zunichte gemacht oder geschmälert werden.

2) Der multilateralen Streitschlichtung muß zwingend die bilaterale Konsultation vorausgehen.

3) Die Mitglieder des GATT als das zuständige Entscheidungsorgan richten verbindliche Empfehlungen an das betroffene Mitgliedsland und ermächtigen notfalls den Kläger, Maßnahmen zur Aufhebung zu ergreifen. Einfacher ausgedrückt ist das Streitschlichtungsverfahren der WTO nicht darauf ausgerichtet, dass Vertragsverletzungen geahndet, sondern die durch das Vertragswerk der WTO sich ergebenen Vorteile gewahrt werden. Dies spiegelt sich auch in der mangelnden Umsetzbarkeit von Entscheidungen durch die WTO auf nationaler Ebene wider.

Das neue Streitschlichtungsverfahren umfasst drei Phasen [WEUSTENFELD (1997)], die ein Streitfall durchlaufen kann und beruht auf den Art. XXII (Konsultationen) und XXIII (Zunichtemachung oder Schmälerung des Vertragsnutzens) des GATT-Vertrages.

In der ersten Phase wird den streitenden Regierungen im Regelfall 60 Tage Zeit gelassen, um eine einvernehmliche Lösung des Disputes zu finden. Reagiert der Streitgegner nicht innerhalb der 60 Tage oder wird keine Lösung des Streites gefunden, so kann die beschwerdeführende Partei die Einsetzung eines "Panels" beim DSB beantragen.

In der zweiten Phase, im "legal stage", wird das Panel, dem eine dreiköpfige Expertenkommission[10] vorsteht, gebildet. Dieser Ausschuss hat dann sechs bis neun[11] Monate Zeit, dem Streitschlichtungsgremium (DSB), in dem alle WTO-Mitglieder vertreten sind, einen Schlussbericht zu verfassen[12]. In dringenden Fällen, z. B. bei verderblichen Gütern, beträgt der Zeitraum nur drei Monate. Die Kommission hat hierbei die Aufgabe, eine objektive Beurteilung des Sachverhaltes und der Anwendbarkeit sowie der Vereinbarkeit mit den einschlägigen Abkommen der WTO durchzuführen. Dies soll dem DSB bei seiner Entscheidung hinsichtlich des Streitfalles dienlich sein. Die Expertengespräche dienen dem Zweck "to further the Panel's understanding of the scientific facts relevant to the dispute". Die Fragen, die den Experten gestellt wurden, mussten sich dabei direkt auf die wissenschaftlichen Belange des jeweiligen Falls richten. Die Interpretation der Abkommen unterliegt einzig und allein dem Panel.

Die das Expertenhearing betreffenden Artikel lauten wie folgt:

Artikel 13, Paragraph 1 und 2, jeweils die ersten Sätze des Abkommens zum Verfahren des DSU:

> *"Each panel shall have the right to seek information and technical advice from any individual or body which it deems appropriate.*
>
> *Panels may seek information from any relevant source and may consult experts to obtain their opinion on certain aspects of the matter."*

Artikel 11, Paragraph 2, erster Satz des SPS-Abkommens:

> *"In a dispute under this Agreement involving scientific or technical issues, a panel should seek advice from experts chosen by the panel in consultation with the parties to the dispute."*

---

[10] Es müssen drei ausgewiesene Experten aus dem jeweiligen Fachgebiet sein, die nicht Staatsangehörige einer der beteiligten Mitgliedsländer sein dürfen. Die beteiligten Streitparteien haben begrenztes Einspruchsrecht bei der Personalauswahl.

[11] In begründeten Ausnahmefällen.

[12] Ein Panel kann zu diesem Zeitpunkt nur noch verhindert werden, wenn im DSB Konsens gegen eine Bildung des Panel gefunden wird. Dies bedeutet eine enorme Verbesserung gegenüber dem Streitbeilegungsverfahren des GATT von 1947.

Innerhalb des Verfahrens haben die verschiedenen beteiligten Parteien mehrmals Gelegenheit, ihrem Standpunkt zur Sache Ausdruck zu verleihen und auf Argumente des Streitgegners zu reagieren.

2.3.3.2 Die Umsetzung der Streitschlichtung

Wenn eine Streitpartei diesen Panelbericht nicht akzeptiert, hat sie die Möglichkeit des Einspruches. In dieser neugeschaffenen Instanz, dem "Appellate Body", können die rechtlichen Schlußfolgerungen des Panels entweder bestätigt, verworfen oder abgeändert werden. Dieses Verfahren sollte jedoch nicht länger als 60 Tage, in begründeten Ausnahmefällen 90 Tage, in Anspruch nehmen. Das Berufungsgremium wird durch das DSB ernannt. Es besteht aus sieben, auf grundsätzlich vier Jahre bestimmten Mitgliedern mit ausgewiesenen Sachkenntnissen auf den Gebieten Recht, internationaler Handel und den Gegenständen der unter die verschiedenen Vereinbarungen fallenden Abkommen. Die Nationalität der Mitglieder soll ein Spiegel der WTO darstellen, wobei auch hier keine Verbindung der jeweiligen Akteure mit einer Regierung vorliegen darf. Durch diese zweite Instanz wird der juristische Charakter des Verfahrens zur Streitbeilegung im Vergleich zum Vorgängermodell deutlich erhöht und erwirbt einen gerichtsähnlichen Charakter [WEUSTENFELD (1997)]. In dieser Phase wird nicht mehr über die Tatsachen und die Folgen an sich beraten, sondern es werden lediglich die Rechtsfragen bzw. die in dem Panel gemachten Rechtsauslegungen überprüft. Jedes Verfahren wird durch drei Mitglieder des Berufungsverfahrens entschieden, und das Ergebnis wird dem DSB vorgelegt.

Kommt es hierbei nun zu einer Verurteilung eines der beteiligten Mitgliedsstaaten bzw. einer Bestätigung der Schuld, folgt die dritte Phase mit der Implementierung und der Möglichkeit der Beseitigung der den WTO-Regeln zuwider handelnden Maßnahmen. Innerhalb von 30 Tagen sollte das DSB über die Art und Weise der Beseitigung informiert werden. Für die Umsetzung der Entscheidung wird dem Mitglied in der Regel 15 Monate Zeit gelassen [BÜTLER und HAUSER (2000)]. Das Panel bzw. das Berufungsgremium kann hierbei Vorschläge für die praktische Umsetzung machen.

Von der Einberufung des Panels bis zur Entscheidung des DSB über eine Annahme oder Ablehnung des jeweiligen Panelberichtes sollten nicht mehr als neun Monate vergehen. Sollte der Weg durch die Berufungsinstanz genommen werden, so sollte ein Zeitraum von 12 Monaten nicht überschritten werden [HAUSER und SCHANZ (1995)].

Werden die Beschlüsse des Panels und/oder Appellate Body nicht bzw. nicht richtig umgesetzt, besteht die Möglichkeit, Retorsionsmaßnahmen zu beantragen. Bis zu einer Entscheidung hierzu dauert es oftmals bis zu 18 Monaten, wobei in dieser Zeit keinerlei Vergeltungsmaßnahmen durchgeführt werden dürfen. Einen einstweiligen Rechtsschutz gibt es in der WTO allerdings nicht [BERRISCH und GRACE (2002)]. Werden Vergeltungsmaßnahmen oder aber Entschädigungen durchgeführt, bedeutet dies nicht, dass der Streitfall beendet ist. Nach Art. 22 Abs. 1 Satz 2 der Vereinbarung zur Streitschlichtung behält das DSB jeden rechtskräftigen Fall solange auf der Tagesordnung, bis die unterlegene Partei ihren Verpflichtungen gemäß des jeweiligen Berichtes nachgekommen ist [WEUSTENFELD (1997)].

2.3.3.3 Unterschiede im Konfliktmanagement zwischen GATT und WTO

Die größten Unterschiede zwischen dem Streitbeilegungsverfahren innerhalb des GATT und der WTO können wie folgt zusammengefaßt werden [nach BÜTLER und HAUSER (2000)]:

- Im Gegensatz zum Verfahren innerhalb des GATT gibt es in der WTO ein einheitliches Verfahren zur Streitbeilegung, das für alle Verträge Gültigkeit hat. Im GATT hingegen gab es kein einheitliches Verfahren, das für jeden Vertragsbereich Gültigkeit hatte. Da Streitfälle im Außenhandel in der Regel oftmals mehrere unterschiedliche Bereiche und damit Vereinbarungen bzw. Verträge tangieren, konnten die Kläger und Beklagten eine Art "forum shopping" betreiben. So wurde jeweils das Verfahren gewählt, welches nach Meinung der Beteiligten die vielversprechendsten Erfolgsaussichten bot.
- Im Gegensatz zum Verfahren innerhalb des GATT hat der Beklagte nun kaum eine Chance, ein Verfahren durch ein einfaches Veto abzuwenden. Der Kläger hat somit das Recht, auf einem Panel zu bestehen.
- Beide betroffenen Parteien[13] können gegen die Panelentscheidung Einspruch erheben.
- Die in letzter Instanz gefällte Entscheidung des Appellate Body kann im Gegensatz zum GATT durch die unterlegene Partei nicht mehr durch ein Veto blockiert werden.
- Im Vollzug der Entscheidung hat der Gewinner des Verfahrens nun mehr Möglichkeiten zur Durchsetzung. So ermöglicht die neue Struktur bei einer mangelhaften oder ausbleibenden Umsetzung der Entscheidung des Panels und/oder Appellate Body eine Entscheidung, wonach ein Antrag auf Vergeltungsmaßnahmen gestellt werden kann. Diese Vergeltungsmaßnahmen sind in der Regel Strafzölle[14].

2.3.3.4 Die Anreizstruktur der WTO-Streitschlichtung

Ohne supranationale Durchsetzung und angesichts der begrenzten Reichweite der Vergeltungsmaßnahmen fehlen die Anreize zur Umsetzung der Beschlüsse des Panels und des Appellate Body [HAUSER (2000); O.V. (2001b)]. Solche Anreize bestanden bisher lediglich in dem Verlust der Reputation der einzelnen Mitgliedsstaaten. Ökonomische

---

[13] Kläger und Beklagte.

[14] In allen 207 Verfahren des Streitbeilegungsverfahrens des GATT von 1948 bis 1990 wurde lediglich in einem einzigen Fall dem Kläger Retorsionsmaßnahmen zugebilligt. Es war zudem nur ein symbolischer Akt, da die Umsetzung ausblieb [HUDEC (1998)].

Analysen des Verfahrens der Streitschlichtung würden hierbei sicherlich helfen, die betroffenen Parteien davon zu überzeugen, dass eine rasche Umsetzung der Beschlüsse für alle Beteiligten auf lange Sicht ökonomisch von Vorteil ist. Hierbei drängt sich die "Law-and-Economics-Literatur" auf, die den Einfluss von gerichtlichen Verfahrensvorgaben auf die Wahrscheinlichkeit und den Inhalt von außergerichtlichen Einigungen untersucht. Dies gilt im Besonderen für Verfahren innerhalb des Streitschlichtungsverfahrens der WTO, da im Streitschlichtungsabkommen explizit eine bilaterale Einigung dem Panelverfahren vorgezogen werden soll [HAUSER (2000)].

Trotz dieses Hinweises auf eine bilaterale Einigung werden immer mehr Streitigkeiten über ein Panelverfahren ausgetragen. Ein Grund für die große Anzahl von gerichtlichen Entschädigungen im Vergleich zu außergerichtlichen Einigungen können zum einen divergierende Annahmen über den Erwartungswert einer allfälligen gerichtlichen Entschädigung und mangelnder Einigung über die Verteilung von Protektionsgewinnen sein. Selbst wenn die Erwartungswerte der Konfliktparteien über den Ausgang eines möglichen Gerichtsverfahrens übereinstimmen, können Verhandlungen scheitern, da jede Partei einen Großteil der Kosteneinsparung für sich gewinnen kann und weiß, dass sich die Gegenseite bereits mit einem kleinen Anteil am Gewinn besser stellt als bei einer gerichtlichen Verhandlung.

Einen Einspruch gegen eine Entscheidung zu erheben ist immer sinnvoll, da keine Entschädigung für bereits erlittenen Schaden zugesprochen werden kann [ANDERSON (2002)]. Somit ist der Zeitraum, der durch die Verschleppung des Verfahrens gewonnen werden kann, für den Beklagten "kostenlos". Darüber hinaus ist andererseits der Anreiz, die genehmigten Strafzölle auf Importe anzuwenden, auch nicht immer sonderlich hoch, da dort vor allem der heimischen Wirtschaft großer Schaden zugefügt wird [O.V. (2001a)]. Diese Importabhängigkeit ist sicherlich ein wesentlicher Grund dafür, dass die Entwicklungsländer trotz ihrer "Siege" über große Handelsnationen wie die EU und USA es vermeiden, die genehmigten Ausgleichsmaßnahmen durchzuführen.
Eine dringend benötigte Verbesserung im Mechanismus der Streitschlichtung besteht in der Beseitigung prozeduraler Winkelzüge [O.V. (2001b)] oder einfacher ausgedrückt in der Beseitigung der Grauzonen. Sie wurden in der Vergangenheit ausgenutzt, um das Verfahren künstlich in die Länge zu ziehen und die strittigen Maßnahmen im Außenhandel aufrecht zu erhalten. Dies betrifft die Frage, von wann an eine Retorsionsmaßnahme ergriffen werden darf, wenn die unterlegene Partei die im Panel und/oder Appellate Body gemachten Auflagen für die Modifikation nicht richtig umsetzt. Das Problem hierbei ist festzustellen bzw. festzulegen, wann eine Maßnahme nicht korrekt umgesetzt wurde, dem sog. "sequencing problem". Eine weitere Verbesserungsmöglichkeit ist die Erhöhung der Transparenz im gesamten Verfahren, das bisher lediglich zwischenstaatlichen Charakter hat und die Bevölkerung der einzelnen Mitgliedsländer außen vor lässt. Auch sollte die Einbeziehung

von Nichtregierungsorganisationen überlegt werden. Bisher blieb ihnen lediglich der Weg über die eigene Regierung, um ihre Meinung aber auch Kompetenz mit in das Verfahren einzubringen. Eine gefährliche Opposition entwickelt sich auch in den großen Handelsnationen. Mit der Entwicklung des Streitbeilegungsverfahrens gehen für diese Handelsnationen Souveränitätsverluste einher, die auf Dauer inakzeptabel erscheinen könnten. Zweifellos ist die Streitbeilegung erfolgreicher als von einigen Konstrukteuren gewollt. Durch ihre Auslegungen des Vertragswerkes hat sie fast schon einen rechtsetzenden Charakter, der eigentlich ausschließlich den Mitgliedsstaaten obliegen sollte[15].

2.4 Supranationale Konsequenzen der neuen Institution und seines Vertragswerkes

Mit der Unterzeichnung und Ratifizierung des Vertragswerkes der Uruguay-Runde verpflichteten sich die Mitgliedsstaaten, allgemeine Prinzipien, Regeln und ein effektiveres Konfliktmanagement zu akzeptieren, das ihnen u. U. selbst ökonomischen Schaden zufügen könnte. Damit wurde der Schritt vollzogen, der 1947 durch die Protektionisten und Isolationisten verhindert wurde. Warum bevorzugen die nationalen politischen Akteure dieses verrechtlichte Vertragswerk, das ihren Einfluß beschneidet und mit dem nicht nur Rechte, sondern auch Pflichten verbunden sind?

Wenn das DSU alle seine konzeptionellen Mittel mit den speziellen Maßnahmen des Panels und des Appellate Body zur Streitschlichtung sowie Expertengremien, Anhörungen usw. ausgeschöpft hat, können wirtschaftliche Sanktionen durch den Kläger in Erwägung gezogen werden.

2.4.1 Die Verbindlichkeit des Streitschlichtungsverfahrens

Das erklärte Ziel des DSU ist eine prompte Klärung der Streitigkeiten. Der hierfür geschaffene enge zeitliche Horizont von max. zwölf Monaten hat sich einerseits in der Praxis als zu ehrgeizig herausgestellt, bietet andererseits aber auch noch Potential zur Verschleppung des Verfahrens [Zimmermann (1999)]. Gerade im Fall des prominentesten Streitfalles hinsichtlich der Umsetzung des SPS-Abkommens, des Hormonstreites, wo sich die Rechtsprechung und die entsprechenden Gremien mit der Begründung hinsichtlich der Bedeutung dieses Falles für die Verbrauchergesundheit sehr viel Zeit genommen haben, wird dies deutlich. In einem solch komplexen und wissenschaftlich kontrovers diskutierten

[15] Die hierzu angefertigten Panelentscheidungen sind für die nachfolgenden Dispute nicht bindend. Die angenommenen Panelentscheidungen sind lediglich ein wichtiger Bestandteil der GATT (acquis)-Rechtsprechung. Sie werden bei späteren Panels herangezogen. Sie erzeugen legitime juristische Erwartungen durch die Entscheidungen und Interpretationen des Panels und sollten deshalb für andere Streitfälle herangezogen werden. Sie sind allerdings nicht bindend, außer für die Lösung des Streitfalles, um den es sich direkt dreht. Sie sind in der Regel ein zur Nachahmung empfohlener Präzedenzfall [O´Connor und Costillas (1997)].

Fall[16], wo es lediglich um die Nachweisbarkeit von Risiken und deren Beurteilung ging, sollte jedes den Gremien zur Verfügung stehende Mittel ausgenutzt werden. Niemand sollte sich hierbei später Vorwürfe machen, dass dieses Verfahren ein Fehlurteil hervorbringen würde. In der Folge würde das Verfahren an sich unter starken politischen Druck geraten.

Im Unterschied zum alten Verfahren der Streitschlichtung kann das neue Verfahren nicht mehr durch den Einspruch der unterlegenen Partei in Form eines Vetos blockiert werden [LEIER (1999)]. Dieser umgekehrte Konsens bringt jedoch auch eine erhebliche Einschränkung der Souveränität der beteiligten Mitgliedsstaaten mit sich. Besonders die USA, die bisher in Alleingängen eine Einigung erzwungen haben, können sich nur schwer mit diesem Faktum anfreunden. Gerade die Schaffung des Appellate Body und der damit verbundenen rechtlichen Qualität der Urteile innerhalb der WTO hat einen wesentlichen Beitrag hierzu geleistet.

Aber auch die EU ist bereits mit den möglichen Konsequenzen der WTO-Rechtsprechung konfrontiert worden. Im Fall des populären Streits um die Gemeinsame Marktordnung für Bananen der EU wurden die EU-Importregeln bei der Gestaltung der EU-Zollquoten als nicht im Einklang mit den WTO-Abkommen beurteilt[17]. Als Folge der Retorsionsmaßnahmen seitens der USA gegenüber EU-Importeuren haben sich diese mit der Forderung nach Entschädigung an den EU-Gerichtshof gewandt [O.V. (2000a)]. In der EU sind die Auswirkungen der WTO-Rechtsprechung bzw. der eingegangenen vertraglichen Pflichten auf nationale Gesetzesgebung noch nicht abschließend geklärt. So kann sich ein Unternehmen über diskriminierende Behandlung im Warenverkehr durch andere Staaten bei der Europäischen Kommission beschweren. Mittels der Verordnung Nr. 3286/94[18] kann eine Einzelperson innerhalb der EU die Europäische Kommission dazu veranlassen, Konsultationen mit dem diskriminierenden Land aufzunehmen. Der Einzelne hat jedoch kaum eine Chance, sich über die diskriminierenden Maßnahmen der EU zu beschweren bzw. eine Überprüfung dieser Maßnahmen zu erreichen. Hierbei lehnt der Europäische Gerichtshof die unmittelbare Anwendbarkeit von Vorschriften der WTO auf nationales Recht innerhalb der EU ab [RUSSENSCHUCK (2001)]. Nach Meinung Einzelner widerspricht hierbei

[16] Nach dem Auftreten von mehreren Skandalen im Zusammenhang mit der Produktion von Rindfleisch beschloss die Europäische Gemeinschaft (EG) in den 80er Jahren ein Verbot zur Verwendung von Hormonen in der Rindfleischproduktion. Dieses Verbot wurde zum 01.01.1989 auch auf importiertes Fleisch und Fleischwaren angewandt. Diejenigen Drittländer, die den Einsatz von solchen hormonellen Leistungsförderern auch weiterhin erlauben, sehen darin einen protektionistischen Eingriff zugunsten des europäischen Rindfleischmarktes. Die EU hingegen beharrt auf ihrem Wunsch nach Souveränität in Handelsmaßnahmen, die den Schutz ihrer Bevölkerung betreffen. Die USA und Kanada, Hauptgeschädigte dieses Importverbotes, erhielten durch ein internationales Streitschlichtungsorgan auf Basis der WTO Recht und dürfen seitdem Strafzölle in Höhe des durch das Importverbot entstandenen ökonomischen Schadens erheben. Hiermit wurde vorerst ein Schlussstrich unter den andauernden Streit um das Importverbot auf Basis des neugeschaffenen SPS-Abkommen gezogen. Siehe hierzu auch KRAMB (2002).

[17] Siehe hierzu auch HERRMANN, KRAMB und MÖNNICH (2001a).

[18] Im Amtsblatt der EU veröffentlicht.

der Europäische Gerichtshof seiner eigenen Rechtsprechung, da er sonstige Gemeinschaftsabkommen, die die EU eingegangen ist, ohne sonstigen Transformationsakt als integrierender Bestandteil des Gemeinschaftsrechtes anerkennt [RUSSENSCHUCK (2001)].

2.4.2 Die Durchsetzbarkeit der Beschlüsse gegenüber souveränen Staaten

Eine vom DSB getroffene endgültige Entscheidung kann unter Umständen durch den Entzug von Handelszugeständnissen erzwungen werden. Dies kann sich auf alle innerhalb der WTO geschlossenen Vereinbarungen beziehen[19]. Ein Beispiel für die Vielfältigkeit der Möglichkeiten zeigt sich im ebenfalls häufig zitierten Bananenstreit[20]. Trotz diesem für die EU unter ökonomischen und politischen Maßstäben empfindlich zu beurteilenden Urteils ist auch dieser Streitfall noch nicht endgültig geschlichtet. Die entscheidende Schwäche liegt darin, dass die Sanktionsmechanismen erst nach den bereits erwähnten Verfahren greifen dürfen, sie lediglich den Schaden abdecken dürfen, der ab dem Zeitpunkt des Schuldspruches entsteht, und dass sie offenbar keinen ausreichenden ökonomischen Zwang ausüben können, der die unterlegene Partei zur Disziplinierung zwingt [LEIER (1999); SITTMANN (1997)].

Eine einfache Möglichkeit zur Verbesserung der Umsetzung der Beschlüsse könnte eine Modifikation der WTO-Vereinbarung dahingehend sein, dass die einzelnen Mitglieder die unmittelbare Wirkung eines Schiedsspruches anerkennen [WEBER und MOOS (1999)]. Dies würde einen Befolgungszwang erzeugen, der so effektiv sein könnte, dass der bereits bestehende Sanktionsmechanismus ersetzt wird.

Ein weiterer kritischer Aspekt ist die Tatsache, dass sowohl bei einer Kompensationslösung als auch bei einem Sanktionsmechanismus die Rechtsverletzung nicht aufgehoben wird. Dieses Hintertreiben von geltenden und scheinbar anerkannten Rechten und Pflichten könnte als schlechtes Beispiel im Umgang mit den Regeln dienen und das Ziel der WTO-Regeln zur Reduktion von Unsicherheit konterkarieren. Ungeahnte Schützenhilfe könnte das Verfahren allerdings durch die nationale Gerichtsbarkeit erhalten. Die Chance der heimischen Industrie, die unter den Vergeltungsmaßnahmen der USA leidet, sich auf das GATT-Recht zu berufen und die Politik damit bloßzustellen, wird trotz der bisher ablehnenden Haltung des EU-Gerichtshofes als nicht völlig aussichtslos erachtet und könnte damit für eine schnellere Umsetzung der Empfehlungen und Weisungen sorgen.

---

[19] Die Aussetzung von Vertragsrechten sollte sich möglichst auf den Handel mit dem entsprechenden Produkt oder der Produktgruppe beschränken.

[20] Das DSB hat in einer Entscheidung Ecuador das Recht auf Kompensation zugestanden und dem Land die Erlaubnis erteilt, gegen das TRIPS zu verstoßen. Es ist ein Novum, dass die WTO ein Abkommen zugunsten eines Landes aussetzt. Dies trifft ein Mitgliedsland wie die EU wirkungsvoller als die traditionellen Strafzölle [O.V. (2000b)].

3 SANITÄRE UND PHYTOSANITÄRE SCHUTZMAßNAHMEN INNERHALB DES GATT BZW. DER WTO UND DEREN WIRKUNGEN

3.1 EINLEITUNG

In einer 1996 durchgeführten Studie des "US Department of Agriculture" (USDA)[21] wurde festgestellt, dass allein US-amerikanische Exporte in Höhe von 4,91 Mrd. US-$ aufgrund von zweifelhaften und wenig nachvollziehbaren Importregelungen nicht zustande kamen [THORNSBURY et al. (1999); ROBERTS und DEREMER (1997)]. In dieser Studie wurden 85 % der erfassten Hemmnisse als sanitäre und phytosanitäre Handelshemmnisse identifiziert [THORNSBURY et al. (1999)].

NDAYISENGA und KINSEY (1994) versuchten bereits in einer früheren Arbeit, allgemeine nichttarifäre Handelshemmnisse durch einfaches Auszählen der Handelshemmnisse zu erfassen. Sie fanden dabei u. a. heraus, dass die Gruppe der technischen und gesundheitssichernden Handelshemmnisse 33 % der insgesamt erfassten nichttarifären Handelshemmnisse ausmachen. Der restliche Teil der nichttarifären Handelshemmnisse teilte sich im Wesentlichen wie folgt auf: 19 % der Handelshemmnisse sind dabei Zollkontingente, saisonale Zölle usw., 44,5 % sind quantitative Restriktionen wie z. B. einfache Quoten, und 3,6 % fallen unter die Kategorie Antidumpingmaßnahmen und monopolistische Handelhemmnisse.

Sie unterstrichen in dieser Studie jedoch auch immer wieder, dass nicht alle gesundheitlichen und technischen Handelshemmnisse erfasst werden konnten [NDAYISENGA und KINSEY (1994)].

Mit der zunehmenden Bedeutung der nichttarifären Handelshemmnisse im Allgemeinen und der der sanitären und phytosanitären Handelshemmnissen im Speziellen konfrontiert, wurde innerhalb der WTO das SPS-Abkommen geschaffen. Mit diesem Abkommen sollte der schwierige Prozess der Tarifizierung flankiert werden, der durch die stetig an Bedeutung gewinnenden nichttarifären Handelshemmnisse in Gefahr gerät. Die Furcht vor einem Missbrauch bei Maßnahmen, die unter dem Vorwand gesundheitspolitischer Vorsorge etabliert werden, führte zu dieser Institutionalisierung im Umgang mit diesen Maßnahmen. Die Kernelemente des Abkommens sind die Etablierung von internationalen Standards zur Harmonisierung des internationalen Warenverkehrs bei gleichzeitiger Option der Staaten, individuelle Standards unter Berücksichtigung einer anerkannten qualitativen naturwissenschaftlichen Risikoabschätzung einzuführen. Dass hierbei allerdings eine qualitative Risikoanalyse hinreichend ist, bedeutet eine Entschärfung der SPS-Regelung.

---

[21] Die Studie hat bezüglich ihrer Aussagekraft nur eingeschränkten Wert, da erstens nur die US-Exporte betrachtet wurden und die hier vorgestellten Ergebnisse auf Schätzungen beruhen und nicht durch ein entsprechendes Handelsmodell gestützt wird. Darüber hinaus wurde nur der reine Handelseffekt geschätzt und die entstandenen Wohlfahrtseffekte unberücksichtigt gelassen.

Nach Abschluss der Verhandlungen um das Abkommen gingen viele Beobachter eigentlich davon aus, dass die Regelungen für die Etablierung sanitärer und phytosanitärer Außenhandelsmaßnahmen eine quantitative Risikoanalyse als notwendige Bedingung fordern. Somit ist es für die einzelnen Mitgliedsstaaten einfacher geworden, eine handelsverändernde Maßnahme mit dem SPS-Regelwerk konform zu bekommen [KRAMB (2001)].

Im Folgenden sollen sanitäre und phytosanitäre Maßnahmen bzw. sanitäre und phytosanitäre Handelshemmnisse definiert, deren Umgang im SPS-Abkommen der WTO beschrieben und die möglichen Wirkungen auf den Handelsstrom dargestellt werden.

3.2 SANITÄRE UND PHYTOSANITÄRE HANDELSHEMMNISSE

In der Literatur werden Handelshemmnisse in tarifäre und nichttarifäre Handelshemmnisse unterteilt. In der Kategorie der nichttarifären Handelshemmnisse findet sich wiederum eine große Bandbreite an unterschiedlichsten Maßnahmen, die als Handelshemmnis wirken können. Hierbei können mit den technischen Handelshemmnissen und den sanitären und phytosanitären Maßnahmen zwei große Gruppen unterschieden werden, deren Abgrenzung nicht immer einfach ist.

3.2.1 Nichttarifäre Handelshemmnisse

Der Begriff nichttarifäre Handelshemmnisse ist in der Literatur unterschiedlich definiert. Es werden hierbei zwei Ansätze verfolgt. In einem Ansatz werden nur diejenigen Maßnahmen, die direkt auf den Handel wirken, berücksichtigt. In einem anderen Ansatz finden auch diejenigen Maßnahmen Beachtung, die indirekt auf den Handel wirken.

HILLMAN (1991) definierte nichttarifäre Handelshemmnisse als "*any governmental device or practice other than a tariff which directly impedes the entry of imports into a country and which discriminates against imports, but does not apply with equal force on domestic production or distribution.*"

Mit der Einschränkung auf diejenigen Maßnahmen, die lediglich die direkt wirkende Importbeschränkungen umfassen, wird jedoch die große Gruppe der indirekt auf den Handel wirkenden Maßnahmen ausgeklammert. Gerade diese Gruppe hat jedoch mit dem Abbau der tarifären Handelsbeschränkungen an Bedeutung gewonnen. In einer weiterführenden Definition müssen demnach auch Maßnahmen wie die der Exportbeschränkungen sowie Produktions- und Exportsubventionen aller Art eingeschlossen sein [LAIRD (1997)]. Die wohl den theoretischen Ansprüchen am meisten genügt, ist die sehr allgemein gehaltene Definition nichttarifärer Handelshemmnisse von BALDWIN (1970). Er sieht nichttarifäre Handelshemmnisse allumfassend als diejenigen privat oder öffentlich induzierten Maßnahmen "*that cause internationally traded goods and services, or resources devoted to the production of these goods and services, to be allocated in such a way as to* ***reduce potential real world income***" und die keine tarifären Maßnahmen sind.

Für BALDWIN sind laut seiner Definition diejenigen Maßnahmen als nichttarifäre Handelshemmnisse zu definieren, die weder Zölle noch Steuern darstellen und durch ihre Wirkung das volkswirtschaftliche Einkommen senken können.

MAHÉ (1997) hat diese Definition aufgegriffen und weiterentwickelt. In seiner Definition werden diejenigen Effekte berücksichtigt, die nicht über einen Markt gemessen werden können. Dies sind z. B. die negativen externen Effekte einer Maßnahme[22]. Für ihn sind diejenigen Maßnahmen, die weder Zölle noch Steuern darstellen, als nichttarifäre Handelshemmnisse zu deklarieren. Sie verringern die gesamtgesellschaftliche Wohlfahrt. Nach MAHÉ (1997) wird die o. g. Definition nach BALDWIN "*be widened to encompass non-market effects by qualifying as non tariff barriers those measures which* ***decrease potential world welfare***."

In der Untersuchung außenpolitischer Instrumente liegt der Fokus jedoch in der Analyse von Handelsströmen. In einer dieser Einschätzung nahestehenden Definition sind nichttarifäre Handelshemmnisse demnach alle staatlichen Maßnahmen einer offenen Volkswirtschaft, die nichttarifären Charakters sind und direkt oder indirekt zu Handelseffekten führen oder führen können[23]. Im Sinne dieser Definition werden jedoch nur diejenigen Maßnahmen berücksichtigt, die durch ihren Effekt einen negativen Handelseffekt haben. Maßnahmen, die positive Effekte verursachen könnten, sollen nicht unter diese Definition fallen, da diese Effekte in der Regel erwünscht sind.

Die Abgrenzung der Maßnahmen, die als nichttarifäre Handelshemmnisse einzuordnen sind im Vergleich zu allgemeinen staatlichen Interventionen in einen Markt, ist dabei nicht immer einfach, da im Sinne der Handelstheorie jeder Eingriff ins Marktgeschehen in einer offenen Volkswirtschaft Effekte auf den Außenhandel haben kann. In der Literatur wird diesem Abgrenzungsproblem mit der Unterscheidung hinsichtlich der Intention einer Maßnahme geholfen. In dieser Arbeit wird jedoch keine Unterscheidung bezüglich der Intention einer Maßnahme wie bei WALTER und CHUNG (1972) durchgeführt. Bei der hier verwendeten Definition wird den praktischen Schwierigkeiten der Ursache-Wirkungsanalyse Rechnung getragen. Bei nichttarifären Handelshemmnissen im Allgemeinen ist mit einer Reihe komplementärer und substitutiver Wirkungen zu rechnen. Bei der Identifikation einer Maßnahme ist wichtig, ob sie den Handel beeinflussen könnte, damit alle handelswirksamen Hemmnisse sicher erfasst werden. Folgende Definition ist demzufolge anzuwenden:

Die Beeinflussung des Handels[24] durch nichttarifäre Handelshemmnisse kann aus einer Änderung der Handelsvolumina, Handelsrichtungen oder ähnlichen Verzerrungen des Außenhandels resultieren, die als Folge von direkten oder indirekten Eingriffen in das Marktgeschehen entstehen. Als Maßstab sollte der mögliche Idealzustand im internationalen

---

[22] Seine Absicht war, Umwelteffekte mit in die Bewertung einer Maßnahme bzw. des Handels aufzunehmen.

[23] Entspricht der Definition der "measures" der UNCTAD.

[24] Im Englischen „trade distortion".

Handel herangezogen werden. Es sollte jedoch nicht wie bei BALDWIN (1970) der theoretische Idealzustand, sondern der als optimal zu erachtende internationale Handel sein [TIETJE (1997)]. Gleichzeitig sollte es sich nur um staatliche Eingriffe handeln, um eine Abgrenzung zu privaten marktwirtschaftlichen Aktivitäten zu erlangen. Die Zuordnung von indirekten Eingriffen zu nichttarifären Handelshemmnissen muss im Zweifelsfall individuell entschieden werden. Eine Auflistung der wichtigsten nichttarifären Handelshemmnisse findet sich in Schaubild 3.2-1.

Schaubild 3.2-1: Auflistung der wichtigsten nichttarifären Handelshemmnisse nach ihrer Unterteilung hinsichtlich direkter und indirekter Eingriffe

Direkte Eingriffe	**Indirekte Eingriffe**
Außenwirtschaftliche Instrumentarien **Preisbezogene Maßnahmen:** Variable Abschöpfungen • Variable Importabschöpfungen • Variable Komponenten Transaktionskostenspezifische Belastungen • Ausgleichszölle • Antidumpingzölle • Kautionen • Lizenzierungsgebühren • Administrative Kosten **Mengenbezogene Maßnahmen:** Quotierungen • Allgemeine Ex- oder Importquoten • Globale Quoten • Saisonale Quoten • Nationale Quoten • Freiwillege Sebstbeschränkungsabkommen Handelsverbote • Allgemeine Verbote • Gesundheits- oder sicherheitsbegründete Verbote • Verbote zum Schutz von Wildtieren Countertrade • Bartergeschäfte • Counterpurchase Lizenzierung • Allgemeine Lizenzierungspflicht • Automatische Lizenzierung • Gesonderte Lizenzierung Multinationale Abkommen • Multinationale Quotierungen • Multinationale Exportkontrollen	**Binnenwirtschaftliche Instrumentarien** **Maßnahmen zur Verbesserung der Funktionsfähigkeit des Marktmechanismus:** • Förderung von Erzeugergemeinschaften • Gründung von Preisfindungsstellen • Gründung und Förderung von Börsen und Warenterminmärkten **Finanzielle Anreize:** • Produktionssubventionen • Subventionierung von Arbeit • Subventionierung von Kapital o Investitionsbeihilfen o Finanzierung von Forschung und Entwicklung **Gesetzliche Regelungen** • Nahrungsmittelgesetze • Sanitäre und phytosanitäre Regelungen • Industrienormen • Verpackungs- und Kennzeichnungsvorschriften • Marketingvorschriften

Quelle: Eigene Zusammenstellung aus LAIRD und YEATS (1990a), ZIPPEL (1993), DEARDORFF und STERN (1985).

In der Auflistung der nichttarifären Handelshemmnisse in Schaubild 3.2-1 wird zwischen direkten und indirekten Eingriffen sowie binnenwirtschaftlichen, außenwirtschaftlichen und allgemeinen gesetzlichen Regelungen unterschieden. Wird jedoch die Kategorie der gesetzlichen Regelungen auch auf alle gesetzlichen Regelungen, sowohl des binnen- als auch des außenwirtschaftlichen Bereiches ausgeweitet, fallen auch die daraus entstehenden administrativen und technischen Handelshemmnisse darunter.

3.2.2 Technische Handelshemmnisse

Technische Handelshemmnisse sind nach einer übereinstimmenden Definition von THORNSBURY et al. (1999), ROBERTS (1998b) sowie ROBERTS und DEREMER (1997) folgend "*internationally divergent regulations and standards governing the sale of products in national markets which have as their prima facie objective the correction of market inefficiencies stemming from externalities associated with the production, distribution and consumption of these products*".

Diese Definition umfasst Maßnahmen, die ihre primäre Aufgabe in der Beseitigung von asymmetrischer Information[25], von Externalitäten im Konsum oder in der Beseitigung von Produktexternalitäten[26] haben. Letzteres beinhaltet auch SPS-Maßnahmen. Der Zusatz "prima facie" ist deshalb wichtig, da die Existenz von Lobbyaktivitäten berücksichtigt werden muß, die ihr primäres Ziel in der Protektion der eigenen Interessen sehen. Diese gewählte Definition ist sowohl breiter als auch enger als viele in der Literatur bekannte Definitionen hinsichtlich technischer Handelshemmnisse. So beinhaltet sie ausdrücklich keine Subventionen oder Zölle/Steuern, auch wenn diese zur Beseitigung von Externalitäten etabliert wurden. Darüber hinaus beinhaltet die Definition auch SPS-Maßnahmen, die oftmals synonym mit technischen Handelshemmnissen verwendet wurden und gleichzeitig mehr Maßnahmen als die in der Diskussion um landwirtschaftlicher Handel bekannten Importverbote. Die Maßnahmen reichen von Inputstandards bis hin zur Informationspflicht der Hersteller [ROBERTS, JOSLING und ORDEN (1998) zitiert in THORNSBURY et al. (1999)].

3.2.3 Sanitäre und phytosanitäre Maßnahmen

Im Allgemeinen werden SPS-Maßnahmen[27] als *„measures ... adopted by countries to protect human, animal or plant life and health from certain biological and chemical risks“* bezeichnet.

ROBERTS und DEREMER (1997) definierten sanitäre und phytosanitäre Maßnahmen etwas eingehender als "*internationally divergent regulations and standards governing the sale of products in national markets which have as their prima-facie objective the correction of*

[25]Dies beinhaltet die Angaben hinsichtlich der Herkunft, der Standardisierung von Gewichts- und Größenangaben sowie Qualitätskriterien [THORNSBURY et al. (1999)].

[26] Externalitäten betreffen Wirkungen, bei denen Verursacher und Betroffener nicht übereinstimmen. Die zugrunde liegenden externen Effekte stellen Interdependenzen zwischen ökonomischen Aktivitäten verschiedener Wirtschaftssubjekte dar, die nicht über marktmäßige Austauschbeziehungen vermittelt werden [GABLER (1988)].

[27] Der oft verwendete Begriff der Handelshemmnisse soll hier nicht verwendet werden, da er mit einem negativen Image behaftet ist. Eine sanitäre bzw. phytosanitäre Maßnahme kann, wie später gezeigt wird, den Handel auch positiv beeinflussen.

market inefficiencies stemming from externalities associated with the production, distribution and consumption of these products".

Sie sind damit eine Untergruppe der administrativen und technischen Maßnahmen (Handelshemmnissen) im Außenhandel. Sie beinhalten dabei bestimmte Sicherheits- und Qualitätsstandards als Ziele, die erreicht werden sollen, sowie die Ebene auf der diese Ziele verfolgt und auch überprüft werden sollen [HOOKER und CASWELL (1999)].

Diese Definition erscheint auch für die Arbeit am besten geeignet. Der Hinweis auf den "prima-facie"-Fall macht eine sprachliche Unterscheidung der Maßnahmen mit sanitärem und phytosanitärem Charakter möglich. Wie später gezeigt werden wird, gibt es vielfach Maßnahmen, die hinsichtlich ihrer gesamtgesellschaftlichen Wirkung entweder negative, neutrale oder auch positive Wohlfahrtseffekte haben können. In diesem Sinne wird auch in der folgenden Arbeit eine sprachliche Unterscheidung zwischen einer sanitären und phytosanitären Maßnahme (SPS-Maßnahme) und einem sanitärem und phytosanitärem Hemmnis gemacht. Eine SPS-Maßnahme ist ein handelspolitischer Eingriff, der als Ziel die Beseitigung von Externalitäten hat. Ein entsprechendes sanitäres und phytosanitäres Handelshemmnis ist jedoch eine Maßnahme, die als vorrangiges Ziel die Protektion und Generierung von Renten verfolgt[28,29]. Welche Ziele verfolgt werden können, wird nachfolgend aufgezeigt.

3.2.3.1 Einteilung sanitärer und phytosanitärer Maßnahmen nach administrativen Zielen

Eine Möglichkeit der Einteilung technischer Handelshemmnisse ist die Zuordnung nach denjenigen Zielen, die mit dem Einsatz dieser Maßnahmen verfolgt werden sollen.

Hinsichtlich der Einteilung dieser Maßnahmen nach deren Ziele gibt es verschiedene Ansätze.

Sie können dabei nach HENSON und HEASMAN (1998) drei verschiedene Formen annehmen:

1) SPS-Maßnahmen, die die Hersteller/Händler verpflichten, bestimmte Informationen über ihre Produkte preiszugeben;

2) SPS-Maßnahmen, die den Hersteller/Händler verpflichten, in einer Art Zertifizierung sicherzustellen, dass das Produkt bestimmten Ansprüchen genügt;

3) SPS-Maßnahmen, die dem Anbieter die Zertifizierung erlassen, jedoch zu dem Tatbestand einer Straftat führen, wenn das Produkt wider Erwarten nicht bestimmten Richtlinien entspricht.

---

[28] Die Beurteilung, ob eine konkrete Maßnahme nun als primäres Ziel dem Schutz vor Gefahren dient oder dem Schutz vor Konkurrenz, ist in vielen Fällen nur schwer möglich und in manchen Fällen sicherlich unmöglich. Aus diesem Grund wird in der Arbeit überwiegend der neutrale Begriff der Maßnahme verwendet.

[29] Die Unterscheidung hinsichtlich der Intention einer Maßnahme ist auch wesentlicher Bestandteil der Beurteilung einer solchen Maßnahme innerhalb der neuen WTO-Vereinbarungen.

Die Art der Information kann hierbei aus verschiedenen Bereichen eines Produktes stammen. Dies umfasst den Bereich von der Produktion bis zum Konsum des Produktes. So kann hier nach OYEJIDE, OGUNKOLA und BANKOLE (2000) ebenfalls zwischen drei Ebenen unterschieden werden:

1) "food safety target standards", die erst dann zu Konsequenzen für den Hersteller/Händler führen, wenn beim Konsum des Produktes bestimmte Kriterien nicht eingehalten werden;

2) "performance standards", die von den Herstellern/Händlern verlangen, dass die Produkte bestimmte Kriterien erfüllen, die jedoch nur das Produkt an sich und nicht den Produktionsprozess beinhalten;

3) "specification standards", die von den Herstellern/Händlern verlangen, dass die Produkte bestimmte Kriterien erfüllen, die das Produkt und den Produktionsprozess beinhalten.

3.2.3.2 **Einteilung sanitärer und phytosanitärer Maßnahmen nach sozialen Zielen**

Mit Hilfe des Wissens um die Art des Instrumentes, dessen man sich bedient und der Information darüber, welchen Bereich die entsprechende Maßnahme erfassen soll, kann eine erste Abgrenzung erfolgen. Darüber hinaus kann über die viel spannendere Frage hinsichtlich der Ziele, die eine Maßnahme verfolgen soll, eine weitere Unterscheidung vorgenommen werden. Eine Unterteilung der SPS-Maßnahmen nach deren Rechtfertigung kann bei der Frage helfen, inwieweit sich die Angebots- und Nachfrageseite hinsichtlich ihrer beabsichtigten Ziele verändert. Mit dieser Information kann daraufhin beurteilt werden, ob eine Maßnahme ihr Ziel der Beseitigung einer Marktineffizienz erreicht hat und ob sie zur Erhöhung oder Senkung der gesellschaftlichen Wohlfahrt führt [ROBERTS (1998b)].

Mit Hilfe technischer Handelshemmnisse im Allgemeinen und SPS-Maßnahmen im Speziellen können drei soziale Ziele verfolgt werden:

1) die Protektion der heimischen **Produzenten**;

2) die Verteidigung der gesundheitlichen und wirtschaftlichen Interessen der **Konsumenten** sowie

3) der Bereich **Umweltschutz**.

Diese Oberbegriffe können des Weiteren unterteilt werden in Maßnahmen, die biologische oder toxikologische **Risiken** bekämpfen und solche, die zwar **keine Risiken** bekämpfen, aber andere für die Gesellschaft wichtige Ziele verfolgen (siehe Tabelle 3.2-2).

Tabelle 3.2-2: Unterteilung sanitärer und phytosanitärer Maßnahmen nach deren Zielen

Soziale Belange	Risikominimierung	Risiko unabhängig
Produzenten	Tierischer und pflanzlicher Schutz aus wirtschaftlichem Interesse	Kompatibilität mit anderen Produzenten
Konsumenten	Nahrungsmittelsicherheit	Qualitätssicherung
Umwelt	Schutz vor nicht heimischen Bedrohungen	Bestandserhaltung

Quelle: Nach ROBERTS (1998b).

Die Kategorie Risikominimierung unterstreicht die Wichtigkeit, sich mit den unterschiedlichen Variationen hinsichtlich der Möglichkeiten zur Risikominimierung auseinanderzusetzen. Risiko ist hier definiert als das Produkt aus der Wahrscheinlichkeit eines Auftretens mit dem möglichen Schadensbild.

Der Schutz von Tieren und Pflanzen aus wirtschaftlichen Erwägungen bzw. aus dem Interesse der wirtschaftlichen Kompatibilität mit anderen Produzenten dient dem Schutz von Flora und Fauna sowie der Effizienzsteigerung der Vermarktungskette. Maßnahmen zur Sicherung von Nahrungsmitteln schützen den Konsumenten vor unterschiedlichen Risiken, die er mit dem Konsum der Produkte nicht eingehen will oder soll. Qualitätssicherungsaspekte helfen dem Konsumenten bei der Beseitigung asymmetrischer Information und erleichtern die Wahl von Konsumgütern aus der Kategorie der "experience" und "credence goods". Maßnahmen zum Schutz der Umwelt vor nichtheimischen Bedrohungen reduzieren die Wahrscheinlichkeit einer Epidemie, während die Maßnahmen zur Konservierung der natürlichen Ressourcen dem weiteren Erhalt und damit der potentiellen Nutzung dienen [ROBERTS (1998b)].

Diese Klassifikation weist auch auf die Besonderheiten für die Auswertung der Maßnahmen hin. Der tierische und pflanzliche Schutz aus wirtschaftlichen Interessen sowie die Maßnahmen zur Kompatibilitätssteigerung können z. B. auf der Basis der Marktdaten für Preise und Mengen von privaten Gütern erfasst werden. Mit Hilfe dieser Ergebnisse kann im zweiten Schritt beurteilt werden, ob die negativen Wohlfahrtseffekte, die aufgrund der Einschnitte im Warenverkehr entstanden, durch die positiven Wohlfahrtseffekte als Folge der Vermeidung negativer externer Effekte aus der ausländischen Produktion bzw. den positiven Skaleneffekten überkompensiert wurden.

Maßnahmen zur Nahrungsmittelsicherheit und der Qualitätssicherung, die die Verluste, die durch die Einschränkung des Handels einhergehen, kompensieren könnten, verschieben die Nachfragekurve. Bei der Beurteilung der Maßnahmen hinsichtlich der Bestandserhaltung muss immer abgewogen werden, inwieweit der Wohlfahrtsverlust durch die Handelsrestriktion durch den Nutzen als Folge der Bereitstellung eines öffentlichen Gutes wettgemacht wird.

3.2.3.3 Einteilung sanitärer und phytosanitärer Maßnahmen nach dem multidimensionalen Aspekt

Eine weitere Unterteilungsmöglichkeit findet sich in ROBERTS (1999), wonach technische sowie sanitäre und phytosanitäre Handelshemmnisse auf drei verschiedene Weisen unterteilt werden können. Dies rührt von dem multidimensionalen Aspekt der Handelshemmnisse her, der wiederum die Quantifizierung und Evaluation relativ kompliziert macht.

Die Einteilung erfolgt hierbei nach dem politischen Instrument (policy instrument), dem Geltungsbereich (scope) einer Maßnahme sowie dem Ziel (regulatory goals), das zur Rechtfertigung einer Maßnahme dient.

Der Politik stehen eine Reihe von Instrumenten zur Verfügung, um Marktineffizienzen auszugleichen. Dabei kann die Politik sowohl über allgemeine gesetzliche Regelungen als auch über die außenwirtschaftlichen Instrumentarien wie die der preisbezogenen Maßnahmen oder mengenbezogenen Maßnahmen in Form von diversen Importauflagen in den Handel eingreifen[30]. Gerade die unterschiedlichen Importregelungen, die für die Genehmigung der Einfuhr von Gütern eingehalten werden müssen, werden von Staaten gerne ergriffen. Dies gilt im Besonderen, wenn eine unbestimmte Gefahr mit dem Import eines Produktes verbunden ist, dessen Auswirkungen nicht deutlich erkennbar sind[31]. Mit Hilfe dieser Maßnahmen soll u. a. den Konsumenten geholfen werden, sich über die Gefahren, die mit diesen Produkten einhergehen, zu informieren oder informieren zu lassen. Dies ist dann besonders wichtig, wenn dem einzelnen Konsumenten die Zeit und der dazu benötigte Aufwand für die eigene Informationssuche zu hoch erscheint[32]. Ein Beispiel für ein entsprechendes staatliches Eingreifen sind totale oder partielle Importverbote für bestimmte Produkte.

Eine weitere Frage, die hinsichtlich der Maßnahmen gestellt werden kann, ist die Art der Begründung (scope). Die Antwort darauf kann zumindest einen Hinweis geben, wie die heimische Angebots- und Nachfragekurve verschoben werden sollte, damit bestehende Marktineffizienz behoben wird. Diese Verschiebungen entscheiden dann darüber, ob mit der Maßnahme die Wohlfahrt erhöht oder gesenkt wird.

Die dritte Frage richtet sich nach der Rechtfertigung einer Maßnahme hinsichtlich der Erfüllung ihrer Ziele (regulatory goals). Diese Zuordnung widmet sich der Beurteilung der

---

[30] Siehe hierzu auch die Tabelle 3.2-1.

[31] Die WTO ermöglicht den einzelnen Mitgliedern in besonderen Fällen zeitlich begrenzte Importbeschränkungen ohne wissenschaftliche Fundierung.

[32] Eine klassische Importregelung in diesem Zusammenhang ist das Kennzeichnen von Waren. Ein aktuelles Beispiel bietet die Diskussion um die genetisch veränderten Organismen. Siehe hierzu auch SHELDON (2002).

Frage nach dem wie und warum das heimische Angebot und Nachfrage als Folge des Eingriffes mit Hilfe eines technisch-administrativen Handelshemmnisses verändert wurde. Es ist die Frage zu klären, inwieweit die Marktineffizienz durch negative Externalitäten, asymmetrische Information usw. bereinigt und dadurch die gesamtgesellschaftliche Wohlfahrt erhöht oder gesenkt wurde [ROBERTS (1998b)].

3.3 DIE WTO-ABKOMMEN

Mit der Gründung der WTO wurden neue Abkommen geschlossen und alte in veränderter Form übernommen. Sowohl das TBT-Abkommen als auch das SPS-Abkommen bezieht sich auf Maßnahmen, die in ihren Zielen dem Schutze von Menschen, Tieren und Pflanzen dienen sollen. Welches Abkommen jedoch für welche Maßnahme zuständig ist, hängt von den Details einer Maßnahme ab. Das TBT-Abkommen ist für alle technischen und sonstigen vereinheitlichenden Maßnahmen relevant, die nicht explizit unter das SPS-Abkommen fallen.

3.3.1 SPS-Abkommen

Mit dem steigenden menschlichen Bedürfnis nach Lebensmittelsicherheit [KINSEY (1993)] und dem Anwachsen der Handelsströme im Bereich der unverarbeiteten und verarbeiteten Nahrungsmittel [OECD (1997)] erlangte die Frage nach einer effektiven Regelung im Umgang mit gesundheitspolizeilichen Maßnahmen im internationalen Warenverkehr eine zunehmend größere Bedeutung.

3.3.1.1 Die Ausgangssituation

Die Bedeutung von Qualitätsstandards und Produktionsvorschriften in der Nahrungsmittelproduktion nimmt immer mehr zu, weil sich der Handel von landwirtschaftlichen Rohstoffen zunehmend auf Halb- und Fertigprodukte verlagert. Bei diesen Produkten hat der Qualitäts- und Produktionsaspekt eine höhere Bedeutung als bei unverarbeiteten Rohprodukten [ORTNER (1999)]. Hinzu kommt, dass mit steigendem Einkommen auch das Bedürfnis nach steigender Qualität wächst. So ist es für den Konsumenten mit steigendem Wohlstand zunehmend von Interesse, auf welche Art und Weise das zu konsumierende Produkt entstanden ist. Somit erhalten Charakteristika auf einmal einen Wert, der über den reinen Nähr- und Genusswert hinausgeht. Im Endeffekt bedeutet dies, dass die Konsumenten Nahrungsmittel nicht mehr alleine wegen ihres Nährwertes kaufen, sondern ihre Kaufentscheidung auch danach treffen, welche zusätzlichen Gesundheits-, Genuss- und ethischen Inhalte mitgekauft werden.

Um dem Konsumenten einen gewissen Grad der Sicherheit zu geben, greift hierbei der Gesetzgeber ein. Er etabliert hierfür Regeln, Normen und Standards, sofern diese nicht schon freiwillig durch die betreffende Industrie eingeführt wurden. Für Außenstehende ist es aber nicht immer einfach zu beurteilen, ob eine Maßnahme zum Schutz der eigenen Konsumenten oder zum Schutz der eigenen Produzenten eingeführt wurde. Das SPS- und das TBT- Abkommen stellen hierbei eine Hilfe zur Klärung dieser Fragen dar [ORTNER (1999)]. Während viele Themen innerhalb der neu geschaffenen WTO bereits in vergangenen Handelsrunden vielfach diskutiert und in die abschließenden Verträge eingearbeitet wurden, hat mit der Berücksichtigung der SPS-Maßnahmen ein Bereich Aufmerksamkeit erhalten, der unsere vernetzte[33] Gesellschaft in Zukunft immer mehr beeinflussen wird. Mit dem Inkrafttreten des bis dahin beispiellosen "Agreement on the Application of Sanitary and Phytosanitary (SPS) Measures" (SPS-Abkommen) hat die WTO hier Neuland betreten[34].

Innerhalb des SPS-Abkommens wurden die Themenbereiche "food security", "animal health protection" und "plant protection" aufgenommen.

Der Terminus "sanitary" aus dem Titel des SPS-Abkommens steht hierbei stellvertretend für "human and animal health", während der Terminus "phytosanitary" für "plant health" steht. Der Versuch der EU, weiterführende Aspekte wie "animal welfare", "environmental links in agricultural production" sowie "consumer concerns" einzubringen, scheiterte jedoch [STANTON (1997)].

Das Abkommen sollte ursprünglich eine detaillierte Grundlage für die Implementierung von Maßnahmen im Außenhandel darstellen, die zum Zwecke der menschlichen, tierischen und pflanzlichen Gesundheit eingeführt wurden. Hierbei sollte den einzelnen Staaten das Recht zugestanden werden, sowohl ihrer Bevölkerung einen nach ihren Gesichtspunkten ausreichenden Schutz zu gewährleisten als auch einen Missbrauch dieses Instrumentariums zu protektionistischen Zwecken vorzubeugen [ROBERTS (1998b)]. In diesem Abkommen wurde bei der Beurteilung solcher Maßnahmen der naturwissenschaftlichen Komponente besondere Bedeutung zugedacht[35]. Dies entspricht einer neuen Qualität bei der Beurteilung von potentiellen Handelshemmnissen [JAMES (2000)].

Das SPS-Abkommen hat hier einen sehr großen Beitrag geleistet. Nachdem im GATT-Vertrag von 1947 noch Handelshemmnisse zum Schutz der menschlichen Gesundheit ohne weiteres erlaubt waren, schränkte das SPS-Abkommen den staatlichen Eingriff ein wenig ein. Das Schaffen von Standards ist für alle dabei ein "trade-off" zwischen Nahrungsmittelsicherheit und wirtschaftlichen Interessen. Dies sorgte dafür, dass Nationen nicht ohne weiteres Risikoreduktion betreiben konnten und damit die ökonomischen Kosten in die Höhe trieben [BUZBY und ROBERTS (1999)].

---

[33] Im Sinne der Vernetzung der Produktionsstrukturen und dem dadurch resultierenden Handel.

[34] Die Rolle der SPS-Maßnahmen vor der Verabschiedung des SPS-Abkommens war im ursprünglichen GATT-Vertrag von 1948 durch Artikel XX:b geregelt, der die Verwendung von Maßnahmen vorsah, die notwendig sind, die menschliche, tierische und pflanzliche Gesundheit zu schützen. In der Tokio-Runde wurde das TBT-Abkommen beschlossen, welches allerdings nicht direkt für die Regulierung von SPS-Maßnahmen abzielte. Es behandelte in erster Linie die technischen Anforderungen, die mit Nahrungssicherheit einhergingen sowie Pestizid-Grenzwerte, Inspektionen und Labelling.

[35] Bei einer genaueren Betrachtung der vor dem DSB ausgetragenen Streitfälle im Zusammenhang mit dem SPS-Abkommen ist schnell ersichtlich, dass es für die einzelnen WTO-Mitglieder sehr schwer ist, die entsprechend geforderte wissenschaftliche Rechtfertigung für die jeweiligen Handelsmaßnahmen zu finden [COHEN (2000)].

3.3.1.2 Die Kernelemente des Abkommens

Die WTO-Abkommen lassen sich generell in zwei Kategorien des Bereiches Handel einordnen, in den Handel mit Gütern und den Handel mit Dienstleistungen. Die Ausgestaltung ist in drei Teile untergliedert: "basic principles", "additional details" und "market access" commitments. Neben den basic principles des eigentlichen GATT sowie des GATS gibt es sie noch beim TRIPS, beim DSU und beim "Trade Policy Review Mechanism" (TPRM). Die additional details enthalten beim GATT und GATS Anhänge bezüglich einzelner Güter und Anhänge zum eigentlichen Vertrag[36].

Hierzu gehören u. a. das Abkommen über die Landwirtschaft, das SPS-Abkommen und das TBT-Abkommen. Das SPS-Abkommen ist technisch gesehen ein separates Abkommen. Es ist jedoch praktisch gesehen sehr eng mit dem Abkommen über den Agrarhandel verbunden [JOSLING und TANGERMANN (1999)]. Gleichzeitig muss auch die Verbindung zum Abkommen im Umgang mit technischen Handelshemmnissen gesehen werden. So sind SPS-Maßnahmen im Sinne des Abkommens alle Maßnahmen, die zum Schutze der Gesundheit von Menschen, Tieren und Pflanzen ins Leben gerufen wurden, während Maßnahmen im Zusammenhang mit der Qualität der Agrargüter und Nahrungsmittel durch das TBT-Abkommen geregelt werden [HOOKER und CASWELL (1999)]. Der tatsächlich durch das SPS-Abkommen geregelte Bereich ist in der praktischen Umsetzung jedoch bedeutend geringer. Viele Maßnahmen werden dabei über die anderen Abkommen der WTO abgedeckt. Die zwei Kernelemente des Abkommens sind zum einen die Forderung nach Etablierung von internationalen Standards[37] zur Harmonisierung des internationalen Warenverkehrs:

> *"to harmonize sanitary and phytosanitary measures on as wide a basis as possible, members shall base their sanitary or phytosanitary measures on international standards, guidelines or recommendations, where they exist, except as otherwise provided for in this Agreement"*

sowie zum zweiten die gleichzeitige Option zur Etablierung individueller Standards:

> *"Members may introduce or maintain sanitary or phytosanitary measures which result in a higher level of sanitary or phytosanitary protection".*

Dies gilt unter Berücksichtigung einer anerkannten naturwissenschaftlichen Risikoabschätzung. Diese zwei Kernelemente sind jedoch auch gleichzeitig die potentiellen Reibungspunkte im Zusammenhang mit der Umsetzung des Abkommens in der internationalen Handelspolitik [YOUNG und MILJKOVIC (1999)].

Die angestrebte Harmonisierung sollte auch zu einer Verringerung der Transaktionskosten im internationalen Handel mit Lebensmitteln beitragen. Artikel 5 "Assessment of Risk and Determination of the Appropriate Level of Sanitary or Phytosanitary Protection" des Abkommens

---

[36] Siehe hierzu auch die ausführlichere Darstellung in Kap. 2.

[37] In Artikel 3 des SPS-Abkommens wird hierzu explizit auf die "Codex Alimentarius Commission", das "International Office of Epizootics" und die "International Plant Protection Convention" verwiesen.

stellt hierfür die Grundlage dar, auf der die einzelnen Mitglieder ihre SPS-Maßnahmen im Handelsverkehr implementieren und überprüfen sollen. Sie müssen die dort enthaltenen notwendigen Verfahrensschritte für die Etablierung ihrer WTO-konformen Maßnahmen beachten.

HOOKER und CASWELL (1999) haben diesen Aspekt des notwendigen "Risk Assessments" sehr anschaulich dargestellt. Die Evaluation der einzelnen Maßnahmen umfasst gemäß des SPS-Abkommens einen zweistufigen Prozess, der auf der ersten Stufe eine rein naturwissenschaftliche Komponente und auf der zweiten Stufe eine politische Komponente beinhaltet.

Schaubild 3.3-1: Sequentielle Analyse des SPS-Evaluationssystems

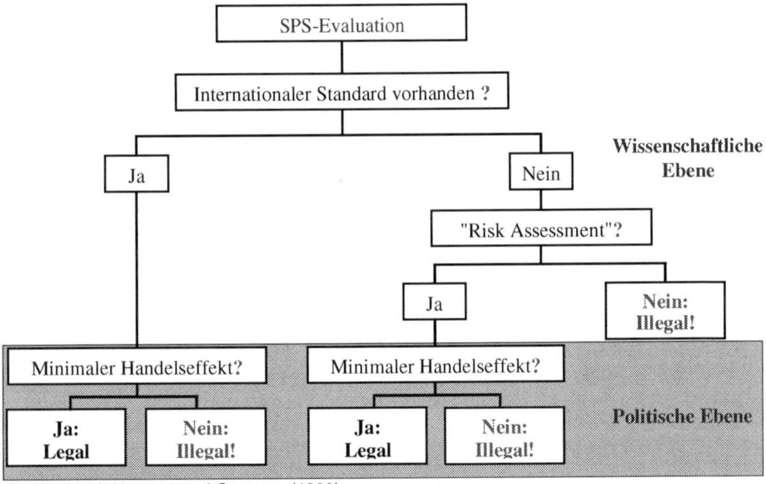

Quelle: Nach HOOKER und CASWELL (1999).

Der in Schaubild 3.3-1 dargestellte Entscheidungsbaum zeigt, dass Maßnahmen, die der naturwissenschaftlichen Komponente der Risikoevaluation nicht genügen, nicht als Maßnahmen legalisiert werden können[38]. Die Beurteilung einer SPS-Maßnahme umfasst gemäß dem SPS-Abkommen einen zweistufigen Prozess. Er beinhaltet auf der ersten Stufe eine rein naturwissenschaftliche Komponente und auf der zweiten Stufe eine politische Komponente. Auf der wissenschaftlichen Ebene soll untersucht werden, ob die in Kraft tretende bzw. getretene Maßnahme[39] internationalen Standards entspricht. Wenn dies nicht der Fall sein sollte, muss eine Risikoabschätzung durchgeführt oder nachgewiesen werden.

[38] Die internationalen Standards, auf die hier verwiesen werden, basieren hier ebenfalls auf naturwissenschaftlichen Risikoanalysen. Siehe hierzu das Verfahren der "*Codex Alimentarius Commission*" in Kap. 3.3.1.2.1.

[39] Dies geschieht im Falle einer Überprüfung durch das Panel.

Auf der politischen Ebene wird im zweiten Schritt über das *"appropriate level of sanitary protection"* entschieden. Die hier zugrunde gelegten Argumente können im Gegensatz zum vorangegangenen Schritt nicht-wissenschaftliche Aspekte, wie z. B. soziale Wertvorstellungen, beinhalten [WTO (1997)][40].

Im Geiste des SPS-Abkommens werden diejenigen Maßnahmen angesprochen, die durch die einzelnen Mitgliedsstaaten der WTO etabliert wurden, um sowohl das Leben als auch die Gesundheit von Menschen, Tieren und Pflanzen vor Gefahren zu schützen [ROBERTS (1998b)]. Das Abkommen erkennt darin das Recht der einzelnen Staaten an, Maßnahmen zu ergreifen, die ein bestimmtes von ihrer Gesellschaft gefordertes Maß an Schutz für Menschen, Tieren und Pflanzen gewährleisten. Dabei sollen diese Maßnahmen wissenschaftlich gerechtfertigt sein, keinerlei Diskriminierung verursachen und lediglich dem selbst gewählten Schutzniveau dienen [ROBERTS (1998b)]. Das SPS-Abkommen nimmt bei der Forderung nach Standardisierung ausdrücklich Bezug auf drei internationale Institutionen. Das Abkommen setzt die dort entwickelten und in den jeweiligen Gremien angenommenen Standards als hinreichende Mindeststandards für den Gebrauch innerhalb der WTO fest [TWESTEN (1999)]. Es handelt sich zum einen um die "International Plant Protection Convention" (IPPC), das "International Office of Epizootics" (IOE) sowie die "Codex Alimentarius Commission"[41] (CAC).

3.3.1.2.1 Die "Codex Alimentarius Commission"

Die CAC ist von den drei im SPS-Abkommen genannten Institutionen die jüngste, aber auch gleichzeitig die international bekannteste. Sie wurde hierbei sowohl in den GATT-Verhandlungen der Uruguay-Runde als maßgebende Größe für die Beurteilung von nichttarifären Handelshemmnissen als auch in den entsprechenden Streitfällen zu dem Abkommen immer wieder als Bezugsquelle angeführt. Die CAC ist 1962 in Kooperation zwischen "World Health Organization" (WHO) und "Food and Agricultural Organization" (FAO) gegründet worden. Die CAC selbst sieht ihre Aufgabe in dem Abbau der nichttarifären Handelshemmnisse, auch wenn die FAO/WHO immer wieder betonte, dass das Schwergewicht der Bemühungen im Gesundheitsschutz[42] liegt [MERKLE (1994)]. Die CAC hat im Wesentlichen drei Möglichkeiten zur Durchsetzung ihrer Ziele. Sie können über die "Codex Standards", den "Codex of Practice" oder die "Guidelines" durchgesetzt werden [MERKLE (1994)].

Die CAC ist mit der Festsetzung internationaler Standards für Nahrungsmittel beschäftigt. Die Arbeit dieser Organisation besteht darin, internationale Standards zur Sicherheit von Nahrungsmitteln zu entwickeln. Dort wird innerhalb eines achtstufigen Prozesses über die

---

[40] Für eine detaillierte Darstellung der notwendigen Bedingungen hinsichtlich der Risikobeurteilung von SPS-Maßnahmen siehe auch KRAMB (2001).

[41] Für die Beschreibung der Art und Weise, wie in der Codex Alimentarius Commission Willensbildung betrieben wird, vergleiche am Beispiel der Grenzwerte für Hormone in Rindfleisch in SWINBANK (1999).

[42] In diesem Zusammenhang wird auch immer wieder vom Verbraucherschutz gesprochen.

Etablierung von Standards durch ein internationales Gremium, das aus politischen Vertretern verschiedener Staaten besteht, abgestimmt [MERKLE (1994)]. Die Kommission setzt sich aus 165 Ländern zusammen, die auch hier jeweils mit einer Stimme vertreten sind. Die Entwicklung und Verbesserung von Standards erfolgt in Ausschüssen. Sie treten je nach Bedarf zusammen und werden durch ausgewählte Expertengruppen unterstützt. Über die Annahme eines neuen Standards wird auch hier durch die einzelnen Mitgliedsländer abgestimmt, die jeweils Wünsche nach Modifikationen einbringen können. Das Ergebnis der endgültigen Abstimmung muss jedoch immer einstimmig sein[43].

Bei der Beschreibung der Entwicklung des weltweiten "Codex Standards" ist interessant, dass im Verfahren zur Etablierung eines neuen Standards der Komiteevorsitzende stets bemüht ist, bereits für den Vorentwurf des zu diskutierenden Standards eine allgemeine Übereinstimmung der Komiteemitglieder zu erzielen. Dieses Verfahren erscheint aber bedenklich, da solche Vereinbarungen immer nur auf der Grundlage des kleinsten gemeinsamen Nenners getroffen werden. Die resultierenden Standards sind in ihrem Wesen dann ebenfalls vom kleinsten gemeinsamen Nenner. Somit kann die eigentliche Aufgabe des Verbraucherschutzes nicht als primäres Ziel angesehen werden [MERKLE (1994)]. Ein weiterer Kritikpunkt ist die mangelnde Beteiligung und Involvierung von Verbraucherverbänden, die im Prozess der Entwicklung eines neuen Standards ebenfalls nur marginale Bedeutung haben.

3.3.1.2.2 Die "International Organization of Epizootics"

Die IOE ist von den drei o. g. Organisationen die älteste. Sie wurde 1924 gegründet und hat ihren Sitz in Paris. Die IOE beschäftigt sich mit der Tiergesundheit im Allgemeinen und den Tierseuchen im Speziellen. Es sind 152 Länder Mitglied in der Organisation und mit je einer Stimme vertreten. Zu den Hauptaufgaben gehört das Informieren der Regierungen über das Auftreten und die Verbreitung von Tierseuchen. Sie koordinieren internationale Studien zur Tiergesundheit und harmonisieren die Standards für den Handel mit Tieren und Tierprodukten. Die Vorschläge der Kommission werden regelmäßig den Mitgliedsländern vorgelegt und zur Abstimmung gebracht.

3.3.1.2.3 Die "International Plant Protection Convention"

Die IPPC wurde 1951 auf einer Tagung der FAO von 120 Mitgliedsstaaten gegründet [THIERMANN (1997)]. Sie kümmert sich um die Regelungen gegen die Verbreitung von Schädlingen und Krankheiten bei Pflanzen. Dieses 1951 ratifizierte internationale Abkommen wurde 1992 auf die Entwicklung von Standards im internationalen Handel erweitert. Hierzu zählen die Entwicklung von Bedingungen für die Quarantäne sowie die Kontroll- und Zertifizierungsbestimmungen. Zum erweiterten Aufgabenbereich soll demnächst auch die Entwicklung von produktspezifischen Standards gehören. Im Entscheidungsprozess über die Etablierung eines Standards sind alle Mitgliedsländer gleichermaßen eingebunden.

---

[43] Siehe hierzu auch Anhang A1 zum Verfahren innerhalb der CAC.

3.3.1.3 Die Anwendung des SPS-Abkommens

Das SPS-Abkommen findet seine Anwendung vor allem bei Standards und Regeln, die mit der Gesundheit von Pflanzen, Tieren und Menschen zu tun haben. Dagegen befasst sich das TBT-Abkommen mit allen anderen technischen Vorschriften und Standards, die u. a. die Verpackung und das Kennzeichnen von Waren betreffen [ORTNER (1999)].

Maßnahmen im Sinne des SPS-Abkommens sind solche, die nach YOUNG und MILJKOVIC (1999):

- menschliches und tierisches Leben vor den Risiken schützen, die von Zusatzstoffen, Kontaminationen, Giften oder krankheitsverbreitenden Organismen hervorgerufen werden;
- menschliches Leben vor Krankheiten schützen, die durch Tiere oder Menschen verbreitet werden;
- tierisches und pflanzliches Leben vor Seuchen, Krankheiten oder krankheitsübertragenden Organismen schützen (Zoonosen[44]);
- ein Land vor Schaden schützen oder den Schaden reduzieren, der durch die Entstehung oder das Verbreiten von Seuchen herrührt.

Maßnahmen zum Schutze der Umwelt, die in der o. g. Definition nicht enthalten sind, Maßnahmen zum Schutze der Interessen von Konsumenten oder Maßnahmen zur Steigerung des Wohls von Tieren sind nicht durch das Abkommen gedeckt. Diese Aspekte werden in anderen Abkommen behandelt [ROBERTS (1998a)].

Bei der Implementierung der SPS-Maßnahmen zum Schutz der Bevölkerung des Landes muss darauf geachtet werden, dass internationale Regelungen eingehalten werden. Wenn diese nicht vorhanden sind, muss eine Risikoanalyse durchgeführt und auf die ökonomische Relevanz des Problems geachtet werden. Die ökonomische Relevanz für das exportierende Land ist hierbei allerdings nicht gemeint. Einige Ausnahmen gibt es jedoch für die Entwicklungsländer. Auch die Wortwahl bei der Anwendung von SPS-Maßnahmen im Vertragstext überlässt den Akteuren einen großen Interpretationsspielraum [SWINBANK (1999)].

---

[44] Als Zoonosen werden Krankheiten bezeichnet, die laut Definition der WHO von 1958 natürlicherweise zwischen Wirbeltieren und Menschen - und damit auch von Mensch zu Mensch - übertragen werden. Dazu gehört auch die Übertragungen durch z. B. Nahrungsmittel oder Zecken [LOOS und HÖNTGESBERG (2006)].

Das Abkommen hat wie bereits erwähnt zwei potentielle Konfliktstellen:

1) Die Staaten werden dazu animiert, internationale Standards zu übernehmen.

2) Es ist den Staaten erlaubt, Standards zu entwickeln, die ihren individuellen Risikopräferenzen entsprechen, selbst wenn sich diese von anderen Standards unterscheiden.

Wenn ein Land ein von internationalen Standards abweichendes Sicherheitsniveau einführt, bestünde für andere Mitglieder die Möglichkeit, über das DSU "rechtliche" Schritte dagegen einzuleiten.

Bei der Überprüfung muss das Mitglied, das dieses höhere Sicherheitsniveau präferiert, bestimmte Kriterien nachweisen, die diesen abweichenden höheren Standard rechtfertigen. Zwei weitere Kriterien sind aber neben den in der Begründung anzuführenden Argumenten notwendig:

1) Regulationen müssen konsistent sein.

2) Der Willensbildungs- und Entscheidungsprozess für oder gegen eine Maßnahme muss sowohl für das Heimatland als auch für andere Mitgliedsländer erreichbar[45] sein.

Die Aufgabe der Überwachung bei der Veränderung von SPS-Regulierungen, des sog. "Monitoring", unterliegt den einzelnen WTO-Mitgliedern [YOUNG und MILJKOVIC (1999)].

Es ist ausdrücklich im Abkommen darauf hingewiesen worden, dass jedes Land das Recht hat, höhere Standards zu setzen. Es wird im SPS-Abkommen jedoch auch darauf verwiesen, dass der Warenfluss aus Ländern, die internationalen Standards genügen, nicht behindert werden soll [ORTNER (1999)].

3.3.1.4 **Das "SPS-Committee"**

Ein wichtiger Bestandteil der neuen Regelungen zu den SPS-Maßnahmen innerhalb der WTO kommt dem ebenfalls neu ins Leben gerufenen "SPS-Committee" zu [SWINBANK (1999)]. Seine Existenz basiert zwar nicht auf einem eigenen Abkommen, doch ist es von zentraler Bedeutung für die praktische Ausgestaltung der im eigentlichen SPS-Abkommen sowie in seiner Abgrenzung zum TBT-Abkommen festgehaltenen Regelungen.

Nach Artikel 12 des SPS-Abkommens ist es etabliert worden, um ein Forum für Konsultationen zwischen einzelnen Mitgliedern zu bieten. Die Sitzungen des SPS-Committees werden dreimal jährlich durchgeführt und stehen jedem WTO-Mitglied offen. Entscheidungen innerhalb des Komitees werden im Konsens getroffen. Neben den Vertretern der Mitgliedsländer sind auch Vertreter von mehreren internationalen Institutionen als Beobachter geladen. Hierbei handelt es sich um die Vertreter der CAC, OIE, IPPC, WHO,

[45] Im Original wird von "accessible" gesprochen.

UNCTAD und der "International Standards Organization" (ISO)[46]. Darüber hinaus werden noch andere Organisationen wie die Vertreter der "Organization for Economic Cooperation and Development" (OECD), Afrika-Karibik-Pazifik-Staaten (AKP-Staaten) usw. je nach Bedarf und Fall eingeladen.

Ein Großteil der Aufgaben besteht in der Erarbeitung der Richtlinien und Durchführungsempfehlungen für die Implementierung der SPS-Maßnahmen einzelner Staaten. Darüber hinaus werden Empfehlungen für die Erhöhung der Transparenz im Bereich der SPS-Maßnahmen gegeben. Dies betrifft zum einen die Art und Weise der Veröffentlichung und zum anderen die Zugänglichkeit der implementierten Maßnahmen.

Ein Beispiel für die Arbeit des SPS-Committee zeigte sich 1998, als die EU neue Standards hinsichtlich der Aflatoxingrenzwerte für Importe einführen wollte. Nach entsprechenden Beratungen und Diskussionen der von der EU vorgelegten Maßnahmen für die künftige Importregelung zog sie ihren ersten Vorschlag für eine weitere Bearbeitung zurück. Er wurde daraufhin in einer veränderten Version eingebracht und umgesetzt [SWINBANK (1999)].

3.3.2 Das TBT-Abkommen

Bereits in der Tokio-Runde des GATT von 1979 wurden die SPS-Maßnahmen angesprochen. Mit dem Abschluss des TBT-Abkommens[47] legte man den Grundstein für die spätere Vereinbarung über das SPS-Abkommen der Uruguay-Runde.

Die unterzeichnenden Staaten vereinbarten mit der Unterzeichnung des TBT-Abkommens, die international bereits existierenden Standards, so weit wie es ihnen der Situation entsprechend angemessen erscheint, zu nutzen [STANTON (1997)][48]. Diese lockere Formulierung lässt bereits den Schluss zu, dass die o. g. Standards nur in Ausnahmefällen übernommen bzw. angewandt werden sollten. In der Regel werden Staaten bei solchen Formulierungen nur dann darauf zurückgreifen, wenn sie hierdurch einen Vorteil bzw. keinen Nachteil erwarten. Dieses ursprüngliche TBT-Abkommen wurde in einer veränderten Form durch die WTO übernommen. Es enthält somit die Vereinbarungen über die rein technischen Belange des Nahrungsmittelhandels. Hierunter fallen die Stichwörter Qualität, Labeling, Verpackung, Ernährungsbelange etc.

Mit dem Abkommen zur Gründung der WTO mit seinen neuen verbindlicheren Regeln sowie der Berücksichtigung des gänzlich neuen SPS-Abkommens änderte sich die Situation grundlegend. Das TBT-Abkommen hat im Vergleich zum SPS-Abkommen einen weitaus größeren Geltungsbereich. Dies kommt alleine schon daher, dass das Abkommen auf alle Produkte einschließlich der Agrarprodukte abzielt. Das Ziel des TBT-Abkommens ist es, die einheitliche Qualität von Exportgütern sicherzustellen. Darüber hinaus soll die Gesundheit von Menschen und Tieren, die Erhaltung von Pflanzen, der Umweltschutz und die

[46] Die CAC, die OIE und die IPPC werden in diesem Zusammenhang auch gerne als "three sister organizations" der WTO bezeichnet [WTO (2005)].

[47] Das Abkommen ist auch unter dem Begriff Standard Code bekannt.

[48] Im Vertragstext wird der Begriff "appropriate" verwendet.

Verhinderung von irreführenden Praktiken gewährleistet werden. Im ersten Moment scheinen sich die Ziele mit denen des SPS-Abkommens zu decken. Die Ziele des TBT-Abkommens sind jedoch nicht nur auf die Gesundheit der Menschen, der Tiere und der Pflanzen beschränkt. Es wird im Vergleich zum SPS-Abkommen auch nicht auf eine wissenschaftliche Begründung und die Nutzung von internationalen Standards verwiesen, was jedoch einen Missbrauch von TBT-Maßnahmen erleichtert. Das TBT-Abkommen gestattet hierbei, im Vergleich zum SPS-Abkommen stärker in den Markt einzugreifen und damit die eigene Produktion vor der Konkurrenz zu schützen [MAHE und ORTALO-MAGNE (1998)].

Alle Maßnahmen, die dem Schutze von menschlicher und tierischer Gesundheit dienen und deren primäres Ziel ist, Informationen über das betreffende Produkt zu verbreiten, damit die Konsumenten dieser Produkte sich individuell selbst schützen bzw. entscheiden können, fallen unter die Rubrik der technischen Standards des TBT-Abkommens [OYEJIDE, OGUNKOLA und BANKOLE (2000)].

Auch wenn die Abgrenzungen der einzelnen Abkommen im ersten Moment klar erscheinen, so ist die Handhabung im praktischen Gebrauch mit einigen Tücken versehen. Dies kann exemplarisch am Streit um die Kennzeichnungspflicht für Gentechnisch Veränderte Organismen (GVO) dargestellt werden. Diese Kennzeichnungspflicht würde bei gegebenen WTO-Bestimmungen zu Definitionsproblemen führen, da sie einer von drei möglichen WTO-Regelwerken untergeordnet werden müsste. Ein Verbot oder die verpflichtende Kennzeichnung von Lebensmitteln müsste entweder nach dem SPS-Regelwerk eine Maßnahme zum Schutze von menschlichen, tierischen und pflanzlichen Lebens sein, ein Label im Sinne des TBT-Regelwerkes, das einen bestimmten Produktionsprozess kennzeichnet oder eine einfache mengenmäßige Beschränkung im Sinne der alten GATT-Regeln [KÜBECK (1999)].

3.3.3 Das Meldewesen der WTO

Zur Verbesserung der Transparenz der in den einzelnen Ländern geltenden Standards und Inspektionen wurde ein Informationssystem etabliert. Hierdurch sollen die entsprechenden Staaten ihre Maßnahmen, die den Handel betreffen könnten, der WTO melden. Diese Vereinbarung führte dazu, dass alleine in den ersten 18 Monaten ca. 400 Meldungen [STANTON (1997)] und bis Ende 2001 mehr als 2400 Meldungen über SPS-Maßnahmen im WTO-Sekretariat eingingen[OECD (2003)].

Das Prinzip, das dahinter steckt, bezieht sich auf alle SPS-Maßnahmen, die auf Basis des SPS-Abkommens implementiert werden. Sie sollen über das Instrument der "SPS-Notifications" transparent und die Information einer solchen Maßnahme allen Mitgliedern der WTO zugänglich gemacht werden.

Anhang B des SPS-Abkommens regelt die Maßnahmen zur Erhöhung der Transparenz:

- Die Mitglieder müssen eine offizielle Stelle nennen, die für Anfragen interessierter Mitglieder zuständig ist und Auskunft geben kann;
- Meldung derjenigen Meldeautorität, die für die Meldungen an die WTO zuständig ist;
- Meldung aller modifizierten alten bzw. neuen SPS-Regelungen, die den internationalen Handel beeinflussen können.

Dieser dritte Punkt unterstreicht die Monitoringfunktion der WTO. Im diesbezüglichen Meldeverfahren jeder neuen oder modifizierten SPS-Maßnahme müssen verschiedenste Informationen enthalten sein. Hierfür wurde durch das SPS-Commitee ein Formblatt entwickelt, das in dieser Art seit August 1996 für eine Meldung an die WTO Verwendung findet und folgende Meldepunkte umfasst:

- Mitteilung über den Entwurf einer geplanten nationalen SPS-Maßnahme;
- Übersetzung aller nötigen Texte in die WTO-Arbeitssprache;
- Berücksichtigung des Feedbacks;Vervollständigung der Information nach Beschlussfassung.

Ein Land, das eine SPS-Maßnahme einführt, ist also seit dem 01.01.1995 angehalten, gewisse Informationen zur Verfügung zu stellen. Diese Informationen sind dann über die Internetpräsenz der WTO allen Mitgliedern und deren Wirtschaftssubjekten verfügbar zu machen. Obwohl die Gewährung der Transparenz für alle Mitglieder der WTO obligatorisch ist, hat bisher nicht jedes Land eine Meldung gemacht. Davon sind, wie wahrscheinlich nicht anders zu erwarten, ein großer Teil Entwicklungsländer[49]. Diejenigen Länder, die große Importeure und/oder Exporteure auf dem Weltmarkt darstellen, nutzen dieses Instrumentarium sehr häufig.

STANTON (1997) vertritt hinsichtlich der neuen Möglichkeiten zur Etablierung legaler Handelshemmnisse die Meinung, dass unter Berücksichtigung der vergleichsweise großen Anzahl von Meldungen sowohl der zusätzliche administrative Aufwand als auch die zusätzlich zu erwartenden SPS-Maßnahmen ein neues Handelshemmnis für Importe darstellen könnte. Es ist dabei leicht nachzuvollziehen, dass Länder, die vorher keine oder nur geringe Einfuhrkontrollen besaßen, nunmehr in der Lage sind, neue GATT-konforme handelshemmende Maßnahmen einzuführen.

3.4 WIRKUNGSWEISEN VON SPS-MAßNAHMEN

Werden nichttarifäre Handelshemmnisse von staatlicher Seite auf einem Markt eingeführt, so führen sie in der Regel zu einer Veränderung der Angebots- und/oder Nachfragebedingungen [LAIRD und YEATS (1990a); DEARDORFF und STERN (1985)] (vgl. auch Kap. 2).

[49] Auch für die Entwicklungsländer hat das Verfahren einige Vorteile. Ein Indiz für den Erfolg der Politik der Transparenz ist der Protest einiger Entwicklungsländer auf die Bestrebungen der EU, die Aflatoxingrenzwerte bei bestimmten Produkten zu senken.

Diese Veränderungen können sich über den heimischen Markt auf den internationalen Markt auswirken oder umgekehrt[50].

Es ist recht anschaulich zu vermitteln, welche Auswirkungen Zölle auf den internationalen Handel im Speziellen und die volkswirtschaftliche Wohlfahrt im Allgemeinen haben. Daher ist es auch leicht verständlich, warum sich in der Vergangenheit der Protektionsabbau auf den Abbau von Zöllen konzentrierte. Wenig Beachtung wurde dem mit dem Abbau der Zölle einhergehenden Anstieg der nichttarifären Handelshemmnisse geschenkt. Durch die immer größer werdende Zahl solcher Handelshemmnisse und dem steigendem Wissen über deren Wirkungen hat sich jedoch die Aufmerksamkeit diesbezüglich geändert [HENSON und LOADER (1999)]. Diese nichttarifären Handelshemmnisse umfassen dabei sowohl die der technischen Handelshemmnisse als auch die der SPS-Maßnahmen. Einen allgemeinen Überblick über die Thematik zu diesen Handelshemmnissen findet sich in NDAYISENGA und KINSEY (1994), THILMANY und BARRETT (1996) [beide Quellen zitiert in HENSON und LOADER (1999)] ROBERTS, JOSLING und ORDEN (1999), BEGHIN und BUREAU (2001) sowie OECD (2003).

SPS-Maßnahmen beeinflussen den Handel in ähnlicher Weise wie technische Handelshemmnisse und können in Anlehnung an HENSON und LOADER (1999) bezüglich ihrer Wirkung in vier Kategorien eingeteilt werden:

1) Prohibitiv wirkende Auflagen durch Importverbote oder prohibitiv wirkende Kosten;
2) Verringerung des Handels durch das Verursachen von zusätzlichen Kosten und/oder anderen Hemmnissen;
3) handelsumlenkende Wirkung durch Einführung von Standards, die Handelspartner diskriminieren;
4) zusätzlich zur handelsunterbindenden, handelshemmenden und handelsumlenkenden Wirkung ist es auch durchaus denkbar, dass SPS-Maßnahmen einen handelsschaffenden Effekt haben können.

3.4.1 Kosteneffekt der SPS-Maßnahmen

Durch das Einführen von Standards, die nicht denen der Handelspartner entsprechen, können Kosten entstehen, die in einigen Fällen so hoch sein können, dass sie prohibitiven Charakter annehmen. Dies gilt jedoch nicht nur für den Fall, dass höhere Standards eingeführt werden, sondern auch für den Fall, dass andere Standards[51] eingeführt werden. Diese Unterschiede kommen durch die Unterscheidung im Standardisierungsprozess zustande [HENSON (1998)]. Es können demnach zwischen den Handelspartnern sowohl Unterschiede im Niveau des Standards existieren als auch Unterschiede im Evaluationsprozess eines Standards.

---

[50] Eine breitere Diskussion zu diesem Themenbereich findet sich u. a. in KRAMB (1998).

[51] Andere Standards im Sinne von nicht mit denen des Handelspartners übereinstimmend.

Existieren unterschiedliche Niveaus im Standards, müssen Informationen über diesen neuen Standards gesucht, umgesetzt und überwacht werden.

Existieren unterschiedliche Evaluationssysteme, müssen ebenfalls Informationen gesucht, Verhandlungen über die Vergleichbarkeit der Systeme durchgeführt und Überwachungssysteme installiert werden.

Die in beiden Fällen entstehenden Kosten werden als "compliance costs" und Transaktionskosten unterschieden.

3.4.1.1 Die "Compliance costs"

Eine Maßnahme, die die Politik im Zusammenhang mit der Erhöhung der Sicherheit von Nahrungsmitteln für die Konsumenten etabliert, unterscheidet sich von anderen Maßnahmen darin, dass sie im Falle einer Handelssituation sowohl die Kosten der Produktion für die ausländischen als auch für die inländischen Produzenten erhöhen kann. Das Stichwort in diesem Zusammenhang lautet "compliance costs" bzw. Anpassungskosten [ROBERTS (1999)].

Diese Kosten entstehen, wenn für die Einhaltung der für die Sicherheit der Nahrungsmittel eingeführten Maßnahme zusätzliche Ressourcen erforderlich sind. Mit Hilfe der Ressourcen wird die Produktion den zusätzlichen Forderungen nach Sicherheit entsprechend angepasst. Die Höhe der Anpassungskosten X und Y in Schaubild 3.4-1 geben dabei den Grad der Unterschiede zwischen dem Ist-Zustand und dem Soll-Zustand der verschiedenen Handelspartner bei der Erfüllung bestimmter Standards an [HENSON und LOADER (1999)]. Je größer der Unterschied in den Standards ist, desto größer sind die Anpassungskosten. Typischerweise sind die Anpassungskosten zwischen "reichen" und "armen" Handelspartnern besonders groß.

Bei der Übertragung der Anpassungskosten wird die Frage der Kostenträgerschaft interessant. In der Regel werden für die Einhaltung der Standards durch Untersuchungen und Kontrollen der Importe kostendeckende Gebühren erhoben, so dass der Produzent oder der Händler die Gebühr trägt und sie auf das Produkt in Abhängigkeit der Wettbewerbssituation wieder aufschlagen kann. Hierbei muss die Frage gestellt werden, wer in der Gesellschaft die Kosten trägt.

Schaubild 3.4-1: Unterschied in den Anpassungskosten zwischen zwei Produzenten/Länder

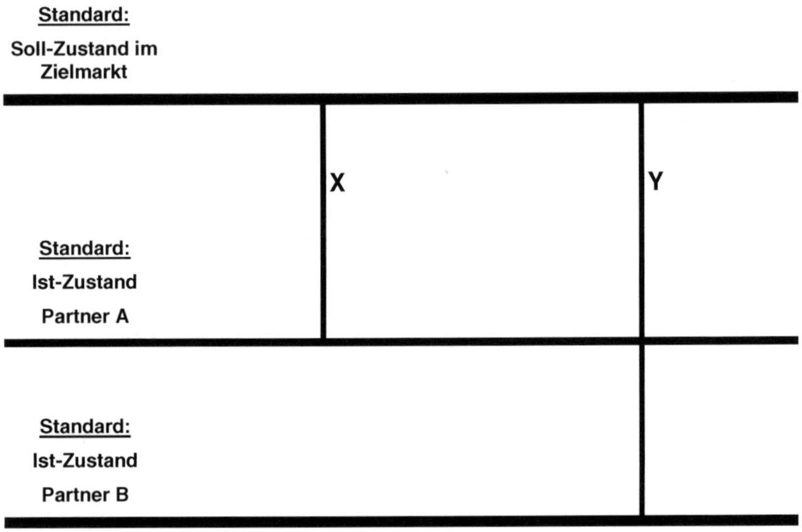

Quelle: HENSON und LOADER (1999).

Mit steigendem Warenaustausch steigen die Gesamtkosten der Kontrollen. Die variablen Kosten bleiben bei bestehenden Untersuchungsmethoden gleich. Bei steigendem Kontrollaufwand, der einhergeht mit steigendem Risiko bzw. der gewünschten Risikoabwehr durch schärfere Kontrollen, steigen die variablen Kosten mit steigendem Kontrollniveau [ORDEN und ROBERTS (1997)]. Die Folge ist eine Verschiebung der Grenzkosten und damit eine nach oben verschobene Angebotsfunktion, die bei einer gleichbleibenden Nachfrage zu steigenden Gleichgewichtspreisen führen würde.

3.4.1.2 Die Transaktionskosten

Transaktionskosten entstehen bei der Übertragung von Standards, da die Informationssuche zum einen Kosten verursacht und zum anderen die Informationen selber zwischen Anbietern und Nachfragern asymmetrisch verteilt sind [NORTH (1992)]. Diese Tatsache wird auf dem internationalen Sektor durch Unterschiede in der Entfernung, Nationalität, Wirtschaftsregion, kultureller Hintergrund usw. weiter verstärkt. Aus diesem Grund werden auch auf internationaler Ebene Institutionen gegründet und Abkommen unterzeichnet, die zur Ordnung menschlicher Aktivitäten dienen. Auf der internationalen Ebene haben wir das GATT sowie seinen institutionellen Nachfolger, die WTO. Durch diese institutionellen Gebilde wurden allgemeingültige Handelsregeln etabliert und die Transaktionskosten im Handel gesenkt. Diese Senkung erfolgte durch die Vereinbarungen der verschiedenen Handelsrunden, die wiederum zu konvergierenden Märkten führten.

Der entscheidende Aspekt bei der Betrachtung von Tauschvorgängen, sei es lokaler, regionaler, nationaler oder internationaler Art, ist die Tatsache, dass die Beschaffung und Verarbeitung von Informationen etwas kostet [NORTH (1992)].

Unter den Markttransaktionskosten werden die Kosten der Nachfrager aufgeführt, die Zeit und Mühe zur Informationsbeschaffung investieren, sowie die Kosten der Angebotsseite in Form der Kosten für den Absatz der Ware abzüglich der Transportkosten [SCHERER (1987)]. Markttransaktionskosten setzen sich in erster Linie aus den Kosten der Informationssuche und den Verhandlungskosten zusammen [RICHTER und FURUBOTN (1999)]. In der Realität sind Informationen in einem nicht unerheblichem Maße unvollständig, so dass Marktunsicherheit vorherrscht und keiner der betroffenen Akteure unmittelbar und automatisch weiß, wer zu welchen Bedingungen am Markt agiert. Allerdings kann keine vollkommene Unsicherheit herrschen, da sonst keine Aktivitäten zustande kommen würden [RICHTER und FURUBOTN (1999)].

Die Kosten der Benutzung des Marktes lassen sich dementsprechend unterteilen in:

- Such- und Informationskosten;
- Verhandlungs- und Entscheidungskosten;
- Überwachungs- und Durchsetzungskosten.

Durch die Gründung der WTO und das damit in Kraft getretene SPS-Abkommen haben wir sowohl sinkende als auch steigende Transaktionskosten zu erwarten. Zum einen ist es durch das Abkommen leichter möglich, eine neue SPS-Maßnahme zu etablieren. Mit diesen neuen Maßnahmen sind aber auch neue Transaktionskosten verbunden, die auf einer vertragsmäßigen Grundlage basieren. Zum anderen ist mit sinkenden Transaktionskosten zu rechnen, da im SPS-Abkommen allgemeingültige Regeln sowie Maßnahmen zur Erhöhung der Transparenz geschaffen wurden und der zentrale Wunsch die Harmonisierung der Handelsregelungen ist.

3.4.2 Der Handelseffekt von SPS-Maßnahmen

Die Identifikation des Handelseffektes einer SPS-Maßnahme ist der wichtigste Schritt bei der Quantifizierung des daraus resultierenden ökonomischen Gesamteffektes. Die möglichen Szenarien solcher Handelseffekte in Abhängigkeit der verschiedenen Ausgangssituationen ist fast unüberschaubar. In Anlehnung an OECD (2003) werden deshalb anhand verschiedener Szenarien die Handelseffekte der Änderungen von Importkontrollen im Zusammenhang mit SPS-Maßnahmen beispielhaft geschildert. Gleichzeitig werden Annahmen hinsichtlich der ökonomischen Effekte gemacht, die entstehen können, wenn mit dem Import des betreffenden Gutes ein Risiko für den heimischen Markt verbunden ist. Bei diesen Szenarien wird unterschieden, ob eine Maßnahme mit dem SPS-Abkommen der WTO kompatibel ist oder nicht. Die Basis der Darstellung der Handelseffekte bilden fünf Importszenarien, die in Tabelle 3.4-1 dargestellt sind.

Tabelle 3.4-1: Unterschiedliche Importmaßnahmen im Zusammenhang mit dem SPS-Abkommen der WTO als Eckpunkte für einen Politikwechsel

Importsituation	Beschreibung
1	Freier Import. Keinerlei SPS-Handelsrestriktionen.
2	SPS-Maßnahme ohne wissenschaftliche Grundlage. Protektion des heimischen Marktes bei gleichzeitiger Reduzierung des mit dem Import verbundenen Risikos. Nicht konform mit dem SPS-Abkommen.
3	SPS-Maßnahme mit wissenschaftlicher Begründung. Keine Protektion des heimischen Marktes. Nicht konform mit dem SPS-Abkommen.
4	SPS-Maßnahme mit wissenschaftlicher Risikoevaluation. Höheres Schutzniveau als internationaler Standard. Konform mit dem SPS-Abkommen.
5	SPS-Maßnahme auf Basis eines internationalen Standards. Konform mit dem SPS-Abkommen.

Quelle: Nach OECD (2003).

Die erste Importsituation ist die einzige ohne Anwendung einer SPS-Maßnahme. Dies ist unter Berücksichtigung des mit dem Import von Waren eventuell verbundenen Risiken nicht immer die beste Alternative. In der zweiten Importsituation sind SPS-Maßnahmen eingeführt, die nicht mit den Anforderungen an das SPS-Abkommen konform ist und keine wissenschaftliche Grundlage hat. Mit diesen Importmaßnahmen ist eine Protektion des heimischen Marktes verbunden[52] und das mit dem Import verbundene Risiko gesenkt. Das Schutzniveau geht jedoch aufgrund der fehlenden wissenschaftlichen Grundlage über das notwendige Niveau hinaus. In der dritten Importsituation werden zwar immer noch nicht mit dem SPS-Abkommen konforme Maßnahmen durchgeführt. Die Maßnahmen sind jedoch gegenüber der zweiten Importsituation weniger restriktiv. Hier können bereits wissenschaftliche Erkenntnisse eingeflossen sein. Gleichzeitig können bereits Erkenntnisse von Kosten-Nutzen-Analysen berücksichtigt sein. Das mit der Maßnahme verbundene Sicherheitsniveau liegt dennoch über dem Niveau, das durch das SPS-Abkommen gestattet wird. Die vierte Importsituation zeigt den typischen Fall einer durch das SPS-Abkommen gerechtfertigten Importmaßnahme, die zwar über dem Niveau eines vorhandenen internationalen Standards geht, jedoch entsprechend den notwendigen Bedingungen an eine solche Maßnahme auf einer qualitative Risikoabschätzung basiert. Die fünfte

[52] Dies ist die klassische Situation einer sanitären und phytosanitären Maßnahme wie sie in der Ausgangssituation des Hormonstreitfall zwischen der EU und USA vorgefunden wurde. Dort wurde durch die EU der Import von Rindern und Rindfleisch verboten, die in der Aufzucht mit Wachstumshormonen behandelt wurden. Auch hier fehlte bei der Etablierung dieses Importverbotes die eine quantitative Risikoabschätzung. Eine detaillierte Übersicht über diesen Fall bietet KRAMB (2001).

Importmaßnahme ist die der SPS-Maßnahme auf Basis eines international bereits etablierten Standards gemäß den im SPS-Abkommen genannten Harmonisierungsbemühungen.

Die unterschiedlichen Importsituationen dienen als Ausgangs- oder Endpunkte eines Politikwechsels und dem damit verbundenen Handelseffektes. In Tabelle 3.4-2 werden sieben dieser möglichen Wechsel und den damit zu erwartenden Handelseffekten dargestellt.

Tabelle 3.4-2: Effekte aufgrund eines Politikwechsels bei den Importrestriktionen im Zusammenhang mit dem SPS-Abkommen

Politikwechsel	**Effekte**
1 → 2	Negativer Handelseffekt durch die Einführung einer autonomen SPS-Maßnahme. Der ökonomische Effekt umfasst die Protektion der heimischen Wirtschaft sowie die wissenschaftliche Rechtfertigung dieses Schutzniveaus.
2 → 3	Positiver Handelseffekt. Positiver ökonomischer Effekt durch den Abbau der Protektion und die Verbesserung des SPS-Niveaus aufgrund wissenschaftlicher Erkenntnisse.
2 → 4	Ein positiver Handelseffekt. Konformität mit dem SPS-Abkommen. Das Schutzniveau liegt noch über dem Durchschnitt und beinhaltet einen positiven ökonomischen Effekt.
2 → 5	Ein positiver Handelseffekt aufgrund der Konformität mit dem SPS-Abkommen. Das Schutzniveau entspricht internationalem Standard. Alle werden gleich behandelt. Negativer ökonomischer Effekte für das Importland, da das Schutzniveau unterhalb der eigenen Risikoevaluation liegt.
4 → 5	Ein positiver Handelseffekt durch das Absenken des Schutzniveaus auf den internationalen Standard. Negativer ökonomischer Effekte für das Importland, da das Schutzniveau unterhalb der eigenen Risikoevaluation liegt.
2 → 1	Positiver Handelseffekt durch den Abbau von Handelsschranken. Negativer ökonomischer Effekt für das Importland durch den mit dem Import verbundenen zusätzlichen Risiken.
4 → 2	Negativer Handelseffekt. Negativer ökonomischer Effekt durch ein nicht wissenschaftlich begründetes höheres Schutzniveau und Protektion der heimischen Wirtschaft.

Quelle: Nach OECD (2003).

Durch das Einführen von Importauflagen und den damit verbundenen Kosten wird der Handel negativ beeinflusst. Durch die Reduzierung des damit verbundenen Risikos werden positive ökonomische Effekte generiert. Durch das Absenken von Schutzniveaus wird der Handel gesteigert, und unter Berücksichtigung der wissenschaftlichen Risikoabschätzung kann dabei entweder ein positiver oder ein negativer ökonomischer Effekt entstehen. Die mit der Veränderung des Handels einhergehenden ökonomischen Effekte stehen damit im Zusammenhang mit den ökonomischen Effekten der verschiedenen Schutzniveaus.

3.4.3 Der Preis- und Mengeneffekt von SPS-Maßnahmen

Es gibt eine Reihe von nichttarifären Handelshemmnissen, die über den Preis wirken und hierdurch auch einen Effekt auf die Mengen haben. So beinhaltet diese Kategorie die Maßnahmen im Zusammenhang mit Lizenzierungsgebühren und sonstigen administrativen Kosten (siehe Schaubild 3.2-1). Diese beiden Kategorien können den Preis über einen fixen prozentualen Aufschlag beeinflussen, während andere Maßnahmen über einen fixen absoluten Aufschlag wirken. Zu diesen Maßnahmen, die einen sowohl einen fixen prozentualen als auch einen fixen absoluten Preisaufschlag verursachen, gehört die große Gruppe der Standards, die Marketing- und Labeling-Vorschriften sowie die sonstigen mit dem Import verbundenen Abgaben [LAIRD (1997)].

Werden nichttarifäre Handelshemmnisse wie die der SPS-Maßnahmen von staatlicher Seite auf einem Markt eingeführt, so führen sie in der Regel grundsätzlich zu einer Veränderung der Angebots- und/oder Nachfragebedingungen [LAIRD und YEATS (1990a); DEARDORFF und STERN (1985)]. Diese Veränderungen können sich über den heimischen Markt auf den internationalen Markt auswirken oder auch umgekehrt.

Betrachten wir den Weltmarkt in Schaubild 3.4-2 auf Basis eines einfachen Zwei-Länder-Modells mit heimischer Angebots- und Nachfragefunktion sowie einer Importnachfragefunktion IN und einer Exportangebotsfunktion auf dem entsprechenden Weltmarkt EA. Es handelt sich bei der Betrachtung um ein partial-analytisches Modell für einen Ein-Produkt-Markt. Das Produkt ist homogen. Von der Existenz von Transportkosten wird abgesehen. Mit dem Import des Produktes sind sowohl vor als auch nach der Einfuhr einer SPS-Maßnahme keine Risiken verbunden, die Einfluss auf Grenzkosten- oder Grenznutzenfunktion des Importlandes haben könnten.

In der Ausgangssituation haben wir freien Handel mit einem für alle Länder gültigen gleichgewichtigen Weltmarktpreis p_{W0}. Land A hat durch seine komparativen Kostenvorteile gegenüber Land B in der Produktion des hier betrachteten homogenen Gutes einen Vorteil. Es ist gemäß der aus heimischer Angebotsfunktion (A_A) und Nachfragefunktion (N_A) resultierenden Exportangebotsfunktion EA_A Exporteur auf dem Weltmarkt.

Land B hat durch seine komparativen Kostennachteile gegenüber Land A die Stellung eines Importeurs am Weltmarkt übernommen. Entsprechend der heimischen Angebotsfunktion A_B sowie der heimischen Nachfragefunktion N_B resultiert die Importnachfragefunktion IN_B. Zum gleichgewichtigen Weltmarktpreis p_{W0} exportiert Land A das Überschussangebot nach Land B.

Durch die Einführung einer Handelsmaßnahme in Form einer sanitären oder phytosanitären Maßnahme durch Land B für Importe aus Land A ergeben sich Veränderungen von Mengen und Preisen. Es handelt sich bei der betrachteten Importmaßnahme um eine Maßnahme, die einen fixen absoluten Aufschlag verursacht, der die Ausfuhren von Land A nach Land B betreffen. Ein typisches Beispiel sind Quarantänemaßnahmen. Durch diese Handelsauflage für Importe in Land B verschiebt sich die Exportangebotsfunktion EA_A entsprechend dem fixen absoluten Aufschlag pro Stück gemäß den Quarantänemaßnahme nach EA'_A.

Durch diesen Kosteneffekt auf die Exporte sinkt die Importmenge nach Land B, während gleichzeitig die Exportmenge um den gleichen Betrag sinkt. Da sich die Angebots- und Nachfrageverhältnisse in Land A und Land B nicht verändert haben, resultiert hieraus eine Preisdifferenz zwischen dem Preis des Gutes in Land A mit p_{A1} sowie in Land B mit p_{B1}, wobei $p_{A1} < p_{W0} < p_{B1}$ gilt. Dieser Mengen- und Preiseffekt entspricht dem der Einführung eines Importzolls[53].

Festzuhalten ist demnach, dass SPS-Maßnahmen aus der Gruppe der nichttarifären Handelshemmnisse ähnlich wie tarifäre Handelshemmnisse Inlandspreise erhöhen, Weltmarktpreise senken [TANGERMANN (1998)] und die Handelsmengen[54] verändern können.

Über die in Schaubild 3.4-2 geschilderten Preis- und Mengeneffekte hinaus betrachtet führen nichttarifäre Handelshemmnisse in der Regel zu einer Isolierung des Marktes [SCHMITZ (1984)]. Diese Isolierung kann dann wiederum zu einer Reihe von Effekten führen, wie etwa zu der der Monopolisierung bestimmter Importmärkte. Die Isolierung entsteht durch den Versuch, über nichttarifäre Handelshemmnisse den eigenen Markt und seine Akteure vor "negativen" Einflüssen des Weltmarktes zu schützen. Diese negativen Einflüsse sind u. a. Preisschwankungen. Neben dem stabilisierenden Effekt auf die Inlandspreise führen sie gleichzeitig zu den unerwünschten Destabilisierungen der Weltmarktpreise [SCHMITZ (1984); JAMES und ANDERSON (1998)]. Zahlreiche Arbeiten, wie z. B. die von JOSLING (1977), haben diese Zusammenhänge untersucht.

---

53 Der Unterschied zur Einführung eines Importzolls wird bei der Beurteilung des gesamtgesellschaftlichen Wohlfahrtseffektes mit der Berücksichtigung der Zolleinnahmen für den Staat deutlich.

54 Die Reduzierung der Handelsmengen wird dadurch erreicht, dass Importeure aufgrund der sinkenden Preise ihre Produktion anpassen oder vollständig aus dem Markt hinausgedrangt werden [KOESTER (1992)].

Schaubild 3.4-2: Preis- und Mengeneffekte durch Einführung einer SPS-Maßnahme für Importe im Zwei-Länder-Fall

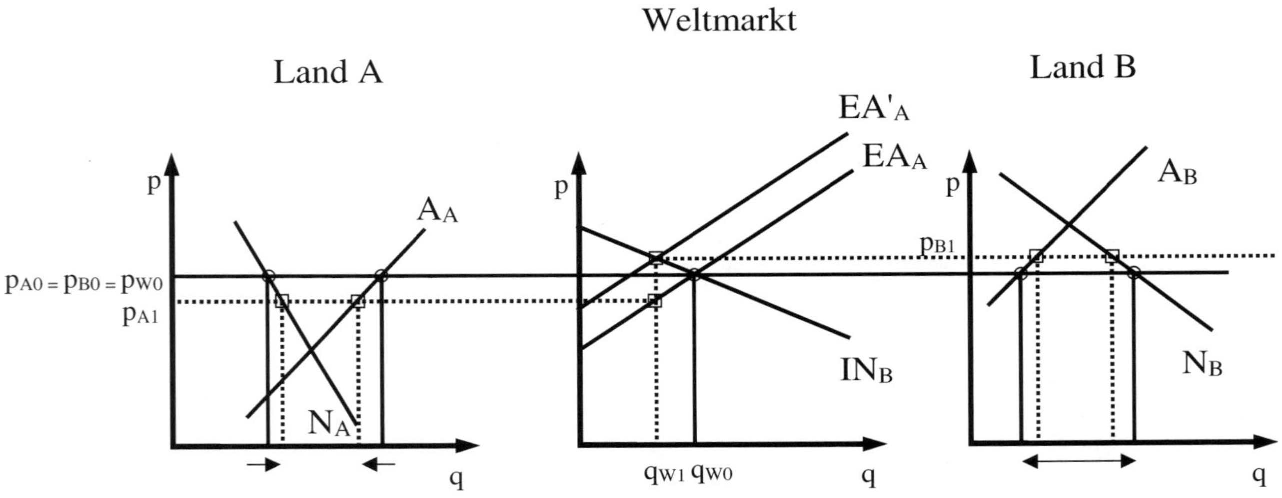

Quelle: Eigene Darstellung.

3.5 Ökonomische Bewertung von nichttarifären Handelshemmnissen

3.5.1 Allgemeine Wirkung von Maßnahmen mit sanitärem und phytosanitärem Charakter

Die Bedeutung von nichttarifären Handelshemmnissen im Allgemeinen und Handelsmaßnahmen im Bereich der SPS-Maßnahmen im Speziellen lässt sich vor allem durch eine ökonomische Bewertung darstellen. Die Effekte der administrativen und technischen Handelsmaßnahmen sind in ihren Wirkungsweisen jedoch noch relativ unerforscht [Greenaway (1983)] und allgemeingültige Aussagen hinsichtlich ihrer Wirkung deshalb kaum möglich. Aus diesem Grund beschränkt sich die ökonomische Literatur auf Fallbeispiele, die in ihrem Ganzen dann wiederum einen anschaulichen Überblick über die möglichen Wirkungen geben können.

Nachdem bereits einige charakteristische Eigenschaften der nichttarifären Handelshemmnisse hinsichtlich ihrer Wirkungen auf Preise und Mengen vorgestellt wurden, sollen in diesem Kapitel weitergehende Untersuchungen an repräsentativen Beispielen durchgeführt werden. Hierbei soll die wohlfahrtsökonomische Untersuchung der Wirkungen von einzelnen Maßnahmen im Vordergrund stehen.

SPS-Maßnahmen können, wie viele andere technische oder klassische nichttarifäre Handelshemmnisse, importkonkurrierenden Produzenten und Konsumenten Protektion bieten. Sie können dabei ähnliche ökonomische Wirkungen erzielen. Ein zusätzlicher Effekt liegt hierbei allerdings in dem mit dem Import verbundenen zusätzlichen Risiko für Menschen, Pflanzen und Tiere. Dies erschwert ihre ökonomische Analyse [MacLaren (1997)][55]. Folgendes ist zu beachten:

- Importrestriktionen auf Basis von sanitären und phytosanitären Restriktionen können dieselben ökonomischen Effekte wie traditionelle Handelshemmnisse (Zölle, Quoten, usw.) aufweisen.
- Es müssen allerdings mögliche Externalitäten berücksichtigt werden. Importrestriktionen bzw. die Aufhebung solcher können Auswirkungen auf die Gesundheit von Menschen, Tieren und Pflanzen haben.
- Des Weiteren wird hier mit Faktoren wie Unsicherheit und Risiko operiert, die Auswirkungen auf die Nutzenfunktion von Konsumenten haben können.

Die durch den Import von gefährdeten Gütern erzielbaren positiven Wohlfahrtseffekte müssen dabei den möglichen negativen Effekten durch die mögliche Gesundheitsgefährdung entgegengestellt werden. Dabei müssen auch die Kosten und Wirkungen von zusätzlichen

---

[55] Siehe hierzu auch Anhang A2: Negative Externalitäten.

Maßnahmen berücksichtigt werden, die das importierte Risiko reduzieren können [JAMES und ANDERSON (1998)].

Die Kosten-Nutzen-Analyse auf Basis einer einfachen partiellen Gleichgewichtsanalyse ist ein für diese Betrachtung geeignetes Instrument zur Untersuchung der Primäreffekte [ROBERTS (2001)]. Handelsbarrieren, die mit dem Ziel errichtet wurden, einen Schutz vor sanitären und phytosanitären Risiken zu bieten, haben demnach einen Effekt auf die heimische Angebots- und oder Nachfragekurve und somit auch auf die gesamtgesellschaftliche Wohlfahrt (vgl. hierzu Abschnitt 3.6.2.1.3).

3.5.2 Eine partielle Gleichgewichtsanalyse zur Darstellung der potentiellen Effekte einer sanitären und phytosanitären Maßnahme

Im Autarkiefall kann nur diejenige Menge produziert werden, die auch konsumiert wird und umgekehrt. Zwar können somit nicht die klassischen komparativen Vorteile bei der Aufnahme von Handel genossen werden, aber es werden auch im Falle potentieller Risiken, die als unerwünschte "by-products" mit den Gütern importiert werden, keine zusätzlichen Kosten im Inland verursacht. Bei einer ökonomischen Analyse sollten im Importfall deshalb die durch eine SPS-Maßnahme im Außenhandel gewonnenen positiven Wohlfahrtseffekte und die potentiellen ökonomischen Schäden durch die Gesundheitsgefährdungen für Mensch, Tier und Pflanze abgewogen werden. Hierbei müssen auch diejenigen Maßnahmen berücksichtigt werden, die die Gesundheitsrisiken reduzieren können. Dies ist dann interessant, wenn ein Importverbot gegenüber der Alternative Freihandel verglichen wird. Ein großer Bereich, der eine Beurteilung von Quarantänemaßnahmen zusätzlich erschwert, ist die Unsicherheit, die mit dem Risiko verbunden ist und Quarantänemaßnahmen unattraktiver gegenüber reinen Importverboten macht[56].

3.5.2.1 Ökonomische Beurteilung von Importkontrollen im bilateralen Handel

Die einfachste Art der ökonomischen Bewertung einer Importkontrolle ist die standardmäßige komparativ statische partielle Gleichgewichtsanalyse für einen Ein-Produkt-Fall. Auch wenn die Analyse nicht "robust" genug ist, um Einkommens- (Verteilungs-) und Allokationseffekte sowie dynamische Anpassungseffekte abzubilden und zu untersuchen, so ist sie dennoch geeignet, um die Kosten und Nutzen verschiedener Optionen abzuwägen sowie die Beziehungen zwischen Handel, Preisen und Wohlfahrt zu diskutieren.

Zur Vereinfachung wurden in Anlehnung an JAMES und ANDERSON (1998) ein paar Annahmen hinsichtlich der folgenden Analyse gemacht:

---

[56] Importverbote bieten jedoch nicht immer den größeren Schutz. Es gibt auch Fälle, wo strengere Maßnahmen wie ein generelles Importverbot das Risiko eines Seuchenausbruches noch verstärken kann: 1. Quarantänemaßnahmen reduzieren die natürliche Abwehrkraft, 2. Sie fördert den Schmuggel und unterläuft damit die Sicherheitsbemühungen und/oder 3. Es vermittelt eine trügerische Sicherheit vor einem Ausbruch und lässt die traditionellen Sicherungsmaßnahmen geringer werden (Landwirte führen keine Vorsorgemaßnahmen mehr durch).

- Es handelt sich im vorliegenden Fall um ein homogenes Produkt mit einem komparativen Produktionsvorteil der restlichen Welt (Gleichgewichtspreis liegt unter dem des Importlandes).
- Es wird angenommen, dass es sich beim Importland um ein "kleines Land"[57] mit konstanten Importpreisen und einer vollkommenen Konkurrenz auf dem heimischen Markt handelt.
- Es wird eine risikoneutrale Gesellschaft angenommen.
- Es wird von einem "host-spezifischem"[58] Risiko ausgegangen.
- Bei Importrestriktionen, die Kosten verursachen, sollen die Kosten proportional auf die Importeure umgelegt werden. Je größer die Kosten, desto größer ist der Schutz, desto geringer ist das mit dem Import verbundene Risiko, und desto geringer ist der Anstieg der marginalen Kosten der heimischen Produzenten, die mit der Gefahr auch erhöhte Kosten verbunden sehen.

3.5.2.1.1 Durchführung eines Importverbotes ohne Risiko durch Importe

Wenn von einer potentiellen Gefahr gesprochen wird, ist dies dann oft der Fall, wenn die Gefahr des Ausbruches einer Krankheit oder Seuche für Mensch, Tier und Pflanze zwar besteht, aber noch nicht von einem Ausbruch gesprochen wird. Die allgemeine Reaktion auf eine solche Bedrohung ist, kurzfristig ein Importverbot zu verhängen, um die heimischen Konsumenten und die heimische Produktion an Nahrungsmitteln nicht zu gefährden[59]. Dieses Instrument ist in der Außenhandelspolitik sehr beliebt und auch unter dem SPS-Abkommen kurzfristig erlaubt. Die Frage, ob eine solche Maßnahme in einer ökonomischen Betrachtung sinnvoll ist, hängt von verschiedenen Faktoren ab. Wird zusätzlich zu den oben gemachten Annahmen davon ausgegangen, dass trotz der Angst vor einer Gefahr für die Produktion eines heimischen Gutes und der politischen Entscheidungen zugunsten eines totalen Importverbotes aus wissenschaftlicher Sicht keine Begründung gibt, entsprechen die ökonomischen Folgen denen eines klassischen Importstopps.

Wenn die heimische Ökonomie im Falle freier Preisbildung von einer Nettoimportsituation in den Autarkiefall wechselt, wird der Inlandspreis steigen und die klassischen "gains from trade" werden als Nettoverlust die gesamtgesellschaftliche Wohlfahrt mindern. Schaubild 3.5-1 stellt diese Situation dar.

---

[57] Dies ist eine oft angewandte Annahme, da durch die Annahme eines kleinen Landes davon ausgegangen werden kann, dass durch die Veränderung der geschilderten Ausgangssituation mit keinerlei Effekten auf den internationalen Markt zu rechnen ist, die dann wiederum ihrerseits im betrachteten Land Effekte verursachen könnten.

[58] Es gibt keine Übertragung auf andere Produktionsbereiche durch die "Gefahr".

[59] Das SPS-Abkommen deckt solche kurzfristigen Handelsmaßnahmen ab. In solchen Fällen werden die Handelspartner über "emergency measures" informiert.

Schaubild 3.5-1: Importverbot im Falle eines kleinen Landes

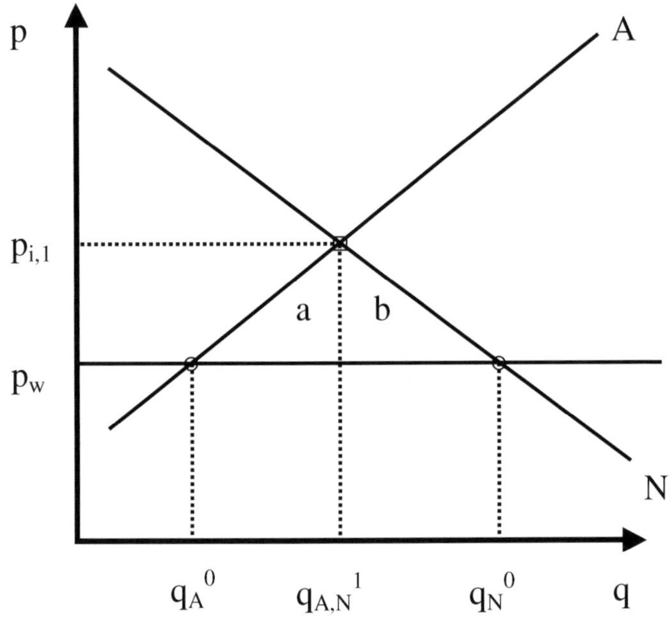

Quelle: Eigene Darstellung.

Unter der Annahme eines kleinen Landes liegt die Angebotsfunktion des Weltmarktes als eine vollkommen elastische Funktion vor[60]. Der Weltmarktpreis p_W ist ein Datum[61]. Die Nettoimportsituation rührt bei gegebener Angebots- und Nachfragefunktion (A, N) sowie Weltmarktpreis p_W aus der Differenz von q_N^0 und q_A^0. Aufgrund des vollkommenen Importverbotes entsteht eine Autarkiesituation, die zu einem Gleichgewichtspreis $p_{i,1}$ führt. Aufgrund des komparativen Kostennachteils des Nettoimporteurs liegt der neue Gleichgewichtspreis $p_{i,1}$ über dem Weltmarktpreis bei einer Gleichgewichtsmenge $q_{A,N}^1$.

Aufgrund des Verzichtes auf Handel und den damit verbundenen komparativen Kostenvorteilen sinkt die gesamtgesellschaftliche Wohlfahrt entsprechend des Rentenkonzeptes um die Fläche a und b. Sie entspricht dem klassischen "gains-from-trade-triangle".

---

[60] Für weitere Fälle siehe u. a. CORDEN (1971).

[61] Unter der klassischen Annahme, dass es keine Transportkosten gibt.

3.5.2.1.2 Aufhebung eines Importverbotes unter Ausschluss eines Risikos durch Handelskontrollen

Im Falle einer potentiellen Gefahr für Mensch, Tier und Pflanze ist das totale Importverbot die aggressivste Wahl unter den zur Verfügung stehenden Instrumenten zur Zielerreichung. Eine weit weniger einschränkende Möglichkeit, um ein solches Risiko zu verringern, ist die Kontrolle der Importe in Verbindung mit Quarantänemaßnahmen[62]. Durch diese Kontrollen soll der Import von Gütern verhindert werden, die ein Risiko in sich bergen. Mit dieser Maßnahme wird angenommen, dass auch weiterhin keine Gefahr im Konsum oder der Produktion des Gutes im Inland besteht, da die Kontrollen funktionieren. In diesem Fall wird die Situation der Aufnahme von Handel mit der Referenzsituation der Autarkie verglichen. Die mit dieser Maßnahme verbundenen Kosten werden als variable Stückkosten auf die Grenzkosten der Importe aufgeschlagen[63]. Dies führt zu einer horizontalen Parallelverschiebung der im Falle eines kleinen Landes vollkommen elastischen Angebotsfunktion des Weltmarktes um die Höhe der Stückkosten t_{sps}. Die neue Angebotsfunktion des Weltmarktes im Importland ist somit weiterhin vollkommen elastisch und liegt bei p_{SPS} mit $p_{SPS} = p_W + t_{sps}$ sowie $p_{SPS} > p_W$ und $p_{SPS} < p_{i,1}$[64].

Aufgrund der Möglichkeit des Imports zu einem Preis, der unterhalb des Gleichgewichtspreises $p_{i,1}$ liegt, steigt zum einen die nachgefragte Menge von $q_{A,N}^1$ auf q_N^2, während die von inländischen Erzeugern angebotene Menge von $q_{A,N}^1$ auf q_A^2 sinkt. Durch die Ausnutzung des komparativen Kostenvorteils steigt die gesamtgesellschaftliche Wohlfahrt entsprechend des Rentenkonzeptes um die Fläche c und d [65]. Der durch die Öffnung des Marktes gewonnene Wohlfahrtsgewinn ist hierbei stark von den Kosten t_{sps}, die mit den Importkontrollen und Auflagen für den Warenverkehr verbunden sind, abhängig. Da mit der Öffnung des Marktes gleichzeitig wirksame Importkontrollen zur Sicherung des eigenen Marktes erfolgten, ist der gesamtgesellschaftliche Wohlfahrtseffekt positiv. Wenn diese Kontrollen jedoch keinen 100 prozentigen Schutz gewährleisten, sind zusätzliche Effekte zu berücksichtigen.

---

[62] Solche Quarantänemaßnahmen können während des Importverfahrens durchgeführt werden oder aber auch bereits im Produktionsverfahren durch Isolation von anderen Chargen, die Überträger sein können, stattfinden [JAMES und ANDERSON (1998)].

[63] Siehe auch FISCHER und SERRA (2000), GANSLANDT und MARKUSEN (2001) sowie EBEL, HORNBAKER und NELSON (1992).

[64] Im Falle $p_{SPS} > p_{i,1}$ wäre die Auflage für die Importe eine Maßnahme mit prohibitivem Charakter und würde auch weiterhin zur Autarkiesituation führen.

[65] Durch die zusätzlich mit dem Import verbundenen Kosten ist der Zugewinn an gesamtgesellschaftlicher Wohlfahrt c+d geringer als der unter gleichen Ausgangsbedingungen entstandene Verlust bei einem totalen Importverbot, wie er in Schaubild 3.5-1 dargestellt wurde.

Schaubild 3.5-2: Aufhebung des Importverbotes und Einführung einer Importkontrolle

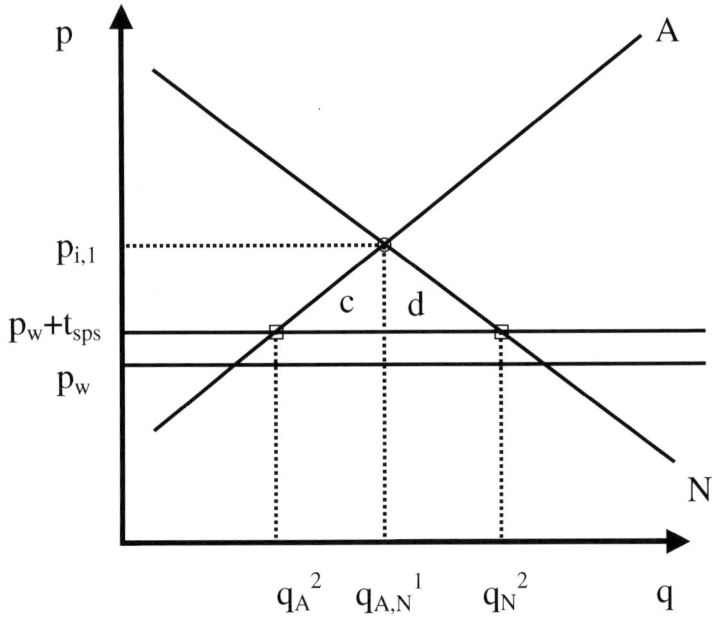

Quelle: Eigene Darstellung.

3.5.2.1.3 Aufhebung eines Importverbotes unter Berücksichtigung eines unbestimmten Risikos durch die Importe selbst

In den meisten Fällen kann durch Importkontrollen, Quarantänemaßnahmen, Impfungen oder sonstige Maßnahmen das Risiko einer Verschleppung von Krankheiten und Seuchen nur verringert, aber nicht vollkommen ausgeschlossen werden.

Wenn solche gefährdeten Produkte importiert werden, d.h. von einer Autarkiesituation aus gesehen Handel entsteht, wird in der Regel von einem Wohlfahrtsgewinn für die einzelnen Länder ausgegangen. Da jedoch mit dem Ansteigen des Handelsstromes auch die Gefahren steigen, unerwünschte "by-products" wie Seuchen und Krankheiten einzuführen, steigt damit auch das Risiko für den heimischen Markt[66]. Mit dem Import an sich sind allerdings auch Kosten verbunden. Bei der Übertragung der Kosten stellt sich die Frage der Kosteninzidenz. In der Regel werden kostendeckende Gebühren für die Untersuchungen und Kontrollen der Importe erhoben, so dass der Importeur oder der Exporteur die Gebühr trägt und sie auf das Produkt wieder aufschlägt. Die variablen Kosten bleiben bei bestehenden Untersuchungsmethoden gleich. Jedoch steigen die variablen Kosten bei steigendem

[66] Es wird in diesem Zusammenhang auch oftmals von einem "risk-trade-off" gesprochen.

Kontrollaufwand, der einhergeht mit steigendem Risiko bzw. der gewünschten Risikominimierung.

Gleichzeitig sollte davon ausgegangen werden, dass der zusätzliche Nutzen pro zusätzlichem Kontrollaufwand abnimmt, wie in Schaubild 3.5-4 zu sehen ist [ORDEN und ROBERTS (1997)]. Wenn der mit einer Verschärfung der Sicherheitsbestimmungen einhergehende zusätzlich geschaffene Nutzen gleich den zusätzlich verursachten Kosten entspricht ist, wird das optimale Sicherheitsniveau S_{opt} erreicht. Die Höhe des durch dieses Sicherheitsniveau erreichten Nutzens entspricht der durch die beiden Parabeln eingeschlossenen Fläche.

Schaubild 3.5-3: Risk-trade-off bei variablem Sicherheitsniveau

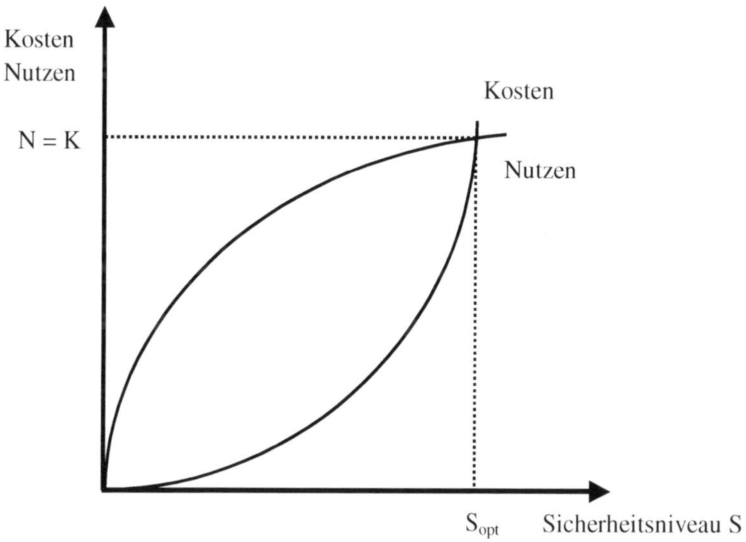

Quelle: Eigene Darstellung.

Aufgrund des mit dem Import verbundenen nicht auszuschließenden Risikos muss auch die wohlfahrtsökonomische Betrachtung der neuen Situation angepasst werden. Annahmegemäß steigen die Kosten der heimischen Produzenten um den für die Schutzmaßnahmen[67] der eigenen Produktion veranschlagten Betrag. Auch hier wird wiederum von variablen Stückkosten ausgegangen, die auf die Grenzkostenfunktion A der

[67] Z. B. durch Impfprogramme, Pflanzenschutzeinsatz oder sonstige Seuchenpräventionen.

heimischen Produktion aufgeschlagen werden und gemäß Schaubild 3.5-3 zu einer Parallelverschiebung nach A' führen.

Schaubild 3.5-4: Importkontrolle bei einem Sicherheitsniveau von unter 100 %

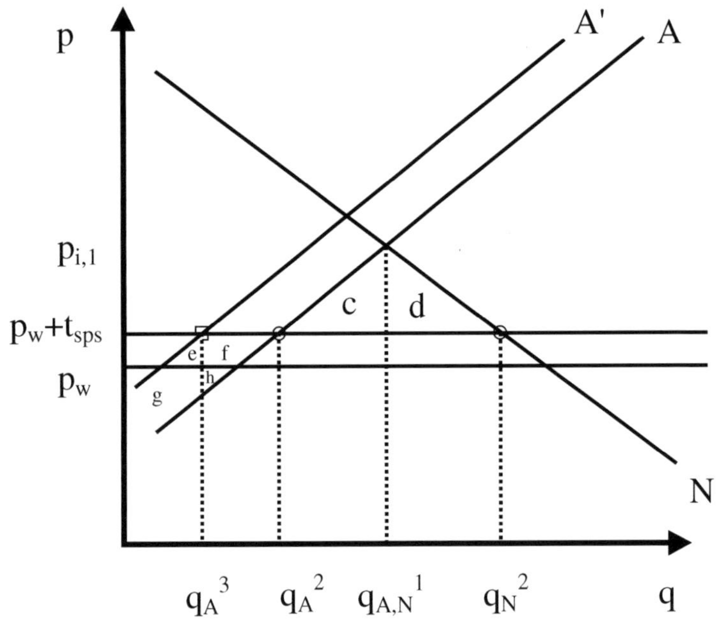

Quelle: Eigene Darstellung.

Durch die unveränderte Situation im Außenhandel mit Importkontrollen und einem diesbezüglich erhöhten Weltmarktpreis $p_{SPS} = p_W + t_{sps}$ bleibt die inländische Nachfrage mit q_N^2 unverändert. Durch die erhöhten Produktionskosten belastet verändert sich jedoch die Produzentenrente. Bei einem gleichbleibenden Preis sowie gestiegenen Grenzkosten A' sinkt die Produzentenrente der einheimischen Produzenten sowie damit auch die gesamtgesellschaftliche Wohlfahrt um die Flächen e+f+g+h bei gleichzeitig sinkendem inländischen Angebot von q_A^3.

Bei der Beurteilung der Gesamtsituation müssen die durch die Öffnung des Marktes und die Ausnutzung der komparativen Kostenvorteile zusätzlichen ökonomischen Gewinne den Verlusten durch die Erhöhung der eigenen Produktionskosten gegenübergestellt werden. Der Nettoeffekt der Öffnung des Marktes für Importe hat in diesem Fall ein positives Vorzeichen, wenn der positive Wohlfahrtseffekt der Flächen c+d größer ist als der negative Effekt der Flächen e+f+g+h. Wird der gesamtgesellschaftliche Wohlfahrtseffekt in dieser

Situation mit Importkontrollen und erhöhten inländischen Produktionskosten negativ, gibt es drei mögliche Optionen:

1) Den negativen gesamtgesellschaftlichen Effekt in Kauf zu nehmen;
2) Rückkehr zur Autarkiesituation;
3) Aufgabe der inländischen Produktion bei gleichzeitiger Freigabe des Handels ohne Importkontrollen.

Im Falle negativer gesamtgesellschaftlicher Effekte und unter Berücksichtigung internationaler Verpflichtungen kann es aus handelspolitischer Sicht manchmal auch ökonomische Argumente für die Beibehaltung dieser Situation geben[68]. Wenn die gesamtgesellschaftliche Wohlfahrt jedoch Vorrang genießt, kann die Rückkehr zur Autarkiesituation unter der Voraussetzung, dass der Zugewinn an Wohlfahrt durch die Maßnahme größer als der Verlust ist, eine Alternative sein.

Unter bestimmten Umständen jedoch kann auch die komplette Aufgabe der inländischen Produktion eine Option sein. Die dadurch realisierten komparativen Kostenvorteile der Produktion im Ausland sowie der mit der Aufhebung der Importkontrollen[69] einhergehende sinkende Importpreis könnten eine höhere gesamtgesellschaftliche Wohlfahrt generieren als die Beibehaltung der inländischen Produktion. Diese Maßnahme hängt im Wesentlichen von der Bedeutung der heimischen Produktion ab[70].

Eine volle Liberalisierung ist in diesem Falle um so besser:

- je geringer die Wettbewerbsfähigkeit der heimischen Industrie ist;
- je größer die Preiselastizität der Nachfrage und des Angebotes unterhalb des Gleichgewichtspunktes bei Autarkie ist (d. h. die heimischen Produzenten reagieren sensibler auf die Preisänderungen und schränken ihr Angebot ein, während die Nachfrager bei einer Preissenkung durch die Öffnung des Marktes stärker gewinnen);
- je geringer der Anstieg der marginalen Kosten für die Produzenten bei zusätzlichem Import durch Freihandel ist;
- je geringer die Wahrscheinlichkeit eines Übergriffes der zu berücksichtigenden Gefahr ist.

---

[68] Im Rahmen des GATT und der WTO sind beschränkte Zugangsmöglichkeiten oftmals eine bessere Alternative zu einer völligen Zugangsverweigerung.

[69] Durch die Aufgabe der inländischen Produktion besteht auch kein Bedarf mehr diese durch Importkontrollen zu schützen.

[70] Siehe zu diesem Aspekt auch JAMES und ANDERSON (1998), die dies im Falle der australischen Bananenproduktion geschildert haben.

3.5.2.1.4 Aufhebung eines Importverbotes unter Berücksichtigung einer Konsumentenreaktion

Unter den bisherigen Annahmen einer risikoneutralen Gesellschaft und eines host-spezifischen Risikos wurden keine Verbraucherreaktionen berücksichtigt. Für den Fall etwa, dass das Vertrauen der heimischen Konsumenten in die Sicherheit und/oder Qualität des betrachteten Nahrungsmittels[71] im Importfall sinkt, ergeben sich jedoch veränderte gesamtgesellschaftliche Wohlfahrtseffekte. In dem hier angewandten Bewertungskonzept zur Messung der gesamtgesellschaftlichen Wohlfahrtseffekte wird angenommen, dass sich durch die Änderung der Zahlungsbereitschaft der Konsumenten die Wohlfahrtseffekte ändern. Hoff (2003) schlägt ein anderes Bewertungskonzept im Falle der Existenz von "wahren" und "falschen" Informationen bei der Bewertung der Güter durch die Konsumenten vor. In diesem Fall kann es zu einer Veränderung der Gesamteffekte kommen. Siehe hierzu auch Kap. 3.5.2.1.5.

Ausgehend von den Annahmen, dass es auch weiterhin keine Gefahr im Konsum der Produkte gibt, es auch weiterhin ein host-spezifisches Risiko für die Produktion gibt und die Konsumenten die inländische Produktion als Qualitätssignal beurteilen, kann das hier betrachtetet Gut als "credence"-Gut angesehen werden.

Es existieren auf dem inländischen Markt nach Aufhebung des Importverbotes somit für den Konsumenten zwei verschiedene Qualitätsstufen, eine für die inländische und eine für die ausländische Produktion. Die Güter der ausländischen Produktion werden aufgrund des dort vorherrschenden Risikos als Produkte von geringerer Qualität bewertet.

Die Grenzen für Produkte zu öffnen, die von den Konsumenten als minderwertig wahrgenommen werden, kann hierbei z. B. in Marktineffizienzen münden. Dies geschieht, wenn die Konsumenten bei einem im Inland angebotenen Produkt weder hinsichtlich der Herkunft noch der damit verbundenen tatsächlichen Qualität unterscheiden können.

Bei Gleichverteilung der Produkte aus inländischer und ausländischer Produktion erwarten die Konsumenten somit, eine durchschnittliche Qualität aus heimischer und auswärtiger Ware auf dem Markt vorzufinden[72]. Das Angebot wiederum ist die Summe aus heimischen Angebot und Importangebot, für das sich bei einer bestimmten Nachfrage ein Preis einstellen wird[73].

---

[71] Der Begriff Sicherheit bezieht sich in diesem Zusammenhang auf die potentiellen Risiken, die durch Bakterien, Gifte oder pathogene chemische Rückstände entstehen können. Der Begriff Qualität allerdings ist sehr allgemein zu betrachten. Er lässt sich nicht allgemein auf Sicherheitscharakteristika und Inhaltsstoffe reduzieren. Es ist dabei auch die Art und Weise zu beachten, wie ein Produkt produziert wurde. Ein Beispiel wäre ein Produkt, das durch Kinderarbeit produziert wurde und als "low-quality"-Produkt gelten kann, da es die individuellen Wertvorstellungen der Verbraucher verletzen könnte [OECD (1999)].

[72] Die erwartete Qualität ergibt sich für den Konsumenten aus der Information hinsichtlich der Marktanteile multipliziert mit der angenommenen Qualität.

[73] Nach WILSON (1980) können sich verschiedene Preise auf einem Markt bilden, wenn der Konsument die Qualität eines Gutes nicht eindeutig beurteilen kann.

Die vom Konsumenten erwartete Qualität entspricht der Summe aus der "willingness to pay" für eine bestimmte Qualität, multipliziert mit dem Anteil am gesamten Angebot auf dem Markt. Unter der Annahme, dass die Importanteile bekannt sind, entspricht der erwartete Anteil auf dem inländischen Markt auch den aktuellen Anteilen von heimischer Produktion und Importen.

Da keinerlei Informations- und Zertifizierungssystem für die unterschiedlichen Waren existiert[74], führt das Problem der unvollkommenen Informationen dazu, dass der Konsument beim Kauf und Konsum der Waren keinen Unterschied in der Qualität der Waren feststellt[75]. Dies wiederum führt dazu, dass es bei einem gemeinsamen Markt für beide Produkte durch eine Verschiebung der Nachfragefunktion nach links unten zu einem Rückgang in der Nachfrage kommt[76]. Die mit der Verschiebung der Nachfragefunktion einhergehende Reduzierung des Grenznutzens führt zu einem Absenken der Konsumentenrente. Die daraus resultierenden gesamtgesellschaftlichen Nettoeffekte sind schwer vorherzusehen, da darüber hinaus auch Kostenunterschiede in den unterschiedlichen Produktionsweisen einen Einfluss auf die gesamtgesellschaftliche Wohlfahrt haben können[77].

Wird durch die Einführung eines Labels der Unterschied der Qualitäten für den Konsumenten ersichtlich, führt dies zu einer völlig anderen Situation. Durch die hier eingeführten Labels kommt es bei einer unterschiedlichen Beurteilung durch die Konsumenten zu einer Teilung des Marktes[78] in einen für inländische Produkte und einen für ausländische Produkte, was zu ebenso unterschiedlichen gesamtgesellschaftlichen Effekten führen könnte.

Handelsliberalisierung kann in bestimmten Fällen demnach dazu führen, dass es zu unvollkommenen Informationen bezüglich der Produktqualität kommen kann.

Das hier aufgestellte Modell veranschaulicht, dass unter Annahme verschiedener Situationen unterschiedliche Ergebnisse zustande kommen können. Das Modell, das hier generiert wurde, arbeitet mit verschiedenen Parametern, die jeweils auf den Fall hin neu quantifiziert werden müssten. Es ist somit nicht möglich, einen allgemeingültigen Schluss für die Wirkungsweise von SPS-Maßnahmen zu ziehen.

3.5.2.1.5 Weitere Aspekte zur Analyse des Importverbotes

In der hier bereits vorgestellten partiellen Gleichgewichtsanalyse für einen Ein-Produkt-Fall sind verschiedenste Möglichkeiten der Handhabung eines einfachen Importfalles mit einem host-spezifischen Risikos für die heimische Produktion dargestellt worden. Komplizierter wird

---

[74] Für die Einführung eines solchen Zertifizierungssystems mit Labeln für die unterschiedlichen Produktionsmethoden ist international das TBT-Abkommen zuständig.

[75] Dies entspricht dem allgemeinen Fall der "credence-Güter".

[76] Dies gilt im betrachten Fall des kleinen Landes. Im Falle eines großen Landes kann es gleichzeitig zu Preiseffekten kommen.

[77] Siehe hierzu den Beitrag von BUREAU et al. (1998).

[78] Diese Möglichkeit der Teilung eines Marktes durch die Einführung eines solchen Labels, das z. B. ausländische Ware kennzeichnet, wird oftmals als Diskriminierung und damit unter den Bestimmungen des TBT-Abkommens als nicht zulässig angesehen.

die ökonomische Beurteilung einer Situation mit Einführung einer SPS-Maßnahme, wenn z. B. ein qualifizierbares, aber nicht quantifizierbares Risiko zu beurteilen ist[79] oder Importkontrollen grundsätzlich nicht möglich bzw. unwirksam sind.

Sind Konsumenten über die Produkteigenschaften eines Gutes nicht richtig informiert, können sie u. a. Güter konsumieren, die für die Gesundheit gefährlich sind, eine Qualität wählen, die sie bei ausreichender Information nicht gewählt hätten, oder einen Preis zahlen, der nicht der Qualität des Gutes entspricht. In allen diesen Fällen ist die Wohlfahrt geringer als unter vollkommenen Informationen [BUREAU et al. (2002)]. In dem hier dargestellten Bewertungsmuster des Rentenkonzeptes spielt das Vertrauen der Konsumenten eine wichtige Rolle. Bei einem Vertrauensverlust durch die Aufnahme von Handel kann es zu einer Verschiebung der Nachfrage- bzw. Grenznutzenkurve kommen. Der Aspekt, dass es unterschiedliche Qualitäten geben kann, legt nahe, dass das Importgut nicht unbedingt als ein Substitut für das heimische Produkt angesehen wird. Dieser Aspekt kann jedoch auch mit der Zeit verschwinden, wenn der Konsument die Qualitätsunterschiede entweder nicht mehr wahrnimmt oder sich die Annahmen diesbezüglich geändert haben. Im Falle der Aufweichung in der Einschätzung eines host-spezifischen Risikos können die Wohlfahrtseffekte noch geringer ausfallen als angenommen, wenn die "by-products" nicht nur wie hier angenommen die heimischen Produkte angreifen[80]. Darüber hinaus kann es auch zu "economies of scale" bei den Inspektionen im Importbereich kommen, die in Schaubild 3.5-3 zu einer Annäherung der Grenzkostenkurve p_{SPS} an p_w führen würde. Auch die durch die zusätzlichen Inspektionskosten verursachte Verschiebung der Grenzkostenkurve muss nicht immer wie angenommen parallel sein. Es kann z. B. der Fall sein, dass kosteneffektivere heimische Produzenten niedrigere Kontrollkosten haben, und somit die Kurve im unteren Bereich näher an der ursprünglichen Grenzkostenkurve liegen kann.

Wird von dem hier angewandten Bewertungskonzept zur Messung der gesamtgesellschaftlichen Wohlfahrtseffekte abgewichen und angenommen, dass im Falle der Bewertung der Güter durch die Konsumenten "falsche" Informationen existieren, so können nach HOFF (2003) die Wohlfahrtswirkungen auch nach dem Konzept der kompensierten Ausgabenvariation bei konstanter Nutzenannahme geschätzt werden. Das kann es zu einer Veränderung der Gesamteffekte führen. In diesem Fall wird vorgeschlagen, dass bei der Beurteilung der Wohlfahrtswirkungen nach DIXIT und NORMAN (1978) die Nutzenfunktion bei vollkommener Information als Bewertungsmaßstab herangezogen werden sollte, was auch die gesamtgesellschaftlichen Wohlfahrtseffekte verändert. Ein praktisches Problem bei der Anwendung dieses Konzeptes liegt jedoch in der Bestimmung des "wahren" Referenznutzens. Die Bestimmung dieses Nutzen beinhaltet das Einbeziehen einer

---

[79] Dies ist das zentrale Problem bei der Beurteilung des Importverbotes für hormonell behandeltes Fleisch im WTO-Streitfall der EU mit den USA und Kanada. Siehe hierzu auch KRAMB (2001).

[80] Stichwort Gentransfer von GMO im Importfall.

quantitativen Risikoanalyse, die gerade in Fällen mit sanitären und phytosanitären Maßnahmen nur schwer möglich ist[81].

Die Analyse der ökonomischen Effekte legt nahe, dass nichttarifäre Handelshemmnisse aus dem Bereich der SPS-Maßnahmen negative Wohlfahrtseffekte verursachen können. Da SPS-Maßnahmen ähnliche oder manchmal identische Wirkungen wie andere Maßnahmen aus der Gruppe der nichttarifären Handelshemmnisse verursachen können, deren Wohlfahrtseffekte bereits in KRAMB (1998) dargestellt wurden, wird in der Literatur allgemein Angenommen, dass auch deren gesamtgesellschaftlichen Wohlfahrtseffekte in empirischer Hinsicht eher unter- als überschätzt werden[82]. Letztlich führen diese in der Regel zu einer Fehlallokation in der Volkswirtschaft, weil sie der Wirtschaft falsche Signale setzen. Treten solche Handelshemmnisse auf, die auf Basis der Wohlfahrtsökonomie zu einem gesellschaftlichen Wohlfahrtsgewinn führen, so sollte bei ihrer Beurteilung im Idealfall das Pareto-Kriterium[83] angewandt werden. Nichttarifäre Handelshemmnisse eines Landes dürfen im internationalen Kontext ein anderes Land nicht schlechter stellen, auch wenn gesamtgesellschaftlich ein Wohlfahrtsgewinn festzustellen ist. Als wirtschaftspolitische Maxime würde das Pareto-Kriterium allerdings zur Handlungsunfähigkeit führen, da die meisten handelspolitischen Maßnahmen immer mindestens einen schlechter stellen, auch wenn ansonsten alle besser gestellt werden [HENRICHSMEYER und WITZKE (1994)]. An die Stelle des Pareto-Kriterium rückt deshalb das Kaldor-Hicks-Kriterium, bei dem eine Maßnahme als positiv beurteilt wird, wenn zwar einige Individuen im Nutzenniveau schlechter gestellt werden, diese jedoch durch die Gewinner im Nutzenniveau kompensiert werden können und immer noch einen Nettogewinn verbleibt [HENRICHSMEYER und WITZKE (1994)].

3.5.2.2 Ökonomische Beurteilung von Importverboten einzelner Länder im globalen Handel

Im globalen Handel sind die einzelnen Märkte miteinander vernetzt. Besonders im Falle homogener Güter können wir davon ausgehen, dass bei vollkommenem Wettbewerb mittels Arbitrage kurzfristig auftretende Preisunterschiede durch Nachfrage- oder Angebotsveränderungen ausgeglichen werden und wir vom "law of one price" sprechen können[84]. Da SPS-Maßnahmen ebenfalls handelsumlenkende oder gar handelsschaffende Eigenschaften besitzen können, wird dies hier zusätzlich diskutiert.

---

[81] Im Fall des Hormonstreites zwischen EU und USA wird zwar ein Risiko bestätigt, das jedoch bisher noch nicht quantifiziert werden konnte.

[82] Z. B. kann dies bei Veränderung der vorherrschenden Wettbewerbssituation oder Veränderung der Risikoeinstellung der Konsumenten im Vergleich zur Ausgangssituation geschehen.

[83] Das Pareto-Kriterium ist ein Wohlfahrtskriterium. Es besagt, dass eine Maßnahme wohlfahrtssteigernd wirkt, wenn sie ein Individuum besser stellt und gleichzeitig kein anderes Individuum schlechter stellt [HENRICHSMEYER und WITZKE (1994)]

[84] Eine intensive Diskussion zu dem Thema des "law of one price" findet sich in ISARD (1977).

3.5.2.2.1 Der handelsschaffende Aspekt

In der Literatur ist der handelsschaffende Aspekt von politischen Instrumenten wie Präferenzabkommen, Zollunion oder gar einer gemeinsamen Währung durchaus bekannt[85]. Hinsichtlich der handelsschaffenden Eigenschaften von SPS-Maßnahmen gibt es bisher jedoch wenige Arbeiten. Eine der Arbeiten, die sich mit den handelsschaffenden Eigenschaften von Standards und Normen beschäftigt, ist die Arbeit von MOENNIUS (1999). Er konnte mittels eines Gravitationsmodells den statistisch signifikanten handelsschaffenden Effekt von gemeinsamen Standards bzw. Normen nachweisen.

Auch SPS-Maßnahmen haben das Potential, handelsschaffend zu wirken. Der einfachste Fall ist in diesem Zusammenhang die Situation, wenn aufgrund eines unklaren Gefahrenpotentials zwischen zwei Ländern kein Handel zustande kommt. Dies kann dann der Fall sein, wenn in einem potentiellen Exportland eine Seuche oder Krankheit ausgebrochen ist, die durch den Import an sich oder den Konsum der importierten Ware zu einer Übertragung dieser Seuche oder Krankheit kommt. Hierdurch entstehen im Importland Kosten. Durch eindeutige formulierte Auflagen des Importlandes können potentielle Exporteure ihr Angebot anpassen, ihre Maßnahmen zertifizieren lassen und somit Handel betreiben. Dies würde ähnliche ökonomische Effekte haben wie die bereits beschriebenen Wohlfahrtseffekte durch Aufnahme von Handel aus einer Autarkiesituation heraus.

Eine anderes denkbares Szenario wäre die Etablierung gemeinsamer Standards[86] für die sanitäre und phytosanitäre Handhabung bestimmter Produkte. Dies wird bereits in der CAC oder anderen internationalen Organisationen praktiziert und im SPS-Abkommen gewünscht. Die gemeinsamen Standards könnten dann wiederum die Grenzkosten der jeweiligen Exporteure senken. Durch gemeinsame Standards könnten die bereits erwähnten "economies of scale" realisiert und bei gleichbleibender Importnachfrage und sinkenden Grenzkosten zu niedrigeren Preisen, höherem Handelsvolumen und insgesamt zu steigender gesamtgesellschaftlicher Wohlfahrt führen[87]. In Schaubild 3.5-5 wird dargestellt, wie durch gemeinsame Standards und dadurch sinkende Grenzkosten die Exportangebotsfunktion auf dem Weltmarkt nach rechts unten verschoben wird. Bei gleichbleibender Importnachfrage entsteht ein größeres Handelsvolumen mit $q_{EA}^1 < q_{EA}^2$.

---

[85] Siehe hiezu auch den Überblicksartikel von PANAGARIYA (2000).

[86] HENSON (1998) offeriert auf internationaler Ebene zwei institutionelle Möglichkeiten: 1. Internationale Organisationen, die für die Standardisierung zuständig sind und 2. MRA (Mutual Recognition Agreements).

[87] Es kann u. U. der Fall eintreten, dass nationale Regelungen dazu führen, dass ein Exporteur Schwierigkeiten bekommen kann. Dies kann z. B. der Fall sein, wenn es verschiedene Optionen gibt, die wiederum dazu führen, dass ein Produkt als sicher gilt. Von der biologischen Seite her betrachtet, werden die verschiedenen Verfahren als gleichwertig erachtet. Da ein Exporteur sich eventuell auf ein solches Verfahren konzentriert, kann er nicht dem anderen Verfahren, das ein anderes Importland als notwendig erachtet, entsprechen. So kann es passieren, dass es zu einem technischen Handelshemmnis und/oder zu zusätzlichen Kontrollkosten kommt [siehe ROBERTS und DEREMER (1997)].

Schaubild 3.5-5: Handelsschaffender Effekt durch gemeinsame Standards auf dem Weltmarkt

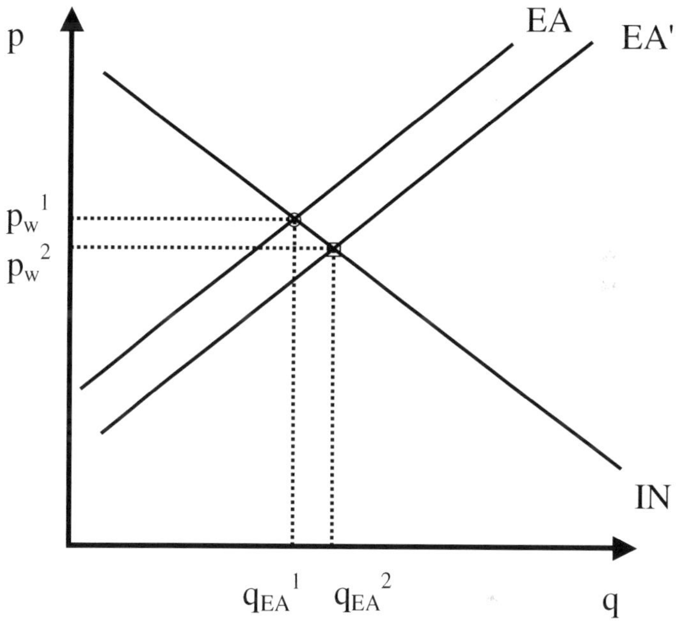

Quelle: Eigene Darstellung.

Unberücksichtigt bleibt auch hier wieder der Aspekt der Konsumentenreaktion. Dies betrifft sowohl die Frage nach der Substitutionsmöglichkeit der importierten und der heimischen Produkte als auch die Veränderung der Grenznutzen bei steigenden oder sinkenden gemeinsamen Standards im Vergleich zu den alten nationalen Standards. Das oftmals herbeizitierte Gespenst der "downward harmonization" als Folge der internationalen Zusammenarbeit und gemeinsamen Anerkennung von Standards[88] könnte z. B. zu einem Absinken der Grenznutzenfunktion und damit dem oben beschriebenen Effekt der sinkenden Grenzkosten entgegenwirken. Der mit dem Konsum eines Gutes verbundene Nutzen ist dabei geringer, als er in Wirklichkeit sein sollte. Es wird ein Marktgleichgewicht erreicht, das nicht der "wahren" Situation am Markt enstpricht.

Mit dem Begriff der "downward harmonization" wird die Angst der Konsumenten beschrieben, die bei einer Anpassung der Standards auf ein gemeinsames internationales Niveau ein Absinken ihrer eigenen hohen Sicherheitsstandards befürchten [TWESTEN (1999)]. Mit diesem vermeintlichen oder tatsächlichen Absinken könnte dann auch das Vertrauen in die importierten Güter oder gar in den gesamten Markt einhergehen.

---

[88] Zum Thema Harmonisierung bietet LEEBRON (1996) einen lesenswerten Überblicksartikel.

Unter der Berücksichtigung der Art und Weise, wie es zur Etablierung von gemeinsamen Standards z. B. wie in der CAC (siehe Kap. 3.3.1.2.1) kommt, können Prognosen hinsichtlich der Konsumentenreaktion gemacht werden. So wird es unter der Berücksichtigung der Abstimmungsmodalitäten und Stimmenverteilung bei den Verhandlungen zu den gemeinsamen Standards zu einem Konsens aus hohen Forderungen der reicheren Staaten und niedrigeren Forderungen aus ärmeren Staaten kommen. In den Verhandlungen wird sicherlich auch die wirtschaftliche Bedeutung der jeweiligen Märkte Berücksichtigung finden[89], so dass u. U. von einem gewogenen arithmetischen Mittel aller Forderungen gesprochen werden kann[90]. In diesem Fall würden sich die Veränderungen der verschiedenen Grenznutzenkurven der am Markt beteiligten Konsumentengruppen ausgleichen, und der Nettoeffekt wäre neutral.

3.5.2.2.2 Der handelsumlenkende Effekt

Mit der Verabschiedung des SPS-Abkommens ist es erstmals möglich, einzelne Regionen vom Handel auszuschließen, in denen eine Seuche ausgebrochen ist[91]. Dies ist im Vergleich zu einem Ausschluss ganzer Staaten ein Fortschritt, da hier nun direkt auf die Gefahr Bezug genommen wird.

Wird ein solcher Ausschluss bei gegebenem heimischen Angebot und Nachfrage durch ein Land beschlossen, so wird sich der nationale Markt für dieses Produkt oder diese Produktgruppe in Abhängigkeit von der Situation auf dem internationalen Markt entwickeln. Im Falle eines homogenen Gutes und vollkommener Konkurrenz mit vielen Anbietern, die nicht von dem Handelsausschluss betroffen sind, kann im bilateralen Handel der ausgeschlossene Handelspartner durch einen anderen leicht ersetzt werden.

Durch die Einführung von Standards und Auflagen im Handel werden wie schon beschrieben Kosten verursacht, die der jeweilige Exporteur/Importeur oder Produzent zu tragen hat. Im Rahmen des SPS-Abkommens sind diskriminierende Auflagen unzulässig. Dies bedeutet, dass alle Länder diesbezüglich gleich zu behandeln sind. Durch die unterschiedlichen Ausgangsniveaus der Sicherheitsstandards sowie der technischen Möglichkeiten und der Überwachungsmechanismen kann ein für alle eingeführter Standard unterschiedliche Kosten verursachen. Gleichzeitig gibt es aufgrund komparativer Kostenunterschiede zwischen einzelnen Produzenten/Exporteuren oder Ländern bereits in der Ausgangssituation unterschiedliche Grenzkostenfunktionen. Durch die zusätzlichen Anpassungskosten der

---

[89] Diese Frage ist sicherlich für das Gebiet der politischen Ökonomie internationaler Institutionen von Interesse, wird hier jedoch nicht weiter aufgegriffen. Siehe hierzu auch WECK-HANNEMANN (1992).

[90] Ein Mittel aus der Forderung des jeweiligen Standards unter Berücksichtigung des wirtschaftlichen Stellenwertes des Fordernden.

[91] Da die WTO keine Handelsbeschränkungen aussprechen kann, sondern lediglich den Rahmen und Regelungen für die einzelstaatlichen Maßnahmen bildet, können immer nur von den jeweiligen Mitgliedsstaaten Handelsbeschränkungen beschlossen werden. Sollte ein Land oder Region komplett vom internationalen Warenaustausch ausgeschlossen werden, müssten alle Staaten jeweils eine solche Maßnahme beschließen.

Produktion an einen neuen oder zusätzlichen Standard können sich die ursprünglichen Kostenrelationen der verschiedenen Konkurrenten verschieben und der Handelsfluss verändert bzw. umgelenkt werden.

Schaubild 3.5-5 stellt die Situation von Nettoexporteur 1 und 2 auf einem Markt für ein homogenes Produkt dar. Beide Länder sind Teil der vollkommenen Konkurrenz auf diesem Markt und dementsprechend Preisnehmer. Durch Einführung eines neuen Standards erhöhen sich für beide Produzenten die Grenzkosten. Unter der Annahme von Stückkosten kommt es in Schaubild 3.5-6 durch die Umsetzung der Standards zu einer Parallelverschiebung der Grenzkosten- bzw. Angebotsfunktion von A_1 auf A_1' (A_2 auf A_2'). Durch die unterschiedliche Umsetzung im Bezug auf die Höhe der Stückkosten ist die absolute Erhöhung der Grenzkostenfunktion aufgrund der o. g. unterschiedlichen Ausgangsniveaus und technischen Möglichkeiten bei Nettoexporteur 1 größer als bei Nettoexporteur 2. Da aufgrund der Nichtdiskriminierung alle Marktteilnehmer die Standards umsetzen müssen, erhöht sich der Weltmarktpreis p_W^0 auf p_W^1. Die hieraus resultierenden Mengenänderungen auf der Nachfrageseite, bei gegebenem Weltmarktpreis und unveränderter Nachfrage, sind $q_{N1}^0 > q_{N1}^1$ sowie $q_{N2}^0 > q_{N2}^1$. Die Mengenänderungen auf der Angebotsseite bei gegebenem Weltmarktpreis und veränderter Angebotsfunktion sind $q_{A1}^0 > q_{A1}^1$ sowie $q_{A2}^0 < q_{A2}^1$. In dieser Situation kann der Nettoexporteur 2 im Vergleich zum Nettoexporteur 1 seinen Marktanteil ausbauen. In diesem Zusammenhang kann von einem handelsumlenkenden Effekt von Nettoexporteur 1 auf Nettoexporteur 2 gesprochen werden.

Unberücksichtigt bleiben auch hier wieder die Konsumentenreaktion der jeweiligen heimischen Nachfrage und der aggregierten Importnachfrage des Weltmarktes, die, wie bereits in Kap. 3.5.2.2.1 beschrieben, ebenfalls einen Mengen- und Preiseffekt verursachen können.

Schaubild 3.5-6: Handelsumlenkender Effekt durch gemeinsame Standards

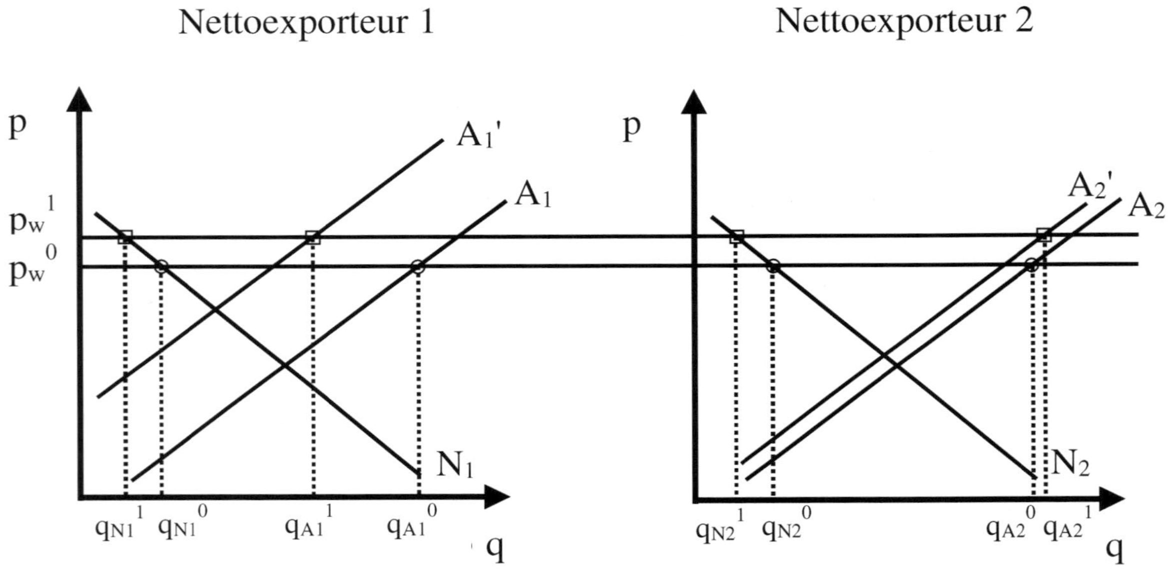

Quelle: Eigene Darstellung.

4 DER RINDFLEISCHMARKT

4.1 EINFÜHRUNG

Der Markt für Rinder, Rindfleisch und Verarbeitungsprodukte ist ein weltweiter Markt. Durch die wachsende Weltbevölkerung und das gestiegene Haushaltseinkommen ist die Nachfrage nach Fleisch kontinuierlich gestiegen. Gleichzeitig haben sich auch auf der Angebotsseite die Kräfteverhältnisse geändert, indem sich neue "Global Player" etabliert haben [HANSEN, HERZFELD und THIELE (2006)]. Auf der Nachfrageseite haben sich die Präferenzstrukturen der Verbraucher verändert [BURTON und YOUNG (1992)]. Diese Tendenzen haben sich im Rindfleischmarkt niedergeschlagen. Die EU hat in der Vergangenheit die heimische Produktion durch die Gemeinsame Agrarpolitik und deren Anreizmechanismen stark gefördert. Dadurch wechselte ihr Handelsstatus vom Nettoimporteur zum Nettoexporteur. Trotz dieser Überschusssituation wird Rindfleisch sowohl exportiert als auch importiert. Darüber hinaus herrscht in der EU ein großer Warenaustausch zwischen den einzelnen Mitgliedsstaaten.

Der Markt für Rinder, Rindfleisch usw. ist in den vergangenen Jahren durch eine Reihe von Ereignissen beeinflusst worden, die sowohl den Konsum, die Produktion, den Handel als auch die Politik beeinflussten und umgekehrt. Im folgenden Kapitel wird sowohl der weltweite Rindfleischmarkt als auch der EU-Markt und der Handel mit Rindern und Rindfleisch im Überblick dargestellt.

Da das Ziel der Arbeit die Analyse von Handelseffekten auf Basis des bilateralen Rindfleischhandels ist, wird der Fokus der folgenden Darstellung auch auf den Handel mit Rindern, Rindfleisch und deren gering verarbeiteten Produkten gelegt. Darüber hinaus wird mit der Beschreibung der Rinderseuche BSE sowie Maul- und Klauenseuche (MKS) auf zwei einschneidende Ereignisse eingegangen, die den Markt kurz- und mittelfristig stark beeinflusst haben.

4.2 ALLGEMEINE TRENDS AUF DEM MARKT FÜR RINDFLEISCH

Die Entwicklung der Weltfleischproduktion war in den vergangene Jahrzehnten in erster Linie dadurch gekennzeichnet, dass sich der Anteil der Entwicklungsländer an der Produktion erhöht hat und der Anteil der Länder der ehemaligen Sowjetrepubliken reduziert hat [WEBER (2000)]. In Projektionen zur Produktions- und Verbrauchsentwicklung für Rindfleisch wird einheitlich die Meinung vertreten, dass sowohl der Verbrauch als auch die Produktion weltweit steigen werden. Die in Tabelle 4.2-1 dargestellten Prognosen sprechen von einem Wachstum der Produktion von 1,274 bis 1,596 %, sowie einem Wachstum im Verbrauch zwischen 1,26 und 1,62 %. Die wichtigsten Bestimmungsgründe der Fleischnachfrage sind die Einkommensentwicklung und die Einkommenselastizitäten, die Preis- und Kreuzpreiselastizitäten, die Urbanisierung, kulturelle und religiöse Gründe und die Konsumentenpräferenzen [WEBER (2000)]. Durch die steigende Weltbevölkerung, das steigende Einkommen und die Urbanisierung wird allein in den Entwicklungsländern eine Verdopplung der Nachfrage nach Fleisch- und Milchprodukten erwartet. Arbeiten zu diesem

Thema erwarten eine Steigerung der Nachfrage nach Fleisch in den Entwicklungsländern von 111 Mio. t in 1997 auf 213 Mio. t in 2020 [DE HAAN (2001)]. Unter den heutigen Ausgangsbedingungen zeigen Vorhersagen, dass dabei der Hauptanteil dieser Nachfragesteigerung von großen industrieartigen Schweine- und Geflügelproduzenten aus den entwickelten Ländern befriedigt wird. Im Zusammenhang mit der Steigerung der Fleischnachfrage in Entwicklungsländern und deren Produktion sprechen DELGADO et al. (1999) von der "Livestock Revolution".

Tabelle 4.2-1: Projektionen von Produktions- und Verbrauchsentwicklung für Rindfleisch der OECD, FAPRI und FAO (jährliche Zuwachsraten in %)[a)]

	OECD		FAPRI*		FAO	
Prognosezeitraum	2014		2014		2010	
Basisperiode	2004		2004		1998-2000	
	%	Mio. t	%	Mio. t	%	Mio. t
Produktion	1,596	72,790	1,7	60,4	1,274	67,7
Verbrauch	1,618	72,788	-	-	1,258	67,7
Welthandel-Exporte	3,696	5,194	4,338	5,251	-	6,679
Welthandel-Importe	3,923	5,407	4,338	5,251	2,067	6,677

a) = prognostizierte Mengen für Endjahr; * FAPRI = Food and Agricultural Policy Research Institute
Quelle: Hansen, Herzfeld und Thiele (2006).

Die Handelseinflüsse im Rindfleischmarkt werden u. a. durch den MKS-Status der Export- und Importländer bestimmt. Es besteht dabei die Tendenz, dass sich die Marktspaltung zwischen der pazifischen und atlantischen Handelszone auflösen wird und ein globalisierter Rindfleischmarkt entsteht [WEBER (2000)]. Die 1996 ausgebrochene BSE-Krise hat das Vertrauen der Konsumenten stark beeinträchtigt und vor allem in Europa den Rindfleischmarkt stark beeinträchtigt. Hieraus haben sich zahlreiche ökonomische Effekte ergeben. Eine detailliertere Diskussion ist in Kap. 4.5 zu finden.

Die EU ist weltweit nach den USA der zweitgrößte Produzent für Rindfleisch. Im Jahre 1997 betrug der Anteil der Rindfleischproduktion an der weltweiten Produktion 14 %. Während der relative Anteil noch sehr hoch erscheint, nimmt er kontinuierlich ab. Selbst der Absolutwert geht zurück. Im Zeitraum von 1989 bis 1997 sank die jährliche EU-Rindfleischproduktion von 8,9 auf 7,6 Mio. t. Mit dieser Produktionsmenge ist die EU gemessen an ihrem Verbrauch Selbstversorger. Seit den 90er Jahren gehört die EU zu den größten Nettoexporteuren auf dem weltweiten Rindfleischmarkt. Im Jahre 1999 überstieg die EU-Exportmenge erstmals die

1-Mio. t-Grenze, wobei ein Großteil dieser Exporte aus der irischen Produktion stammten. Demgegenüber wurde im gleichen Zeitraum jedoch nur 0,4 Mio. t importiert. Trotz der theoretisch bestehenden Selbstversorgung gibt es innerhalb der Gemeinschaft diesbezüglich große Unterschiede. Während der Selbstversorgungsgrad in Irland 1999 bei 1025 % lag, betrug er in Griechenland lediglich 28 %. Die Defizitregionen der EU werden dabei überwiegend durch innergemeinschaftlich produzierte Ware versorgt. Lediglich 10 % der Importe von Defizitregionen kommt aus dem außereuropäischen Ausland [NIELSEN und JEPPESEN (2001)].

Die europäische Rindfleischproduktion ist in ihrer Struktur durch die Kopplung an die Milchproduktion gekennzeichnet. Während andere weltweit agierende Exportnationen für Rinder, Rindfleisch und deren Produkte einen Schwerpunkt in der Mutterkuhhaltung haben, ist die EU-Rindfleischproduktion durch die komplementäre Kopplung an die Milch-Produktion abhängig. Der Großteil des geschlachteten Rindviehs stammt aus Milchviehbetrieben, wobei diese über zwei Drittel des EU-Tierbestandes und Rindvieh verfügen. Der Anteil der Einkommen dieser Betriebe jedoch stammt nur zu 20 % aus der Produktion von Rindfleisch, während der Rest aus der Produktion von Milch stammt. Der aus dieser Struktur resultierende Spezialisierungsgrad ist im Vergleich zur heimischen Schweinefleisch- oder Geflügelfleischproduktion sehr gering. Andere Exportnationen sind da schon weiter. In den USA z. B. werden auf großen Mastbetrieben, den sog. "feed-lots", lediglich Färsen und Ochsen gemästet[92]. Aus dieser Spezialisierung heraus ist es auch nicht verwunderlich, dass die Qualität der im Schlachtbetrieb angelieferten Ware homogener ist als das in den EU-Schlachtbetrieben verfügbare Material. Die dort angelieferten Rinder unterscheiden sich im Hinblick auf Alter, Haltung, Rasse, Gewicht usw., so dass es schwer möglich ist, große Chargen in einheitlicher Qualität zu produzieren [NIELSEN und JEPPESEN (2001)].

Die Produktionskette im Rindfleischsektor ist wie in anderen Bereichen der Agrar- und Ernährungsbranche durch zunehmende Konzentration gekennzeichnet. Sowohl die durchschnittliche Größe der Erzeugerbetriebe als auch die der Schlacht- und Verarbeitungsbetriebe steigen. Auch der Vertrieb ist von einem Konzentrationsprozess erfasst, was nicht zuletzt durch die sinkende Bedeutung der lokalen Metzgerbetriebe verstärkt wird.

4.3 DIE GEMEINSAME AGRARPOLITIK FÜR RINDFLEISCH DER EU

Die Gemeinsame EU-Agrarmarktpolitik ist überwiegend zuständig für die Regelungen des Agrarmarktes und somit auch für die des EU-Rindfleischmarktes. Eines der ursprünglichen Ziele der Gemeinsamen Agrarpolitik war die Sicherung des landwirtschaftlichen Einkommens sowie deren Anpassung an das allgemeine Einkommensniveau[93].

[92] In der EU existieren ebenfalls Betriebe, die auf die Mast von Tieren zur reinen Fleischproduktion spezialisiert sind. Sie haben jedoch im Vergleich zu anderen Nationen eine untergeordnete Bedeutung.

[93] Für eine detaillierte Darstellung der Gemeinsamen Agrarpolitik siehe auch WÖHLKEN (1990).

Bis zur Reform der Gemeinsamen Agrarpolitik im Jahre 1992 war ein Preisstützungssystem das dominante Instrument zur Sicherung der o. g. Ziele. Mit der Stützung der Preise auf einem hohen Niveau sollte zum einen das Einkommen der landwirtschaftlichen Bevölkerung gesichert und zum anderen das für die Landwirtschaftspolitik zur Verfügung stehende Budget nicht belastet werden. Dies gelingt jedoch nur, wenn sich der Markt in einer Nettoimportsituation befindet oder die bei einem Angebotsüberschuss entstehenden Überschüsse kostenneutral beseitigt werden können[94]. Um die Marktpreise zu stützen und auf einem für das Erreichen der Ziele hohen Niveau zu halten, wurde ein System von Instrumenten für den Markteingriff etabliert, die das Ziel hatten, einen politisch vorher festgelegten Zielpreis auf dem jeweiligen Markt zu garantieren[95].
Dieses System der Marktpreisstützung beinhaltet bis heute folgende drei Instrumente:

1) Importsubventionen, die in Abhängigkeit des Importpreises angepasst werden;
2) Exporterstattungen, die ebenfalls in Abhängigkeit der Weltmarktpreise variieren;
3) Interventionspreise, die dann zum Einsatz kommen, wenn ein Überangebot zu einem Verfall der Preise bis unterhalb einer Auslöseschwelle führt. Zu diesem Interventionspreis wird dann Ware durch die EU aufgekauft, der Angebotsdruck auf den Marktpreis reduziert und damit der Zielpreis gestützt.

Mit dem gestiegenen Inlandspreis und der daraus steigenden Produktion kam dieses Interventionssystem in den 80er Jahren in Schwierigkeiten. Die Folge waren:

- Die Budgetkosten der Gemeinsamen Agrarpolitik stiegen rasant. In den Jahren von 1973 bis 1991 wurden reale Ausgabensteigerungen von 5,6 % gemessen [EUROPEAN COMMISSION (1994)]. Gleichzeitig stieg die jährliche Überschussproduktion an Rindfleisch. Ende 1990 befanden sich 530.000 t Rindfleisch in staatlichen Interventionslagern.
- Mit den Verhandlungen zur Uruguay-Runde des GATT wurde schnell deutlich, dass die europäische Agrarpolitik geändert werden musste[96]. Das Ziel war eine Reform, die mehr Marktwirtschaft und weniger Protektion bedeuten sollte.

Mit der Reform der Gemeinsamen Agrarpolitik in 1992 und den GATT-Abkommen, die 1995 in Kraft traten, wurde in der EU die Bedeutung der Preisstützung als Instrument der Agrarpolitik erheblich eingeschränkt. Um die direkten Eingriffe in den Markt zu reduzieren, wurden die Zielpreise erheblich gesenkt und zum Ausgleich direkte Einkommenstransfers für die betroffenen Landwirte eingeführt. Die wichtigsten Änderungen waren innerhalb der:

- Importabschöpfungen,
- Exportsubventionen,

---

[94] In den Anfängen der Gemeinsamen Agrarpolitik war die Nahrungsmittelversorgung der europäischen Bevölkerung von Importen abhängig, und die Selbstversorgung lag unterhalb der Autarkiegrenze.

[95] Diese produktabhängigen Zielpreise lagen in der Phase bis 1992 über den jeweiligen Weltmarktpreisen.

[96] Dies war auch nötig, um die Verhandlungsposition der EU zu stärken.

- Interventionsmaßnahmen und der
- Prämienzahlungen.

Die Importabschöpfungen als abzubauendes nichttarifäres Handelshemmnis[97] wurde in Zölle umgewandelt[98] und gleichzeitig entsprechend einer Basisperiode[99] gesenkt. Für den Rindfleischsektor hatte dies wenig Auswirkungen, da die Rindfleischimporte in die EU hauptsächlich über Präferenzabkommen zu einem geringen oder zu einem Nullzollsatz eingeführt wurden.

Die Änderungen der Exportregelungen sollte ebenfalls zu einer Reduzierung der direkten Exportsubventionen bezogen auf den bereits genannten Basiszeitraum führen. Die Exportsubventionen mussten vom Jahr 1995 an für jedes Produkt um 36 %, das subventionierte Exportvolumen um 21 % gesenkt werden [NIELSEN und JEPPESEN (2001)].

Die Änderungen hinsichtlich der Interventionsmaßnahmen waren ebenfalls von einer Reduzierung der Eingriffe geprägt. So wurde mit der Agrarreform eine Reduzierung des Interventionspreises im Zeitraum von 1993 bis 1995 um 15 % beschlossen. Gleichzeitig wurde die Obergrenze der Interventionsmenge von 750.000 t auf 350.000 t im Jahr 1997 zurückgefahren.

Um das mit der Reduzierung der Preisstützung einhergehende Sinken der landwirtschaftlichen Einkommen zu kompensieren, wurden Prämienzahlungen als direkte Einkommenstransfers immer wichtiger. Die Prämienzahlungen für die gehaltenen Tiere wurde zum einen erhöht und gleichzeitig an Obergrenzen gekoppelt. Zusätzlich wurden Prämien für die Reduzierung von Bestandsgrößen gezahlt.

4.4 BSE-PROBLEMATIK IN DER EU

Der Ausbruch der Rinderseuche BSE, deren Folgen sowie der Umgang durch die Politik hatte große Auswirkungen auf den innergemeinschaftlichen Markt und den internationalen Handel mit Rindern, Rindfleisch und deren Produkte. Zahlreiche ökonomische Effekte konnten in verschiedenen wissenschaftlichen Arbeiten hierzu identifiziert werden.

4.4.1 Ausgangssituation

Britische Tierärzte bestätigten 1986 erstmals das Vorkommen von BSE in Rindviehbeständen, nachdem diese auf einem landwirtschaftlichen Betrieb in Surrey (Großbritannien) festgestellt wurde [NIELSEN und JEPPESEN (2001)]. Bis Mitte 1996 wurden

[97] Eines der großen Ziele der Agrarverhandlungen innerhalb des GATT war in der Uruguay-Runde die Umwandlung der nichttarifären Handelshemmnisse in tarifäre Handelshemmnisse, um diese dann schrittweise zu senken [HERRMANN, KRAMB und MÖNNICH (2001a)].

[98] Der Vorgang wurde als Tarifizierung bezeichnet.

[99] Die Basisperiode wurde so geschickt gewählt, dass sie in der Anfangsphase der Umstellung wenig Auswirkung zeigte.

insgesamt 165.000 Fälle dieser Krankheit in Großbritannien registriert[100]. Auf dem europäischen Festland waren es deutlich weniger Fälle. Lediglich 450 Fälle konnten im restlichen Europa beobachtet werden, die sich wiederum auf lokaler Ebene in der Schweiz und in Irland konzentrierten. In Deutschland wurden bis Ende 1996 z. B. nur vier Fälle durch die EU-Kommission bestätigt [LOY (1999)].

Die Risiken für die menschliche Gesundheit waren zu Beginn der Beobachtungen nur wenig bekannt. Vor allem die mit der Seuche konfrontierten Experten und Politiker im Raum Großbritannien waren mehr an der Beruhigung der Bevölkerung interessiert, als offen über mögliche Risiken für die menschliche Gesundheit, die durch den Genuss des Rindfleisches entstehen könnten, zu diskutieren.

Erst Anfang 1996 änderte sich die Lage, als die wissenschaftliche Beratergruppe der englischen Regierung es erstmals als möglich erachtete, dass eine Übertragung von BSE auf den Menschen erfolgen könne. Die öffentliche Diskussion wurde daraufhin neu entfacht, was allein durch die starke Zunahme der Berichterstattung zum Thema BSE in den Medien deutlich wurde [LOY (1999)]. Zwar hatte VON ALVENSLEBEN (1995) in einem Beitrag bestätigt, dass die europäischen Verbraucher bereits 1994 BSE als eine für den Rindviehbestand gefährliche Krankheit zur Kenntnis genommen hatten[101], aber das Interesse der Verbraucher diesbezüglich erst 1996 sprunghaft anstieg [FOCK (1997)].

4.4.2 Reaktionen der Verbraucher

Im Verbrauch von Fleisch ist ein Präferenzwandel festzustellen. So geht die Tendenz im Verbrauch von Fleisch weg vom Konsum von Rind- und Schweinefleisch hin zum Konsum von Geflügelfleisch und Fisch. Dieser Präferenzwandel kann durch die Verunsicherung der Verbraucher im Zusammenhang mit BSE und MKS verstärkt werden.

Im Zusammenhang mit dem sprunghaft angestiegenen Interesse der Verbraucher am Thema BSE Anfang 1996 wurde auch das Verhalten der Verbraucher unter dem Einfluss der Medieninformationen vielfach analysiert. Es wurde hierbei vermutet, dass mit dem wahrgenommenen Risiko der Verbrauch an Rindfleisch sinkt, der Verbrauch der Substitute steigt und der Rindfleischpreis bei gegebenem Angebot und sinkender Nachfrage

---

[100] Ab dem Jahre 1988 verbot die britische Regierung die Verwendung aller Teile für die Nahrungsmittelherstellung, die aus der Verwertung der Tierkörper stammten und in dem Verdacht standen, als Ursache für die Weiterverbreitung von BSE verantwortlich zu sein. Im Jahre 1990 erreichte die Anzahl der neu erkannten BSE Fälle die Marke von 300 pro Woche. Die Medien griffen das Thema verstärkt auf. Als Folge brach der Absatz von Rindfleisch in Großbritannien deutlich ein. 1990 verbot Deutschland als erstes Importland die Einfuhr von britischem Rindfleisch. Im Jahre 1992 erreichte die Infektionsrate 800 Tiere pro Woche, und die Diskussion um die Sicherheit der Konsumenten hinsichtlich der Übertragbarkeit wurde neu entfacht. Im Jahre 1994 wurde festgestellt, dass ein Übertragungsweg der Krankheit auch der von Muttertier zu Jungtier ist [NIELSEN und JEPPESEN (2001)].

[101] Nachdem 1994 der Übertragungsweg von Muttertier zu Jungtier bestätigt wurde, veranlasste die EU-Kommission eine Exportbeschränkung für Rindfleisch aus Großbritannien. Lediglich Fleisch, das aus Beständen kam, in denen nachweislich sechs Jahre kein BSE-Fall aufgetreten war, durfte exportiert werden [NIELSEN und JEPPESEN (2001)].

entsprechend seiner Preiselastizität nachgibt. Die im März und Mai des Jahres 1996 durchgeführten Befragungen schienen diese Vermutungen zu bestätigen. Die Konsumenten gaben darin an, dass sie ihren Konsum im Vergleich zum Zeitraum vor dem gestiegenen Medieninteresse zur möglichen Übertragung um bis zu 70 % reduziert hatten. In einer einen Monat später gefolgten Befragung wurde noch eine Reduzierung von 30-50 % zum Vergleichszeitraum festgestellt [SOUTHEY (1996)].

BÖCKER und MAHLAU (1998) konnten jedoch den mit den Aussagen der Verbraucher einhergehenden Verbrauchsrückgang statistisch nicht nachweisen. Sie konnten lediglich den in den achtziger Jahren beginnenden Trend zum Rückgang des Konsums an Rindfleisch weiterverfolgen. Dieser Rückgang betraf jedoch auch die Produktgruppe Schweinefleisch. Im gleichen Zeitraum konnte eine Steigerung des Konsums an Lamm-, Ziegen- und Geflügelfleisch festgestellt werden. HERRMANN (2002) hingegen konnte neben dem bestehenden Trend einen durch die BSE-Krise ausgelösten dauerhaften verbrauchssenkenden Effekt nachweisen, der mit dem BSE-Nachweis in Deutschland im November 2000 einsetzte[102].

Auch die zu Beginn der Krise prognostizierten sinkenden Verbraucherpreise konnten nicht nachgewiesen werden. LOY (1999) bestätigte, dass die nominalen Verbraucherpreise in Deutschland infolge der BSE-Krise im Mittel nicht gesunken waren. Lediglich in der Preisrelation zu den klassischen Substituten[103] konnte Rindfleisch seinen Stand nicht halten und sank ein wenig. Der in einigen Geschäftstypen wahrgenommene Preisrückgang hingegen glich sich im Mittel über alle Geschäftstypen aus.

Der Unterschied zwischen dem Verbraucher- und dem Großhandelspreis hingegen wurde mit der BSE-Diskussion größer. ECKERT (1998) und LOY (1999) konnten einen kontinuierlichen Anstieg der Marktspanne zwischen Verbraucher- und Erzeugerpreis bei Rindfleisch zwischen 1992 und 1996 feststellen. Bei gleichbleibenden Verbraucherpreisen sank der Erzeugerpreis in der ersten Hälfte des Jahres 1996 gegenüber dem Vorjahr um 10,3 % [ECKERT 1998)]. Es wurde in verschiedenen Studien [SCHLINDWEIN und SEUSER (1996); LOY (1999); LLOYD et al. (2001)] hierfür die Marktmacht als Grund für die sich ausweitende Preisschere genannt, wobei die entsprechenden empirischen Belege in diesen Studien fehlten.

4.4.3 Reaktionen der Politik

Neben den Auswirkungen auf den Strukturwandel im Rindfleischsektor waren die Wirkungen von BSE auf den politischen Markt bedeutend [HERRMANN (2002)]. Die Diskussion in Deutschland wurde u. a. zu einer Veränderung der agrar- und ernährungspolitischen Kon-

---

[102] HERRMANN, THOMPSON und KRISCHIK-BAUTZ (2002) bestätigten diesen Verbrauchsrückgang unter Berücksichtigung der langfristigen Präferenzänderung auf dem Rindfleischmarkt. Sie konnten dabei auch den positiven Effekt von Gemeinschaftswerbung für eine regionale Marke bestätigen, die jedoch durch den Effekt von BSE überkompensiert wurde.

[103] Das klassische Substitut in der Kategorie "rote Fleischarten" ist Schweinefleisch. ECKERT (1998) konnte hier einen signifikanten Nachfrageanstieg feststellen.

zeption genutzt, die letztendlich zu einer Änderung der Ausrichtung der Agrarpolitik führte. Diese neue Ausrichtung wurde unter dem Begriff Agrarwende firmiert. Hierbei wurden die Grundsätze der Agrar- und Ernährungspolitik verändert und neue Schwerpunkte definiert [HERRMANN (2002)]. Dies wurde dabei nicht zuletzt durch die ökologische Ausrichtung der regierungsbildenden politischen Parteien in Deutschland begünstigt.

Die in Krisenzeiten gestiegene Nachfrage nach Regulierung förderte den politischen Aktionismus und die staatliche Regulierung [HERRMANN (2002); WECK-HANNEMANN (1992)]. Aber nicht nur die nationale Politik ist von diesem Phänomen betroffen. Die Nachfrage nach staatlicher Regulierung kann auch internationale Auswirkungen haben[104]. In einer globalisierten Welt ist der Handel ein zentraler Bestandteil unseres Zusammenlebens und der wirtschaftlichen Existenz. Auch der mit dem Abbau der Handelsschranken im Rahmen der Etablierung der WTO einhergehende zunehmende weltweite Wettbewerb in der Agrar- und Ernährungsbranche ließ die Nachfrage nach Protektion unter einem anderen Gesichtspunkt steigen. Da sich politische Entscheidungen in Krisenzeiten oftmals einfacher durchsetzen lassen als unter normalen Bedingungen, ist es nicht verwunderlich, dass das Angebot der Politik an Protektion öffentlich als Reaktion auf aktuelle Krisen vermarktet werden kann, aber gleichzeitig auch die immanente Nachfrage nach Protektion der heimischen Agrarwirtschaft gegen ausländische Konkurrenz befriedigt[105].

Die Politik reagierte im Fall von BSE sehr spät. Erst 1994 verhängte die EU-Kommission Handelsauflagen für Exporte aus Großbritannien. Lediglich das Fleisch von Tieren, die nachweislich aus BSE-freien Beständen kamen, durfte in den innergemeinschaftlichen Handel geraten. Im Jahre 1996 versuchte die Regierung in Großbritannien, der Ausbreitung der Krankheit mit einem großen Schlachtungsprogramm zu begegnen. Es sollten keine Tiere mehr in die Nahrungsmittelkette kommen, die älter als 30 Monate waren[106]. Gleichzeitig wurde die Verwertung von Hirnmasse und Rückenmark verboten. Durch die zahlreichen politischen Maßnahmen wurde die Zahl der erkannten Infektionen im Jahr 1997 auf 120 Tiere pro Woche gesenkt[107]. Auch wenn das Problem lange Zeit auf Großbritannien begrenzt war, so wurden später auch außerhalb der Insel Infektionen bekannt. Bis Oktober 1999 waren knapp 180.000 Fälle in Großbritannien bekannt. Anfang 2000 waren es hingegen in der Schweiz 345, in Irland 442, in Portugal 371, in Frankreich 88, in Deutschland sechs und in Dänemark zwei.

---

[104] Hinsichtlich der Literatur finden sich umfangreiche Beiträge über die Ökonomik der politischen Institutionen, die sich mit den Auswirkungen politischer Entscheidungen auf den internationalen Handel auseinandersetzen. Übersichtsbeiträge finden sich in RICHTER und FURUBOTN (1999) sowie FREY (1991). Hierin werden wirtschaftliche und politische Einflüsse mit Hilfe politökonomischer Instrumentarien untersucht.

[105] Wobei nicht gesagt werden soll, dass die zwei verschiedenen Ziele nicht mit dem gleichen politischen Instrument verfolgt werden und gleichzeitig beide Bedürfnisse gleich gut befriedigt werden können.

[106] Das Programm wurde größtenteils durch die EU finanziert.

[107] Während des Höhepunktes der Ausbreitung 1993 wurden 1000 Fälle pro Woche gemeldet [NIELSEN und JEPPESEN (2001)].

Neben den Reaktionen der Politiker in der EU wurden auch die Politiker im außereuropäischen Ausland aufmerksam auf die Situation in der EU. Aufgeschreckt durch die Meldungen aus der EU, der Verunsicherung der heimischen Konsumenten sowie der Nachfrage nach Protektion durch die eigenen Produzenten wurden Handelsrestriktionen bekannt gegeben. Hiermit sollte der Import von Fleisch aus Großbritannien bzw. der EU kontrolliert und das Risiko einer Übertragung von BSE auf die jeweilige nationale Rindfleischproduktion gesenkt werden. Solche Handelsrestriktionen konnten von einem einfachen Herkunftsnachweis bis zu einem totalen Importverbot reichen. Gemäß der 1995 gegründeten WTO und der zugehörigen Verträge war das Abkommen für die Handhabung sanitärer und phytosanitärer Handelsmaßnahmen (SPS-Abkommen) hierfür relevant. Auf der Basis dieses Abkommens war es möglich, für den Schutz der eigenen Bevölkerung und des heimischen Tierbestandes Handelsrestriktionen innerhalb des Handels mit WTO-Partnern einzuführen. Diese sollten dann im Rahmen der verbesserten Transparenz über die Plattform der WTO veröffentlicht und allen Marktteilnehmern zur Verfügung gestellt werden.

Trotz anderslautender Ankündigungen einiger Importländer wurden teilweise nur ausgesuchte EU-Mitgliedsstaaten durch Importverbote betroffen [PROBST (1998)]. So haben 1997 einige außereuropäische Drittländer aus Furcht vor der Einschleppung von BSE Importe aus Großbritannien, Schweiz und einigen Provinzen Irlands sowie teilweise aus Portugal und Frankreich unterbunden [PROBST (1998)]. 1998 nahm der Welthandel durch die teilweise Lockerung der BSE-bedingten Handelsrestriktionen wieder etwas zu [PROBST (1999)].

Ende 2000 wurde, durch neue positive BSE-Befunde und die erneut aufflammende Diskussion genährt, der Handel massiv betroffen. Kaufzurückhaltung und darauf folgende Importstopps von traditionellen Abnehmern der EU führten zu einem Rückgang der Exporte [Probst (2001)]. Nach Aussage von PROBST (2002) seien die internationalen Märkte für rote Fleischarten noch nie so erschüttert worden wie nach dem Winter 2000/2001.

Aber nicht nur die EU war durch BSE-bedingte Importsperren betroffen. Argentinien musste ebenfalls eine BSE-bedingte Importsperre Russlands hinnehmen [PROBST (1998)] und war gleichzeitig durch das Auftreten von MKS betroffen.

4.5 MAUL- UND KLAUENSEUCHE

Die MKS ist eine weltweit auftretende fieberhafte, hochkontagiöse Viruserkrankung der Klauentiere[108]. Ausnahmsweise können auch Menschen und Fleischfresser, insbesondere deren Jungtiere, von MKS befallen werden. Jedoch ist die Empfänglichkeit dieser Wirte, insbesondere der Menschen, für das Virus der MKS stark herabgesetzt. Das Virus wird durch direkten oder indirekten Kontakt über Menschen und Tiere beziehungsweise Gegenstände, wie Fahrzeuge oder Geräte, und durch die Luft übertragen. Der Wind kann das MKS-Virus über eine Distanz von bis zu 60 Kilometern über Land und 300 km über See

[108] Zu den betroffenen Klauentieren gehören u. a. Rinder, Schweine, Schafe und Ziegen, aber auch Rot-, Reh-, Dam- und Schwarzwild sowie Kamelartige, Büffel und Antilopen [BMELV (2006)].

tragen. Die MKS ist in Teilen Afrikas, Asiens, des Mittleren Ostens und Süd-Amerikas endemisch. Ende der 90er Jahre waren rund 50 Länder durch das OIE als "MKS-frei ohne Impfung" klassifiziert, darunter alle Mitgliedstaaten der EU und der Europäischen Freihandelszone sowie die Schweiz, die EU-Kandidatenländer (mit Ausnahme der Türkei), die USA und Kanada, Japan, Australien und Neuseeland [KREISSL-DÖRFLER (2002)].

Das MKS-Virus ist seit Jahrhunderten ein gefürchteter Seuchenerreger. Es wurde 1897 durch die beiden Wissenschaftler Loeffler und Frosch als erstes animales Virus identifiziert [KREISSL-DÖRFLER (2002)]. Bereits 1546 wurde aber von einer im Jahr 1514 aufgetretenen Rinderseuche in Friaul berichtet, bei der es sich aufgrund der beschriebenen Symptome und des Hinweises auf die leichte Übertragbarkeit höchstwahrscheinlich um MKS gehandelt hat. Informationen über das Auftreten der MKS in Europa gibt es im übrigen seit dem frühen 19. Jahrhundert [THALMANN und NÖCKLER (2001)]. In den 50er Jahren führten die Niederlande und die damalige DDR als erste Länder die flächendeckende Impfung der gesamten Rinderpopulation ein. In den 60er Jahren folgten diesem Beispiel fast alle Länder Europas. Der letzte große länderübergreifende Seuchenzug fand von 1965 bis 1967 statt. Unabhängig vom Seuchengeschehen auf dem Kontinent kam es in Großbritannien 1967/1968 zu einem ausgeprägten MKS-Befall des Tierbestandes, die mit dem "stamping out"-Verfahren unter Verzicht auf jegliche Impfung nur sehr schwer unter Kontrolle gebracht werden konnte. Seither verbesserte sich die Situation, da aufgrund der obligatorischen Flächenimpfungen in besonders gefährdeten Gebieten und den zusätzlichen seuchenhygienischen Maßnahmen noch vorhandene Herde getilgt werden konnten. Gleichwohl gab es bis zum ersten seuchenfreien Jahr 1990 in vielen europäischen Ländern immer wieder Ausbrüche [KREISSL-DÖRFLER (2002)].

Im Jahr 2000 störte der Ausbruch von MKS den Exporthandel in Teilen Südamerikas sowie Südostasiens dieser Regionen empfindlich [PROBST (2001)]. Im Frühjahr 2000 wurden erste Ausbrüche in Korea und Japan gemeldet [PROBST (2001)]. Argentinien erlangte 2000 durch die OIE wieder den Status eines MKS-freien Landes und konnte danach ungehindert seine Exportquoten erfüllen [PROBST (2001)]. 2001 wurde Südamerika durch eine neue MKS-Epidemie getroffen. Besonders die großen Exportnationen wie Argentinien, Chile, Brasilien und Uruguay hatten darunter zu leiden. Viele ihrer Hauptabnehmer verhängten daraufhin Importsperren, die vornehmlich unverarbeitetes Fleisch betrafen [PROBST (2003)].

Im Februar 2001 brach die MKS in der EU wieder aus. In England wurden damals die ersten Fälle der MKS entdeckt [PROBST (2002)]. Der Verlauf der MKS in der EU im Jahr 2001 war im Hinblick auf die Zahl der gekeulten Tiere wohl der schwerste Ausbruch der Seuche, der jemals stattgefunden hat. Allein in Großbritannien wurden bei 2030 bestätigten Ausbrüchen mehr als 4 Millionen Tiere (Rinder, Schafe, Schweine, Ziegen und Wildtiere) im Zuge der Seuchenbekämpfung getötet [KREISSL-DÖRFLER (2002)]. Die strikte Verfolgung der Nichtimpfungspolitik forderte in ihrer Konsequenz diese Keulung der Bestände in bisher nicht gekannten Ausmaßen. Trotz dieser Maßnahmen jedoch konnte das Übergreifen der Seuche auf Irland, Frankreich und die Niederlande nicht verhindert werden [PROBST (2002)].

Die Folge von MKS für den Welthandel waren i. d. R. Produktions- und Exportverbote für Rinder, Schweine etc. sowie das aus ihnen gewonnene Fleisch und Fleischprodukte [PROBST (2000)]. Welche Güter jedoch tatsächlich betroffen waren, hing von der jeweiligen politischen Entscheidung der einzelnen Staaten ab, die am Welthandel beteiligt waren[109].

4.6 WELTWEITE ENTWICKLUNGEN AUF DEM MARKT FÜR RINDFLEISCH UND RINDFLEISCHPRODUKTE

4.6.1 Die Produktion

Der Markt für Rindfleisch ist ein Weltmarkt. Auch wenn die einzelnen Länder wie z. B. die EU einen sehr hohen Selbstversorgungsgrad aufweisen, wird Rindfleisch sowohl exportiert als auch importiert. Neben großen Defizitregionen gibt es auch große Überschussregionen. Aus den hieraus ableitbaren Nachfragern und Anbietern des Weltmarktes setzten sich die großen Handelsströme für Lebendvieh, frisches, gefrorenes oder gekühltes Rindfleisch oder deren Produkte zusammen.

Die weltweite Produktion an Rind- und Kalbfleisch ist ebenso wie andere typische Agrarprodukte zyklischen Schwankungen unterworfen. Schaubild 4.7-1 stellt die Welterzeugung von Rind-, Kalb- und Büffelfleisch über einen Zeitraum von zehn Jahren dar.

Schaubild 4.6-1: Welterzeugung von Rind-, Kalb- und Büffelfleisch

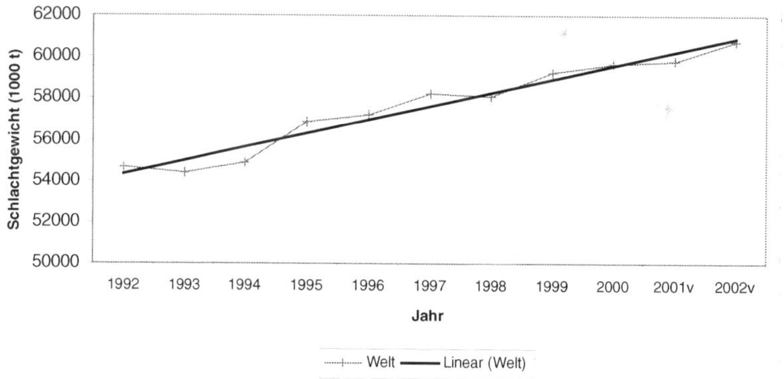

v = vorläufige Zahlen;

Quelle: Eigene Berechnungen auf der Grundlage von PROBST.

Wie der in der Darstellung einbezogene lineare Trend der zugrunde liegenden Datenreihe erkennen lässt, kann eine über den gesamten Beobachtungszeitraum steigende

[109] Obwohl das SPS-Abkommen die Möglichkeit bietet, regionale Unterschiede in den Handelsverboten zu machen, beschwerte die EU sich, dass trotz regional auftretender MKS-Fälle einige WTO-Mitglieder totale Handelsverbote erlassen hatten. Namen wurden hier allerdings nicht genannt [WTO (2001)].

Rindfleischerzeugung festgestellt werden. Die angesprochenen zyklischen Schwankungen in der Produktion können in den positiven und negativen Abweichungen der Beobachtungspunkte gegenüber der linearen Trendfunktion gut erfasst werden.

Anfang der neunziger Jahre begann ein zyklischer Abschwung in der Welterzeugung [PROBST 1998)]. Dieser Trend hielt bis Mitte der neunziger Jahre an. Da die in Europa, Japan, Osteuropa, Teilen der ehemaligen Sowjetrepubliken und Australien sinkenden Schlachtungen jedoch teilweise durch gestiegene Schlachtzahlen in Teilen Südamerikas und China sowie durch Asien und Nordamerika kompensiert werden konnten, fielen die Angebotsdefizite jedoch geringer aus als erwartet [PROBST (1998), (1999), (2001)].

Trotz der weltweit steigenden Produktion an Rind-, Kalb- und Büffelfleisch gibt es regional unterschiedliche Tendenzen, die in der Betrachtung der sechs größten Produzenten hinsichtlich der Produktion von Rind-, Kalb- und Büffelfleisch beobachtet werden kann.

Schaubild 4.6-2: Erzeugung von Rind-, Kalb- und Büffelfleisch ausgewählter Länder/Gebiete

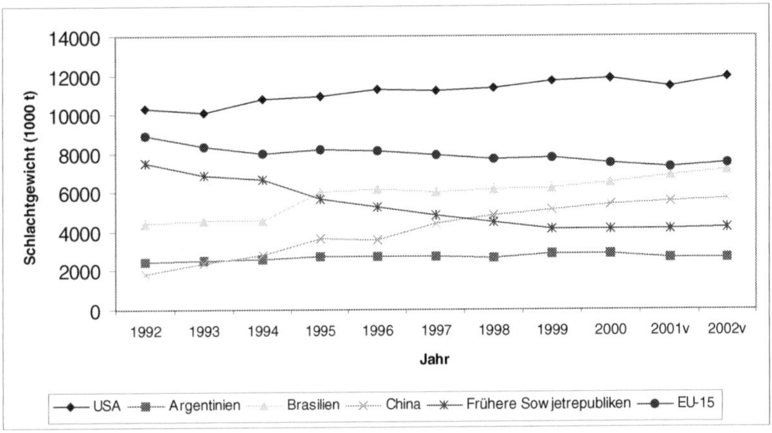

v = vorläufige Zahlen;

Quelle: Eigene Berechnungen auf der Grundlage von PROBST.

In den Ländern der ehemaligen Sowjetrepubliken und der EU kann über den o. g. Beobachtungszeitraum ein Absinken der heimischen Produktion festgestellt werden. Während die ehemaligen Sowjetrepubliken sowohl mit der Umstellung ihrer Agrarwirtschaft auf marktwirtschaftliche Regeln[110] als auch mit den Folgen der wirtschaftlichen Rezession der postkommunistischen Ära zu kämpfen hatten, ist der Rindfleischsektor in der EU durch die Agrarreform und die sinkende Marktpreisstützung gekennzeichnet.

[110] Dies beinhaltet auch die Bemühungen zur Privatisierung der Kolchosen und Sowchosen.

In den großen Produktionsnationen wie USA, Brasilien und Argentinien ist ein positiver Trend in der Erzeugung festzustellen[111]. In China nahm ebenfalls die Produktion an Rindfleisch zu. Dies geht mit der positiven wirtschaftlichen Entwicklung, dem wachsenden Wohlstand, der immer größer werdenden Mittelschicht und dem hierdurch steigenden Bedarf an Fleisch einher[112]. Die übrigen Länder, die hier nicht in den Darstellungen enthalten sind, zeichnen sich in der Summe ebenfalls durch einen positiven Trend in der Rindfleischproduktion aus.

Zusammengefasst können mehrere Punkte in der Betrachtung der weltweiten Produktionsstruktur festgehalten werden. Es sind Regionen mit einer sinkenden Produktion und Regionen mit einer steigenden Produktion festzustellen. Die Gründe für die unterschiedlichen Tendenzen liegen jedoch in den jeweiligen regionalen Besonderheiten.

4.6.2 Der Handel

Der Handel mit Fleisch im Allgemeinen und Rindfleisch im Speziellen ist durch die unterschiedlichsten Einflüsse gekennzeichnet. Diese haben sowohl einen Effekt auf die Produktionsseite als auch auf die Nachfrageseite. Die Produktion zeigt, wie bereits dargestellt wurde, globale und regionale Tendenzen. Aber auch innerhalb dieser Tendenzen existieren zyklische Effekte. Die Nachfrageseite wiederum wandelt sich regional durch die jeweiligen wirtschaftlichen Rahmenbedingungen, aber auch zunehmend durch Gesundheitsaspekte und ethische Grundsätze. Auf diese vielfältigen Einflüsse kann und soll hier nicht eingegangen werden. Für die nachfolgende Analyse ist lediglich ein Überblick über die Handelssituation notwendig. Da sich die Arbeit auf die Analyse bilateraler Handelsströme mit der EU als einen der bilateralen Handelspartner konzentriert, wird nachfolgend lediglich zwischen den Handelsströmen innerhalb der EU, dem EU-Intrahandel, und den Handelsströmen zwischen EU und Nicht-EU-Ländern, dem EU-Extrahandel, unterschieden.

4.6.2.1 Der EU-Intrahandel

Ein Großteil der durch die EU-Mitglieder exportierten Waren wird in die anderen EU-Mitgliedsstaaten ausgeführt. Der Export von lebenden Tieren hat sich im Beobachtungszeitraum von 1989 bis einschließlich 2000 nicht wesentlich geändert. Er liegt in seiner Gesamtheit bei knapp 800.000 t pro Jahr.

Bei der Betrachtung der disaggregierten Darstellung der Intra-Exporte der EU-Mitglieder kann eine Dominanz Frankreichs im Intrahandel festgestellt werden. In Schaubild 4.6-4 wird sie anhand der Exportwerte für den EU-Intrahandel mit lebenden Rindern und Kälbern deutlich.

---

[111] Auch wenn solche Länder wie Brasilien und Argentinien absolut gesehen eine niedrige Produktionsmenge haben, so ist die an der Bevölkerung gemessene relative Produktionsmenge sehr groß.

[112] Durch die positive Einkommenselastizität der Nachfrage nach Fleisch ist bei steigendem Wohlstand und steigendem Einkommen mit einer dementsprechend steigenden Nachfrage nach dieser Produktkategorie zu rechnen. Trotz der heimischen Nachfrage werden auch hier Rinder exportiert. Das Exportvolumen ist aber seit den 90er Jahren stark zurückgegangen [PROBST (2000)].

Schaubild 4.6-3: EU-Gesamt-Intrahandel - Ausfuhr von Rindern und Kälbern (lebend)

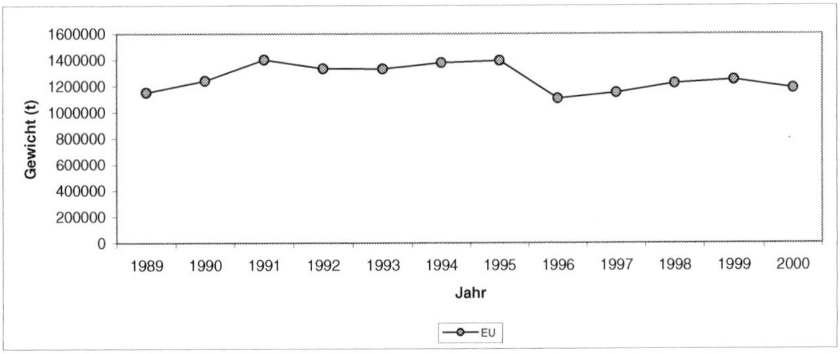

Quelle: Eigene Berechnungen auf der Grundlage von EUROSTAT.

Lebende Rinder sind nur eine Kategorie des mit Rindvieh in Verbindung zu bringenden Handels. Eine große Rolle spielt auch der Handel mit bereits geschlachteten Tieren sowie deren zerlegte Einzelteile. In Schaubild 4.6-5 werden die Intra-Ausfuhren für die Kategorien Rind- und Kalbfleisch "frisch und gekühlt" sowie "gefroren" dargestellt. Bei gefrorenem Rindfleisch können wir ebenfalls ein leichtes Übergewicht der französischen Ausfuhren feststellen. Es ist jedoch nicht ganz so stark ausgeprägt wie im Lebendhandel.

Schaubild 4.6-4: EU-Intrahandel - Ausfuhr von Rinder und Kälber (lebend)

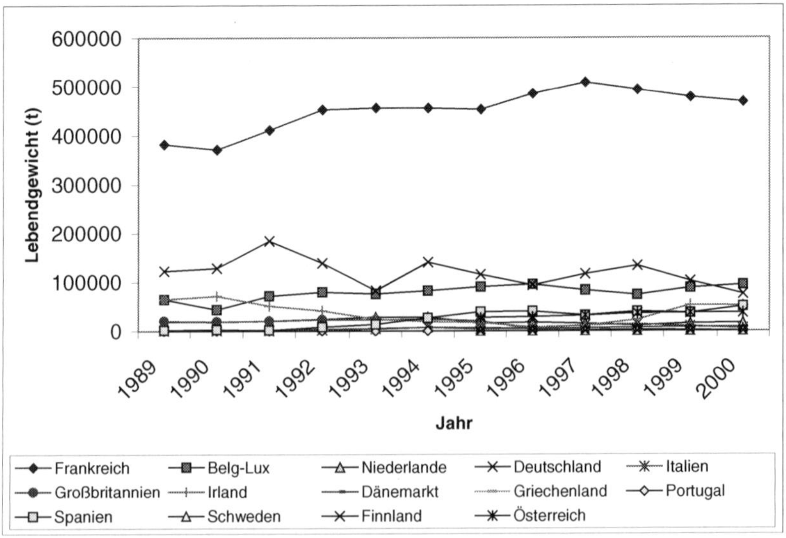

Quelle: Eigene Berechnungen auf der Grundlage von EUROSTAT.

Im Handel mit frischem und gekühltem Fleisch ist die Situation etwas heterogener. Hier haben wir mit Frankreich, Niederlande und Deutschland drei große Akteure, die sich jedoch im Volumen nicht sehr stark von den anderen Mitgliedsländern unterscheiden.

Schaubild 4.6-5: EU-Intrahandel - Ausfuhr von Rind- und Kalbfleisch

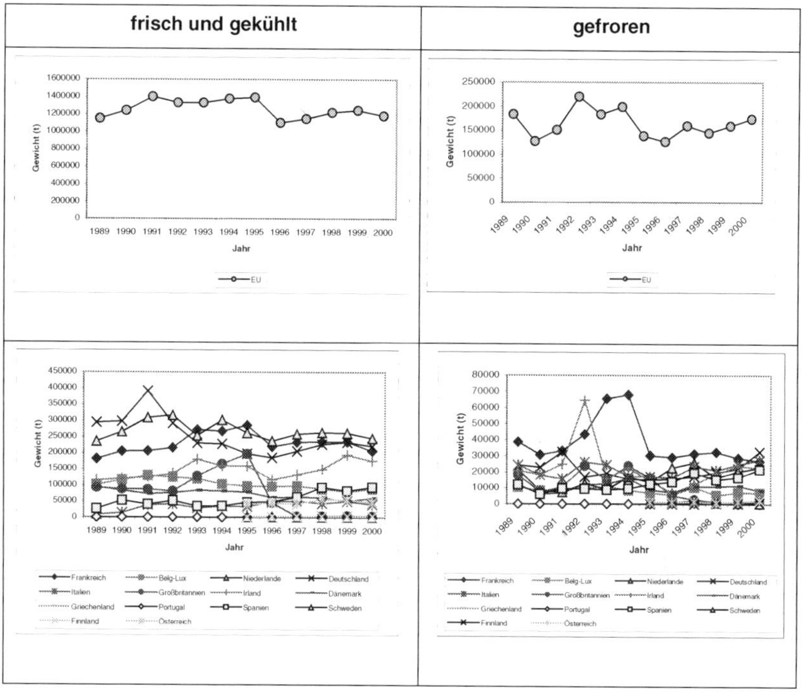

Quelle: Eigene Berechnungen auf der Grundlage von EUROSTAT.

4.6.2.2 Der EU-Extrahandel

Der Großteil des EU-Handels mit Rindern, Rindfleisch und Verarbeitungsprodukten ist innergemeinschaftlicher Handel, der von fast allen Zwängen befreit ist. Der EU-Extrahandel ist sehr stark durch die Reform der Gemeinsamen Agrarpolitik und die damit zurückgehenden Preisstützungsmaßnahmen und sinkenden Exportsubventionen gekennzeichnet. Durch gesunkene Interventionspreise sowie die Verpflichtung, mengenmäßig weniger Fleisch über Subventionen ins Ausland zu exportieren, sank die Exportmenge. Der Weltmarkt für Rindfleisch ist ebenfalls stark durch die verschiedensten länderspezifischen Importquoten geprägt. Von einem freien Handel kann also auch bei Exporten ohne staatliche Subvention nicht gesprochen werden. Darüber hinaus gibt es auch traditionelle Handelsbeziehungen einiger Länder, die den Handelsstrom vorab beeinflussen.

Im Extrahandel mit Rindern, Rindfleisch und Rindfleischprodukten wird nachfolgend auf die wichtigsten Produkte und deren Exportentwicklung eingegangen. Als wichtig werden hier diejenigen Produkte angesehen, die in der öffentlichen und wissenschaftlichen Diskussion als mögliche Überträger der Rinderkrankheit BSE genannt wurden[113]. Es wird sowohl hinsichtlich der wichtigsten Produkte[114] als auch zwischen den Herkunftsländern innerhalb der EU unterschieden. Hinsichtlich der Produkte wird der Extrahandel von Rindern und Kälbern (lebend), Rind- und Kalbfleisch (frisch, gekühlt oder gefroren (mit und ohne Knochen)) sowie Rind- und Kalbfleisch (gesalzen, getrocknet, geräuchert oder anders zubereitet) dargestellt.

Schaubild 4.6-6: EU-Ausfuhr nach Drittländern: Rinder und Kälber

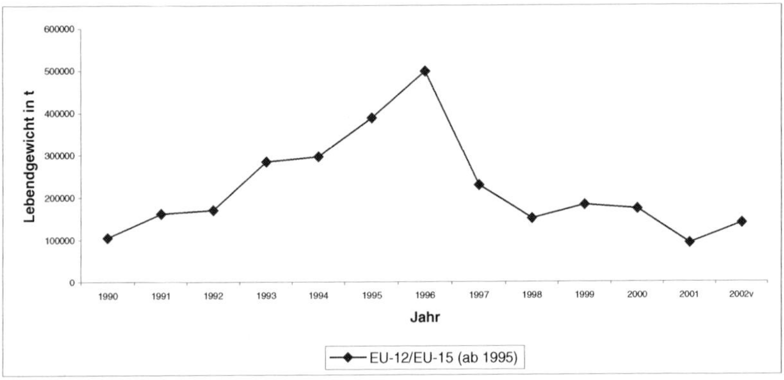

v = vorläufige Zahlen;

Quelle: Eigene Zusammenstellung auf der Grundlage von ZMP.

Die EU-Gesamtausfuhr von Rindern (lebend) zeigt in Schaubild 4.7-6 eine deutlichen Spitze im Jahre 1996[115]. Danach sanken die Exporte deutlich ab. Darüber hinaus ist 1998 und 2001 jeweils noch einmal ein besonders niedriges Absatzniveau festzustellen[116]. Der nach 1998 und 2001 wieder anziehende Export kann hierbei auf Lockerungen in den Handelsrestriktionen gegenüber der EU zurückgeführt werden. Bei der Betrachtung der

---

[113] Die wissenschaftliche und die öffentliche Meinung sind nicht immer deckungsgleich. Für die politischen Eingriffe in Form von Handelsrestriktionen und deren innen- bzw. außenpolitische Rechtfertigung sind beide wichtig. Für die ökonomischen Auswirkungen ist die öffentliche Meinung und die Konsequenz für den Konsum wichtiger.

[114] Hierbei wird sich auf die von der ZMP veröffentlichte Einteilung bezogen.

[115] Werden lebende Tiere über weite Strecken transportiert, so liegt der Verdacht nahe, dass diese nicht zu Nahrungsmittelzwecken, sondern für Zuchtzwecke gehandelt werden. Eine Ausnahme ist der Handel mit Tieren, die als Schlachttiere für Muslime exportiert werden. Muslimische Konsumenten legen aus religiösen Gründen großen Wert auf eine traditionelle Schlachtung, die oftmals nur in den Importländern selbst garantiert werden kann.

[116] 1997 und 2001 sind Einfuhrbeschränkungen durch einige traditionelle Handelspartner der EU in Kraft getreten, wobei einige 1998 wieder gelockert wurden (siehe Kap. 4.5.3).

disaggregierten Darstellung des EU-Extrahandels von lebenden Rindern können Länder identifiziert werden, die von dieser Entwicklung nicht betroffen wurden und Länder, die gemessen an der Entwicklung ihres Außenhandelsbeitrags, einen starken Rückgang in den Exporten zu verzeichnen hatten und als Verlierer bezeichnet werden.

Schaubild 4.6-7: Ausfuhr der einzelnen EU-Mitgliedsländer nach Drittländern: Rinder und Kälber

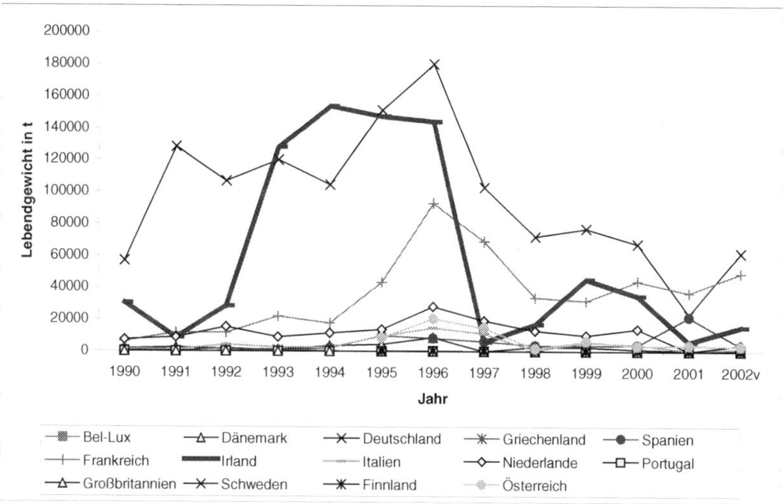

v = vorläufige Zahlen;

Quelle: Eigene Zusammenstellung auf der Grundlage von ZMP.

Der große Verlierer dieser o. g. Entwicklung ist Irland. Es verzeichnete 1997 einen sehr drastischen Exportrückgang, der sich danach nur auf einem niedrigen Niveau erholen konnte, um dann wieder 2001 stark einzubrechen. Aber auch Deutschland und Frankreich haben deutliche Rückgänge in den Jahren 1997 und 1998 erleben müssen. Der in 2001 für Deutschland ebenfalls erneut deutliche Einbruch ist bei französischen Exporten jedoch nicht festzustellen.

In den ersten Jahren der Diskussion um BSE waren die Übertragungswege noch nicht eindeutig identifiziert. In der Wissenschaft und der öffentlichen Debatte wurde allerdings viel diskutiert und spekuliert. Bekannt war lediglich, dass das Rindvieh von dieser Krankheit betroffen wurde. Aus diesem Grund ist es nachvollziehbar, dass BSE als Problem auf Rindfleisch (Rindvieh) als solches projiziert wird. Welche Produkte jedoch ebenfalls mit BSE in Verbindung gebracht wurden und in welchem Ausmaß dies erfolgte, ist schwer zu beurteilen und Gegenstand anderer Untersuchungen. Eine weiterführende Projektion des BSE-Problems auf die aus dem Rindvieh gewonnenen Produkte ist dabei für den Konsumenten umso schwerer, je weiter man sich von dem eigentlichen Ausgangspunkt, dem Tier, im Verarbeitungsprozess weg bewegt. Gleichzeitig wird unter der Annahme des einfachsten Übertragungsweges von Tier zu Tier erst einmal der potentielle Kontakt mit den möglichen Überträgertieren (aus der EU) vermieden. Treffen diese Annahmen über die Verhaltensweisen von Konsumenten, Produzenten und Politiker zu, würden die freiwilligen und verpflichtenden Handelsbeschränkungen[117] zuerst die lebenden Tiere, dann die einfach verarbeiteten und danach die weiterverarbeiteten Güter in abnehmender Reihenfolge treffen.

Schaubild 4.6-5 stellt die Ausfuhrentwicklung von Rind- und Kalbfleisch sowohl als Rohprodukt (frisch, gekühlt oder gefroren) als auch als einfach verarbeitetes Produkt (gesalzen, getrocknet, geräuchert oder anders zubereitet) dar.

Schaubild 4.6-8: Ausfuhr der einzelnen EU-Mitgliedsländer nach Drittländern:

Rind- und Kalbfleisch (frisch, gekühlt oder gefroren)	**Rind- oder Kalbfleisch (gesalzen, getrocknet, geräuchert oder anders zubereitet)**

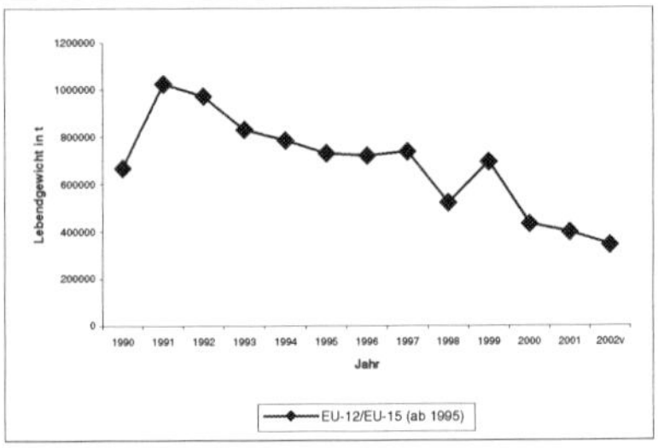

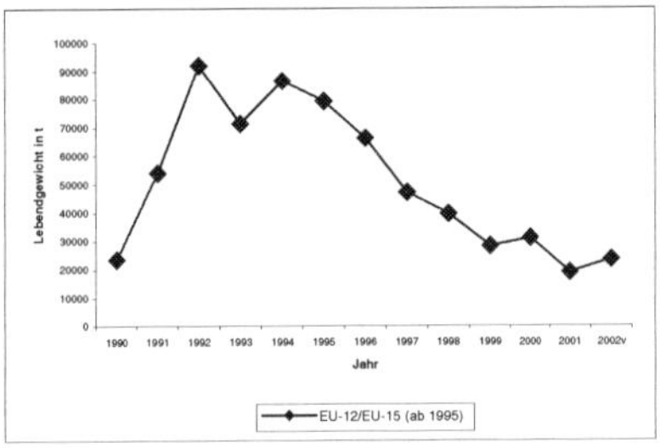

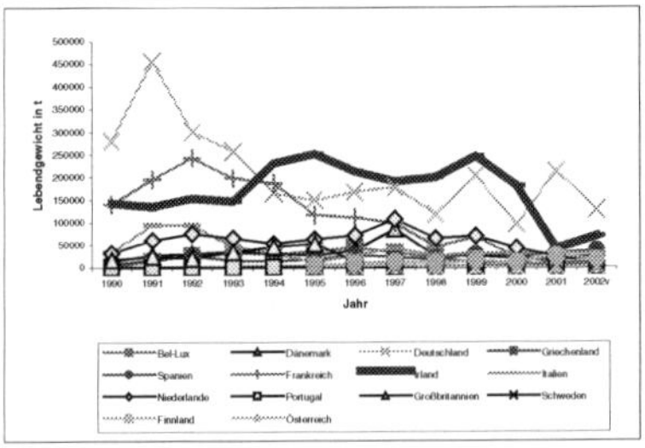

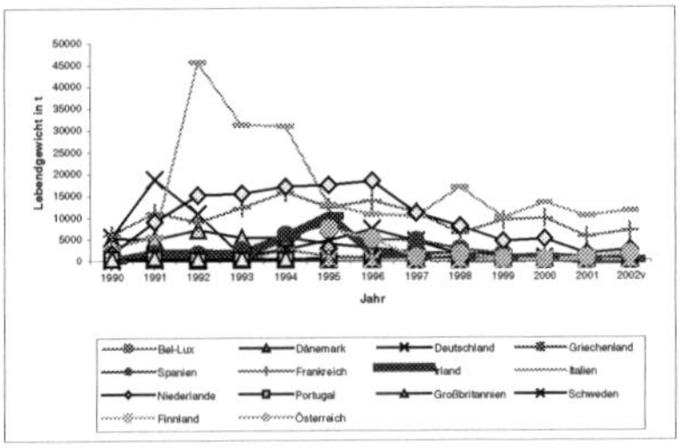

v = vorläufige Zahlen;

Quelle: Eigene Zusammenstellung auf der Grundlage von ZMP.

[117] Bei möglichen Gefahren für die Produktion durch Seuchen oder Krankheiten muss nicht immer erst die Politik eingreifen, um den Handel zu beschränken. Im Falle eines Risikos für die eigene Produktion sind auch die Produzenten daran interessiert, ihren Bestand zu schützen. Sie werden freiwillig keine lebenden Tiere importieren, die für Zucht und Bestandszwecke mit den eigenen Tieren in Kontakt kommen könnten.

Bei der Darstellung der EU-Exportmenge von Fleisch und den einfach verarbeiteten Produkten in Drittländern kann in der aggregierten Darstellung in beiden Fällen ein über die Zeit negativer Trend festgestellt werden. Während dieser Trend in der Exportdarstellung für Fleisch als Rohprodukt eine gleichmäßige Abwärtsbewegung durchläuft, ist er in der Darstellung für die einfach verarbeiteten Produkte durch eine Phase mit steigendem Exportvolumen Anfang der 90er Jahre unterbrochen. Bei der disaggregierten Darstellung ist schnell ersichtlich, auf welche Länder dieser Rückgang zurückzuführen ist. Anfang der 90er Jahre zeigt sich ein deutlicher Rückgang der Exportmenge für deutsche und französische Exporte. Gleichzeitig stieg in diesem Sektor die Bedeutung von Irland. Dieser Exportanstieg ist einer der Hauptursachen für den Anfang der 90er Jahre in der aggregierten Darstellung zu findenden Exportanstieg. Aber auch Irland musste, wie auch schon bei den Lebendtierexporten, in 2001 einen dramatischen Exportrückgang verbuchen.

Bei der Betrachtung der einfach verarbeiteten Güter (gesalzen, getrocknet, geräuchert oder anders zubereitet) fällt die Entwicklung in Italien auf. Dort konnte 1992 ein enormer Exportanstieg in nicht EU-Länder festgestellt werden, der dann in den Folgejahren wieder abebbte. Wird dieser Effekt jedoch herausgerechnet, so ist ein zweiter Höhepunkt in 1995 festzustellen, der hier hauptsächlich durch Exporte aus den Niederlanden, Frankreich und Irland gespeist wird.

Insgesamt können bei der Betrachtung der Exportmengen für die drei angesprochenen Produktgruppen folgende Punkte zusammengefasst werden:

Im Allgemeinen ist ein negativer Trend in den Exportmengen für Rinder, Rindfleisch und deren Produkte festzustellen, der nach einer Boomphase Anfang der 90er Jahre einsetzte. Innerhalb dieses Trends sind auch noch Phasen mit steigenden und fallenden Exportmengen zu erkennen. Auch bei der disaggregierten Darstellung hinsichtlich der einzelnen EU-Mitglieder sind diese einzelnen Trends zu beobachten, wobei es einige Mitgliedsstaaten gibt, die in ihrem individuellen Export in Drittländer vom allgemeinen Trend abweichen.

4.6.2.3 Der weltweite Rindfleischhandel

Neben BSE und MKS als diejenigen bekannt gewordenen Krankheiten, die sowohl die Produktion beeinflusst als auch Konsumentenreaktionen hervorgerufen haben, sind auch andere gesundheitliche Befürchtungen, die weltweit gesehen weniger bekannt sind, für Absatzeinbrüche im internationalen Rindfleischhandel verantwortlich. So waren im Jahre 1997 z. B. Fleischlieferungen aus den USA teilweise mit "enteritis coli 0157:H7" sowie anderen pathogenen Keimen kontaminiert[118]. Aus diesem Grund nahmen die Fleischimporte aus den USA durch Japan und Korea in diesen Jahren ab. Der hieraus in den beiden großen Importländern entstandene Nachfrageüberschuss wurde durch Lieferungen aus Kanada kompensiert [Probst (1998)]. Aber auch die Wirtschaftskrise, die vor allem Südostasien traf,

[118] Das "Beef Industry Food Safety Council" (BIFSCo) hat in 1997 eine "Task Force" eingesetzt, um diesem Problem entgegenzuwirken [BEEF (2006)].

hatte Auswirkungen auf den Rindfleischhandel der Welt. Durch die Folgen der Wirtschaftskrise sank die Kaufkraft der Bevölkerung in Südostasien. Der mit dieser sinkenden Nachfrage einhergehende Effekt auf den Welthandel lenkte die Handelsströme aus Ozeanien, Australien und Neuseeland, die vorher den asiatischen Markt belieferten, auf den US-Markt [PROBST (1998)]. Erst 1999 wurde durch die wirtschaftliche Erholung die Nachfrage in Südostasien wieder belebt [PROBST (2000)]. Beides sind Beispiele für einen klassischen handelsumleitenden Effekt.

Aber auch die EU hatte mit solchen Einflüssen zu kämpfen. Durch die Ende 2000 in der EU entdeckten neuen BSE-Fälle in Frankreich, Spanien und Deutschland haben traditionelle EU-Importeure einen Handelsstopp veranlasst. Auch der internationale Handel mit Fleisch und Lebendvieh wurde daraufhin zeitlich verzögert tangiert [PROBST (2001)]. Diese BSE-bedingten Handelsrestriktionen beeinflussten den Weltmarkt bis ins Jahr 2002 [PROBST (2003)]. Auch hier kann von einem handelsumleitenden Effekt ausgegangen werden, da nicht zu sehen ist, dass die ursprünglichen Handelspartner der EU bei einem Verzicht auf EU-Lieferungen dies nicht durch größere Importe aus anderen Regionen kompensieren konnten. Allerdings sind aufgrund der Produktionsbedingungen für Rindfleisch die Möglichkeiten der Kompensation begrenzt. Das Angebot an Rindern ist wie bei fast allen Agrargütern kurzfristig fix[119]. Globale und regionale Preiseffekte sind die Folge von Änderungen in der Nachfragestruktur, die dann mittel- und langfristig erst zu Änderungen der regionalen und globalen Angebotsstruktur führen werden.

Bei der Betrachtung des Welthandels mit lebenden Rindern und Kälbern in Schaubild 4.6-9 werden die durch Angebots- und Nachfrageeffekte hervorgerufenen Schwankungen im Welthandel deutlich. So können wir 1995 über den gesamten Beobachtungszeitraum gesehen einen Höhepunkt in den weltweiten Ausfuhren von Rindern und Kälbern feststellen.

Der Anteil der EU am Welthandel mit Rindern und Kälbern ist gering im Vergleich zu anderen Ländern. Die USA, Kanada, Mexiko, Australien und Polen z. B. haben deutlich höhere Anteile [PROBST]. Aber auch in den Exportmengen der EU ist der weltweite Trend mit sinkenden Exportmengen festzustellen.

---

[119] Das Angebot an lebenden Rindern ist sicherlich als kurzfristig fix anzusehen. Da jedoch auch Reserven in den Tierbeständen vorherrschen (dies kann durch Schlachtungen zu einem früheren Zeitpunkt als ursprünglich geplant erfolgen) und Lagerbestände an Fleisch und deren Produkten existieren, wird sich dieser Effekt praktisch nicht ganz so stark durchsetzen.

Schaubild 4.6-9: Ausfuhr lebender Rinder und Kälber

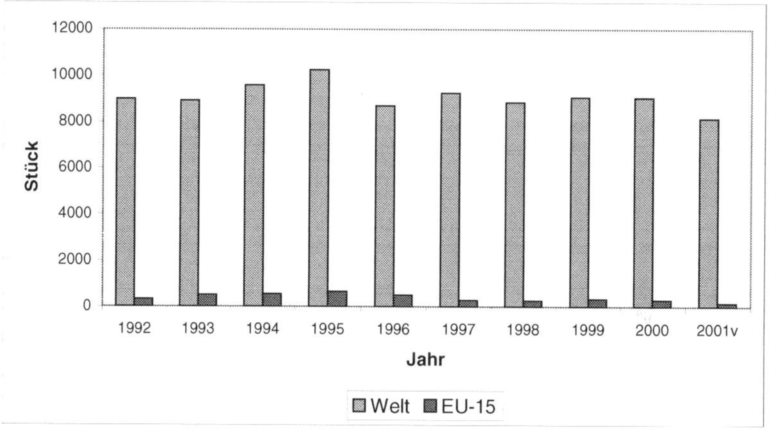

EU-Handel = Extrahandel; v = vorläufige Zahlen;

Quelle: Eigene Berechnungen auf der Grundlage von PROBST.

Der Anteil der EU am Welthandel mit Rind- und Kalbfleisch ist bedeutend größer. Schaubild 4.7-10 zeigt die Entwicklung des Welthandels mit Rind- und Kalbfleisch sowie die Bedeutung und Entwicklung des EU-Extrahandels.

Schaubild 4.6-10: Ausfuhr Rind- und Kalbfleisch

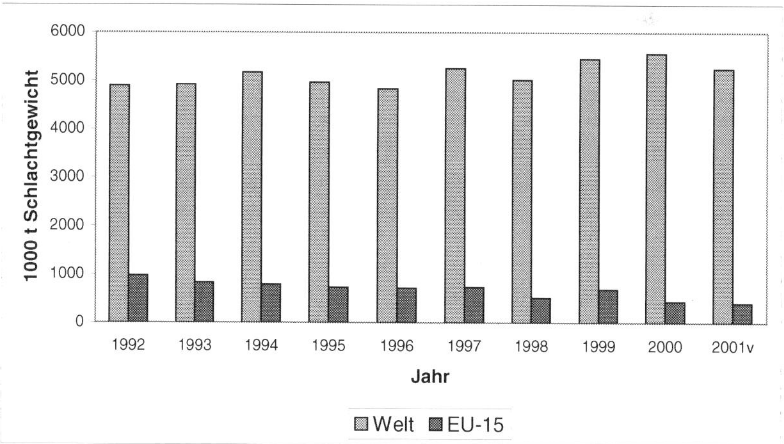

EU-Handel = Extrahandel; v = vorläufige Zahlen;

Quelle: Eigene Berechnungen auf der Grundlage von PROBST.

Lediglich die USA, Kanada und Australien verzeichnen höhere Exporte an Rind- und Kalbfleisch [PROBST]. Beim Vergleich der weltweiten Entwicklung des Handels mit dem EU-Extrahandel kann jedoch ein Unterschied festgestellt werden. Während der Welthandel trotz kleinerer Schwankungen wächst, sinkt der absolute Wert und damit die relative Bedeutung des EU-Extrahandels.

5 MODELLANSÄTZE ZUR QUANTIFIZIERUNG DER EFFEKTE VON SANITÄREN UND PHYTOSANITÄREN MAßNAHMEN

5.1 EINLEITUNG

Im folgenden Kapitel werden die Methoden zur Modellierung und Quantifizierung von nichttarifären Handelshemmnissen im Agrar- und Ernährungsbereich dargestellt. Da bereits die vielfältige Art und Weise, wie ein solches nichttarifäres Handelshemmnis wirken kann, vorgestellt wurde und der Schwerpunkt der Arbeit in der Darstellung der Effekte von SPS-Maßnahmen liegt, konzentriert sich die Vorstellung der Modellansätze auf diese

letztgenannte Maßnahmenkategorie konzentriert[120].

Was die Frage der Quantifizierung von nichttarifären Handelshemmnissen anbelangt, so steht die empirische Forschung vor einer äußerst schwierigen Aufgabe. Viele nichttarifäre Handelshemmnisse zeichnen sich durch ihre Vielfalt und spezifischen Wirkungen aus. Sie ergänzen sich teilweise oder heben sich sogar gegenseitig auf, so dass eine lückenlose Erfassung oder Wirkungsanalyse oft sehr schwer fällt. Gerade wenn es sich bei den nichttarifären Handelshemmnissen um die Gruppe der SPS-Maßnahmen handelt, die sowohl die Kosten- als auch die Nutzenseite beeinflussen können, wird die Quantifizierung sehr schnell kompliziert. Dabei gibt es keine Unterschiede zwischen der Quantifizierung von nichttarifären Handelshemmnissen im Allgemeinen und SPS-Maßnahmen im Speziellen. Lediglich in der praktischen Umsetzung muss der Besonderheit der SPS-Maßnahmen Rechnung gezollt werden.

Durch das große Spektrum an verschiedenen Wirkungen von nichttarifären Handelshemmnissen werden hier nur einige allgemeine Aspekte der möglichen Wirkungen aufgegriffen[121]. Der jeweilige maßnahmenspezifische Nettoeffekt der verschiedenen Maßnahmen muss von Fall zu Fall untersucht werden.

---

[120] Durch die oft ähnliche Wirkungsweise von technischen Maßnahmen und SPS-Maßnahmen werden die meisten Verfahren für beide Markteingriffe angewandt. Aufgrund der Vollständigkeit wird deshalb nur von der Analyse der nichttarifären Handelshemmnisse gesprochen. Sollte es Besonderheiten hinsichtlich der Quantifizierung von SPS-Maßnahmen geben, wird dies ausdrücklich erwähnt.

[121] Siehe hierzu die ausführlichere Darstellung der Wirkungen von SPS-Maßnahmen in Kap. 3.

5.2 EINTEILUNG DER QUANTIFIZIERUNGSMÖGLICHKEITEN

5.2.1 Quantifizierung nach der Grundlage der Definition von SPS-Maßnahmen

Werden nichttarifäre Handelshemmnisse von staatlicher Seite auf einem Markt eingeführt, so führen sie in der Regel zu einer Veränderung der Angebots- und/oder Nachfragebedingungen [LAIRD und YEATS (1990a); DEARDORFF und STERN (1985)]. Diese Veränderungen können sich über den heimischen Markt auf den internationalen Markt auswirken und umgekehrt. Bei der Erfassung von nichttarifären Handelshemmnissen wird in der Regel versucht, die Wirkung über die Preis- und Mengeneffekte oder andere Effekte zu isolieren.

Der Fokus der Betrachtung richtet sich bei der Einordnung der Wirkungen von SPS-Maßnahmen auf die Veränderung des Marktgleichgewichts, der Handelsströme, der wirtschaftlichen Effizienz sowie der gesamtgesellschaftlichen Wohlfahrt. Durch die starke Heterogenität der SPS-Maßnahmen und der dadurch ebenfalls stark unterschiedlichen Wirkungen ist eine Systematisierung nur schwer möglich. Aus diesem Grund ist eine vereinheitlichende Klassifizierung in der Literatur auch noch nicht erfolgt [BEGHIN und BUREAU (2001)]. Vielmehr wurden die Effekte bisher lediglich in Bezug auf einzelne Phänomene beschrieben.

In der Literatur existieren zahlreiche Definitionen von nichttarifären Handelshemmnissen, unter die die SPS-Maßnahmen fallen[122]. Hierbei kristallisiert sich eine Unterscheidung der Definitionen hinsichtlich der Wirkung von solchen Maßnahmen heraus. Es wird zwischen den Definitionen, die sich hinsichtlich der Konsequenzen auf den Handel und denjenigen, die sich auf die Folgen für die gesellschaftliche Wohlfahrt beziehen, unterschieden[123].

Der jeweils gewählte Ansatz zur Definition solcher Handelshemmnisse hat zwangsläufig auch Effekte auf die Beurteilung bzw. Quantifizierung solcher Maßnahmen [BEGHIN und BUREAU (2001)][124]. Einige in der Literatur zu findende Methoden z. B. bedienen sich der Darstellung der Effekte auf den Handel. Hierzu gehören die Methode der Preisdifferenzen, der Expertenbefragungen, der komparativ-statischen Analysen und der Gravitationsmodelle. Andere Methoden greifen tiefer und versuchen den komplexen Effekt einer oder mehrerer

---

[122] Siehe hierzu Kap. 3.

[123] Handelseffekte und gesamtgesellschaftliche Wohlfahrtseffekte können sich gegenseitig bedingen. Die Unterscheidung ist aber für die Definition wichtig und bezieht sich auf den Ansatzpunkt und nicht unbedingt auf die endgültige Wirkung, die in einem wirtschaftlichen Netzwerk sowieso nur sehr schwer aufzuschlüsseln ist.

[124] Liegt die Definition auf dem Handelseffekt, so wird die Quantifizierung dieses Handelseffektes und deren Methoden im Vordergrund stehen. Wird die gesamtgesellschaftliche Wohlfahrt als Kriterium herangezogen, müssen oftmals andere Verfahren gewählt werden.

solcher Maßnahmen auf die gesamtgesellschaftliche Wohlfahrt zu analysieren. Vertreter dieser Ansätze sind ebenfalls die komparativ-statischen Analysen, die Kosten-Nutzen-Vergleiche sowie die Verfahren, die allgemeine Gleichgewichtsmodelle nutzen.

Die Ansätze hinsichtlich des Handelseffektes oder des Wohlfahrtseffektes haben sowohl Vor- als auch Nachteile. Bei der Beurteilung hinsichtlich der gesamtgesellschaftlichen Wohlfahrt wird versucht, einen komplexen Zusammenhang möglichst mehr- oder multidimensional zu beurteilen. Die Ergebnisse können dann zu eindimensionalen politischen Entscheidungen genutzt werden und bieten damit wenig Entscheidungsalternativen und politische "trade-offs". Die Beurteilung einzelner Effekte in einem ein- oder mehrdimensionalen Zusammenhang führt im Endeffekt zu mehr Entscheidungsalternativen und hat darüber hinaus den Vorteil, dass weniger Unbekannte und damit auch Fehlerquellen bei der Beurteilung der Effekte Verwendung finden. Des Weiteren ist in der internationalen Debatte von Handelshemmnissen oftmals der Fokus auf den reinen Handelseffekt gerichtet. Dies gilt im Wesentlichen auch für die Entscheidungen innerhalb des GATT sowie der WTO.

Letztendlich ist der Prozess der Quantifizierung der Versuch, mehr oder weniger komplexe Zusammenhänge in einem einfach zu vermittelndem Ergebnis festzuhalten[125]. Mit der Komplexität nimmt jedoch auch die Varianz der Beobachtungswerte zu. Die Varianz der Beobachtungswerte wirkt sich dann wiederum auch auf die Güte der Schätzergebnisse aus.

5.2.2 Quantifizierung nach dem ökonomischen Effekt

Bei der Beurteilung von nichttarifären Handelshemmnissen wird der Blick zunächst auf den reinen Handelseffekt einer Maßnahme gerichtet werden. Er kann in Verbindung mit dem Preis einen Aufschluss über die wirtschaftliche Bedeutung geben. Allgemeinere Aussagen können bei der Beurteilung eines nichttarifären Handelshemmnisses hinsichtlich der gesamtgesellschaftlichen Wohlfahrt getroffen und über Gewinn oder Verlust geurteilt werden[126]. Wird die Frage gestellt, wer Gewinner oder Verlierer einer Maßnahme ist und welche Verteilungseffekte letztendlich entstehen, so kann dies auf Basis einer "social accounting matrix" eines allgemeinen Gleichgewichtsmodells geschehen. Aber selbst in einer solch komplexen Analyse würden dann oft Effekte wie die administrativen Kosten einer politischen Maßnahme außer Acht gelassen. Dadurch relativiert sich der Realitätsgehalt der Ergebnisse.

ROBERTS, JOSLING und ORDEN (1999) unterscheiden drei ökonomische Effekte von nichttarifären Handelshemmnissen. Mit Hilfe dieser Unterscheidung können die in der

---

[125] Dies gilt auch in der Politikberatung. Dort müssen die Politiker mit den Ergebnissen versorgt werden, um dann in der Öffentlichkeit für eine bestimmte Entscheidung werben zu können.

[126] Handelseffekte stellen dann meistens nur eine von vielen Ursachen für die Veränderung der gesamtgesellschaftlichen Wohlfahrt dar.

wissenschaftlichen Literatur veröffentlichten Arbeiten zur Quantifizierung nichttarifärer Handelshemmnisse geordnet werden. Sie unterscheiden den:

1) "regulatory protection effect";

2) "supply shift effect";

3) "demand shift effect".

Beim "regulatory protection effect" wird der Tatsache Rechnung gezollt, dass eine Maßnahme einem oder mehreren heimischen Sektoren eine ökonomische Rente zukommen lässt.

Bei dem "supply-shift effect" liegt der Schwerpunkt auf der Beurteilung der Effekte, die auf die Angebotskurve wirken, den Folgewirkungen für Anbieter und Nachfrager auf dem heimischen Markt, sowie den Anpassungskosten im Allgemeinen.

Bei dem "demand-shift effect" hingegen liegt der Schwerpunkt dementsprechend auf der Veränderung der Nachfragekurve. Die Nachfragekurve der Konsumenten, die unter bestimmten Bedingungen mit der Grenznutzenkurve übereinstimmt, kann durch zusätzliche Informationen über die betroffenen Güter verschoben werden.

5.2.2.1 Der Effekt der "regulatory protection"

Wenn von der Politik Auflagen für den Import von Waren erlassen werden, müssen diese auch von der Administration umgesetzt werden. Am Ende müssen sich die Marktteilnehmer an die neue Situation anpassen, womit Kosten verbunden sind. Diese Anpassungskosten können im Falle von importierten Waren im einfachsten Fall wie reine Zölle wirken[127]. Durch den resultierenden Preis- und Mengeneffekt entsteht im Inland in der Regel ein Transfer an ökonomischer Rente von der Gruppe der Konsumenten zu der der Produzenten. Da dieser Eingriff in das Marktgeschehen ineffizient ist, kann ein klassischer Wohlfahrtsverlust festgestellt werden[128]. Im Vergleich zu einer Situation mit einem reinen Importzoll jedoch schneiden die Handelsstandards schlechter ab. Der Grund sind die fehlenden Zolleinnahmen, die die gesamtgesellschaftliche Bilanz für die Handelsstandards etwas positiver darstellen würde[129]. Quantitative Analysen, die das Ziel haben, Zolläquivalente für nichttarifäre Handelshemmnisse auszuweisen, sind dementsprechend nur geeignet, den

---

[127] Siehe hierzu auch ausführlicher Kap. 3.6.

[128] Dies ist fast allen politischen Eingriffen ins Marktgeschehen gleich.

[129] Hier wird noch nicht die Beseitigung von externen Effekte, die mit dem Import der Waren zusammenhängen können, berücksichtigt sondern lediglich die Auflage im Handelsverkehr. Welche positiven Effekte geschaffen und welche negativen Effekte vermieden werden, ist wesentlich komplexer.

reinen Handelseffekt auszudrücken. Sie geben lediglich Anhaltspunkte für den entsprechenden wohlfahrtsökonomischen Vergleich.

5.2.2.2 Der "supply-shift"-Effekt

Die quantitativen Analysen, die unter dem Begriff der "supply-shift-effect"-Arbeiten zusammengefasst werden können, betreffen sowohl den Importeffekt einer Maßnahme auf die Angebotsseite des heimischen Marktes als auch den positiven wirtschaftlichen Effekt auf der Kostenseite. Je nachdem ob es sich um den "Import" von Krankheitserregern oder den Schutz vor solchen Krankheiten handelt, können dies entweder positive oder aber negative Effekte sein. Hierdurch können als Folge Kosten verursacht oder verringert werden. NEVEN (2000) sowie FISCHER und SERRA (2000) zeigen in ihren Arbeiten, dass solche Anpassungskosten Unternehmen bzw. Importeure unterschiedlich treffen können. So ist die relative Größe zum Gesamtmarkt eine nicht zu unterschätzende Komponente. Aber auch die Wettbewerbssituation und das Volumen des betroffenen Marktes wirken sich auf die Verteilung der Renten aus.

GANSLANDT und MARKUSEN (2001) bestätigten die Vermutung, dass Standards den Wettbewerb hindern können, indem sie die Kosten von ausländischen Anbietern in die Höhe treiben. Sie nehmen dabei an, dass die Auflagen für den Handel die Fixkosten der ausländischen Anbieter beeinflussen.

5.2.2.3 Der "demand-shift"-Effekt

Maßnahmen, die im Zusammenhang mit dem Handel die Gesundheit von Menschen, Tieren und Pflanzen schützen sollen, können auch die Nachfragekurve (Grenznutzenkurve) beeinflussen. Mit der Einführung solcher Maßnahmen kann der Nutzen aus dem Konsum der entsprechenden Güter steigen und somit u. U. auch der Nettoeffekt aus gestiegenem Grenznutzen und gestiegenen Anpassungskosten positiv sein. Die Literatur zu diesem Bereich, die sich mit den Auswirkungen von SPS-Maßnahmen auf die Grenznutzenkurve beschäftigt, ist sehr jung. Eine weitreichende Arbeit hierzu ist der Beitrag von BUREAU, MARETTE und SCHIAVINA (1998), die den Effekt von zusätzlichen Informationen durch Handelsauflagen auf einem Importmarkt in die Veränderung der Grenznutzenkurve eingebaut und theoretisch in differenzierter Form aufbereitet hat. Durch die zusätzlichen Informationen für die Marktteilnehmer, die eine solche Maßnahme mit sich bringen kann, werden dem Konsumenten, dessen Konsum ursprünglich durch das Problem der asymmetrischen Information auf dem Markt beeinflusst wurde, die Kaufentscheidungen leichter gemacht. Das aufgrund asymmetrischer Information hierbei zugrunde gelegte "Lemon Problem", das durch den Beitrag von AKERLOF (1970) maßgebend erörtert wurde, wird hiermit gelöst. Die Kosten der Informationssuche werden insgesamt verringert [BEGHIN und BUREAU (2001)].

In einer experimentellen Studie haben ALFNES und RICKERTSEN (2003) die Präferenzen der norwegischen Bevölkerung für heimisches, importiertes und hormonbehandeltes US-Rindfleisch ermittelt. Mit Hilfe ihrer Ergebnisse sollten konkrete Nutzenunterschiede festgestellt und der ökonomische Effekt einer solchen Situation quantifiziert werden.

In anderen Arbeiten konnte nachgewiesen werden, dass solche regulativ wirkenden Maßnahmen auf dem Markt die Substitutionselastizitäten der Nachfrage erhöhen können. Mit der Beeinflussung des einen Marktes durch SPS-Maßnahmen können damit Externalitäten auftreten, die weitreichende Folgen auf andere Märkte haben [MASKUS, OTSUKI und WILSON (2001)].

5.3 LITERATURÜBERBLICK ÜBER DIE METHODEN ZUR EMPIRISCHEN ANALYSE DER EFFEKTE VON NICHTTARIFÄREN HANDELSHEMMNISSEN

In der Literatur gibt es sehr viele Ansätze zur Quantifizierung von nichttarifären Handelshemmnissen im Allgemeinen und SPS-Maßnahmen im Speziellen. Gerade durch die Gründung der WTO und der damit in Kraft getretenen neuen SPS- und modifizierten TBT-Abkommen hat dieses Thema an Aktualität gewonnen. Zwischen den analytischen Ansätzen zur Erfassung und Quantifizierung solcher Effekte und der tatsächlichen Umsetzung in eine fassbare ökonomische Größe stehen einige Hindernisse. Da sich gerade die Gruppe der SPS-Maßnahmen in ihrer Gesamtheit sehr komplex auf das Marktgeschehen auswirken können, ist die Quantifizierung entweder mit sehr komplexen Modellen möglich oder bei Reduzierung dieser Komplexität lediglich mit einer Reihe von Annahmen durchführbar. Während der eine Weg mit einem hohen Bedarf an Informationen wie Preisen, Elastizitäten und Zahlungsbereitschaften[130] verbunden ist und damit auch eine Reihe von Fehlerquellen auftreten, muss sich der andere Weg aufgrund der notwendigen Annahmen mit dem Vorwurf der zu allgemein gehaltenen Endergebnisse auseinandersetzen.

Allgemeine Gleichgewichtsmodelle gelten als wissenschaftliche Antwort auf komplexe ökonomische Zusammenhänge. Diese werden mittels vorher definierter mathematischer Gleichungen beschrieben. GANSLANDT und MARKUSEN (2001) z. B. nutzen ein solches Modell, um die Auswirkungen von Standards auf die Konsumenten und Produzenten zu untersuchen. Solche Modelle leiden jedoch auch oftmals unter dem Zwang, zu viele Beziehungen abbilden zu müssen. Dadurch werden auch hier zahlreiche diskutierwürdige Annahmen getroffen und die einzelnen wirtschaftlichen Verflechtungen oftmals aggregiert zusammengefasst. Hierdurch können neue Fehlerquellen entstehen [BEGHIN und BUREAU (2001)].

---

[130] Dies gilt gerade dann, wenn es sich um die Zahlungsbereitschaft für "credence"-Güter handelt.

Im Folgenden sollen die verschiedenen Möglichkeiten zur empirischen Analyse der Effekte von nichttarifären Handelshemmnissen vorgestellt und diskutiert werden.

5.3.1 Preisdifferenzen

5.3.1.1 Die Vorgehensweise

Wie schon dargestellt wurde, können nichttarifäre Handelshemmnisse einen Keil zwischen den Weltmarktpreis eines importierten Gutes und den Preis, den heimische Nachfrager für das Importgut zahlen, treiben. Ist in dem Importland ein importkonkurrierendes Gut vorhanden, das vollkommen substituierbar ist, so wird hier der Einfuhrpreis (Weltmarktpreis) vom Preis des heimischen Gutes abgekoppelt. Ein Vergleich von inländische Verbraucherpreisen mit denen des Weltmarktes ist dann sicherlich der einfachste und plausibelste Weg, um die Effekte von nichttarifären Handelshemmnissen zu untersuchen [GLISMANN (1996)].

Liegt der Importpreis[131] sowie der inländische Preis bei einem homogenen Gut vor, so kann das Zolläquivalent formuliert werden [DEARDORFF und STERN (1985)]. Dieses Zolläquivalent gibt die prozentuale Veränderung des Inlandspreises durch den Effekt der nichttarifären Handelshemmnisse im Vergleich zur Freihandelssituation an [GLISMANN (1996)].

Die Methode der Quantifizierung nichttarifärer Handelshemmnisse durch die Erfassung von Preisdifferenzen zwischen einem Referenzpreis und dem tatsächlichen, durch das Handelshemmnis hervorgerufenen Preis hat eine lange Tradition. Die Art und Weise der empirischen Analyse ist mit der der Ermittlung der Zolläquivalente von tarifären Handelshemmnissen durch Zölle und Steuern zu vergleichen. Mit der aus solchen Studien ermittelten Preisdifferenzen oder Zolläquivalenten können dann nachfolgend partielle oder allgemeine Gleichgewichtsmodelle versorgt werden, die dann wiederum Angaben hinsichtlich der Wohlfahrtseffekte machen können[132].

Der Theorie folgend müsste die Differenz zwischen dem Preis berechnet werden, der vor der Einführung eines nichttarifären Handelshemmnisses für ein bestimmtes Produkt vorherrschte und dem, der ceteris paribus nach der Einführung eines solchen Handelshemmnisses festgestellt werden konnte [DEARDORFF und STERN (1985)]. Da dies jedoch in der Praxis kaum möglich ist, müssen in der praktischen Umsetzung vereinfachende Annahmen getroffen werden. Das Zolläquivalent wird oft vereinfachend aus dem Preisunterschied zwischen einem importierten Gut und einem auf dem Referenzmarkt bereits vorhandenen

---

[131] Einschließlich Zoll und Transportkosten.

[132] Hierbei sei nochmals erwähnt, dass der wohlfahrtsökonomische Unterschied zwischen einem bestimmten Zolläquivalent von tarifären und nichttarifären Handelshemmnissen darin liegt, dass es bei den erstgenannten Zolleinnahmen gibt, die sich positiv auf die gesamtgesellschaftliche Wohlfahrt auswirken.

substitutiven Gut berechnet. Mit Hilfe von Handelsmengen und Preiselastizitäten von Angebot und Nachfrage können dann notwendige Anpassungen vorgenommen werden, um den Handelseffekt der Preisänderung herauszufiltern [LAIRD und YEATS (1990a)]. In der Regel werden hierzu der heimische Preis sowie der auf dem Weltmarkt zu findende Preis der gleichen Handelsstufe herangezogen.

5.3.1.2 Arbeiten hierzu

CALVIN und KRISSOFF (1998) quantifizieren mit Hilfe eines kleinen Modells die Tarifäquivalente eines phytosanitären Handelshemmnisses, das durch den Importschutz Japans auferlegt wurde. Dort werden Apfelimporte aus den USA ausgeschlossen, die die heimische Produktion schädigen könnten. Die Autoren versuchen sowohl den Handel als auch die Wohlfahrtssteigerungen zu quantifizieren, die dadurch entstünden, dass dieses Handelshemmnis wieder aufgehoben werden würde. Sie unterscheiden dabei zwei Situationen: Zum ersten die Situation, in der die hier dem Importverbot zugrunde liegende bakterielle Krankheit, die die heimische Produktion infizieren könnte, nicht übertragen wird und zum zweiten die Situation der Kontamination der japanischen Produktion. Da die USA der wichtigste Importeur für den japanischen Markt darstellt, werden die cif-Preise[133] für repräsentative Länder in die die USA ebenso exportiert, mit den Großhandelspreisen des Importlandes Japan verglichen. Der gemessene Preisunterschied beruht auf den aktuellen Zollsätzen sowie dem Zolläquivalent der Handelsbeschränkung. Für eine möglichst genaue Analyse wird in CALVIN und KRISSOFF (1998) eine bestimmte Qualität definiert, ein Transportkostenäquivalent ermittelt und ein Modell auf Basis monatlicher Werte berechnet.

Während die Autoren dieser Studie von dieser Methode zur Quantifizierung von nichttarifären Handelshemmnissen überzeugt sind, gibt es aber auch andere Stimmen hierzu. So kann bereits die Wahl der zum Vergleich der Preise herangezogenen Zeitreihe einen großen Ausschlag hinsichtlich der Ergebnisse geben. Exportpreise variieren z. B. sehr stark hinsichtlich der Zeit und der Handelsregion. Auch die unterschiedliche Effizienz der Handelskanäle, die Wettbewerbssituation und die Konsumentenpräferenzen spielen eine große Rolle und können empfindliche Verzerrungen herbeiführen.

5.3.1.3 Vor- und Nachteile

Die Methoden zur Ermittlung von Preisdifferenzen haben sowohl Vor- als auch Nachteile. So sind sie in ihrer Anwendung und Aussagekraft in vielen Bereichen limitiert. Sie können zwar den Effekt von existierenden nichttarifären Handelshemmnissen quantifizieren, scheitern jedoch an dem Versuch, den tatsächlichen Effekt einer bestimmten Maßnahme präzise zu benennen. Des Weiteren beruht die Ermittlung auf der Annahme, dass ein Preisunterschied

[133] cif: "cost insurance freight".

zwischen importierten und heimischen Gütern auf den Handelsschranken und den damit verbundenen Kosten besteht. Dies wiederum gilt deshalb, weil es sich um zwei völlig substituierbare Güter handelt. Auch die unterschiedlichen Preiselastizitäten von Angebot und Nachfrage auf dem zu untersuchenden Markt und dem für die Ermittlung des Referenzpreises definierten Marktes können zu Verzerrungen führen. So kann ein Handelshemmnis im Inland zu einem prozentualen Aufschlag führen, der sich aber im Referenzmarkt nicht so stark auswirken muss. Dies kann z. B. dann geschehen, wenn der gehandelte Teil nur einen Bruchteil des Gesamtvolumens des Referenzmarktes ausmacht und das importierte Gut nicht als vollkommenes Substitut für das heimische Gut gilt. Ein deutliches Indiz hierfür wäre die Trennung des Marktes in verschiedene Qualitäten. Durch die Datenverfügbarkeit ist dies aber in der Realität ohne Insiderinformationen nur sehr schwer festzustellen. Und selbst wenn Informationen darüber vorliegen, müssten zusätzlich die Substitutionselastizitäten berechnet werden, um genaue Rückschlüsse auf die genauen Preiseffekte zu geben.

Des Weiteren muss bei der Ermittlung der Preisdifferenzen die vorhandene Wettbewerbssituation berücksichtigt werden. Unter der Annahme vollkommener Konkurrenz ist die Wirkung eines nichttarifären Handelshemmnisses auf den Preis auf relativ einfachem Wege festzustellen. Wird jedoch diese Annahme aufgegeben und die Möglichkeit anderer Wettbewerbssituationen am Markt in Betracht gezogen, so kann der Preisunterschied zu einem beträchtlichen Teil aus diesen Marktmachtverhältnissen herrühren[134].

In der praktischen Ausführung der Quantifizierung mittels Preisdifferenzen liegen die Probleme im Detail. In Studien, die über Ländergrenzen hinweg durchgeführt werden[135], ist das Problem, dass die zur Verfügung stehenden Daten oftmals auf einer sehr aggregierten Ebene vorliegen[136], so dass Qualitätsunterschiede kaum berücksichtigt werden können[137]. Auch die Berücksichtigung der Transportkosten ist sehr schwierig. Zwar gibt es hierfür Anhaltspunkte, doch ist auch dieser Bereich durch die lokalen Gegebenheiten, die Ausstattung mit Infrastruktur sowie die aktuelle Wettbewerbssituation und Marktgröße unterschiedlich.

---

[134] WINKELMANN und WINKELMANN (1997) fanden in ihrer Arbeit zum neuseeländischen Markt heraus, dass, wenn die ausländischen Anbieter Marktmacht besitzen, sie durch die Errichtung von nichttarifären Handelshemmnissen veranlasst werden, ihre Angebotspreise zu erhöhen.

[135] Bei der Analyse von Handelshemmnissen ist dies zweifellos immer der Fall.

[136] Dies ist oftmals durch die national sehr unterschiedlich geführte Statistik begründet.

[137] Wenn es tatsächlich Qualitätsunterschiede gibt und der Konsument diese Güter im Verbrauch unterscheiden kann, so würde die Methode der Preisdifferenzen ein Handelshemmnis lokalisieren, dessen empirischer Wert lediglich die Größe des Qualitätsunterschiedes festgestellt hat, wenn sonst keine Einflüsse stattfinden würden.

Zusammengefasst ist die Methode der Preisdifferenzen zur Analyse nichttarifärer Handelshemmnisse dann das geeignete Instrument, wenn der Markt sich nahe an den Annahmen zur vollkommenen Konkurrenz[138] befindet. Mit der Entfernung des Marktes zum vollkommen Wettbewerb nimmt auch die Vorzüglichkeit der Methodik ab. Des Weiteren sollten sich solche Studien auf kleine Produktgruppen konzentrieren, und es sollte auf möglichst disaggregierter Ebene analysiert werden.

5.3.2 Inventuransatz

5.3.2.1 Die Vorgehensweise

Im Rahmen des Inventuransatzes werden Handelshemmnisse identifiziert und in Relation zu einem Basiswert gesetzt. Mit diesem "Inventory-Based-Ansatz" kann sowohl die quantitative als auch die qualitative Komponente genutzt werden, um die Bedeutung eines nichttarifären Handelshemmnisses zu benennen.

Drei Informationsquellen können hierzu herangezogen werden:

1) Allgemeine Angaben über die Eingriffe in den Handel. Mit ihrer Hilfe können statistische Kennzahlen oder Annäherungsvariablen kreiert werden. So kann z. B. schon die Anzahl der SPS-Meldungen, die durch die WTO publiziert wurden, einen Anhaltspunkt über die relative Bedeutung der SPS-Maßnahmen geben;
2) die Häufigkeit bzw. die Frequenz, mit der eine Produktkategorie mit Auflagen für den Handel versehen wird;
3) die Angaben über die Zahl der Beschwerden und Einsprüche, die als Reaktion auf Eingriffe in einen Markt veröffentlicht werden und Aufschluss darüber geben, wie stark sich die Marktakteure durch eine Maßnahme in ihrer wirtschaftlichen Tätigkeit behindert sehen.

Eine quantitative Analyse der nichttarifären Handelshemmnisse kann über den gesamten Bereich der bekannten nichttarifären Handelshemmnisse im Allgemeinen und sanitären und phytosanitären Handelshemmnissen im Speziellen angewendet werden. Durch das einfache Auszählen der Handelshemmnisse und Markteingriffe können einfache Kennzahlen ermittelt und diese, entweder ungewichtet oder mit dem Handelsvolumen der betroffenen Güterkategorie gewichtet, weiter ausgewertet werden.

---

[138] Voraussetzungen für die Annahme der vollkommenen Konkurrenz siehe KOESTER (2005).

Die bekanntesten Vertreter des Inventuransatzes sind:

- Die Anzahl der Eingriffe in den Markt;
- der Frequency Index;
- der Trade Coverage Index.

Die Anzahl der Eingriffe wird durch einfaches Auszählen der als Hemmnisse eingestuften Maßnahmen ermittelt und ist damit eine sehr einfache Methode der Auswertung.

Der "Frequency-Index" ist der bekannteste Vertreter unter den Methoden des Inventuransatzes. Er soll den prozentualen Anteil der untersuchten Transaktionen angeben, die von nichttarifären Handelshemmnissen des Landes betroffen wurden [LAIRD und YEATS (1990b)]. Zu diesem Zweck wird vor der Untersuchung eine Auswahl zu untersuchender nichttarifärer Handelshemmnisse festgelegt. Anschließend werden die Importtransaktionen oder die betreffenden Produktgruppen eines Landes daraufhin untersucht, ob die vorher ausgewählten nichttarifären Handelshemmnisse angewandt wurden[139].

Neben dem einfachen "Frequency-Index" kann durch Berücksichtigung der Importwerte die Aussagefähigkeit eines Indizes erhöht werden. Zu diesem Zweck müssen die einzelnen Handelsströme identifiziert und bewertet werden können. Hieraus kann dann der "Trade-Coverage-Index" entwickelt werden.

Der "Trade-Coverage-Index" soll den prozentualen Anteil der untersuchten Importwerte eines Landes angeben, der von nichttarifären Handelshemmnissen betroffen wurde [LAIRD und YEATS (1990b)]. Zu diesem Zweck wird wie beim "Frequency-Index" eine Auswahl zu untersuchender nichttarifärer Handelshemmnisse festgelegt. Anschließend werden die Importwerte der betreffenden Produktgruppe oder Transaktion eines Landes ins Verhältnis zu dem gesamten Importwert der Produktgruppen gesetzt[140].

5.3.2.2 Arbeiten hierzu

KRAMB (1998) untersucht vorher beschriebene nichttarifäre Handelshemmnisse der binnen- und außenwirtschaftlichen Instrumentarien. Im Einzelnen wurden die betroffenen Produkte auf Basis der 16 sechsstelligen Produktklassen bei Getreiderohprodukten einschließlich Reis erfasst, bei denen Kautionen, Lizenzen, Kontingente und interne Stützungen den Handel verzerren können. Die Ergebnisse der Untersuchungen des Getreidemarktes haben sowohl durch den "Frequency-Index" als auch durch den "Trade-Coverage-Index" einen kontinuierlichen Anstieg der nichttarifären Handelshemmnisse nachgewiesen.

---

[139] Für eine detailliertere Darstellung der Entwicklung des "Frequency-Index" siehe KRAMB (1998).

[140] Für eine detailliertere Darstellung der Entwicklung des "Trade-Coverage-Index" siehe KRAMB (1998).

Zwei Arbeiten aus der jüngeren Vergangenheit haben den Inventuransatz für die Auswertung des internationalen Handels genutzt, zum einen die Arbeit von SWANN, TEMPLE und SHURMER (1996) sowie die von MOENNIUS (1999). In beiden Arbeiten dient der Inventuransatz dazu, einen Überblick über die existierenden nationalen und internationalen Standards zu gewinnen. SWANN, TEMPLE und SHURMER (1996) ermittelten einen "Frequency-Index", indem sie freiwillige und international verpflichtende Standards auszählten. Diese Ergebnisse dienten dann wiederum als Input für eine ökonometrische Analyse des bilateralen Handels zwischen dem Vereinigten Königreich und Deutschland. MOENNIUS (1999) nutzte ebenfalls den Inventuransatz, um Industriestandards zu erfassen und die dort ermittelten Ergebnisse anschließend ebenfalls ökonometrisch zu verwerten.

5.3.2.3 Vor- und Nachteile

Die Datenverfügbarkeit für die Auswertung nichttarifärer Handelshemmnisse ist sehr gering. Aufgrund der Ziele, die mit der Etablierung solcher nichttarifären Handelshemmnisse verfolgt werden sollen, sind die Verfasser nicht daran interessiert, sie zu veröffentlichen. Es existieren deshalb nur sehr wenige Quellen, die zur empirischen Auswertung genutzt werden können. In der Regel bedeutet dies das Zusammenfügen sehr vieler Detailinformationen zu einem Gesamtüberblick.

Je einfacher und eindeutiger die nichttarifären Handelshemmnisse gewählt werden, desto einfacher ist die Erfassung im internationalen Handel. SPS-Maßnahmen und technische Handelshemmnisse sind sehr schwer zu erfassen. Bei der Überprüfung der Aussagefähigkeit von erzielten Ergebnissen sollte deshalb auf die Auswahl der zu untersuchenden nichttarifären Handelshemmnisse geachtet werden. Je weniger nichttarifäre Handelshemmnisse erfasst werden bzw. je mehr nicht erfasst werden, desto größer wird das Risiko der Unterschätzung der nichttarifären Handelshemmnisse durch den Index[141]. Ein Problem der Überschätzung kann auftreten, wenn Handelshemmnisse zwar vorhanden sind, aber nicht angewendet werden.

Der Vorteil dieses Indizes liegt wiederum in der einfachen Erfassung und der Einbeziehung der Importwerte. Durch diese Gewichtung mittels der Importwerte wird die Bedeutung unterschiedlicher Produkte herausgehoben. Wurden vorher nur einzelne Transaktionen oder Produktgruppen mit unterschiedlicher Größe und Bedeutung erfasst, so werden nun Handelswerte herangezogen.

Der Vorteil der Gewichtung ist jedoch gleichzeitig einer seiner größten Nachteile. Durch die Gewichtung können auch unplausible Resultate erzielt werden [OECD (1997)][142]. Ein

---

[141] Dies liegt in der Methode zur Berechnung des Indizes. Siehe hierzu auch KRAMB (1998).

[142] Diese Gewichtung ist oftmals ein Problem bei solchen Messgrößen [LAIRD und YEATS (1990b)].

Abnehmen der Importe und der damit verbundenen Importwerte kann durch zunehmend restriktivere nichttarifäre Handelshemmnisse oder einer größeren Anzahl von nichttarifären Handelshemmnissen entstehen. Der "Trade-Coverage-Index" nimmt dabei z. B. ab. Er würde bei einer Zunahme der Handelshemmnisse durch eine Abnahme seines Wertes das Gegenteil anzeigen und somit zu einem falschen Ergebnis führen.

Um solche Effekte zu verhindern, werden die Untersuchungen oft anhand von Basiswerten (Basisjahre) durchgeführt. Anhand der dort ermittelten Importwerte werden die zukünftigen Politiken in ihrem Einfluss untersucht. Ein weiterer Nachteil ist die Gefahr der Unterschätzung des Einflusses nichttarifärer Handelshemmnisse durch eine zu restriktive Auswahl der zu untersuchenden Handelshemmnisse, was auch hier zu Problemen der Interpretation und Aussagefähigkeit des Indizes führen kann.

Im Allgemeinen können die Messkonzepte des Inventuransatzes als wenig ausreichend beurteilt werden. Die konzeptionellen Schwächen lassen in der Regel nur ein sehr grobes Bild der aktuellen Protektion durch nichttarifäre Handelshemmnisse zu. Bei einem Wechsel der Politik zu nichttarifären Handelshemmnissen, die nicht erfasst werden, sinkt die Messgröße, obwohl die Effekte größer geworden sein können. Sie können jedoch als Basis für weitere ökonometrische Arbeiten wertvolle Dienste leisten.

5.3.3 Auf Umfragen basierte Studien

5.3.3.1 Die Vorgehensweise

Während der Inventuransatz die nichttarifären Handelshemmnisse in ihrer Wirkung in der Regel alle gleich behandelt, kann mit Hilfe von Studien, die auf Expertenbefragungen beruhen, eine Differenzierung zwischen verschiedenen Maßnahmen durchgeführt werden. Wenn Experten befragt werden, welche Maßnahmen ihrer Meinung nach den Handel stark oder weniger stark beeinflussen, kann sich eine Analyse sehr schnell auf die bedeutenden Hemmnisse konzentrieren. Durch mehrere Interviews mit Experten eines bestimmten Bereiches kann auch schnell eine valide Rangliste der wichtigsten nichttarifären Handelshemmnisse erstellt werden. Wenn die Experten gleichzeitig noch durch eine ökonomische Bewertung des betroffenen Handelsvolumens erfolgt, kann daraufhin der Handelseffekt der wichtigsten nichttarifären Handelshemmnisse ermittelt werden.

5.3.3.2 Arbeiten hierzu

Die bekanntesten Vertreter der auf Umfragen basierten Studien sind die der Europäischen Kommission sowie die des "Office of the US Trade Representative". Als Informationsgrundlage dieser regelmäßig erscheinenden Studien dienen Informationen aus den betroffenen Industriebereichen der eigenen Wirtschaft. Diese melden wahrgenommene Hemmnisse und diskriminierende Aktionen gegen ihre Exporte.

Eine im Agrarbereich bekannte Expertenbefragung basiert auf dem Jahr 1996 und wurde durch das "US Department of Agriculture" (USDA) durchgeführt [THORNSBURY et al. (1999)]. Das USDA befragte sowohl das eigene Fachpersonal als auch Repräsentanten der betroffenen Produzentengruppen. Sie deckten mit diesen Befragungen nach eigenen Angaben 98 % der US-Agrarexporte ab. Das Ergebnis war eine Studie, die über fast den gesamten Querschnitt der US-Agrarexporte fragwürdige[143] technische Handelsauflagen der Handelspartner erfasste. Allerdings handelte es sich um eine Punktbetrachtung der im Juni 1996 in Kraft getretenen oder in Kraft befindlichen Auflagen, die den Handel nach Aussagen der Experten nachhaltig negativ beeinflusst haben sollen. Im Ergebnis wurden 303 dieser fragwürdigen technischen Handelshemmnisse festgestellt, die einen Handelseffekt von schätzungsweise 5 Mrd. US-$ verursacht haben sollen [THORNSBURY et al. (1999)][144].

Eine Expertenbefragung zum Umgang mit dem neuen SPS-Abkommen der WTO wurde von HENSON, LOADER und SWINBANK (1999) durchgeführt. Sie befragten Verantwortliche der "enquiry points"[145], um Informationen darüber zu bekommen, mit welchen Problemen sich die Entwicklungsländer im Zusammenhang mit dem neuen SPS-Abkommen und den darin vereinbarten Rechten und Pflichten konfrontiert sehen.

5.3.3.3 Vor- und Nachteile

Expertenbefragungen sind dann immer die geeignete Wahl, wenn zum einen die Datengrundlage für andere Analysemöglichkeiten unzureichend vorhanden oder ausgeschöpft sind oder der zu untersuchende Bereich durch Insiderinformationen geprägt ist. Oftmals existieren Netzwerke, die in ihrer Folge Wettbewerbsverhältnisse schaffen, die von außen nicht ersichtlich sind. In solchen Fällen können die Beteiligten selbst am besten Auskunft über die internen Verhältnisse geben. Auch die Sichtweise bei der Beurteilung hinsichtlich der Wirkung von nichttarifären Handelshemmnissen ist wichtig. Eine einfache bürokratische Auflage im Handel kann z. B. für einige Länder kein ernsthaftes Handelshemmnis darstellen, während andere Länder dies vielleicht aufgrund sprachlicher, kultureller, historischer oder administrativer Unterschiede als unüberwindbares Hindernis ansehen könnten.

Ein Nachteil des Verfahrens der Expertenbefragung liegt in der Befragung selbst. Oftmals werden aufgrund der komplexen Zusammenhänge, die erfragt werden, sollen und der begrenzten Zahl an Experten eines Fachgebietes auf standardisierte Fragebögen verzichtet.

---

[143] Fragwürdig im Sinne von für die Exporteure ökonomisch nicht nachvollziehbar.

[144] Der Handelseffekt wurde als Produkt aus dem geschätzten verhinderten Handelsvolumen und dem fixen Weltmarktpreis ermittelt [THORNSBURY et al. (1999)].

[145] Nach dem SPS-Abkommen (Anhang C) ist jedes Mitglied verpflichtet, eine Kontaktstelle zu schaffen oder zu benennen, die als Ansprechpartner für SPS-Angelegenheiten dient [WTO (2000)].

In den alternativ Verwendung findenden offenen Interviews besteht jedoch die Gefahr, dass die Experten, die aufgrund ihrer Position die Situation verzerrt wahrnehmen, dies auch so weitergeben[146]. Gleichzeitig besteht auch die Gefahr, dass Interviews ausgenutzt werden, um auf Problempunkte aus Sicht der Befragten aufmerksam zu machen, die dann als Folge der Veröffentlichung der Studie vielleicht beseitigt werden könnten. Nicht zu vergessen ist der Zeit- und Kostenaufwand dieser Art der Analyse. Aus diesen Gründen sollten Expertenbefragungen lediglich dann als Analysemöglichkeit herangezogen werden, wenn andere Möglichkeiten ausgeschöpft sind.

5.3.4 Kosten-Nutzen-Analysen in Verbindung mit einer Risikoanalyse

5.3.4.1 Die Vorgehensweise

Alle Entscheidungen im realen Leben müssen unter unsicheren Bedingungen gefällt werden. Der Wissenschaftsbereich der Gesundheitsökonomie versucht u. a. die Kosten und Nutzen von Maßnahmen zur Kontrolle von Krankheiten und die Wahrscheinlichkeit deren Auftretens abzuschätzen. Für diese Analyse gibt es verschiedene Techniken: partielles Budgetieren, Entscheidungsbaumanalyse, stochastische Computeranalyse und die Optimierung.

Das wesentliche Moment der Risikoanalyse im Bezug auf Handelsfragen wird "acceptable risk" genannt. Bei einer ökonomischen Betrachtungsweise muss dieses "acceptable risk" in eine monetäre Größe umgewandelt werden. Da die Aktivitäten sowohl Kosten als auch Nutzen verursachen, wird dies durch eine Kosten-Nutzen-Analyse auf Basis einer Angebots- und Nachfrageuntersuchung durchgeführt. Werden die Ergebnisse der Risikoanalyse mit einer Kosten-Nutzen-Analyse verbunden, können die wirtschaftlichen Konsequenzen in Abhängigkeit des akzeptierbaren Risikos diskutiert werden [DIJKHUIZEN, HORST und JALVINGH (1997)]. Damit können nicht nur die Effekte von verschiedenen Maßnahmen auf den Handel untersucht und geschätzt werden, sondern auch die Effekte auf die gesamtgesellschaftliche Wohlfahrt.

Bei der Beurteilung von SPS-Maßnahmen ist die Unterscheidung immer schwierig, wann eine Maßnahme der Beseitigung von Marktversagen oder Marktineffizienz und wann sie protektionistischen Interessen dient. Zum einen gibt es unzweifelhaft Maßnahmen, die lediglich protektionistischen Zielen dienen und keinerlei positiven gesellschaftlichen Effekt hervorrufen. Andererseits gibt es aber auch Maßnahmen, die im Vergleich von Kosten und Nutzen sowohl der Effizienzsteigerung als auch der Protektion dienen.

---

[146] Ein Exporteur könnte einfache Handelshemmnisse, die für ihn vielleicht lästiger sind als andere, gegenüber anderen Maßnahmen, die einen größeren Nettoeffekt haben könnten, überbewerten.

Mit Hilfe der Kosten-Nutzen-Analyse ist es möglich, die durch eine Maßnahme erreichbaren positiven Wohlfahrtseffekte den gleichzeitig entstehenden negativen Effekten entgegen zu halten. Mit den hieraus berechneten Koeffizienten steht ein Maßstab zur Verfügung, der es erlaubt zu beurteilen, wann eine Maßnahme noch der Effizienzsteigerung dient oder wann sie bereits ein Handelshemmnis darstellt.

Durch die verpflichtende Anwendung des "Risk-Assessment-Verfahrens" hat das SPS-Abkommen der WTO hier einen sehr großen Beitrag geleistet. Nachdem im GATT-Vertrag von 1947 noch Handelshemmnisse zum Schutz der menschlichen Gesundheit ohne weiteres erlaubt waren, schränkte das neue SPS-Abkommen den staatlichen Eingriff ein. Das Schaffen von Standards für alle ist dadurch in der Entscheidung ein "trade-off" zwischen Nahrungsmittelsicherheit und wirtschaftlichen Interessen geworden. Dies sorgte dafür, dass Nationen nicht ohne weiteres eine Risikoreduktion über Handelshemmnisse betreiben und damit die ökonomischen Kosten in die Höhe treiben konnten [BUZBY und ROBERTS (1999)].

5.3.4.2 Arbeiten hierzu

WILSON und ANTON (2003) zeigen anschaulich, wie "Risk Assessment" und "Risk Management" zusammenhängen[147]. Sie verschaffen auch einen gelungenen Überblick auf die bisherigen Versuche in der wissenschaftlichen Literatur, die Effekte einer SPS-Maßnahme zu quantifizieren. Anhand von Fallbeispielen wird anschaulich beschrieben, dass oftmals das gewählte nationale Schutzniveau nicht im Verhältnis zum potentiellen Schaden steht, der durch die der Maßnahme zugrunde liegende Gefahr entstehen könnte.

JAMES und ANDERSON (1998) untersuchten die Wirkung unterschiedlicher Quarantäneauflagen. Die Arbeit geht auf die Wirkungen von phytosanitären Maßnahmen am Beispiel des australischen Bananenmarktes ein. Dort werden die möglichen Kosten ermittelt, die mit potentiellen Krankheiten für die Bananenfarmer im Land entstehen würden. Diese werden mit dem Gewinn für die Konsumenten, der durch die stark reduzierten Preise entsteht, verglichen. Zum Schluss ermittelten sie den höchsten gesellschaftlichen Wohlfahrtsgewinn für die Situation, dass die Interessen der heimischen Produzenten geopfert werden und keinerlei Beschränkungen für den Warenverkehr existieren.

BUZBY und ROBERTS (1999) mahnen einen raschen Fortschritt der Risikobeurteilung von Handelsmaßnahmen an. International werden Bemühungen unternommen, feste Standards festzulegen. Diese Bemühungen bleiben oft immer hinter dem aktuellen wissenschaftlichen Stand zurück, da sich ständig die Produktionsmethoden, Inputs und Outputs sowie die Erfassungsmethoden ändern. Durch die unterschiedlichen Interessenlage der Personen

---

[147] Zusammengefasst kann das "Risk-Assessment" als Teilbereich des "Risk-Managements" bezeichnet werden, das durch ökonomische Aspekte ergänzt wird.

entstehen daraufhin internationale Spannungen. Würden sich alle den Ergebnissen einer solchen Nutzen-Kosten-Analyse verpflichten, käme es nicht zu diesen Streitigkeiten.

NUNN (1997) beschäftigte sich mit der Risikoanalyse bei Quarantänefällen. Er gibt dabei einen umfangreichen Einblick auf den aktuellen Stand der Literatur und Forschung, sowie eine gelungene Einführung in Grundkonzepte der wissenschaftlichen Forschung zum Thema Risiko. Seine von ihm aufgestellten Prinzipien, die bei einer Risikoanalyse befolgt werden sollten, lauten wie folgt:

1) Konsultation aller relevanten Beteiligten;
2) die Risikoanalyse sollte auf einer fundamentalen wissenschaftlichen Grundlage basieren;
3) die Risikoanalyse sollte transparent und nachvollziehbar sein;
4) die Risikoanalyse sollte sowohl mit der Politik als auch mit den internationalen Gegebenheiten und Verpflichtungen konsistent sein.

Er führt aber auch an, dass richtige quantitative Untersuchungen normalerweise eine Ausnahme sind, da sie eine große Anzahl von Daten benötigen, die in der Regel nicht zur Verfügung stehen. Diese Untersuchungen stehen allerdings auch im Verdacht, nicht objektiv genug zu sein, da sie neben den wissenschaftlichen Aspekten oft auch politische und kulturelle Aspekte mit einfließen lassen.

5.3.4.3 Vor- und Nachteile

Die Kombination aus naturwissenschaftlicher Risikoanalyse und ökonomischer Kosten-Nutzen-Analyse ist ein vielversprechender Weg zur Beurteilung von Handelsmaßnahmen. Im SPS-Abkommen wurde dieser Weg bereits ansatzweise bestritten. Auch wenn der Schwerpunkt dort noch auf der wissenschaftlichen Komponente liegt, so hat die Idee der Verbindung von Risikoanalyse und Kosten-Nutzen-Analyse zur Bewertung von Handelsmaßnahmen und der Beseitigung von internationalen Streitigkeiten in der WTO, Fuß gefasst [BEGHIN und BUREAU (2001)][148].

Ein großer Bereich, der eine Beurteilung von Quarantänemaßnahmen erschwert, ist die Unsicherheit, die mit dem Infektionsrisiko verbunden ist. Es können sowohl die verschiedenen Folgen von alternativen Risiken nur schwer überschaut als auch die daraus resultierenden ökonomischen Konsequenzen nur selten präzise berechnet werden [BEGHIN

[148] In den USA ist eine Initiative im Gange, die eine mehr formale, konsistente und qualitativ bessere Kosten-Nutzen- und Risikoanalyse fordert, die zu mehr Transparenz führen und somit ein Vorbild für die in der WTO assoziierten Länder dienen soll. Einige Handelsvereinigungen, Verbraucher- und Umweltschützer sind allerdings dagegen [o.V. (1999)].

und BUREAU (2001)]. Im Falle von SPS-Maßnahmen müssten z. B. für die Beurteilung einer Pflanzenkrankheit sowohl die möglichen Folgen bei alternativen Handelsauflagen, wie einfache Kontrollen oder Zertifikate, die Befallsraten, die hierdurch entstehenden Folgeschäden als auch die für alle Szenarien benötigten ökonomischen Kennzahlen ermittelt werden. Quarantänemaßnahmen werden hierdurch für die Politik im Vergleich zu totalen Importverboten unattraktiver. MACLAREN (1997) kommt zu dem Schluss, dass für eine genaue Analyse nur ein sehr umfangreiches Modell mit einer Vielzahl von Informationen in Frage kommt. Er gibt demgegenüber zu bedenken, dass sich Politiker für ihre Entscheidungen aber sicherlich nicht solcher umfangreichen Modelle bedienen werden.

Gerade im Bereich der SPS-Maßnahmen ist der Ansatz, mit einer Kosten-Nutzenanalyse zu arbeiten, vielversprechend. Jedoch wird die Analyse gerade in diesem Bereich schnell relativ umfangreich. Während einfache Handelsauflagen noch in einem überschaubaren Rahmen quantifiziert werden können, wird die Beurteilung von Maßnahmen, die die Zahlungsbereitschaft von Konsumenten beeinflussen können, schwieriger. Wie bereits BUREAU, MARETTE und SCHIAVINA (1998) gezeigt haben, ist es notwendig, die Wahrnehmung der Konsumenten und die dadurch resultierende Zahlungsbereitschaft in eine umfassende ökonomische Analyse zu integrieren, jedoch ist dies nicht ganz einfach. SPREEN, VAN SICKLE und BREWSTER (2002) gehen sogar soweit, dass sie empirische Arbeiten hierzu für fast unmöglich halten.

5.3.5 Mikroökonomische Modelle

5.3.5.1 Die Vorgehensweise

Die reine Kosten-Nutzen-Analyse kann durch eine analytische Darstellung der Effekte auf und durch Konsumenten und Produzenten erheblich aufgewertet werden. Die Effekte von nichttarifären Handelshemmnissen können durch die Schätzung der Veränderungen der Marktgleichgewichte beurteilt werden. Vorausgesetzt, dass eine gute Datenbasis[149] zur Verfügung steht, können die Effekte der Eingriffe in den Markt durch nichttarifäre Handelshemmnisse berechnet werden. Durch die Verwendung standardmäßiger Gewinn- und Kostenfunktionen auf der einen Seite sowie Nutzen- und Nachfragefunktionen auf der anderen Seite können die Effekte auf Konsumenten und Produzenten ökonometrisch bestimmt werden [BEGHIN und BUREAU (2001)]. Durch die Verwendung von Konzepten der Dualitätstheorie können auch Schattenpreise für die zu untersuchenden Maßnahmen berechnet werden.

Die klassischen Annahmen in einfachen handelstheoretischen Modellen mit vollkommener Konkurrenz ist nur in seltenen Fällen geeignet, die Realität abzubilden. Ein großer Bereich

[149] Vornehmlich Querschnitts- oder Panel-Daten [BEGHIN und BUREAU (2001)].

der ökonomischen Literatur[150] hat sich bereits mit den komplexen Effekten von Standards und anderen regulativen Eingriffen beschäftigt. Die dort erzielten Ergebnisse machen es möglich, von der einfachen Annahme vollkommener Konkurrenz abzuweichen und komplizierte Szenarien zu berechnen, die u. a. Skaleneffekte, Informationseffekte und Wettbewerbseffekte berücksichtigen können.

5.3.5.2 Arbeiten hierzu

Die Literatur zu diesem Bereich ist durch zahlreiche umfangreiche Modelle gekennzeichnet, die vielmehr dem Zweck dienen, die Zusammenhänge theoretisch darzustellen und quantitative Analysen durchzuführen.

LEELAND (1979) erklärt z. B in einem sehr mathematischen Modell, dass bei asymmetrischer Informationsverteilung ein System mit minimalen Qualitätsstandards eine Lösung des Problems sein kein. CHAMBERS und WEISS (1992) greifen diese These auf und widerlegen sie anhand eines eigenen Modells. So behaupten sie, dass es unter der Voraussetzung asymmetrischer Information nicht sinnvoll ist, Mindeststandards einzuführen. RONNEN (1991) modelliert die Einführung eines Qualitätsstandards in einem Markt, auf dem sowohl über Preise als auch über Qualität konkurriert wird. Er nutzt hierbei ein Modell, das Qualitätsunterschiede und monopolistische Konkurrenz berücksichtigt. Er weist in diesem Modell nach, dass alle Konsumenten durch die Einführung eines Minimumstandards besser gestellt werden würden. Das Besondere hierbei ist, dass die Minimumstandards die Fixkosten beeinflussen und damit den Preiswettbewerb.

Manche Autoren, wie BOOM (1995), nutzen aber auch einfache partielle Gleichgewichtsmodelle, um diese dann mit den Auswirkungen von Standards unter verschiedenen Wettbewerbsaspekten zu konfrontieren. Aber auch die strategische Interaktion von Unternehmen, die sich mit immer neuen Standards konfrontiert sehen, wird in einigen Beiträgen aufbereitet.

In der internationalen Handelstheorie ist bereits die Frage über Produktdifferenzierung hinsichtlich der Produktqualität diskutiert worden. In der klassischen Handelstheorie werden dabei vertikale und horizontale Produktdifferenzierung unterschieden. In der vertikalen Theorie erfolgt die Differenzierung durch die Unterscheidung von hoher und niedriger Qualität. Höhere Qualität wird hierbei durch Marktsegmentierung erreicht. Dies geschieht auf Basis der höheren Einkommen. Horizontale Differierung erfolgt dadurch, dass es unterschiedliche Präferenzen mit dementsprechend unterschiedlichen individuellen Reihenfolgen der Produkte gibt. BUREAU, MARETTE und SCHIAVINA (1998) beschäftigten sich ebenfalls mit diesem Thema. Sie versuchten die Effekte eines nichttarifären

---

[150] Z. B. die Industrieökonomik.

Handelshemmnisses am Beispiel des Hormonstreites der USA mit der EU zu analysieren und entwickelten hierfür ein Modell, in dem die Konsumenten unterschiedliche Präferenzen hinsichtlich der Qualität haben. Das von ihnen generierte Modell arbeitet mit verschiedenen Parametern, die jeweils auf die verschiedenen Szenarien der Konsumentenreaktion hin neu quantifiziert werden müssten. Es ist somit nicht möglich, einen allgemeingültigen Schluss für die Wirkungsweise der SPS-Maßnahmen zu ziehen.

5.3.5.3 Vor- und Nachteile

Zwischen den in der Literatur vorhandenen theoretischen Modellen und der praktischen Umsetzung aller dieser Möglichkeiten in quantitativen Analysen besteht noch eine große Diskrepanz. Der Wissenschaft muss es erst einmal gelingen, diese Lücke zu schließen. Hierfür müssen Angebots- und Nachfragegleichungen ermittelt werden, die dann wiederum in der empirischen Forschung aufgegriffen werden können, um sie auf einen Datensatz anzuwenden. Damit könnten dann sowohl die Handelseffekte von verschiedenen Maßnahmen als auch die Veränderungen der Präferenzen der Konsumenten quantifiziert werden. Das größte Problem der Umsetzung besteht darin, dass es bei der Quantifizierung der verschiedenen Effekte durch die vielfältigen Interaktionen sehr schnell kompliziert werden kann. Lediglich die Reduzierung der Komplexität durch restriktive Annahmen hinsichtlich der Angebots- und Nachfragekurven sowie der Wettbewerbssituation führt zu stabilen Ergebnissen. Durch diese restriktive Annahmen jedoch hat diese Methodik ihre Aussagekraft drastisch reduziert. Aber gerade die Veränderung der Nachfragekurven durch die mögliche Veränderung der Zahlungsbereitschaft bei der Anwesenheit von verschiedenen Qualitäten ist eine wissenschaftliche Herausforderung.

Erst wenn die ökonometrische Umsetzung dieser mikroökonomisch sehr anspruchsvollen Modelle gelingt, wird diese Methode eine breitere Verwendung finden. Es müssen somit mehr Möglichkeiten geschaffen werden, um quantitative Analysen im Zusammenhang mit Wettbewerbseffekten, Informationsasymmetrien usw. möglich zu machen, damit sich die quantitative Analyse von der einfachen Darstellung des partiellen Gleichgewichtsmodells wegbewegen kann.

5.3.6 Gravitationsmodelle

5.3.6.1 Die Vorgehensweise

Nichttarifäre Handelshemmnisse haben sowohl Einfluss auf den Preis als auch auf die Mengen. In empirischen Studien zum internationalen Handel war es dabei schon immer das Bestreben gewesen, die Faktoren zu isolieren, die den aggregierten Handelsfluss zwischen den einzelnen Handelspartner bestimmen [SARRIS (1981)]. Die Arbeit von LINNEMANN (1966) fasste diese Bemühungen zusammen und nutzte die Gravitationstheorie, um den Handel von einem Land zu einem anderen Land in Abhängigkeit von Faktoren des Angebotes, der Nachfrage und Faktoren, die den Handel behindern können, abzubilden. Das Ergebnis waren Gravitationsmodelle, die bis heute in wenig veränderter Form erfolgreich angewandt werden.

Veränderungen der Handelsmengen werden über den Handelsvolumeneffekt gemessen werden. Über die Definition eines Mengenindizes kann die prozentuale Veränderung der importierten Menge durch den Effekt der nichttarifären Handelshemmnisse im Vergleich zur Freihandelssituation angegeben werden. Er korrespondiert dabei mit dem Konzept der Preisdifferenzen [DEARDORFF und STERN (1985)]. Der Vergleich allein über die Handelsmengen bringt aber auch eine Reihe von Problemen mit sich. Diese liegen in der Ermittlung der Referenzmengen, den Effekten eines Zolls und den Schwierigkeiten bei der Querschnittsanalyse. Bei einem einfachen Vergleich der Handelsvolumina zweier unterschiedlicher Länder ergeben sich durch unterschiedliche Angebots- und Nachfragebedingungen unterschiedliche Handelsströme. Bei der Quantifizierung des Handelseffektes müssen Modelle zur Schätzung der Handelströme unter der Verwendung von Situationen mit und ohne Handelshemmnis genutzt werden.

Nichttarifäre Handelshemmnisse sind nicht der einzige Grund, warum der Handel oftmals geringer ausfällt als allgemein erwartet. Es gibt eine Reihe von Faktoren, die den Handel negativ beeinflussen können. In der Ökonometrie wird dies oftmals durch den Versuch ausgedrückt, aus dem noch unerklärten Teil der beobachteten Streuung eines Handelsmodells Erklärungen zu finden.

Eine Möglichkeit zur Erklärung von Handel bietet sich durch "cross-commodity"- oder "cross-country"-Regressionsmodelle [DEARDORFF und STERN (1985)]. Ein Beispiel hierfür sind Gravitationsmodelle, in denen durch einige wenige Variablen wie Bruttosozialprodukt, Entfernung usw. der bilaterale Handel erklärt wird.

Gravitationsgleichungen haben ihren Namen aus der Theorie Newtons, nach der sich Massen gegenseitig anziehen [WALL (1999)]. Die unterschiedlichsten Gravitationsmodelle wurden bereits seit längerer Zeit zur Schätzung räumlicher Interaktionen genutzt [KEMMING (1980)]. Ursprünglich wurden diese Modelle von den Sozialwissenschaften verwendet. Diese dort auf Basis der Gravitationsgesetze verwendeten Modelle wurden ebenfalls erfolgreich getestet. Die in der Ökonomie populär gewordenen Gravitationsmodelle zur Untersuchung von bilateralen Handelströmen basieren auf den Arbeiten von TINBERGEN (1962) und PÖYHÖNEN (1963). Sie haben sich in der Vergangenheit als konsistente und empirisch nachweisbare Methodik herausgestellt. Durch die theoretische Fundierung des ursprünglich intuitiv formulierten Modells durch BERGSTRAND (1989) und DEARDORFF (1998) sowie der kontinuierlichen Weiterentwicklung des Ansatzes wurde das Interesse an dem Gravitationsmodell neu erweckt [BEGHIN und BUREAU (2001)].

Mit diesem Ansatz erscheint es auch möglich, die Ergebnisse des Inventuransatzes, der Expertenbefragung oder die nichttarifären Handelshemmnisse selbst als erklärende Variable in ein Modell mit aufzunehmen, sofern sie eine gewisse Varianz über Länder und/oder Zeit hinweg aufweisen. Im Gegensatz zu den bereits vorgestellten mikroökonomischen Modellen wird hier jedoch der reine Handelseffekt ungeachtet der wohlfahrtsökonomischen Konsequenzen geschätzt. Die potentiellen positiven Wohlfahrtseffekte von Standards zur Beseitigung von Marktineffizienzen werden hiermit nicht quantifiziert. Lediglich in einer Kombination mit anderen Verfahren wäre dies möglich.

5.3.6.2 Arbeiten hierzu

TINBERGEN (1962) hat zum ersten Mal das bereits aus den Sozialwissenschaften bekannte Gravitationsmodell auf eine ökonomische Fragestellung angewandt. Die Erklärung für das von ihm gewählte Modell, das als Vorbild für die bis heute angewandten Gravitationsmodelle dient, ist aber sehr spärlich. Vielversprechend jedoch war der Ansatz, mit dem von ihm gewählten Modell herauszufinden, welche der untersuchten Länder durch bestimmte Handelsrestriktionen am meisten betroffen wurden. LINNEMANN (1966) griff diesen Beitrag auf und entwickelte ihn weiter. Seine Arbeit zählt zu den Standardwerken zur Theorie der Gravitationsmodelle. Hier wurde zum ersten Mal versucht, eine formale theoretische Fundierung des Ansatzes durchzuführen. Dies geschieht auf der Basis eines allgemeinen Gleichgewichtsmodells unter der Annahme, dass sich ein Markt im Gleichgewicht befindet, wenn alle anderen (n-1) Märkte ebenfalls im Gleichgewicht sind.

CHRISTERSON (1994) modellierte den Welthandel für Bekleidung unter der Berücksichtigung der zahlreichen Abkommen zum Schutze der nationalen Textilindustrien. Aufgrund der in seinem Datensatz vorhandenen Nullbeobachtungen erarbeitete er mit Hilfe eines "Tobit-Ansatzes" ein Gravitationsmodell und erlangte dadurch plausible Ergebnisse, die auch intuitiv erklärbar waren. Sein Modell ist dabei mit zentralen Variablen, wie der Größe der untersuchten Länder, den Kostenunterschieden und den Entfernungsvariablen, sehr einfach gehalten.

WALL (1999) wollte mit seinem Gravitationsmodell für die Protektionsanalyse eine Alternative zu partiellen Modellen, die seiner Meinung nach die tatsächliche Situation zu vereinfacht darstellen, sowie zu allgemeinen Gleichgewichtsmodellen, die eine sehr große Datenvielfalt benötigen, bieten. Mittels eines einfachen Gravitationsmodells für US-Exporte quantifizierte er den Effekt von Handelsrestriktionen gegen die USA. Neben einem einfachen Ansatz über die Schätzung der kleinsten Quadrate stellt er auch ein "Fixed-Effects-Ansatz" vor. Abweichend von anderen Arbeiten auf diesem Gebiet nutzte er keine Zollsätze als Maß für die Handelsrestriktion, sondern einen "Index of Economic Freedom"[151], der als Protektionsmaß gilt. Er bekommt dabei einige interessante Ergebnisse, die allerdings in der Aussagekraft begrenzt sind, da die Datenauswahl sehr restriktiv war und im Modell offensichtlich Heteroskedastizität vorherrscht.

Die Arbeit von MOENNIUS (1999) ist eine der ersten Arbeiten, in denen ein Gravitationsmodell mit Standards als erklärende Variable für den Handel vorgestellt wird. In diesem Modell werden Länderpaare gebildet und Länderunterschiede durch "Fixed Effects" erklärt. Mit deren Hilfe soll der Handelseffekt von technischen Handelshemmnissen bestimmt werden. Sein zugrunde liegendes Panel umfasst dabei den Datensatz von 471 Industrien aus 12 westlichen Industrienationen über einen Zeitraum von 1980 bis 1995. Er wies nach, dass gemeinsame Industriestandards im Vergleich zu Handelsbeziehungen, denen kein gemeinsamer Standard zugrunde liegt, einen signifikant positiven Handelseffekt haben.

JENSEN (2000) arbeitet mit einem Gravitationsmodell, das im Wesentlichen mit "Fixed Effects" geschätzt wurde. Er integrierte auch Zölle in sein Modell. Zu den wichtigsten Ergebnissen seiner Arbeit zählt die Feststellung, dass Gravitationsmodelle ohne größere Modifikationen nicht gleichzeitig auf den Handel von reichen und armen Länder angewandt werden können.

MASKUS et al. (2001) nutzten das von MOENNIUS (1999) bereits verwendete Modell und bauten darin Variablen für die Stringenz von Standards ein. Darin wurden Aflatoxingrenzwerte für den Import von Erdnüssen für einige europäische Staaten herangezogen. Durch die Nutzung von quantitativen Variablen, im Gegensatz zu MOENNIUS, der lediglich die Anzahl der Standards als erklärende Variable nutzte, können hierbei Aussagen über die Handelseffekte gemacht werden, wenn diese Standards in ihrer Größe variieren sollten.

Ein höchst interessantes Ergebnis stellte ROSE (2003a, 2003b) in seinen Arbeiten vor. In einer sehr umfangreichen Analyse unter Berücksichtigung eines sehr großen Dantensatzes und der Verwendung eines einfach gehaltenen klassischen Gravitationsmodells wollte er den Handelseffekt von internationalen Organisationen schätzen. Er fand hierbei überraschenderweise heraus, dass eine Mitgliedschaft im GATT oder der Folgeinstitution WTO sowie IMF, im Gegensatz zur Mitgliedschaft bei der OECD, keinen Einfluss auf den Handel der jeweiligen Mitgliedsländer hat.

Eine umfangreiche Darstellung der klassischen Arbeiten zum Gravitationsmodell finden sich in CHRISTERSON (1994) sowie ANDERSON und VAN WINCOOP (2003) zu aktuellen Arbeiten.

---

[151] Es handelt sich hierbei um einen "trade policy index" der "Heritage Foundation and Dow Jones Company" [WALL (1999)].

5.3.6.3 Vor- und Nachteile

Während die Verwendung des Gravitationsmodells in der Ökonomie eine lange Tradition hat, ist das Interesse erst durch die Wiedererweckung in den 90er Jahren stark angestiegen. Vorbehalte gegenüber dem Modell liegen in der angeblich mangelnden theoretischen Fundierung des Modells begründet. Dies ist jedoch größtenteils darauf zurückzuführen, dass die ersten Modelle lediglich intuitiv untermauert wurden. Erst später wurde das theoretische Fundament für diese Analysemethode gelegt. Zu diesem Zeitpunkt waren die Gravitationsmodelle jedoch bereits mit diesem Vorurteil der fehlenden theoretischen Fundierung behaftet.

Ein weiterer Schwachpunkt der Modelle liegt in der Beschreibung des Handels. Durch eine Vielzahl von möglichen Variablen, einschließlich der nichttarifären Handelshemmnisse, kann ein Gravitationsmodell den bilateralen aggregierten Handelsstrom zwischen zwei Ländern erklären. Leider mangelt es an Validität bei der Erklärung der einzelnen Handelsströme. So kann das Modell bei der Schätzung eines disaggregierten Handelsstroms einzelner Produkte sehr sensibel auf Veränderungen der Modellstruktur reagieren.

Der große Vorteil liegt in den vielfältigen Schätzmöglichkeiten, die der ökonometrische Ansatz hier offenbart. Mit Gravitationsmodellen kann der Effekt einer Vielzahl von nichttarifären Handelshemmnissen quantifiziert werden. Sowohl quantitative als auch qualitative Variablen finden im Modell Verwendung.

Insgesamt ist die Verwendung von Gravitationsmodellen eine vielversprechende Möglichkeit zur Quantifizierung von nichttarifären Handelshemmnissen. Dies gilt insbesondere dann, wenn sie mit den Ergebnissen des Inventuransatzes und/oder der Ergebnisse der Expertenbefragung gekoppelt werden [BEGHIN und BUREAU (2001)]. Dies ist dann besonders interessant, wenn es sich um die Analyse von sanitären und phytosanitären Handelsmaßnahmen bzw. Standards im Allgemeinen handelt, über deren genaue Ausgestaltung[152] nur wenig Informationen vorliegen. Gravitationsmodelle können hierbei sowohl mit binären Variablen (Handel erlaubt/Handelsverbot) als auch mit einer einfachen Häufigkeitsverteilung der Variablen arbeiten. Gerade im Zusammenhang mit dem in Kap. 3 vorgestellten Meldewesen der WTO sind häufig nur wenige Informationen hinsichtlich der Detailausgestaltung der SPS-Maßnahmen im bilateralen Handel vorhanden. Es erscheint daher sinnvoll, eine Auswertung der SPS-Notifications auf Basis des Ansatzes der Gravitationsmodelle durchzuführen und den Einfluss der Handelsmaßnahmen auf den bilateralen Handelswert zu quantifizieren. Im Folgenden werden die Gravitationsmodelle

[152] Z. B. welche Grenzwerte unterschritten werden dürfen etc.

detaillierter in ihrer Entwicklung und dem theoretischen Unterbau vorgestellt und auf die der Untersuchung zugrunde liegenden Bedürfnisse angepasst.

6 THEORETISCHE GRUNDLAGEN ZUM GRAVITATIONSMODELL

6.1 DAS GRAVITATIONSMODELL ALS HANDWERKSZEUG DER EMPIRISCHEN ANALYSE

Das Gravitationsmodell hat sich als ein sehr erfolgreiches Instrument in der empirischen Analyse von Handelsdaten erwiesen. Es wurde bisher auf verschiedene Datensätze des bilateralen Handels angewandt und hat dabei stabile Ergebnisse hervorgebracht.

Im folgenden Kapitel soll die Entwicklung des Gravitationsmodells zur Analyse bilateraler Handelsdaten aufgezeigt und die Theorie, die hinter diesem Ansatz steht, näher erläutert werden. Die in der Vergangenheit populärsten Ergebnisse basieren auf einfachen ökonometrischen Modellen des aggregierten Außenhandels ausgewählter Handelspartner. Dabei werden oftmals Modelle verwendet, die bereits in der Vergangenheit zuverlässig getestet wurden und daraufhin mit geringfügiger Veränderung auf neuere Datensätze angewandt werden. Der Diskussion zu weiteren Verwendungsmöglichkeiten und der ökonometrischen Problematik der einzelnen Schätzverfahren wurde hierbei des öfteren wenig Platz gewidmet.

Die der Arbeit zugrunde liegende Fragestellung nach der Analyse der Wirkungen von handelspolitischen Maßnahmen im sanitären und phytosanitären Bereich erfordert eine Weiterentwicklung des traditionellen Ansatzes. Die traditionelle Analyse von aggregierten Handelsströmen soll durch eine Analyse einzelner Produktgruppen abgelöst und die zukünftige Eignung des Gravitationsmodells zur Erarbeitung der ökonomischen Effekte von handelspolitischen Maßnahmen auf die Handelsströme damit überprüft werden. Das für die intensivere Auseinandersetzung mit dem Modell benötigte ökonometrische Handwerkszeug wird hierfür im Folgenden aufbereitet.

Im Anschluss soll das Modell auf einen neuen Datensatz mit aggregierten Handelsdaten der EU angewandt werden. Der dort verwendete Datensatz hat dabei einige der später in der empirischen Analyse zur eigentlichen zentralen Fragestellung der Arbeit vorkommenden charakteristischen Eigenschaften. Die hierbei generierten Ergebnisse sollen mit denen in der Literatur zu findenden verglichen werden, um die Eignung des Ansatzes besser zu beurteilen.

6.2 THEORIE DER KLASSISCHEN GRAVITATIONSMODELLE

Der theoretische Unterbau wurde bereits in den sechziger Jahren in den ersten Arbeiten zum Gravitationsmodell gelegt. Erst viel später wurde das theoretische Konzept weiterentwickelt und fundiert.

6.2.1 Historische Entwicklung des klassischen Gravitationsmodells

Gravitationsgleichungen haben ihren Namen aus der Theorie Newtons, wonach sich Massen gegenseitig anziehen [WALL (1999)]. Die unterschiedlichsten Gravitationsmodelle wurden bereits seit längerer Zeit zur Schätzung räumlicher Interaktionen genutzt [KEMMING (1980)]. Ausgangspunkt der eher intuitiven Untermauerung [DEARDORFF (1998)] des klassischen Gravitationsmodells ist das Newtonsche Gravitationsgesetz. Es kennzeichnet den Sachverhalt, dass zwei Körper i und j eine Gravitationskraft $K_{i,j}$ aufeinander ausüben, die zu dem Produkt ihrer Massen m_i und m_j proportional und dem Quadrat des Abstandes zueinander umgekehrt proportional sind [KEMMING (1980)].

(6.2-1) $$K_{i,j} = G\frac{m_i \times m_j}{dist_{i,j}^2} \quad .$$

Die Variable G repräsentiert die aus der Physik bekannte Gravitationskonstante. Schon sehr früh[153] wurden Versuche unternommen, dieses Modell auf die Interaktionen zwischen Menschen zu übertragen. Der sich dabei herausgebildete Zweig der Sozialwissenschaften wird als "social physics" bezeichnet. Diese dort weiter entwickelten Modelle auf Basis der Gravitationsgesetze wurden auch bereits erfolgreich empirisch getestet.

So kann diese o. g. Gleichung auch derart modifiziert angewandt werden, dass sie die Ausgabensumme[154] angibt, die die Bevölkerung des einen Ortes im anderen Ort ausgibt. Damit wird im Sprachgebrauch der "social physics" angegeben, welche Summe die Bevölkerung des Raumes i in Raum j potentiell ausgibt[155]. Dies macht deutlich, dass das Gravitationsmodell auf unterschiedliche Interaktionen im Raum angewendet werden kann [KEMMING (1980)].

Die in der Ökonomie populär gewordenen Gravitationsmodelle zur Untersuchung von bilateralen Handelsströmen zweier ökonomischer Größen basieren auf den Arbeiten von TINBERGEN (1962) und PÖYHÖNEN (1963). Diese Modelle haben sich in der Vergangenheit als konsistente und empirisch nachweisbare Methodik herausgestellt. Lediglich die theoretische Fundierung wurde ihnen immer wieder abgesprochen [DEARDORFF (1998)]. Mit Gravitationsmodellen können aber nicht nur Handelsströme, sondern auch Bevölkerungswanderungen, Pendlerverhalten und der Tourismus beschrieben werden [BERGSTRAND (1988)].

---

[153] Die ersten Modellrechnungen wurden 1885 durchgeführt.

[154] Die Summe aus der Menge der Produkte multipliziert mit dem Preis des jeweiligen Produktes.

[155] In den "social physics" wird hierfür auch der Begriff des Nachfragepotentials verwendet, der nicht mit dem in der ökonomischen Nachfragetheorie verwendeten gleichklingenden Begriff verwechselt werden darf.

In der Untersuchung von Handelsströmen ist die typische Spezifizierung des Gravitationsmodells eine log-lineare Funktion. Die zu schätzende Funktion soll anhand bestimmter erklärender Variablen den Handelsstrom von Objekt i nach Objekt j darstellen[156]. Dieser Handelsstrom wird in der Regel durch die ökonomische Größe des Import- und Exportlandes erklärt sowie durch ökonomische Gegebenheiten, die den Warenaustausch entweder fördern oder hindern können.

Die klassische Form der Gravitationsgleichung lautet nach DEARDORFF (1998):

$$PX_{i,j} = L\frac{Y_i \times Y_j}{Dist_{i,j}} \qquad (6.2\text{-}2)$$

mit: $PX_{i,j}$ als den Wert[157] des Handelsstromes von Land i nach Land j; Y_i (Y_j) als die wirtschaftliche Größe des Exportlandes (Importlandes) in Form des Einkommens; $Dist_{i,j}$ als die Entfernung zwischen beiden Ländern und L als Konstante.

Obwohl die Gravitationsgleichung in der empirischen Literatur immer wieder zur Erklärung von Handelsströmen herangezogen wurde, begann man erst sehr spät, diese in ein theoretisches Modell einzubetten. Die ersten Arbeiten wurden lediglich intuitiv untermauert. LINNEMANN (1966) arbeitete hingegen bereits mit einem Ansatz auf Basis eines Walrasischen Allgemeinen Gleichgewichtssystems (Walrasian model[158]). Dieses Modell enthält nach Meinung von DEARDORFF (1998) jedoch zu viele exogene Variablen für umfassende Schätzungen[159].

6.2.2 Das klassische Gravitationsmodell

Auf Basis von TINBERGEN (1962), PÖYHÖNEN (1963) und LINNEMANN (1966) wurde ein in der ökonomischen Literatur oft verwendetes Grundmodell zur Schätzung des bilateralen Warenaustausches entwickelt. Traditionell wird hierbei der gesamte Warenverkehr[160] der Untersuchungsobjekte in das Modell mit einbezogen. Im internationalen Handel wird daher folgende Spezifizierung für die Erklärung des aggregierten Warenaustausches herangezogen[161]:

---

[156] In der Regel handelt es sich bei den zu untersuchenden Objekten um abgrenzbare Einheiten wie Länder, Nationen oder Wirtschaftsbünde.

[157] PX steht hierbei für Menge X multipliziert mit dem Preis des Gutes P (s. u.).

[158] Nach der bekannten Beziehung von Walras ist die Summe der Überschussnachfragen (Überschussangebot) auf allen Märkten gleich Null [ROSE und SAUERNHEIMER (1992)].

[159] In seinen Schätzungen verwendete LINNEMANN (1966) sechs erklärende Variablen (Einkommen des Exportlandes (Importlandes), Entfernung, die Bevölkerung des Exportlandes (Importlandes) sowie ein Dummy für Präferenzabkommen o. ä.).

[160] Es wird hierbei weder ein Unterschied zwischen Roh-, Halb- und Fertigprodukten noch zwischen den einzelnen Untergruppen einer übergeordneten Handelsgruppe wie tierische und pflanzliche Produkte gemacht.

[161] Im Gegensatz zu diesem absoluten Modell gibt es auch relative Modelle wie die von BERGSTRAND (1989).

(6.2-3) $$PX_{i,j} = \beta_0 (Y_i)^{\beta_1} (Y_j)^{\beta_2} (Dist_{i,j})^{\beta_3} (A_{i,j})^{\beta_4} u_{i,j}$$,

bzw. die bekanntere logarithmierte Variante:

(6.2-4) $$\ln PX_{i,j} = \ln \beta_0 + \beta_1 \ln Y_i + \beta_2 \ln Y_j + \beta_3 \ln Dist_{i,j} + \beta_4 \ln A_{i,j} + u'_{i,j}$$

mit: $PX_{i,j}$ als Warenwert (P (Preis des Gutes) × X (Menge des Gutes)) des Landes i (j). Im Allgemeinen wird dies in der internationalen Währung Dollar angegeben; Y_i und Y_j als ökonomische Größe der Länder i und j. Im Allgemeinen wird diese ökonomische Größe eines Landes in Form des zum Konsum zur Verfügung stehenden Einkommens, in der Regel in nominalem BIP gemessen, angegeben; $Dist_{i,j}$ als Entfernung zwischen den beiden Handelspartnern und Indikator für die dadurch anfallenden Transportkosten[162]; $A_{i,j}$ für sonstige Faktoren, die den Handel sowohl fördern als auch hemmen können. Hier sind vor allem Barrieren in Form von Zöllen und nichttarifären Handelshemmnissen aber auch Ländervereinigungen in Form von Freihandelszonen oder gemeinsamen Märkten zu nennen; $u'_{i,j}$ für die Reststreuung mit $E(\ln u_{i,j}) = 0$.

6.2.3 Preise und Wechselkurse als Determinanten der Gravitationsmodelle

Preise und Wechselkurse sind wichtige Determinanten des Außenhandels im Rahmen der allgemeinen Handelstheorie. Gibt es Preisunterschiede, so entsteht Arbitrage. In einem freien Warenaustausch mit vergleichbaren oder sogar homogenen Gütern gleichen sich die Preise jedoch immer wieder an.

LINNEMANN (1966) entwickelte den theoretischen Unterbau seines Gravitationsmodells aus einem partiellen Gleichgewichtsmodell mit vier Gleichungen für das Exportangebot und die Importnachfrage. Bei der Gleichsetzung von Angebot und Nachfrage ist dabei dann der Preis ausgeklammert worden [LINNEMANN (1966)]. Zwar seien Preise von fundamentaler Bedeutung für die Erklärung von Handelsströmen, aber durch die Interaktionen von Angebot und Nachfrage aus den Gleichungen eliminierbar[163] [LINNEMANN (1966)]. Er begründet dies u. a. mit den Kräften des dynamischen Marktes. Dort gibt es immer wieder Abweichungen vom Gleichgewichtsniveau, bedingt durch externe Schocks, die aber in der Regel im Vergleich zur Gleichgewichtsbedingung an sich relativ klein und somit auch vernachlässigbar sind [LINNEMANN (1966)]. Auf dem freien Weltmarkt entspricht das potentielle Angebot in der Gleichgewichtssituation der potentiellen Nachfrage. Sowohl das Angebot als auch die Nachfrage eines einzelnen Landes wiederum werden von ähnlichen ökonomischen Kräften beeinflusst. Das setzt allerdings voraus, dass die Wechselkurse auf internationaler Ebene frei sind und die tatsächliche Knappheitssituation der jeweiligen Währung angeben [LINNEMANN (1966)]. Wenn es über einen längeren Zeitraum zu einem Ungleichgewicht

---

[162] Die Einbeziehung der in der Handelstheorie immer wieder erwähnten Transportkosten scheitert oftmals an der Erfassung der tatsächlichen Kosten.

[163] "Price levels are, of course, of fundamental importance, but as we study the (equilibrium) trade flow that results from interaction of supply and demand it is possible to eliminate the price variable" [LINNEMANN (1966)].

kommt, würde sich dies zwangsläufig in der Anpassung des Wechselkurses entladen. Es gibt allerdings auch Kritiker dieses Eingriffes, die mit einer essentiellen Bedeutung des variablen Preises argumentieren.

BERGSTRAND (1988) beschreibt bei seiner Darstellung die Vorgehensweise zur Herleitung des Gravitationsmodells folgendermaßen: Wir haben eine über alle Länder gleiche Nutzenfunktion mit konstanten Substitutionselastizitäten für importierte und heimische Produkte einer Güterkategorie k. Sie hängt von der Gütermenge X aus heimischer Produktion sowie vom Import und den entsprechenden Elastizitäten ab. Des Weiteren gibt es eine Budgetrestriktion:

(6.2-5) $$Y_j = \sum_{k=1}^{N} \overline{P_{kj}} X_{kj},$$

die vom verfügbaren Einkommen Y_j der Region j (z. B. "gross domestic product" (GDP)) und von den Durchschnittspreisen $\overline{P}$ und den Mengen X im jeweiligen Land abhängig ist. Diese Durchschnittspreise

(6.2-6) $$\overline{P_{kj}} = Pk_{kj} T_{kj} C_{kj} / E_{kj}$$

wiederum sind durch die Preise der heimischen Güter Pk_{kj} (Produktionskosten) sowie Transportkosten C_{kj}, Zölle T_{kj} und den Wechselkursen E_{kj} der Güterkategorie k im Land j determiniert.

Durch Maximierung der Nutzenfunktion in Abhängigkeit von der Budgetrestriktion entstehen sowohl Angebots- als auch Nachfragefunktionen. Hieraus modelliert BERGSTRAND (1988) vier Ausgangsgleichungen mit den vier endogenen Variablen $X_{i,j}$ (Handelsvolumen von i nach j), $X^D_{i,j}$ (Importnachfrage), $X^S_{i,j}$ (Exportangebot) und $P_{i,j}$ (Preis der zwischen i und j gehandelten Güter) mit $X_{i,j} = X^D_{i,j} = X^S_{i,j}$. Aus den Angebots- und Nachfragegleichungen in Verbindung mit der Bedingung, dass Angebot gleich Nachfrage sein soll, erhält der Autor zwei Gleichungen, zum einen für den Preis beim Warenaustausch von j nach i, sowie zum anderen die importierte Menge X.

Das Produkt dieser beiden Gleichungen ergibt den Handelswert. Mit diesem Modell wird dann für eine Reihe von Ländern eine Schätzung durchgeführt.

BERGSTRAND (1988) kommt zu dem Schluss, dass eine einfache Gravitationsgleichung gegenüber seinem komplexeren Modell mit Substitutionselastizitäten und Preisen nur dann herangezogen werden kann, wenn angenommen werden kann, dass die Substitutionselastizitäten sowie die Transformationselastizitäten unendlich groß sind. Er testet die Preis- und Wechselkursvariablen erfolgreich, ob sie signifikant von Null verschieden sind und beweist damit, dass sein Modell mit Preis- und Wechselkursvariablen besser ist. Er gesteht lediglich ein, dass man das erste einfachere Modell dann schätzen sollte, wenn keinerlei Preis- und Wechselkursvariablen vorhanden sind. Zusätzlich betont BERGSTRAND (1985) allerdings auch, dass das klassische Gravitationsmodell erst dann durch fehlende Preise fehlspezifiziert sei[164], wenn hinsichtlich der Herkunft differenziert wird. Ein klassisches Beispiel für Produkte, die nicht hinsichtlich ihrer Herkunft differenziert werden können, sind die homogenen Güter. Hierzu zählen auch die klassischen Agrargüter[165].

6.3 Das Pro-Kopf-Modell nach Bergstrand

In den achtziger Jahren wurde das bis dahin bereits häufig verwendete Pro-Kopf-Modell des Gravitationsmodells auf eine theoretische Basis gestellt.

Die Frage nach der Diskussion um die tatsächlichen Bestimmungsgrößen des bilateralen Handels beschäftigte die Anwender der Gravitationsmodelle von Anfang an. LINNEMANN (1966) beruft sich auf das Verhältnis der ökonomischen Größen von "domestic market" (DM) zu "foreign market" (FM).

Zwei Beispiele aus seiner Arbeit sollen dies etwas anschaulicher darstellen: Betrachten wir zwei Länder mit unterschiedlichem Einkommen, aber gleicher Bevölkerungszahl, so unterscheiden sie sich im Pro-Kopf-Einkommen und somit in den Ressourcen, die pro Kopf zur Verfügung stehen. Der gestiegene Pro-Kopf-Wert wird im Vergleich zum anderen Land sowohl die Nachfrage nach heimischen Gütern als auch die Nachfrage nach nicht heimischen Gütern steigern. Auch wird die Nachfrage nach höherwertigen bzw. neuen Gütern in der gleichen Zeit steigen. Betrachten wir im zweiten Beispiel zwei Länder mit ungleicher Bevölkerungszahl. Wenn das Pro-Kopf-Einkommen vergleichbar ist, wird das Land mit der größeren Bevölkerungsdichte früher den Punkt erreichen, der Skaleneffekte bei der Produktion ermöglicht, selbst wenn die Nachfragestruktur ähnlich ist. Die "DM/FM-production-ratio" wird somit für das Land mit der höheren Bevölkerungsgröße größer ausfallen. LINNEMANN (1966) begründet so die Wahl der Bevölkerungsvariablen als zusätzliche erklärende Variable. Trotz einiger Arbeiten zum Pro-Kopf-Modell spielte es in der folgenden Zeit keine größere Rolle.

BERGSTRAND (1989) kritisiert in einem seiner Beiträge, dass Pro-Kopf-Modelle in den bis dorthin durchgeführten theoretischen und empirischen Arbeiten zum Gravitationsmodell eine untergeordnete Rolle spielten. Er versuchte, in diesem Beitrag ein Pro-Kopf-Gravitationsmodell[166] mit der traditionellen Handelstheorie zu verbinden. Er beruft sich hierbei auf eine Arbeit von LINDER (1961). Dort wird angenommen, dass Konsumenten mit gleichem Pro-Kopf-Einkommen ähnliche Nachfragefunktionen aufweisen. Der Nutzen anhand einer einfachen Stone-Geary-Nutzenfunktion entsteht hier durch den Pro-Kopf-Verbrauch an verarbeiteten und unverarbeiteten Gütern abzüglich eines Minimumkonsums. Gleichzeitig gibt es die traditionelle Budgetrestriktion. Die eine Funktion in Abhängigkeit von der anderen abgeleitet ergibt eine Nachfragefunktion. Er kommt auf Basis dieses Ansatzes zu einem

---

[164] In diesem Zusammenhang wird von "omitted variables" gesprochen.

[165] Zur Diskussion der Vergleichbarkeit des Agrarrohproduktes Rindfleisch im Importfall bei gleichzeitiger heimischer Produktion siehe auch KRAMB (2002).

[166] Es handelt sich hierbei um kein klassisches Pro-Kopf-Modell, da die zu erklärende Variable weiterhin absolut gemessen wird.

Gravitationsmodell, wo sowohl das Einkommen des Ex- und Importeurs als auch das Pro-Kopf-Einkommen des Ex- und Importeurs eine Rolle spielt [BERGSTRAND (1989)]:

$$\ln PX_{i,j} = \ln\beta_0 + \beta_1 \ln Y_i + \beta_2 \ln(Y_i / Bev_i) + \beta_3 \ln Y_j + \beta_4 \ln(Y_j / Bev_j) + \beta_5 \ln Dist_{i,j} + \beta_6 \ln A_{i,j} + u_{i,j} \quad (6.3\text{-}1)$$

mit $PX_{i,j}$ als Warenwert in der internationalen Währung Dollar angegeben; Y_i und Y_j als ökonomische Größe der Länder i und j; Y_i/Bev_i (Y_j/Bev_j) als Pro-Kopf-Einkommen des Landes i (j); $Dist_{i,j}$ als Entfernung zwischen den beiden Handelspartnern i und j und Indikator für die dadurch anfallenden Transportkosten; $A_{i,j}$ für sonstige Faktoren, die den Handel sowohl fördern als auch hemmen können sowie der allgemeinen Reststreuung $u_{i,j}$.

6.4 DAS FIXED-EFFECTS-MODELL NACH MOENNIUS

Viele Autoren, die sich des Gravitationsmodells zur Analyse des bilateralen Handelsstromes bedienten, waren sich zwar der theoretischen Möglichkeiten der Modellierung bewusst, wurden jedoch auch früh mit der begrenzten Datenverfügbarkeit konfrontiert. MOENNIUS (1999) umging diese Begrenzung und konnte somit eine vergleichsweise umfangreiche Analyse durchführen.

MOENNIUS (1999) bezieht sich in seiner Arbeit auf allgemeine Industrienormen. Im Unterschied zu vergleichbaren Arbeiten ist seine erklärende Variable nicht der Unterschied in den Normen, sondern die Gleichheit von Normen. Seine zu erklärende Variable ist weiterhin das klassische bilaterale Handelsvolumen. In seiner Arbeitshypothese geht er davon aus, dass das Handelsvolumen umso größer ist, je mehr Standards miteinander geteilt werden. Im Nachhinein wurden einige Modifikationen des ersten allgemein gehaltenen Modells durchgeführt, wobei der Autor sich dann auf die Importe und die jeweiligen Standards in den einzelnen Ländern konzentrierte. In der Regel kann man davon ausgehen, dass industrielle Standards die eigene heimische Produktqualität steigern und damit Wettbewerbsvorteile im Handel schaffen können [SWANN, TEMPLE und SHURMER (1996)]. Eine Ausnahme hierzu stellen sog. eigentümliche (im org. "idiosyncratic") Standards dar. Sie verhindern, dass Exporte durchgeführt werden, da die potentiellen ausländischen Käufer diesen komplizierten nationalen Standards etwas skeptisch gegenüberstehen. Gleichzeitig jedoch können potentielle Importeure diese spezifischen Standards nur schwer einhalten bzw. nachvollziehen und werden dementsprechend in ihren Handelsinteressen gehindert [SWANN, TEMPLE und SHURMER (1996)]. Ein weiterer von MOENNIUS (1999) aufgegriffener Handelsaspekt ist der handelsschaffende Effekt von gemeinsamen Standards. Hier werden international gleiche Normen und Standards eingeführt, die Handelsbarrieren senken und Handel schaffen.

Die Besonderheit des Modells von MOENNIUS (1999) liegt u. a. in der Verwendung einer besonders großen Datenmenge und in der Tatsache, dass er jeweils nur Länderpaare untersucht. Er nutzt die Fokussierung dieser Untersuchung, um länderspezifische Unterschiede, die in einem Gravitationsmodell den Handel erklären[167], in eine Art Dummyvariablen einfließen zu lassen. Mit der Dummyvariable erklärt er dann im Modell alle fixen länderpaarspezifischen Unterschiede. Unterschiede zwischen den einzelnen Länderpaaren können somit durch die Unterschiede im konstanten Term der Gleichung aufgefangen werden[168]. Damit hat er die mühevolle Ermittlung der länderspezifischen Daten geschickt umgangen, die in einem klassischen Gravitationsmodell einen hohen Erklärungsbeitrag zum bilateralen Handel liefern. Das Grundmodell nach MOENNIUS (1999) lautet:

$$(6.4\text{-}1) \qquad \ln PX^t_{i,j,k} = \ln \beta_0 + \beta_1 \ln SST^t_{i,j,k} + F^t_{i,j} + u^t_{i,j,k} \qquad ,$$

mit: $PX^t_{i,j,k}$ als Warenwert der Produktkategorie k der zwischen den Objekten i und j bewegt wird zum Zeitpunkt t; $SST^t_{i,j,k}$ als zum Zeitpunkt t in der Produktkategorie k in den Ländern i und j übereinstimmenden Standards; $F^t_{i,j}$ als die fixen bilateralen Effekte des Länderpaares i, j zum Zeitpunkt t sowie der unerklärten Reststreuung $u^t_{i,j,k}$.

Ein weiterer positiver Effekt stellt in seiner Arbeit die Wahl der vierstelligen Produktklassifikation und Auswahl von Industrieländern dar. Offenbar lagen dadurch kaum Nullbeobachtungen vor, und die damit verbundenen Verzerrungsprobleme wurden vermieden[169]. MOENNIUS (1999) arbeitet in seinem Modell mit ca. 500.000 Beobachtungen. Diese enorme Zahl an Beobachtungen rührt aus Untersuchungen auf Basis sehr disaggregierter Handelsdaten. Er beobachtet zwölf Länder über einen Zeitraum von 16 Jahren. Seine Untersuchungsobjekte sind 471 Produktgruppen auf vierstelliger Basis[170]. Das Produkt aus zwölf beobachteten Ländern und elf Partnerländern wird durch zwei dividiert, da MOENNIUS in seinem Modell Im- und Export aggregiert betrachtet. Dieser Wert wird mit der Anzahl der Produktgruppen (471) und dem Beobachtungszeitraum von 16 Jahren multipliziert und ergibt somit 497.376 Beobachtungen ohne Nullbeobachtungen.

6.5 DAS FIXED-EFFECTS-MODELL VON OTSUKI, WILSON UND SEWADEH

In der Arbeit von OTSUKI, WILSON und SEWADEH (2001) wurde ebenfalls ein Gravitationsmodell benutzt. Hier wurde der Handel (Import) von Erdnüssen zwischen bestimmten afrikanischen und europäischen Ländern in Abhängigkeit des jeweiligen Bruttosozialprodukt (BSP) sowie der Entfernung, Regenfälle, kolonialen Bindung sowie einem Trend untersucht. Der sanitäre und phytosanitäre Aspekt wurde mittels der dabei

---

[167] Faktoren, die den Handel fördern oder hemmen können (s. o.).

[168] Es ist allerdings auch hier eine Modellierung möglich, die eine Veränderung der Steigung ermöglicht. Dies setzt allerdings eine weitaus kompliziertere Modellformulierung voraus [GREENE (1997)].

[169] Siehe hierzu die Problematik in MCPHERSON, REDFEARN und TIESLAU (2000).

[170] Vierstelliger Produktcode auf Basis der Kombinierten Nomenklatur (KN). Mit dem Ansteigen der Stellen im Produktcode wird die Produktbeschreibung detaillierter.

verbundenen unterschiedlichen Aflatoxingrenzwerte[171] einbezogen. Hier wurden jeweils nur diejenigen Länder untersucht, die auch tatsächlich Erdnüsse handeln und die durch den Standard tatsächlich betroffen wurden.

Die Autoren nutzen das Modell von MOENNIUS (1999) und bauten darin Variablen für die Stringenz von Standards ein. Wenn nur die Anzahl der Standards genutzt werden, hat dies den Nachteil, dass diese in ihrer Stringenz unterschiedlich sind und somit unterschiedlichen Einfluss haben können. Gleichzeitig kann man bei der Nutzung von quantitativen Variablen Aussagen über die Handelseffekte für den Fall machen, dass diese Standards variieren.

Die erklärenden Variablen sind das reale Pro-Kopf-BIP des Importlandes i[172] und das des Exportlandes j. Die zentrale erklärende Variable ist der Aflatoxingrenzwert der Produktkategorie k zum Zeitpunkt t des Importlandes i (EU). Diese Aflatoxingrenzwerte sind zwar für alle Länder verfügbar, allerdings nicht über den gesamten Beobachtungszeitraum. Wenn also die Standards des Jahres 1995 für die gesamte Untersuchungsperiode herangezogen werden, könnte der Eindruck entstehen, dass der Standard über die Jahre hinweg konstant bleiben würde. Jedoch kann sich der Standard für einige der untersuchten EU-Mitglieder verändert haben. Aus diesem Grund sind sie auf die Nutzung von Paneldaten angewiesen. Sie nehmen dabei an[173], dass sich die Standards nicht geändert haben und damit auch der Fehler nicht allzu groß sein würde. Daher beschränken sie sich auch auf einen Beobachtungszeitraum von zehn Jahren.

Mit einer Variablen zum Regenniederschlag ist eine zusätzliche Produktionsvariable eingeführt, die dafür sorgt, dass die klimatischen Bedingungen der auf Regen sensibel wirkenden Erdnussproduktion mit in die Gleichung einfließen. Mit einer Dummy-Variablen werden die traditionellen Bindungen zu den europäischen Exportregionen, die aus den Kolonialzeiten stammen, berücksichtigt. Mit der Bereinigung der Zeitreihe um den Trend versuchen die Autoren den technischen Fortschritt in den Griff zu bekommen.

Die Autoren schätzen zum einen das gepoolte Modell und zum anderen das ungepoolte. Sie testen dabei das Eine gegen das Andere mit Hilfe eines F-Testes, wobei sie mit einer Irrtumswahrscheinlichkeit von unter 5 % arbeiten. Bei der gepoolten Schätzung sind besonders die Regressionskoeffizienten des Standards sowie der Dummy-Variablen für die koloniale Bindung interessant[174].

Die vorliegenden Berechnungen haben sie auch für einzelne Perioden durchgeführt. Hier stellten sie fest, dass der t-Wert des Regressionskoeffizienten im Zeitablauf immer signifikanter wurde. Sie schließen hierbei auf ein gestiegenes Interesse der Konsumenten

---

[171] Es handelt sich hierbei um einen toxischen Stoff.

[172] Da sie ihre Untersuchung auf die Importstandards der EU beschränkten, handelt es sich bei den Importländern durchweg um Mitglieder der EU.

[173] Man kann wohl eher sagen "sie hoffen".

[174] Diese Regressionskoeffizienten sind auch hoch signifikant.

am Themenbereich Aflatoxine. Auch kann man unterschiedliche Entwicklungen bei Erdnussöl und einfachen Erdnüssen feststellen.

6.6 Das Random-Effects-Tobit-Modell von McPherson, Redfearn und Tieslau

Eine weitere Möglichkeit, die bei einer Analyse mittels Gravitationsmodellen in Betracht gezogen werden kann, wird im Modellansatz von McPherson, Redfearn und Tieslau (2000) verwendet. Sie nutzen ein "Random-Effects-Tobit-Modell". Sie begründeten die Wahl mit den zahlreichen Unterschieden zwischen den einzelnen Handelspartnern hinsichtlich der politischen Konstellation, Entfernung, Religion und im sonstigen kulturellen Hintergrund [McPherson, Redfearn und Tieslau (2000)].

McPherson, Redfearn und Tieslau (2000) untersuchten die Daten einer Zeitreihe in zwei Querschnitten. Dabei wurden nicht nur die Exporte eines einzigen Landes untersucht sondern jedes der 19 OECD-Länder aus ihrer Stichprobe. Dies führte dazu, dass jedes einzelne Exportland über die gesamte Beobachtungsperiode hinweg geschätzt wurde (19 Schätzungen).

Des Weiteren haben sind die Autoren auch mit Nullbeobachtungen auseinanderzusetzen. Das Ignorieren dieser würde zu einer Verzerrung der Schätzung führen. Würde eine Produktgruppe, in der kein Handel durchgeführt wird, einfach ignoriert und gäbe es gleichzeitig einen Einfluss von SPS-Maßnahmen, so würde dies dahingehend führen, dass der Effekt solcher Handelshemmnisse unterschätzt würde. Aus diesem Grund entschieden sich die Autoren für ein Tobit-Modell[175].

6.7 Fixed-Effects- vs. Random-Effects-Ansatz bei der Bearbeitung von Paneldaten

Die Charakteristik von Paneldaten wird durch ihre Zweidimensionalität bestimmt [Mönnich (2003)]. Empirische Arbeiten auf Basis von Paneldaten haben große Tradition in der ökonomischen Literatur. Im Vergleich zu herkömmlichen Zeitreihen- und Querschnitts-analysen vereinen sie diese beiden Ansätze. In einem typischen Panel überwiegen jedoch die Querschnittselemente gegenüber den Zeitreihenelementen. In dem dieser Untersuchung zugrunde liegenden Panel ist die Anzahl der Querschnittsbeobachtungen N größer als die Dimension der Zeitreihe T ($N > T$). In den Analysemethoden dieser typischen Panelmodelle ist die Verwendung der Techniken zur Zeitreihenanalyse entweder als problematisch angesehen bzw. gar nicht vorgesehen [Greene (1997); Wooldridge (2002); Mönnich (2003)]. In einem atypischen Panel mit $N < T$ können jedoch die klassischen Methoden der Zeitreihenanalyse eine größere Rolle spielen [Wooldridge (2002)]. Gleichzeitig ist auch auf die mit der Verwendung von Zeitreihendaten oftmals auftretenden Probleme zu achten.

175 Zum Tobit-Modell siehe auch Mönnich (2003).

In der Verbindung dieser Zeitreihen- und Querschnittsanalyse jedoch verbirgt sich neben den zahlreichen Möglichkeiten der Informationsgewinnung auch der höhere Anspruch an die ökonometrischen Modelle zur Analyse. Der Analyse ist hierbei jedoch gleichzeitig eine größere Flexibilität in der Modellierung hinsichtlich der unterschiedlichen Verhaltensweisen der einzelnen Untersuchungsobjekte und des Beobachtungszeitraumes gegeben.

Wenn für jeden Querschnitt die gleiche Anzahl an Beobachtungen in der Beobachtungsperiode vorhanden sind, wird von einem „balanced" Panel gesprochen. Ein Panel ist nicht ausgeglichen ("unbalanced"), wenn unterschiedlich viele Beobachtungen für die einzelnen Untersuchungsobjekte in der Zeitreihe vorhanden sind. Während bei der Untersuchung der „unbalanced" Panel keine großen Unterschiede in den zugrunde liegenden Mechanismen zu beachten sind, ist das Hauptaugenmerk auf den Grund für die fehlenden Werte zu richten [WOOLDRIGDE (2002)].

Die Basis der Analyse bildet ein Modell mit folgender Form:

(6.7-1) $$Y_i^t = \beta_{0,i} + \beta_{1,i} X_i^t + u_i^t \quad .$$

Mit: Y_i^t als zu erklärende Variable des Beobachtungsobjektes i (i=1,...,N) zum Zeitpunkt t (t=1,...,T) ; X_i^t als Vektor der k erklärenden Variablen des Untersuchungsobjektes i zum Zeitpunkt t; der Konstanten $\beta_{0,i}$ in Form des individuellen, in der Regel nicht beobachtbaren Effektes (Achsenabschnittes) des Untersuchungsobjektes i, der hier annahmegemäß über die Zeit t hinweg konstant ist; sowie der unerklärten Reststreuung u_i^t, die sowohl über i als auch t variiert.

Da es sich in der Panel-Analyse wie bereits erwähnt um eine Analyse von Querschnittsdaten verschiedener Individuen i über einen Beobachtungszeitraum t handelt, ist es nur einleuchtend, wenn eine Einteilung hinsichtlich der Annahmen des individuellen Effektes durchgeführt wird.

In der Analyse von Panel-Daten überwiegen neben der Verwendung der einfachen gepoolten Ordinary-Least-Squares-Schätzung (OLS-Schätzung) zwei Modelle: Das Fixed-Effects-Modell sowie das Random-Effects-Modell.

Unter Berücksichtigung einiger Grundannahmen kann mit Hilfe einer einfachen gepoolten OLS-Schätzung konsistente Schätzer für die Regressionskoeffizienten der erklärenden Variablen X_i^t ermittelt werden. In diesem einfachsten Fall wird der bereits erwähnte individuelle Effekt zusammen mit der beobachteten Reststreuung als Summe beider Terme in den Störterm aufgenommen[176]. Eine zentrale Annahme hierbei ist, dass keine Korrelation zwischen der erklärenden Variablen und dem o. g. zusammengesetzten Störterm zum Zeitpunkt t = 1,...T besteht. Da es durch die Anwesenheit des über die Zeit konstanten individuellen Effektes jedoch einfach nachzuvollziehen ist, dass eine Korrelation zwischen dem zusammengesetzten Störterm zum Zeitpunkt t und dem Störterm zum Zeitpunkt s (mit t

---

176 WOOLDRIDGE (2002) verwendet hier den Begriff des "composite errors" als Summe der unbeobachteten individuellen Effektes sowie der unbeobachteten allgemeinen Reststreuung.

$\neq$ s) existiert, ist es wichtig, eine gepoolte OLS-Schätzung bei einem großen Querschnitt und kleiner Zeitreihe anzuwenden.

Der Ansatz über ein Fixed-Effects-Modell beruht auf der Annahme, dass der individuelle Effekt eine gruppenspezifische Konstante ist, die geschätzt werden kann, während ein Random-Effects-Modell auf der Annahme einer gruppenspezifischen Reststreuung, ähnlich der unerklärten Reststreuung u_i^t, beruht. Die Summe der unerklärten Reststreuung und des individuellen Effektes finden sich in der durch das Modell beobachteten gesamten Reststreuung wieder.

6.7.1 Fixed-Effects-Modell

Eine einfache Modellierung von Paneldaten im Fixed-Effects-Ansatz erfolgt auf der Annahme, dass die Unterschiede zwischen den Untersuchungsobjekten i als Unterschiede in der Konstanten dargestellt werden können.

Im Fixed-Effects-Ansatz bedeutet das, dass eine Änderung in X für alle Beobachtungsobjekte und Beobachtungszeiträume gleich ist. Der Unterschied liegt zwischen den Mitteln der Untersuchungsobjekte i. Die individuelle Konstante $\beta_{0,i}$ als Verschiebung der individuellen Schätzfunktion fängt diese Unterschiede auf. Sie sind für das Untersuchungsobjekt i und den Beobachtungszeitraum t konstant [VERBEEK (2002)]. Im Fixed-Effects-Ansatz wird bildlich ausgedrückt davon ausgegangen, dass die gruppenspezifischen Unterschiede in einer gruppenspezifischen Verschiebung der zu schätzenden Funktion mündet. Die hierbei geschätzte Funktion unterscheidet sich somit nur um die Achsenabschnitte.

Ein einfacher Ansatz zur Schätzung eines Fixed-Effects-Modells ist die Möglichkeit, dies mit Dummy-Variablen[177] durchzuführen. Hierbei wird eine einfache OLS-Schätzung durchgeführt, wobei die Anzahl der Dummies der Anzahl der zu untersuchenden Gruppen weniger Eins[178] entspricht. Dieser Ansatz der Schätzung wird auch Least-Squares-Dummy-Variable-Modell (LSDV) bezeichnet [GREENE (1997)]. Der Vorteil ist die einfache praktische Durchführung der Berechnung mit Hilfe der gängigen Statistikprogramme. Der Nachteil hierbei ist die mit dem Umfang des Panels steigende Anzahl der zu berücksichtigenden Dummies und dem damit ansteigenden Aufwand an zu handhabenden Schätzern[179].

Die klassische Darstellung eines Fixed-Effects-Modells lautet:

(6.7-2a) $$Y_i^t = \sum_{h=1}^{N} D_{i,h}\beta_0 + \beta_{1,i}X_i^t + u_i^t$$

---

[177] Siehe hierzu auch RAMANATHAN (1998).

[178] Die Anzahl der Dummies muss kleiner sein als die Anzahl der zu untersuchenden Gruppen, um Linearität der Daten zu vermeiden.

[179] Mit der Anzahl der Querschnittsbeobachtungen und der Anzahl an Dummies wird das Modell sehr schnell unübersichtlich, und die Anforderungen an die Speicherkapazität der herkömmlichen Statistikprogramme werden sehr groß.

mit[180]: β_0 als für das Konstante, wobei $D_{i,h}$ = 1 wenn i = h und 0 in allen anderen Fällen. Aufgrund der Möglichkeiten, die Statistikprogramme heute bieten, sowie der Tatsache, dass die Schätzung von vielen Regressionskoeffizienten zum einen umständlich ist und auch Nachteile verursachen kann, wird die Schätzung des fixen Effektes nach (6.7-2b) einfacher durchgeführt.

(6.7-2b) $$Y_i^t = \beta_0 + \beta_{1,i} X_i^t + F_i + u_i^t \quad ,$$

mit: β_0 als für das Gesamtmodell stehende Konstante, die den Annahmen des Fixed-Effects-Modells folgend gleich Null sein muss[181], da es gruppenspezifische Konstanten gibt. F_i ist die gruppenspezifische Konstante.

Auf das bereits vorgestellte klassische Gravitationsmodell übertragen lautet die Darstellung eines Fixed-Effects-Modells als Gravitationsmodell[182] wie folgt:

(6.7-3) $$PX_{i,j}^t = \beta_0 + \beta_1 Y_i^t + \beta_2 Y_j^t + F_{i,j} + u_{i,j}^t$$

mit: $PX^t_{i,j}$ als Warenwert, der zum Zeitpunkt t zwischen den Objekten i und j bewegt wird, dem zur Verfügung stehenden Einkommen Y^t_i (Y^t_j) der Untersuchungsobjekte i (j) zum Zeitpunkt t, sowie der unerklärten Reststreuung $u^t_{i,j}$.

Die für alle Untersuchungspaare i und j stehende Konstante β_0 ist in diesem Modell gleich Null. $F_{i,j}$ steht für den gruppenspezifischen Effekt des Untersuchungspaares i und j und kann als gruppenspezifische Konstante bezeichnet werden, die einer Annahme folgend über die Zeit t konstant ist. Klassische Beispiele im Gravitationsmodell, die einen solchen gruppenspezifischen Unterschied hervorrufen können, sind die Entfernung zweier

Handelspartner, die Art der nutzbaren Transportwege[183], aber auch die Unterschiede in den Landessprachen. Mit ihnen sind in der Regel Kommunikationsbarrieren[184] oder einfach nur unterschiedliche Transportkosten verbunden, die auch in der klassischen Außenhandelstheorie Determinanten des Handels sind.

[180] Siehe hierzu auch die allgemeine Darstellung eines Gravitationsmodells in Kap. 6.2.2.

[181] Die für das Gesamtmodell einheitliche Konstante, die gemäß der Theorie des Fixed-Effects-Modells gleich Null ist, wird auch in den folgenden Darstellungen mit eingefügt. Dies hat Vorteile bei der Darstellung der verschiedenen Modellvariationen in den kommenden Berechnungen.

[182] Der Unterschied zur einfachen Darstellung des Fixed-Effects-Modells liegt hier in der Berücksichtigung von Beobachtungspaaren (i,j) im Gegensatz zum einzelnen Beobachtungsobjekt i, wie es in Gleichung 6.8-2 zu finden ist.

[183] Hinsichtlich der Erreichbarkeit eines Landes oder Handelspartners kann ebenfalls unterschieden werden. So ist es ein Unterschied, ob ein Land lediglich auf dem Luftwege erreichbar ist oder zusätzlich auf dem Land- und Wasserweg.

[184] In den Zeiten der fortschreitenden Telekommunikation treten diese klassischen Barrieren in den Hintergrund.

6.7.2 First-Difference-Estimator

Wie bereits erwähnt, werden die klassischen Methoden zur Analyse von Paneldaten auf das typische Panel angewandt, bei dem die Anzahl der Querschnittsbeobachtungen N größer als die Dimension der Zeitreihe T (N > T) ist. Wird jedoch der Fall fixer Effekte angenommen, bei der ein atypisches Panel mit einer längeren Zeitreihe zugrunde liegt, kann auch mit der Methode des First-Difference-Schätzers gearbeitet werden.

Ein wesentlicher Grund für die Verwendung des First-Difference-Schätzers anstatt des Fixed-Effects-Schätzers liegt in der Annahme hinsichtlich der Autokorrelation der Residuen, einem häufigen Problem in der Zeitreihenanalyse[185]. Wenn Autokorrelation der Residuen ausgeschlossen werden kann, ist der Fixed-Effects-Schätzer effizienter als der First-Difference-Schätzer[186]. Wird jedoch der Beobachtungszeitraum größer, begibt man sich in den Bereich der Zeitreihenanalyse und der dort auftretenden ökonometrischen Probleme. Ist die Annahme hinsichtlich der Autokorrelation verletzt, sollte der First-Difference-Schätzer in Betracht gezogen werden. Im Zweifel sollten beide Methoden angewandt und gegeneinander auf die Sensibilität der Schätzer überprüft werden [WOOLDRIDGE (2002)].

Im Falle des First-Difference-Estimators wird die Annahme hinsichtlich der Homoskedastizität in der Art relativiert, dass die ersten Differenzen der unbeobachteten Reststreuung keine Autokorrelation aufweisen[187].

Für ein Panel mit t > 2 gilt hierbei, dass aus der ursprünglichen Gravitationsgleichung, wie sie bereits bei der Beschreibung der fixen Effekte vorgestellt wurde,

(6.7-4) $$PX_{i,j}^{t} = \beta_0 + \beta_1 Y_i^t + \beta_2 Y_j^t + F_{i,j} + u_{i,j}^t$$

mit: t = 1,2,3,..T, unter Einhaltung bestimmter Annahmen[188] [WOOLDRIGDE (2002)] $F_{i,j}$ eliminiert werden kann. Hierbei werden einfach zwei aufeinanderfolgende Beobachtungen (Perioden) voneinander abgezogen. Wir haben damit eine um Eins reduzierte Zeitreihe im Panel.

Das geschätzte Modell lautet demnach:

(6.7-5) $$\Delta PX_{i,j}^{t} = \beta_1 \Delta Y_i^t + \beta_2 \Delta Y_j^t + \Delta u_{i,j}^t$$

mit: t = 2,3,...T.

Durch die Verwendung der ersten Differenzen fällt der individuelle Effekt heraus.

---

[185] Der Fixed-Effects-Schätzer ist in der Regel hinsichtlich der klassischen Annahmen eines Fixed-Effects-Ansatzes bezüglich der Exogenität und der in der Zeit variierenden erklärenden Variablen sowie der Homoskedastizität der effizienteste Schätzer.

[186] Für den Fall t = 2 kommen beide Ansätze zum gleichen Ergebnis.

[187] Zum Verfahrens des Testes hinsichtlich Autokorrelation in den Residuen im First-Difference-Estimator siehe WOOLDRIDGE (2002), zum Fixed-Effects-Schätzer siehe WOOLDRIDGE (2002) sowie zum Verfahren in TSP siehe HALL und CUMMINS (1999b).

[188] Eine dieser Annahmen gleicht der im Fixed-Effects- und Random-Effects-Modell gemachten Annahme hinsichtlich der strikten Unabhängigkeit der erklärenden Variablen.

Die Gleichung (6.7-5) zeigt, dass auch bei der Verwendung des First-Difference-Schätzers die erklärenden Variablen innerhalb von t variieren müssen[189], da es sonst hierbei zu Nullbeobachtungen kommen kann.

6.7.3 6.7.3 Random-Effects-Modell

Eine einfache Modellierung von Paneldaten im Random-Effects-Ansatz erfolgt unter der Annahme, dass die Unterschiede zwischen den Untersuchungsobjekten ebenfalls als solche in der Konstanten dargestellt werden können, aber diese als eine Streuungskomponente mit einem Erwartungswert gleich Null und einer Varianz, die ebenfalls über die Zeit t konstant ist, in die Gleichung eingeht. Eine notwendige Bedingung ist hierbei jedoch, dass diese individuellen Streuungskomponenten unabhängig von den erklärenden Variablen X^t_i sind. Dies mündet in einem Modell mit einer individuellen Streuungskomponente ε_i sowie einer allgemeinen Streuungskomponente u^t_i, die mit dem Beobachtungszeitraum t nicht korreliert. Praktisch ausgedrückt bedeutet dies, dass die allgemeine Reststreuung weder mit der erklärenden Variablen noch mit der individuellen Komponente korrelieren darf, und die individuelle ebenfalls nicht mit der erklärenden Variablen. Diese Annahmen sind im Vergleich zur gepoolten OLS-Schätzung strikter, da sie für alle t und s mit t = s und t ≠ s gelten[190].

Die klassische Darstellung eines Random-Effects-Modells lautet

(6.7-6) $$Y_i^t = \beta_0 + \beta_1 X_i^t + \varepsilon_i + u_i^t$$

mit: β_0 als für das Gesamtmodell stehende Konstante und der Summe aus $\varepsilon_i + u^t_i$ als unbeobachtete Reststreuung.

Auf das bereits vorgestellte klassische Gravitationsmodell übertragen lautet die Darstellung eines Random-Effects-Modells als Gravitationsmodell mit zufälligen gruppenspezifischen Unterschieden wie folgt:

(6.7-7) $$PX_{i,j}^t = \beta_0 + \beta_1 Y_i^t + \beta_2 Y_j^t + \varepsilon_{i,j} + u_{i,j}^t \quad .$$

Dabei ist $PX^t_{i,j}$ als Warenwert, der zwischen den Objekten i und j bewegt wird, zum Zeitpunkt t; dem zur Verfügung stehenden Einkommen Y^t_i (Y^t_j) der Untersuchungsobjekte i (j) zum Zeitpunkt t; sowie der individuellen Reststreuung $\varepsilon_{i,j}$ und der allgemeinen unerklärten Reststreuung $u^t_{i,j}$.

Random-Effects-Schätzungen könnten grundsätzlich mit einer OLS-Schätzung geschätzt werden. Sie würden hierbei auch zu konsistenten Schätzern führen. Da es jedoch Autokorrelation im zusammengesetzten Störterm gibt, würde dann der geschätzte Störterm zu groß geschätzt werden. Hierbei kann das Generalized-Least-Squares-Verfahren (GLS-Verfahren) zur Bereinigung der im zusammengesetzten Störterm vorherrschenden

[189] Dies gilt ebenfalls beim Fixed-Effects-Schätzer.

[190] Zur Erinnerung: Eine gepoolte OLS-Schätzung bedarf der Annahme, daß die erklärende Variable sowie die zusammengesetzte Reststreuung zum Zeitpunkt t nicht miteinander korrelieren.

Korrelation herangezogen werden. Dadurch kann ein Random-Effects-Modell adäquat geschätzt werden.

6.7.3.1 Das Generalized-Least-Squares-Verfahren bei Random Effects

Die individuelle zufällige Reststreuung ε_i, die die unterschiedlichen Untersuchungsobjekte charakterisiert, soll im Random-Effects-Ansatz über die Zeit hinweg konstant sein [GREENE (1997)]. Das bedeutet, dass die Reststreuung bzw. die Varianz nicht mit t variiert. Wenn die Beobachtungswerte über die Zeit hinweg zunehmen[191], wird diese nicht zeitabhängige Reststreuung identifizierbar. Mit Hilfe dieser zu berechnenden Varianz kann dann ein GLS-Ansatz geschätzt werden [GREENE (1997)]. Sollte dies nicht möglich sein, was eigentlich die Regel ist, muss zuerst die Varianz der Störgröße geschätzt und daraufhin die Feasible-Generalized-Least-Squares-Prozedur (FGLS-Prozedur) herangezogen werden, einem sog. heuristischen Verfahren.

In Random-Effects-Modellen haben wir eine zusammengesetzte Reststreuung. Es kann dabei vorkommen, dass entweder der individuelle Effekt, der über die Zeit konstant ist, oder aber die zeitabhängige Reststreuung eine nicht konstante Varianz aufweisen. Hierbei kann auch im Panel das Standardisieren der Schätzgleichung durchgeführt werden, wie es auch im Falle der Schätzung einer einfachen Zeitreihe oder eines einfachen Querschnitts möglich ist[192].

Eine Grundannahme für valide Tests innerhalb des Random-Effects-Modells ist die Annahme, dass der individuelle Effekt sowie der allgemeine Effekt unverzerrt und konsistent sind. Die Zusammensetzung der Störterme jedoch zeigt, dass es hier einen gewissen Zusammenhang geben kann, der lediglich dann nicht vorherrscht, wenn die Varianz des individuellen Effektes Null ist[193] [VERBEEK (2002)]. Aus diesem Grund sind nach Meinung von VERBEEK (2002) einfache OLS-Schätzer ineffizient und sollten durch GLS-Schätzer ersetzt werden.

Für die Standardabweichung als Wurzel der Varianz der Residuen gilt, dass sich diese aus der Standardabweichung der Reststreuung und der individuellen, zeitabhängigen Komponenten zusammensetzt. Für die einzelnen Komponenten gelten die gleichen

Annahmen hinsichtlich effizienter Schätzer wie bei der einfachen OLS-Schätzung:

- Der Erwartungswert ist jeweils gleich Null, die Kovarianzen sind ebenfalls Null und die Varianz ist für alle Beobachtungen gleich.
- Der Erwartungswert der Varianz der zusammengesetzten Reststreuung ist der Summe der beiden einzelnen Varianzen gleich[194].

---

191 Z. B. wenn eine große Zeitreihe herangezogen wird.

192 Siehe hierzu auch RAMANATHAN (1998).

193 Dann wäre es allerdings auch kein Random-Effects-Modell mehr, da die individuelle Streuungskomponente wegfällt. Eine einfache OLS-Schätzung wäre in diesem Falle effizienter.

194 Es sollte ja auch keine Zusammenhänge funktionaler Art geben, die dafür sorgen könnten, dass es

- Der Erwartungswert der Kovarianz der zusammengesetzten Störgrößen ist aber ungleich Null.
- Der Erwartungswert der Kovarianz für die einzelnen Elemente der zusammengesetzten Reststreuung ist hingegen immer noch Null.

Es kann somit daraus gefolgert werden, dass der Erwartungswert für die Standardabweichung gleich Null sein muss. Die Varianz, als das Quadrat der Standardabweichung, hingegen ist ungleich Null. Für den Erwartungswert der Varianz aus der Summe der Reststreuungen gilt demnach, dass er der Summe der quadrierten Standardabweichungen entsprechen muss. Wenn die beiden Streuungen miteinander korrelieren, ist die Varianz für alle Beobachtungen gleich. Wenn die beiden Komponenten unabhängig voneinander sind, ist die Kovarianz gleich Null[195].

Die Kovarianz hat bei nicht voneinander abhängigen Störgrößen eine einfache Matrizenform. Sie ergibt sich aus der Varianz-Kovarianzmatrix multipliziert mit der Einheitsmatrix. Diese Information über die Varianz wird benötigt, um damit den GLS-Ansatz zu schätzen. Hierbei wird die Standardabweichung als die Wurzel dieser Matrix genutzt [GREENE (1997)].

Wenn die Standardabweichungen nicht bekannt sind[196], müssen zuerst Varianzen der Störgrößen geschätzt werden, um dann in der FGLS-Schätzung eingesetzt zu werden.

Dieses zweistufige Verfahren schätzt hierbei die bei einem Panel recht komplexe Varianz-Kovarianzmatrix. Mit Hilfe dieser Varianz-Kovarianzmatrix wird ein Korrekturterm für die Ausgangsdaten berechnet, die daraufhin dann mit Hilfe der Methode der kleinsten Quadrate geschätzt werden [MÁTYÁS (1996)]. Die Varianz-Kovarianzmatrix enthält jedoch nur zwei Parameter σ_u^2 und σ_ε^2. Dieses Schätzverfahren bietet konsistente Schätzer, solange diese Störterme nicht mit den erklärenden Variablen korrelieren.

6.7.3.2 Grundannahmen zum FGLS-Verfahren

Das FGLS-Verfahren wird auf das Random-Effects-Modell angewandt. Der hieraus in der Estimated-Generalized-Least-Squares-Prozedur (EGLS-Prozedur) entstehende Schätzer heißt auch Random-Effects-Schätzer [VERBEEK (2002)].

Dieses Vorgehen beruht auf folgendem Verfahren: Es wird ein klassisches Random-Effects-Modell mit einer Gleichung mit spezifischer und unspezifischer Reststreuung angenommen. Für diese zufälligen Effekte sollen folgende Bedingungen gelten:

(6.7-8) $$E[u_i^t] = E[\varepsilon_i] = 0 \quad .$$

sich hierbei ändert.

[195] Das Konzept der Kovarianzen gibt als Maß an, in wie weit zwei Zufallsvariablen miteinander korrelieren [RAMANATHAN (1998)].

[196] Im Allgemeinen ist das der vorzufindende Fall.

Der Erwartungswert der zufälligen Komponenten ist jeweils Null. $u_{i,t}$ ist die über das gesamte Modell hinausreichende Komponente. Sie ist diejenige, die sich sowohl mit i als auch mit t verändert [WOOLDRIDGE (2002)]. ε_i ist die Gruppen-(i)-spezifische Komponente. Weiter gilt:

(6.7-9) $$E[(u_i^t)^2] = \sigma_u^2 \quad .$$

Alle u sind über i und t gleichverteilt und haben die gleiche Varianz. Außerdem:

(6.7-10) $$E[\varepsilon_i^2] = \sigma_\varepsilon^2 \quad .$$

Alle ε sind über die Gruppen i hinweg gleichverteilt und haben die gleiche Varianz. Die Gruppenunterschiede sind hier beim Random-Effects-Modell als rein zufällig angenommen.

(6.7-11) $$E[u_i^t \varepsilon_j] = 0$$

Die Kovarianz der beiden Störterme ist Null. Die Störterme korrelieren somit nicht miteinander:

(6.7-12) $$E[u_i^t u_j^s] = 0 \quad , \quad E[\varepsilon_i \varepsilon_j] = 0 \quad .$$

Die Kovarianz ist auch hierbei Null.

Für die weitere Arbeit wird das Modell dahingegen vereinfacht, dass die zwei Komponenten der Reststreuung in einer w_i^t zusammengefasst werden.

(6.7-13) $$w_i^t = u_i^t + \varepsilon_i$$

Für diese zusammengesetzte Streuung gilt, dass die Varianz der Summe der einzelnen Varianzen entspricht. Für die Kovarianz gilt dies allerdings nicht:

(6.7-14) $$E[w_i^t w_i^s] = \sigma_\varepsilon^2 \qquad \text{für } t \neq s.$$

Die Kovarianz ist hierbei gleich der Summe der Varianzen der spezifischen Komponente. Dies wird allein schon intuitiv klar, da für die Kovarianz bei der Komponente ε_i der vergleichbaren Varianz entsprechen muss.

Für die Kovarianzmatrix für alle T der spezifischen Komponente der Gruppe i gilt dann die Matrix Ω nach GREENE (1997):

(6.7-15) $$\Omega = \begin{bmatrix} \sigma_u^2 + \sigma_\varepsilon^2 & \sigma_\varepsilon^2 & \sigma_\varepsilon^2 & \cdots & \sigma_\varepsilon^2 \\ \sigma_\varepsilon^2 & \sigma_u^2 + \sigma_\varepsilon^2 & \sigma_\varepsilon^2 & \cdots & \sigma_\varepsilon^2 \\ & & \vdots & & \\ \sigma_\varepsilon^2 & \sigma_\varepsilon^2 & \sigma_\varepsilon^2 & \cdots & \sigma_u^2 + \sigma_\varepsilon^2 \end{bmatrix} \quad .$$

Für alle Beobachtungen der Gruppe nT gilt dann die Matrix V nach GREENE (1997):

(6.7-16) $$. \quad V = \begin{bmatrix} \Omega & 0 & 0 & \cdots & 0 \\ 0 & \Omega & 0 & \cdots & 0 \\ & & & \vdots & \\ 0 & 0 & 0 & \cdots & \Omega \end{bmatrix}$$

Für ein GLS-Verfahren wird die Wurzel der Kovarianzmatrix benötigt, um mit Hilfe dieser dann die ursprüngliche Gleichung zu dividieren[197]. Es wird somit $V^{-0,5}$ benötigt, für das gilt:

(6.7-17) $$V^{-0,5} = I \otimes \Omega^{-0,5}$$.

Es ist das Kronecker-Produkt ($\otimes$) der Einheitsmatrix mit der inversen Wurzel von Ω.

(6.7-18) $$\Omega^{-0,5} = \frac{1}{\sigma_u}[\mathrm{I} - \frac{(1 - \frac{\sigma_u}{\sqrt{T\sigma_\varepsilon^2 + \sigma_u^2}})}{T} ii']$$

oder

(6.7-18') $$\Omega^{-0,5} = \frac{1}{\sigma_u}[\mathrm{I} - \frac{\theta}{T} ii']$$ mit $$\theta = 1 - \frac{\sigma_u}{\sqrt{T\sigma_\varepsilon^2 + \sigma_u^2}}$$

oder an VERBEEK (2002) angelehnt:

(6.7-19) $$\Omega^{-0,5} = \frac{1}{\sigma_u}[(\mathrm{I} - \frac{1}{T} ii') + (\frac{\upsilon}{T} ii')]$$ mit $$\upsilon = \frac{\sigma_u}{\sqrt{T\sigma_\varepsilon^2 + \sigma_u^2}}$$.

Hieraus lässt sich ebenfalls die o. g. Gleichung herleiten:

(6.7-20) $$\Omega^{-0,5} = \frac{1}{\sigma_u}[\mathrm{I} - \frac{1}{T} ii' + \frac{\upsilon}{T} ii'] = \frac{1}{\sigma_u}[\mathrm{I} - (\frac{1-\upsilon}{T} ii')]$$ mit $\theta = 1 - \upsilon$

Beachtet werden muss nun, dass die Komponente

(6.7-20') $$\mathrm{I} - \frac{1}{T} ii'$$

beim Dividieren der Gleichung durch die Standardabweichung [RAMANATHAN (1998)] die Datenbasis so transformiert, dass wir Abweichungen von den Gruppenmittelwerten haben.

6.7.3.3 Das FGLS-Verfahren in der Random-Effects-Schätzung

Für die Berechnung des GLS-Schätzers werden somit lediglich θ oder υ sowie die Gruppenmittelwerte der abhängigen und unabhängigen Variablen benötigt.

Sind θ oder υ allerdings nicht bekannt, was häufiger der Fall ist, so muss mittels FGLS geschätzt werden. Eine sehr einfache Methode, den FGLS Schätzer[198] abzuleiten, ist es, die

---

[197] Das ist das Prinzip der GLS.

[198] Es kann gezeigt werden, dass der GLS- bzw. der FGLS-Schätzer ein gewogener Mittelwert aus Within- (Fixed-Effects) und Between-Schätzer ist [GREENE (1997)]. Within bedeutet Unterschiede zwischen den Gruppen und Between zwischen den Gruppenmittelwerten (über t hinweg gemittelt).

ursprüngliche Gleichung zu transformieren und diese mit der Methode der kleinsten Quadrate zu schätzen. Der hieraus entstehende OLS-Schätzer entspricht dem FGLS-Schätzer.

Für diese Schätzung hingegen muss bei unbekanntem θ oder u in einem ersten Schritt σ_ε^2 und σ_u^2 geschätzt werden.

Der Schätzwert für σ_u^2 kann sehr einfach aus den Residuen einer einfachen Within-Schätzung bzw. Fixed-Effects-Schätzung entnommen werden[199]:

(6.7-21) $$\hat{\sigma}_u^2 = \frac{SSR}{nT - n - K}$$

mit K gleich Anzahl der unabhängigen Variablen ohne die Konstante[200].

Oder nach VERBEEK (2002):

(6.7-22) $$\hat{\sigma}_u^2 = \frac{SSR}{nT - n} \quad .$$

Dies bedeutet, dass von den einzelnen Komponenten der Ausgangsgleichung die einzelnen Mittelwerte über t genommen werden. Für alle t ist ε_i definitionsgemäß bzw. annahmegemäß gleich, so dass hier kein Mittelwert ermittelt werden kann:

(6.7-23) $$y_i^t = \alpha + \beta' x_i^t + \varepsilon_i + u_i^t \quad ,$$

(6.7-24) $$\overline{y}_i = \alpha + \beta' \overline{x}_i^t + \varepsilon_i + \overline{u}_i \quad .$$

Beide Gleichungen werden nun voneinander subtrahiert. So soll die Heterogenität beseitigt werden. Bei der Subtraktion verschwindet die Reststreuung für die systematische Komponente. Wir erhalten dadurch

(6.7-25) $$y_i^t - \overline{y}_i = \beta'[x_i^t - \overline{x}_i^t] + [u_i^t - \overline{u}_i] \quad .$$

β´ muss geschätzt werden. Wenn β beobachtet werden kann, gilt hierfür (6.7-26). Der Mittelwert der Summe der Abweichungsquadrate ist die geschätzte Varianz der Within-Schätzung:

(6.7-26) $$\hat{\sigma}_u^2 = \frac{\sum_{t=1}^{T} (u_i^t - \overline{u}_i)^2}{T - 1} \quad .$$

Wenn allerdings bei dem Verfahren der FGLS β geschätzt werden muss und nicht beobachtbar ist, wird die Summe der quadrierten Reststreuungen der einfachen Fixed-Effects-Schätzung um die Freiheitsgrade korrigiert[201]:

---

[199] Eine alternative Methode findet sich bei WOOLDRIDGE (2002).

[200] VERBEEK (2002) gibt hierbei zu bedenken, dass man den Schätzer bei den Freiheitsgraden um die Anzahl der zu schätzenden Koeffizienten bereinigen kann (K = Anzahl unabhängiger Variablen ohne Konstanten), diese aber im Fixed-Effects-Modell sehr groß werden können. Dort wird nur um N(T-1) korrigiert. Bei MÁTYÁS (1996) hingegen finden wir den Nenner sogar noch um einen zusätzlichen Freiheitsgrad bereinigt.

[201] Es handelt sich hierbei um die quadrierte Standardabweichung als Schätzung für die Varianz.

(6.7-27) $$s_u^2(i) = \frac{\sum_{t=1}^{T}(\hat{u}_i^t - \overline{\hat{u}_i})^2}{T - K - 1}$$

mit: K = Anzahl der erklärenden Variablen ohne die Konstante und der Residuen $\hat{u}$.

Da wir i Varianzen haben, müssen wir hierbei den Mittelwert errechnen:

(6.7-28) $$s_u^2 = \frac{1}{n}\sum_{i=1}^{n} s_u^2(i) = \frac{\sum_{i=1}^{n}\sum_{t=1}^{T}(\hat{u}_i^t - \overline{\hat{u}_i})^2}{nT - nK - n} \quad .$$

Diese Korrektur um die Freiheitsgrade allerdings ist etwas zu groß gegriffen, da hierbei unterstellt wird, dass α und β für jedes i (demnach n-mal) geschätzt werden muss. Demnach ist der unverzerrte Schätzer hier:

(6.7-29) $$s_u^2 = \frac{\sum_{i=1}^{n}\sum_{t=1}^{T}(\hat{u}_i^t - \overline{\hat{u}_i})^2}{nT - n - K}$$

oder (s. o. nach VERBEEK)

(6.7-29') $$s_u^2 = \frac{\sum_{i=1}^{n}\sum_{t=1}^{T}(\hat{u}_i^t - \overline{\hat{u}_i})^2}{nT - n} \quad .$$

Die Gleichung (6.7-29) entspricht dem um die Freiheitsgrade korrigiertem Schätzer der Varianz der Fixed-Effects-Schätzung.

Zur Schätzung der systematischen Reststreuung σ_ε^2 ($\hat{\sigma}_\varepsilon^2$) gehen wir den Weg über die Zusammensetzung der ermittelten Reststreuung.

Die zusammengesetzte Reststreuung ω_i setzt sich aus der Summe der unsystematischen ($\overline{u}_i$) und systematischen Komponente (ε_i) zusammen.

Die n Gruppenmittelwerte sind hierbei unabhängig, mit:

(6.7-30) $$\omega_i = \hat{y}_i - a - \beta'\overline{x}_i$$

oder $$\omega_i = \overline{u}_i + \varepsilon_i \quad .$$

Bei der einfachen OLS-Schätzung der Gruppenmittelwerte, wie wir sie bei der Schätzung der Gleichung (6.7-25) erhalten würden, bekommen wir eine zusammengesetzte Reststreuung ω_i aus systematischer und unsystematischer Komponente.

(6.7-30') $$\varepsilon_i + \overline{u}_i = \overline{y}_i - \alpha - \beta'\overline{x}_i^t$$

oder

(6.7-30'') $$\varepsilon_i + \overline{u}_i = \omega_i \quad .$$

Eine Schätzung für $\overline{u}_i$ haben wir bereits. Eine Schätzung der Varianz für ω_i erhalten wir wie bereits erwähnt durch die einfache OLS-Schätzung der Mittelwerte (6.7-24).

Für die Varianz der zusammengesetzten Reststreuung für ω_i gilt, dass

(6.7-31) $$\hat{\sigma}_{\omega}^2 = \frac{\hat{\sigma}_u^2}{T} + \hat{\sigma}_{\varepsilon}^2 \quad .$$

Um hierbei aus den Ergebnissen der Gruppenmittelwerte einen unverzerrten Schätzer zu erhalten, wird die ermittelte Summe der Abweichungsquadrate noch um die Freiheitsgrade bereinigt.

(6.7-32) $$Var(\overline{\omega}_i) = \frac{\sum_{i=1}^{n} (\hat{u}_i - \overline{\hat{u}})^2}{n - K - 1}$$

oder nach VERBEEK (2002)[202]

(6.7-33) $$Var(\overline{\omega}_i) = \frac{\sum_{i=1}^{n} (\hat{u}_i - \overline{\hat{u}})^2}{n}$$

Somit erhalten wir

(6.7-34) $$\varepsilon_i = \omega_i - \overline{u}_i$$

und für die Varianz[203]

(6.7-35) $$Var(\varepsilon_i) = Var(\omega_i) - \frac{Var(\overline{u}_i)}{T}$$

oder

(6.7-35') $$\hat{\sigma}_{\varepsilon}^2 = \hat{\sigma}_{\omega}^2 - \frac{\hat{\sigma}_u^2}{T} \quad .$$

Für eine FGLS-Schätzung benötigen wir $\Omega^{-0,5}$ bzw. θ mit:

[202] BALTAGI (1995) bringt es sogar noch besser auf den Punkt, wenn er sagt, dass bei der Berechnung je nach Größe der Stichprobe die Option einer Bereinigung der Stichprobe um die Freiheitsgrade besteht.

[203] Ein Problem kann hierbei ein im Vergleich zu den gesamten Beobachtungen sehr kleines T sein. Nichts verhindert, dass die Varianz kleiner als Eins wird. Um dies rechnerisch zu verhindern, gibt es den einfachen praktische Weg, die negative Varianz durch Nullwerte zu ersetzen [BALTAGI (1995), zitiert in GREENE (1997)].

(6.7-36) $$\theta = 1 - \frac{\sigma_u}{\sqrt{T\sigma_\varepsilon^2 + \sigma_u^2}} = 1 - \sqrt{\frac{\sigma_u^2}{T\sigma_\varepsilon^2 + \sigma_u^2}} \quad ,$$

(6.7-36') $$\hat{\theta} = 1 - \sqrt{\frac{\hat{\sigma}_u^2}{T\hat{\sigma}_\varepsilon^2 + \hat{\sigma}_u^2}} \quad .$$

Zum Schluss wird mit Hilfe der über Umwege ermittelten Matrix die ursprüngliche Schätzfunktion um die nicht konstante Varianz bereinigt. Dies geschieht, indem von der ursprünglichen Schätzgleichung das Produkt aus Schätzgleichung und θ subtrahiert wird[204]:

(6.7-37) $$\Omega^{-0,5} = \frac{1}{\sigma_u}\begin{bmatrix} y_i^1 - \theta \times \bar{y}_i \\ y_i^2 - \theta \times \bar{y}_i \\ \vdots \\ y_i^T - \theta \times \bar{y}_i \end{bmatrix}$$

(6.7-37') $$\hat{y}_i^t - \theta \times \bar{y}_i = (\alpha \times (1-\theta)) + \beta_i(x_i^t - (\theta \times \bar{x}_i))$$

Es ist aus dieser Darstellung zur Ermittlung des FGLS-Schätzers leicht nachzuvollziehen, dass dieser eine Art gewogener Mittelwert aus den Schätzern der Fixed-Effects-Schätzung und der Schätzung der Gruppenmittelwerte[205] ist [GREENE (1997)]. Man beachte hierbei auch die Ähnlichkeit zur Schätzung des Fixed-Effects-Modells. Wenn für θ eine Eins gesetzt wird, entspricht die Schätzung (6.7-37) für das Random-Effects-Modell einer einfachen Fixed-Effects-Schätzung. Der hieraus entstandene Random-Effects-Schätzer (s. o.) ist jedoch in diesem Fall effizienter als der Schätzer des Fixed-Effects-Modells [VERBEEK (2002)].

Wenn θ jedoch Null entspricht, bedeutet dies, dass die Varianz zwischen den Gruppenmittelwerten Null entspricht und die Random-Effects-Schätzung mit der einer einfachen OLS-Schätzung gleich gesetzt werden kann[206].

Zusammenfassend lässt sich hierbei sagen, dass entweder eine OLS-Schätzung durchgeführt werden kann, die sich auf der Ebene der Between- oder der Within-Schätzung[207] bewegen kann oder eine Random-Effects-Schätzung (EGLS), wobei die Informationen aus Between- und Within-Schätzung effizient zusammengefügt werden

[204] Für die Ermittlung des Regressionskoeffizienten über eine einfache OLS-Schätzung kann dieser einfache Weg gewählt werden [VERBEEK (2002)]. Die Multiplikation aller Elemente mit dem Quotient ($1/\sigma_\varepsilon$) bringt keine zusätzliche Variation und somit keine zusätzliche Veränderung des Regressionskoeffizienten mit sich.

[205] Die Möglichkeit einer Schätzung der Gruppenmittelwerte (Beetween-Schätzung) wird in dieser Arbeit nicht vorgestellt. Für eine detaillierte Darstellung dieser Möglichkeit siehe VERBEEK (2002).

[206] Bei der Verwendung des der Arbeit zugrunde liegenden Statistikpaketes TSP wird Theta gegenteilig verwendet. Das in TSP ausgewiesene Theta von Eins entspricht dem hier dargestellten θ von Null.

[207] Fixed-Effects-Schätzung mit k Regressoren ohne Konstante.

[VERBEEK (2002)]. Somit dürfen Random-Effects-Schätzung und Fixed-Effects-Schätzung nicht miteinander verglichen werden.

6.7.3.4 Dummyvariablen in der FGLS-Schätzung

Durch die Verwendung von Dummyvariablen als mögliche erklärende Variablen in den Gravitationsmodellen wird auch zwangsläufig die Frage nach der Berücksichtigung in den FGLS-Modellen zu beantworten sein.

(6.7-38) $Y = \alpha + \beta x + u$

(6.7-39) $\hat{Y} = \hat{\alpha} + \hat{\beta} x$

(6.7-40) von (6.7-37') FGLS $Y - \theta \times \overline{Y} = \alpha(1-\theta) + \beta(X - (\theta \times \overline{X}) + u$

(6.7-40') $\hat{Y}^* = \hat{\alpha}(X_\alpha^*) + \hat{\beta}(X_\beta^*)$

mit: $\hat{Y}^* = Y - \theta \times \overline{Y}$

mit: $X_\alpha^* = 1 - \theta$

mit: $X_\beta^* = X - (\theta \times \overline{X})$

(6.7-41) Dummy

$Y = \alpha_1 + \alpha_1 D + \beta x + u$

(6.7-42) $\hat{Y} = \hat{\alpha}_1 + \hat{\alpha}_1 D + \hat{\beta} x$

(6.7-43) FGLS mit Dummy D = 0

$Y - \theta \times \overline{Y} = \alpha_1(1-\theta) + \beta(X - (\theta \times \overline{X}) + u$

(6.7-43') $\hat{Y}^* = \hat{\alpha}(X_{\alpha_1}^*) + \hat{\beta}(X_\beta^*)$

mit: $\hat{Y}^* = Y - \theta \times \overline{Y}$

mit: $X_\alpha^* = 1 - \theta$

mit: $X_\beta^* = X - (\theta \times \overline{X})$

(6.7-44) FGLS mit Dummy D = 1

$Y - \theta \times \overline{Y} = (\alpha_1 + \alpha_2)(1-\theta) + \beta(X - (\theta \times \overline{X}) + u$

(6.7-44') $\hat{Y}^* = (\hat{\alpha}_1 + \hat{\alpha}_2)(X_{\alpha_1,\alpha_2}^*) + \hat{\beta}(X_\beta^*)$

mit: $\hat{Y}^* = Y - \theta \times \overline{Y}$

mit: $X_{\alpha_1,\alpha_2}^* = 1 - \theta$

mit: $X_\beta^* = X - (\theta \times \overline{X})$

(6.7-44'') $\hat{Y}^* = \hat{\alpha}_1(X_{\alpha_1,\alpha_2}^*) + \hat{\alpha}_2(X_{\alpha_1,\alpha_2}^*) + \hat{\beta}(X_\beta^*)$

(6.7-45) aus (6.7-44'') $\hat{\alpha}_2 D (X_{\alpha_1,\alpha_2}^*)$ mit D = 1

Aus (6.7-45) ergibt sich, dass die Dummyvariable wie eine normale Konstante behandelt und mit dem Korrekturwert (1-θ) multipliziert wird.

6.8 Entscheidungshilfen zum Fixed-Effects- oder Random-Effects-Ansatz

Die richtige Wahl des Ansatzes hängt oftmals von verschiedenen Faktoren ab. Im Folgenden sollen die Aspekte vorgestellt werden, die bei der Wahl des Ansatzes hilfreich sind.

6.8.1 Der unbeobachtete Effekt in der Panelanalyse

In einem Panel liegen beobachtete Werte sowohl der zu erklärenden als auch der erklärenden Seite vor. Mit Hilfe dieser beobachteten Werte soll auf Basis eines möglichst einfachen Modells eine bestmögliche Schätzung durchgeführt werden, um die Zusammenhänge aufzuzeigen. Ein Problem bereitet der unbeobachtete Effekt, egal ob er als random oder fixed angenommen wird. Er sollte möglichst konstant gehalten werden. Eine wesentliche Voraussetzung für die Verwendung eines Random-Effects-Ansatzes ist die Notwendigkeit, dass der unbeobachtete individuelle Effekt nicht mit den erklärenden Variablen korreliert [Verbeek (2002); Wooldridge (2002); Hsiao (1996)].

Ist diese Annahme verletzt, führt dies zu inkonsistenten Schätzern [Verbeek (2002)]. Unter Hinzufügen zusätzlicher Annahmen jedoch kann dem Problem auf drei Arten begegnet werden [nach Wooldridge (2002)]:

1) Es wird eine Näherungsvariable für die unbeobachtete Variable gefunden, die nicht mit den erklärenden Variablen korreliert und in der Schätzung die problematische Reststreuung ersetzt.

2) Es wird mit Hilfe einer Instrumentalvariablen die problematische Korrelation herausgerechnet.

3) Es werden Indikatoren für die unbeobachtete Reststreuung gesucht, die dann wiederum in einer Instrumentalvariable Verwendung finden und eine unproblematische Schätzung ermöglichen.

Zusammengefasst werden kann das Problem als ein Problem fehlender Werte[208] in Bezug auf die in der unbeobachteten Reststreuung vorhandenen Varianz angesehen werden.

Korreliert die Reststreuung hingegen mit den erklärenden Variablen, stellt es kein Problem dar, die Schätzung über die Annahme fixer Effekte durchzuführen. Anders ausgedrückt sollte sie sogar den Vorzug bekommen. Nach Verbeek (2002) kann man dieses Problem der Korrelation mittels fixer Effekte in den Griff bekommen, indem die gruppenspezifischen Effekte ($F_{i,j}$) herausgerechnet werden.

---

[208] Omitted variables.

6.8.2 Fixed-Effects- oder Random-Effects-Modell

In der Analyse von Panel-Daten wird in der Regel zwischen Fixed-Effects-Modell und Random-Effects-Modell gewählt. Die Frage bei jeder klassischen Analyse lautet demnach, welcher Ansatz präferiert wird bzw. gemäß den Modellannahmen und der Auswahl der Stichprobe präferiert werden sollte. Die Frage, ob die gruppenspezifischen Unterschiede als systematisch oder zufällig angesehen werden müssen, ist nicht immer einfach zu beantworten [VERBEEK (2002)]. Auch ist zu beachten, dass die geschätzten Regressionskoeffizienten der unabhängigen Variablen im Fixed- und im Random-Effects-Ansatz nur dann identisch sind, wenn der Erwartungswert des gruppenspezifischen Effektes in Abhängigkeit der unabhängigen Variablen gleich Null ist.

Losgelöst vom theoretischen Unterbau des Gravitationsmodells und den Annahmen des Fixed- und Random-Effects-Ansatzes gibt es die grundsätzliche Möglichkeit, bilaterale Handelsdaten eines Panels mit Hilfe eines Gravitationsmodells auszuwerten, das entweder mit fixen oder variablen Effekten spezifiziert wird. Ohne hier näher auf die unterschiedlichen Annahmen und notwendigen Bedingungen hinsichtlich der zwei Ansätze einzugehen, können unterschiedliche Ergebnisse je nach Verwendung des Fixed- oder Random-Effects-Ansatzes entstehen [HSIAO (1986)]. Dies gilt vor allem dann, wenn es sich um ein typisches Panel[209] mit einer sehr kurzen Zeitreihe und einem großen Querschnitt handelt. HAUSMAN (1978) führt hierfür als typisches Panel einen Beispieldatensatz mit N = 629 Untersuchungsobjekten über einen Zeitraum von t = 6 Jahren an. Im Falle eines atypischen Panels mit einer längeren Zeitreihenkomponente begibt man sich bei der Analyse dann schon in den Bereich der Zeitreihenanalyse und den damit hervortretenden ökonometrischen Herausforderungen. Auch hierbei kann von grundsätzlichen Unterschieden in den Ergebnissen eines Fixed- und eines Random-Effects-Ansatzes ausgegangen werden.

Wenn in einem typischen Panel nur eine geringe Anzahl von Beobachtungen über den entsprechenden Beobachtungszeitraum vorhanden sind, muss möglichst effizient dafür gesorgt werden, dass die Unterschiede zwischen den Untersuchungsobjekten[210] herausgearbeitet werden, damit die wenigen Beobachtungen innerhalb der Zeitreihe für die genaue Untersuchung der Gemeinsamkeiten dienen können.

Die gruppenspezifischen Effekte werden von Anfang an als zufällig angesehen [HSIAO (1986)]. Hierbei wird vom Ansatz her weitläufiger gedacht und angenommen, dass nicht nur die Effekte der Stichprobe, sondern alle Effekte berücksichtigt werden. Allgemeiner gesagt hängt es von der Art der Datenbeschaffung ab. Deutlich wird diese Problematik an einem Beispiel von HSIAO (1986) dargestellt:

- Wird aus einer Grundgesamtheit eine zufällige Stichprobe gezogen, so sind die gruppenspezifischen Effekte ebenfalls als zufällig anzusehen.

---

[209] S. o.

[210] In diesem Falle wären es Länder oder Länderpaare.

- Wenn diese Gruppe aber gezielt nach verschiedenen Kriterien aus der Grundgesamtheit ausgewählt wurde, sollte von einem fixen Effekt der gruppenspezifischen Unterschiede ausgegangen werden.

Nach HSIAO (1986) wird der individuelle Effekt bei einem größer werdenden Querschnitt der Stichprobe in den Hintergrund gerückt und die Charakteristika der Gruppe an sich interessanter. So wird dabei der Ansatz mit einer zufälligen Streuung der gruppenspezifischen Unterschiede plausibler. Hier nähern wir uns auch weiter der Normalverteilung an[211]. Einfacher ausgedrückt kann gesagt werden, dass bei einer Zufallsstichprobe aus einer großen Grundgesamtheit der dann nachweisbare gruppenspezifische Unterschied ebenfalls zufällig ist.

WOOLDRIDGE (2002) hingegen spricht bei der Diskussion hinsichtlich der Auswahl des Ansatzes erst einmal nicht von fixen oder zufälligen Effekten. Für ihn ist der grundlegende Unterschied hierbei, dass beide Variablen zwar Zufallsvariablen sind, für den Fall der fixen Effekte jedoch eine Korrelation der fixen Komponente mit den unabhängigen Variablen besteht. Die Annahmen hinsichtlich der zufälligen Effekte widersprechen einer solchen Korrelation. Würde eine Korrelation der gruppenspezifischen Effekte mit der unabhängigen Variablen X^t_i bestehen und trotzdem ein Random-Effects-Ansatz gewählt, würde dies zu inkonsistenten Schätzern führen [VERBEEK (2002)].

VERBEEK (2002) empfiehlt für den Fall der anzunehmenden Korrelation zwischen individuellen Effekten und erklärenden Variablen grundsätzlich die Verwendung des Fixed-Effects-Ansatzes, da hierdurch die gruppenspezifischen Effekte F_i aus dem Modell entfernt und auch alle Probleme, die damit verbunden sind, gelöst erscheinen.

Für VERBEEK (2002) ist dies dann von besonderem Interesse, wenn die zu untersuchenden Gruppen alle einzigartig sind und nicht als eine Zufallsstichprobe einer Grundgesamtheit angesehen werden können. Dies gilt für ihn zum Beispiel, wenn es sich bei den zu untersuchenden Gruppen um Unternehmen, Industrien oder gar Länder handelt.

6.8.3 Test zum Fixed- oder Random-Effects-Ansatz

Da bei der Auswahl des Ansatzes zur Analyse eines Datensatzes einige zentrale Annahmen gemacht werden, empfiehlt es sich, vorher zu testen, ob diese Annahmen auch zutreffen.

Eine zentrale Frage ist sicherlich, ob es einen gruppenspezifischen Effekt gibt, der einen Random-Effects- oder einen Fixed-Effects-Ansatz als notwendig erachten und sich signifikant nachweisen lässt.

Ist diese Frage zur Zufriedenheit geklärt, müssen die Voraussetzungen, die der Verwendung des jeweiligen Ansatzes zugrunde liegen, überprüft werden. Dabei ist die Entscheidung

---

[211] Siehe hierzu auch WOOLDRIDGE (2002).

hinsichtlich der Annahme, ob es sich bei dem unbeobachteten Effekt um einen fixen gruppenspezifischen Effekt oder einen zufälligen Effekt handelt, von großer Wichtigkeit[212].

Besondere Beachtung muss auch hinsichtlich der Annahmen getroffen werden:

- Fixed-Effects-Ansatz mit der Bedingung bezüglich der Exogenität und der mit dem Faktor t veränderten erklärenden Variablen sowie Homoskedastizität und der Ausschluss von Autokorrelation der Residuen [WOOLDRIDGE (2002)];
- Random-Effects-Ansatz mit der Bedingung hinsichtlich der Exogenität der erklärenden Variablen sowie der individuellen Streuungskomponente, einer konsistenten Varianzmatrix zur Durchführung einer GLS-Schätzung und diesbezüglicher Kovarianzen gleich Null [WOOLDRIDGE (2002)].

Anschließend muss man sich den ökonometrischen Problembereichen widmen. Beispielhaft hierfür sind die Probleme der Heteroskedastizität und der Autokorrelation der Residuen zu nennen.

6.8.3.1 Exogenität der erklärenden Variablen

Im Random-Effects-Ansatz dürfen die individuelle Streuungskomponente und die erklärenden Variablen nicht korrelieren[213]. Im Fixed-Effects-Ansatz hingegen wird diese Annahme zwar aufgegriffen, jedoch dahingegen relativiert, dass eine Korrelation bestehen darf. Nach WOOLDRIDGE (2002) darf der Erwartungswert der individuellen Komponente eine Funktion von X_i sein.

Im Falle der Exogenität müssen in beiden Fällen die Kovarianzen des individuellen Effektes mit der erklärenden Variablen gleich Null sein.

6.8.3.2 Test auf gruppenspezifischen Effekt im Falle von Random Effects

Sollten alle Annahmen hinsichtlich eines Random-Effects-Modells erfüllt sein und es existiert keine individuelle Streuungskomponente, wäre der OLS-Schätzer im Vergleich zum Random-Effects-Schätzer effizienter. WOOLDRIDGE (2002) schlägt hierbei einen Test auf Autokorrelation der Residuen erster Art (AR1) vor, für den Test auf den gruppenspezifischen Effekt schlägt GREENE (1997) den Test nach BREUSCH und PAGAN (1980) vor.

6.8.3.2.1 Test nach Breusch und Pagan

Das Verfahren der Schätzung nach BREUSCH und PAGAN (1980) ist ein Verfahren mit Hilfe eines Lagrange-Multiplier-Tests auf der Basis der Residuen einer OLS-Schätzung. In der Nullhypothese liegt kein gruppenspezifischer Effekt vor, so dass unter Berücksichtigung aller notwendigen Bedingungen eine OLS-Schätzung effizienter wäre. Das Verfahren ist ein zweistufiges Verfahren zur Ermittlung des empirischen Testwertes. In der ersten Stufe

---

[212] Wie bereits geschildert, kann es bei der falschen Auswahl des Ansatzes im Vergleich zum richtigen Ansatz zu sehr unterschiedlichen Ergebnissen kommen (s. o.).

[213] Zu diesem Thema siehe auch RAMANATHAN (1998).

wendet man eine einfache OLS-Schätzung an. Hier erhält man dann Informationen über die Residuen. Dies liefert eine Schätzung für die Varianzenmatrix Ω. Ω ist die Matrix mit den Varianzen für die unbestimmte und bestimmte Reststreuung. Mit Hilfe dieser Varianzen wird der Lagrange-Multiplikator-Wert ermittelt. Dieser ist im Falle der Nullhypothese Chi-Quadrat-verteilt. Liegt der empirische Wert über dem entsprechenden Tabellenwert der Chi-Quadrat-Verteilung, wird die Nullhypothese verworfen und eine gruppenspezifische Streuungskomponente signifikant nachgewiesen. Liegt der empirische Wert des Lagrange-Multiplikator-Tests (LM-Test) unter dem entsprechenden Tabellenwert, kann die Nullhypothese nicht verworfen werden, und eine OLS-Schätzung würde effizienter sein.

6.8.3.2.2 Test auf Autokorrelation

In der einfachen Darstellung eines Random-Effects-Modells (6.7-6) besteht die Reststreuung aus der allgemeinen Streuungskomponente u^t_i sowie einer gruppenspezifischen Streuungskomponente ε_i. Bei diesem einfachen Test wird auf Autokorrelation erster Art der hier aufsummierten Reststreuung $u^t_i + \varepsilon_i$ getestet [WOOLDRIDGE (2002)].

Der einfachste Fall der Autokorrelation der Residuen ist der der ersten Art (AR1). Eine zentrale Annahme des einfachen bzw. multiplen Regressionsmodells lautet, dass die Reststreuung u_i (für i = 1,...,N) unabhängig verteilt von X_i (für i = 1,...,N) ist und einen Mittelwert von Null hat[214].

Wenn kein zufälliger oder fixer Effekt vorliegt, bedeutet dies, dass der Erwartungswert der Reststreuung sowie die Kovarianz dieser Komponenten gleich Null beträgt, da $\varepsilon_i = 0$.

(6.8-1) $$H_0 : \sigma_u^2 = 0 \quad .$$

Wenn H_0 gilt, bedeutet dies, dass die Reststreuung, die im Falle von H_1 aus der zufälligen und der systematischen Komponente zusammengesetzt ist, lediglich aus einer allgemeinen Reststreuung besteht [WOOLDRIDGE (2002)] und Random Effects ausgeschlossen werden können. Valide wird dieser Test deshalb, da die Grundannahmen des Random-Effects-Modells gelten müssen, in denen eine Korrelation der beiden Streuungskomponenten ausgeschlossen ist. Besteht durch einen positiven Test der begründete Verdacht, dass Autokorrelation der Residuen im Modell vorliegt, gibt es mehrere Vorgehensweisen, die in Kap. 6.9 beschrieben werden.

6.8.3.2.3 Der Hausman-Test

Bisher wurde die Frage erörtert, inwiefern ein individueller Effekt nachgewiesen werden kann, wenn die Frage der Exogenität zur Zufriedenheit geklärt erscheint. Im folgenden Abschnitt wird bereits von der Existenz eines individuellen Effektes ausgegangen.

Liegt ein unbeobachteter individueller Effekt für die Anwendung eines Fixed- oder Random-Effects-Modells vor, ist zu hinterfragen, ob hierbei die Annahmen hinsichtlich der Korrelation des unbeobachteten Effektes mit den erklärenden Variablen erfüllt sind.

---

[214] Siehe hierzu eine detailliertere Darstellung der Annahmen in RAMANATHAN (1998).

Der Hausman-Test dient zur Überprüfung der Hypothese, dass die nicht beobachtete Komponente bzw. der gruppenspezifische Effekt mit der unabhängigen Variablen X^t_i nicht korreliert. Wenn eine solche Korrelation besteht, würde es im Falle einer Random-Effects-Schätzung zu inkonsistenten Schätzern führen (s. o.). Die Wahl müsste in diesem Fall auf das Fixed-Effects-Modell fallen.

Hierbei werden die zwei zentralen Schätzer miteinander verglichen. Es wird getestet, ob der Schätzer der fixen Effekte und der Schätzer der zufälligen Effekte signifikant voneinander abweichen [HALL und CUMMINS (1999a); VERBEEK (2002)]. TSP verwendet den Hausman-Test als Spezifikationstest, indem er Random Effects gegenüber Fixed Effects testet. Die Nullhypothese ist hierbei die der zufälligen Effekte (Random Effects) [HALL und CUMMINS (1999a)]. Unter dieser Hypothese sind sowohl der Fixed-Effects- als auch der Random-Effects-Schätzer konsistent, während der Random-Effects-Schätzer hingegen effizient wäre. Unter der Alternativhypothese, dass das Modell mit fixen Effekten zutrifft, bleibt der Fixed-Effects-Schätzer konsistent und der Random-Effects-Schätzer inkonsistent [NEUSSER (2000)]. Dies rührt daher, dass es eine Korrelation zwischen der erklärenden Variablen und dem Störterm gibt.

Unter der Nullhypothese ist die Varianz der beiden Schätzer nahe Null:

(6.8-2) $$p\lim(\hat{\beta}_{Fixed} - \hat{\beta}_{Random}) = 0 \quad .$$

Der Hausman-Test bedient sich der Kovarianzmatrix. Die Basis hierfür ist, dass bei einer Verletzung der Annahme der Orthogonalität die beiden Schätzer unterschiedlich wären. Ein weiterer Grund könnte aber auch eine andere Art der Missspezifikation sein [VERBEEK (2002)]. Besondere Beachtung hierbei muss jedoch folgenden Annahmen geschenkt werden. Zum einen wird, wie bereits erwähnt, strikte Exogenität zwischen den X^s_i und u^t_i für alle t und s gefordert, zum anderen die Annahme der Homoskedastizität hinsichtlich des unbeobachteten Effektes [WOOLDRIDGE (2002)]. In Anwesenheit von Heteroskedastizität ist der Hausman-Test somit nicht valide[215].

6.8.3.2.4 Test auf Signifikanz der Gruppeneffekte im Fixed-Effects-Modell

Im Fixed-Effects-Modell erhalten wir Konstanten, die, abhängig von der Wahl des Untersuchungsobjektes und der auf eine bestimmte Fragestellung abzielenden Modellierung, sehr zahlreich sein können. Standardmäßig wird für die einzelnen $F_{i,j}$ eine einfache t-Statistik angegeben. Mit Hilfe dieser t-Statistik kann die Nullhypothese, dass der geschätzte Koeffizient gleich Null ist, getestet werden. Diese Tests sind jedoch im Kontext der allgemeinen Bearbeitung der Fixed-Effects-Modelle nicht die dringliche Fragestellung. Viel interessanter ist die Beantwortung der Frage, ob es Unterschiede zwischen den im Fixed-Effects-Modell dargestellten Gruppen gibt [GREENE (1997)]. Der Fragestellung, ob die

---

[215] Der Test auf Heteroskedastizität ist der LM-Test. Er hat bisher in vielen Gravitationsmodellen Heteroskedastizität feststellen können. Der LM-Test auf Heteroskedastizität [RAMANATHAN (1998)] ist nicht zu verwechseln mit dem LM Test nach BREUSCH und PAGAN (1980) auf Random Effects [GREENE (1997)].

geschätzten Konstanten alle gleich sind, kann mit Hilfe eines einfachen F-Tests nachgegangen werden [GREENE (1997); HALL und CUMMINS (1999a)].

Die zu testende Nullhypothese lautet, dass der effiziente Schätzer gleich dem der einfachen gepoolten Kleinstquadratschätzung ist.

Der empirische F-Wert ergibt sich nach GREENE (1997):

(6.8-3) $$F(n-1, nT-n-K) = \frac{(R_u^2 - R_p^2)/(n-1)}{(1-R_u^2)/(nT-n-K)}$$

mit: u für unbestimmtes Modell (Fixed Effects) und p für ein gepooltes Modell der einfachen OLS-Schätzung mit einer Konstanten.

6.9 AUTOKORRELATION IN PANELMODELLEN

Sowohl im Random-Effects-Ansatz als auch im Fixed-Effects-Ansatz wird darauf gesetzt, dass der individuelle Effekt, sei er zufällig oder fix, die unbeobachteten spezifische Streuung in den verschiedenen Gruppen und Zeiten aufnimmt. Damit sollte die allgemeine unerklärte Reststreuung über die Gruppen und die Zeit unabhängig sein.

Sofern die erklärenden Variablen exogen sind, wird die Anwesenheit von Autokorrelation der Residuen in dieser allgemeinen unerklärten Reststreuung zwar nicht zu inkonsistenten Schätzern führen, die Standardfehler und die entsprechenden Tests wären jedoch nicht länger valide. Die Schätzer selbst wären in diesem Fall auch nicht länger effizient.

Ein Test auf Autokorrelation der Residuen ist im Random-Effects-Ansatz in der Regel sehr aufwendig [VERBEEK (2002); WOOLDRIDGE (2002)]. Aufgrund der Schätzweise des Fixed-Effects-Modells auf Basis der Methode der kleinsten Quadrate ist dies dort wesentlich einfacher durchzuführen. Glücklicherweise kann der Test auf Autokorrelation, der beim Fixed-Effects-Ansatz herangezogen wird, auch für die Beurteilung des Random-Effects-Ansatzes verwendet werden[216] [VERBEEK (2002)].

Ein einfacher Test zur Beurteilung des Ausmaßes der Autokorrelation ist der Durbin-Watson-Test[217]. Für den Fall von Autokorrelation wird für die allgemeine Reststreuung im Fixed-Effects-Modell folgende Struktur angenommen:

(6.9-1) $$u_i^t = \rho \times u_i^{t-1} + v_i^t \quad ,$$

mit: $u_{i,t}$ als unerklärte allgemeine Reststreuung und v_i^t als Reststreuung, unabhängig gegenüber den einzelnen Untersuchungsobjekten und der Zeit.

Die Nullhypothese lautet H_0: $\rho = 0$ für den Fall, dass keine Autokorrelation vorliegt. Sie wird gegen die Alternativhypothese, dass $\rho < 0$ oder $\rho > 0$ ist, getestet. Mit Hilfe der in der Fixed-

[216] Es wird im Fixed-Effects-Modell getestet und die Ergebnisse für die Beurteilung der Autokorrelation im Random-Effects-Ansatz herangezogen.

[217] Zu den Grundlagen siehe auch RAMANATHAN (1998).

Effects-Schätzung geschätzten Reststreuung $\hat{u}^t_i$ sowie $\hat{u}^{t-1}_i$ wird der Durbin-Watson-Koeffizient für die entsprechende Schätzung ermittelt. Dieser wird mit der Durbin-Watson-Statistik verglichen, um eine Aussage über die Autokorrelation machen zu können.

Im Gegensatz zur reinen Zeitreihe ist der Unschärfebereich[218] sehr klein. Dies gilt besonders dann, wenn die Anzahl der Beobachtungen sehr groß wird [VERBEEK (2002)]. Daher empfiehlt BHARGAVA et al. (1983) [zitiert in VERBEEK (2002)] in diesem Falle, den Durbin-Watson-Koeffizient einfach gegen zwei zu testen[219].

Eine Möglichkeit, mit Autokorrelation in einem Panel-Modell mit Random Effects umzugehen, ist die Autokorrelation herauszurechnen. GREENE (1997) zeigt dies anhand eines Random-Effects-Modells[220]. In HALL und CUMMINS (1999a) wird darüber hinaus die Möglichkeit aufgezeigt, anhand eines LSDV Autokorrelation herauszurechnen. Im Fixed-Effects-Modell schlägt WOOLDRIDGE (2002) eine weitere Alternative vor. Für den Fall, dass die Zeitreihenkomponente relativ klein bleibt, würde im Falle von Autokorrelation auch die Standardisierung der Kovarianz-Matrix nach WHITE (1980) valide Ergebnisse hervorbringen.

6.10 HETEROSKEDASTIZITÄT IN PANELMODELLEN

Ein speziell bei der Analyse von Querschnittsdaten vorkommendes Problem ist das der Heteroskedastizität [RAMANATHAN (1998)]. Es ist daher nicht verwunderlich, dass bei der Analyse von Paneldaten ebenfalls das Problem der Heteroskedastizität akut werden kann.

6.10.1 Test auf Heteroskedastizität im Panelmodell

Bei der Nutzung des OLS-Verfahrens zur Schätzung eines linearen Zusammenhanges geschieht dies unter der Annahme, dass die Residuen über die Zeit hinweg gleiche Varianzen haben [RAMANATHAN (1998)]. Die Annahme konstanter Residuen wird ebenfalls bei der Verwendung von Fixed- und Random-Effects-Modellen getroffen [VERBEEK (2002)]. Diese Bedingung wird als Homoskedastizität bezeichnet. In einem Regressionsmodell mit absoluten Werten, z. B. bei der Analyse von Länderkennzahlen, kann sich das Problem der Heteroskedastizität durch die unterschiedlichen Größen der zu untersuchenden Länder und damit der unterschiedlichen Varianzen ergeben. Ein typisches graphisches Muster der Heteroskedastizität ist ein trichterförmiger Plot, in der die zu erklärenden gegen die erklärenden Variablen abgetragen werden[221]. Bei der Existenz und vor allem bei Ignoranz von Heteroskedastizität entsteht das Problem, dass die Schätzer und die daraus entstehende Prognose zwar immer noch konsistent und unverzerrt sind, die OLS-Schätzer jedoch nicht länger als "Best Linear Unbiased Estimator" (BLUE) gelten und demnach ineffizient sind [RAMANATHAN (1998)].

---

[218] Siehe hiezu auch RAMANATHAN (1998).

[219] Siehe hierzu die im Anhang A3 abgedruckte Tabelle des Durbin-Watson-Tests für ein Panel.

[220] Siehe hierzu auch VERBEEK (2002).

[221] Siehe hierzu RAMANATHAN (1998).

Für die Verwendung der OLS-Methode werden u. a. folgende Annahmen getroffen. Zum einen soll der Erwartungswert der Reststreuung Null ergeben, und darüber hinaus soll die Reststreuung nicht mit einer der erklärenden Variablen korrelieren[222].

Da diese Annahmen von der im Falle von Heteroskedastizität auftretenden Varianz unabhängig sind, können auch weiterhin unverzerrte und konsistente Schätzungen der Regressionskoeffizienten durchgeführt werden [RAMANATHAN (1998)]. Da jedoch die Annahme der konstanten Varianz der Residuen benötigt wird, um weiterhin anzunehmen, dass die OLS-Schätzung die beste ist, muss im Falle von Heteroskedastizität damit gerechnet werden, dass diese damit ineffizient geworden ist. Die geschätzten Varianzen und Kovarianzen der Regressionskoeffizienten wären dann verzerrt und inkonsistent, die Hypothesentests hinfällig. Aus diesem Grund ist es wichtig, dass zuvor formal auf Heteroskedastizität getestet wird.

Eine visuelle Methode zum Test auf Heteroskedastizität ist, die Abweichungsquadrate als Schätzung für die Varianz gegen eine Variable graphisch darzustellen. Es wird hierfür die Variable ausgewählt, von der angenommen wird, dass sie für die Heteroskedastizität verantwortlich ist. Wenn viele erklärende Variablen im Modell enthalten sind, sollte gegen die geschätzte erklärte Variable abgetragen werden[223].

6.10.2 Der Lagrange-Multiplier-Test auf Heteroskedastizität

Eine Methode zur statistischen Ermittlung von Heteroskedastizität ist der sog. LM-Test [RAMANATHAN (1998); GREENE (1997)]. Bei der Anwesenheit von Heteroskedastizität müssten eigentlich k Regressionskoeffizienten und n Standardabweichungen für n Beobachtungen (t = 1-n) geschätzt werden[224]. Da dieses Unterfangen aufgrund der sehr schnell anwachsenden Zahl zu schätzender Koeffizienten unmöglich erscheint, werden Annahmen über die Zusammenhänge der Varianz getroffen, die eine Schätzung und einen einfachen Test ermöglichen. So wird in der Regel eine Funktion für die Standardabweichung bzw. die Varianz in Abhängigkeit von den erklärenden Variablen geschätzt. Wenn keine Abhängigkeiten zwischen erklärenden Variablen und der Varianz des Störterms bestehen, also keine unterschiedlichen Varianzen mit veränderten erklärenden Variablen erzeugt werden, müssten die Regressionskoeffizienten hierfür Null ergeben.

Unter dem LM-Test finden wir verschiedene Alternativen, die sich hinsichtlich ihrer Annahmen unterscheiden [RAMANATHAN (1998)]. Darunter fallen der Breusch-Pagan-Test, der Harvey-Godfrey-Test, der Glesjer-Test sowie der Park-Test als spezielle Form des Harvey-Godfrey-Tests. Bei diesem Test ist es wie bei allen anderen Tests wichtig, dass er

---

222 Für eine vollständige und detailliertere Darstellung der für die OLS-Schätzung getroffenen Annahmen siehe RAMANATHAN (1998).

223 Dies gilt für den nachfolgend beschriebenen Goldfeld-Quandt-Test.

224 Es müssen n + k Parameter geschätzt werden. Da wir auf Heteroskedastizität schätzen wollen, also die nicht konstante Varianz, müssen wir die Varianz für jedes t ermitteln, um zu testen, ob sie gleich ist oder verschieden.

möglichst nahe am Problem angesiedelt ist. Hierfür müssen die Annahmen, die hinter den Zusammenhängen zwischen Variablen und Varianzen stehen, näher beleuchtet werden.

Die Vorgehensweise nach Glesjer ist in MADDALA (1977) in etwas abgeänderter Form dargestellt. Hier finden wir zum einen die Darstellung mit der Nutzung der Residuen aus der ersten Regression, wie sie auch in RAMANATHAN (1998) zu finden ist, zum anderen besteht die Möglichkeit, mit dem Goldfeld-Quandt-Test zu arbeiten [MADDALA (1977); RAMANATHAN (1998)]. Hier werden die Beobachtungen hinsichtlich ihrer Größe in zwei verschiedene Gruppen unterteilt:

1) eine mit großen und

2) eine mit kleinen Beobachtungswerten.

Für beide Gruppen werden separate Schätzungen durchgeführt, die dann gegeneinander getestet werden.

Eine weitere Möglichkeit bietet der White-Test. Er ist angelehnt an den Breusch-Pagan-Test als LM-Test. Bei diesem Test ist vorteilhaft, dass im Vorfeld keine zusätzlichen Informationen über die Art der Heteroskedastizität benötigt werden [RAMANATHAN (1998)].

Das in dieser Arbeit verwendete Programm zur Verarbeitung der Daten, "Time Series Processor" (TSP), bietet für den Fall, dass Homoskedastizität ausgeschlossen werden kann, die Berechnung der Varianzen und der t-Statistik mit der Prozedur nach WHITE (1980) an [HALL und CUMMINS (1999a); VERBEEK (2002); RAMANATHAN (1998)]. Bei diesen Schätzungen sind die Varianzen auch für den Fall konsistent, dass die Residuen nicht gleichmäßig mit einem Erwartungswert von Null und einer konstanten Varianz verteilt sind. Heteroskedastizität wird hierbei nachgewiesen, indem die Varianz[225] in Abhängigkeit der erklärenden Variablen des Modells geschätzt wird.

6.10.3 Alternative Vorgehensweise im Falle von Heteroskedastizität

KALBASI (2001) hat ebenfalls das Problem der Heteroskedastizität in Panelmodellen erörtert. Gerade bei einer großen Anzahl von Querschnittsdaten sei es nicht verwunderlich, dass die Varianzen der Störterme nicht konstant sind. Er spricht in diesem Zusammenhang von Skaleneffekten [KALBASI (2001)]. Eine einfache offerierte Option bei der Identifikation von Heteroskedastizität hierbei ist, den relativen Wert[226] zur Schätzung heranzuziehen.

GREENE (1997) schildert zwei grundsätzliche technische Möglichkeiten, um mit Heteroskedastizität umzugehen:

1) Schätzung der Fehlervarianz bei der Annahme eines bestimmten Musters der Heteroskedastizität. Hierfür schätzt er über eine Kleinstquadratschätzung die ursprüngliche Varianz. Da wir die Standardabweichung nicht kennen und somit auch

---

[225] Als Annäherung für die Varianz werden die quadrierten Residuen verwendet.

[226] In seinem Fall war es der Pro-Kopf-Wert.

nicht die "generalized" bzw. "weighted least squares"[227], müssen diesbezüglich ein paar Annahmen gemacht werden. Mit Hilfe der geschätzten Varianz wird in einem zweiten Schritt die ursprüngliche Gleichung als GLS geschätzt und dann eine Aussage hinsichtlich der Heteroskedastizität gemacht.

2) Die ursprünglichen OLS- oder FGLS-Schätzungen werden verwendet. Hieraus werden die Koeffizienten entnommen und dann um den Standardfehler berichtigt. Wir erhalten damit eine robuste Kovarianz-Matrix.

Die oben geschilderte erste Möglichkeit, mit Heteroskedastizität zu arbeiten, wurde mehrfach in der Literatur diskutiert. Durch das Standardisieren der Varianz, indem also die Originalgleichung durch die berechnete veränderte Standardabweichung dividiert wird, bekommt man ein neu zu schätzendes Modell mit einer konstanten Varianz. Diese Schätzung genügt den Annahmen für die einfache gepoolte OLS-Schätzung. Die entsprechenden Tests sind somit wieder valide[228]. Die Varianz der Reststreuung wird damit rechnerisch gleich Eins gesetzt und genügt damit den Bedingungen für eine effiziente Schätzung der Regressionskoeffizienten.

Für eine einfache GLS-Schätzung bei Paneldaten wird in der Regel eine längere Zeitreihe benötigt, um die Varianz für das GLS-Verfahren zu berechnen. Das Verhältnis sollte so sein, dass die Zeitreihe deutlich größer ist als der beobachtete Querschnitt (T>>N) [BALTAGI (1995)].

Die zweite der oben geschilderten Möglichkeiten kann im Fixed-Effects-Modell neben der GLS-Option verwendet werden [GREENE (1997)]. Sie ist auch Bestandteil des in dieser Arbeit verwendeten Statistikpaketes TSP[229]. Die hierbei resultierenden robusten Schätzer sind valide bei Vorliegen von Heteroskedastizität [WOOLDRIDGE (2002)].

6.10.4 Heteroskedastizität im Random-Effects-Fall

Als Weiteres muss die Frage beantwortet werden, auf welche Komponente sich die Heteroskedastizität auswirkt. In einem Random-Effects-Modell haben wir eine zusammengesetzte Reststreuung. Sie setzt sich aus der unbeobachtbaren Reststreuung des spezifischen Gruppeneffektes und der allgemeinen unbeobachteten Reststreuung zusammen. Nach BALTAGI (1995) handelt es sich bei Nachfragegleichungen mit Variationen in der Größe der betrachteten Objekte (z. B. Länder) und der dadurch entstandenen Heteroskedastizität um ein Problem, das sich auf die allgemeine Reststreuung bezieht. Im Random-Effects-Modell wird angenommen, dass sich die aus einer großen Stichprobe heraus gezogenen Untersuchungsobjekte unterscheiden. Da dies aber eine zufällige Unterscheidung ist, wird sie in der Zufallsvariablen aufgefangen. Da die Stichprobe

---

[227] Siehe hierzu RAMANATHAN (1998).

[228] Siehe hierzu u. a. RAMANATHAN (1998) und GREENE (1997).

[229] Siehe hierzu HALL und CUMMINS (1999a) und (1999b).

repräsentativ für die Grundgesamtheit ist, wird sich diese Variable auch bei einer Veränderung der Stichprobe kaum verändern. Sie hat somit eine konstante Varianz. Das Modell müsste damit der Annahme nach Homoskedastizität genügen. Wenn nun Heteroskedastizität nachgewiesen wird, so ist erst einmal die Frage zu stellen, in welchem Teil der Reststreuung sich diese Heteroskedastizität befindet. Somit muss in den weiteren Überlegungen davon ausgegangen werden, dass auch im Random-Effects-Modell mit Heteroskedastizität in der allgemeinen Reststreuung zu rechnen ist.

Wenn das Random-Effects-Modell in der gewohnten Weise auf Basis eines GLS-Ansatzes geschätzt wird, ist im Falle der Anwesenheit von Heteroskedastizität eine robuste Schätzung nicht die beste Wahl. Die Schätzer sind nicht länger effizient, da die Kovarianz-Matrix für den GLS-Ansatz den Ansprüchen nicht mehr genügt [GREENE (1997); VERBEEK (2002)]. Eine einfache Vorgehensweise, ohne die Struktur des Ansatzes bezüglich der Kovarianz zu beeinflussen, ist die Verwendung des OLS-Schätzers, während gleichzeitig die Standardfehler an die Präsenz von Heteroskedastizität angepasst werden. Bereits die Verwendung von nicht ausgeglichenen Panels macht im Random-Effects-Ansatz dann keine Probleme, wenn die Kovarianz-Matrix nicht einheitlich, sondern gruppenspezifisch geschätzt wird[230].

Der für die FGLS-Schätzung benötigte Korrekturterm (6.7-36') wird hierbei durch

(6.10-1) $$\hat{\theta}_i = 1 - \sqrt{\frac{\hat{\sigma}_\varepsilon^2}{T\hat{\sigma}_{u,i}^2 + \hat{\sigma}_\varepsilon^2}}$$

ersetzt, wobei T und $\hat{\sigma}_u^2$ über die Gruppen i hinweg variieren.

Wie bereits dargestellt, wird die Varianz der Within-Schätzung mit Hilfe der Formel (6.7-26) geschätzt. Sie ist eine Schätzung für die Komponenten der zusammengesetzten Varianz:

(6.10-2) $$\sigma_{u,i}^2 + \sigma_\varepsilon^2 = s_i^2 \qquad \text{mit .} \qquad \sigma_{u,i}^2 + \sigma_\varepsilon^2 = \frac{\sum_{t=1}^{T} (\varepsilon_i^t - \overline{\varepsilon}_i)^2}{T-1} = s_i^2$$

Somit gilt für den Schätzer von $\sigma_{u,i}^2$:

(6.10-3) $$\hat{\sigma}_{u,i}^2 = s^2 - s_i^2$$.

Es stellt ein Problem dar, dass der Schätzer von $\sigma_{u,i}^2$ negativ werden kann. Eine Möglichkeit im Umgang mit diesem Problem ist das Ersetzen des negativen Wertes durch eine Null. Dies hat fast denselben Effekt wie beim GLS-Verfahren. Der Korrekturterm wird Eins und die Schätzung entspricht der in der einfachen OLS-Schätzung [GREENE (1997)]. Hierbei geht dann allerdings nur die betroffene Gruppe als OLS-Schätzung in die der Heteroskedastizität angepasste GLS-Schätzung ein [GREENE (1997)].

---

230 Die Verwendung von unausgeglichenen Panels wird durch das in dieser Arbeit verwendete Statistikprogramm TSP unterstützt [HALL und CUMMINS (1999b)].

Wenn nach einer einfachen FGLS-Schätzung bzw. der entsprechenden gepoolten OLS sowie der Fixed-Effects-Schätzung der Verdacht auf Heteroskedastizität besteht, kann in den beiden letztgenannten Fällen eine robuste Schätzung durchgeführt werden.

Im Falle der FGLS-Schätzung hingegen müssen die gruppenspezifischen Varianzen $\sigma^2_{u,i}$ über den Umweg der Varianzen der einzelnen Gruppen in der Within-Schätzung ermittelt werden. Die dort ermittelten Varianzen s_i^2 werden von der Gesamtvarianz abgezogen und können dann in den gruppenspezifischen Korrekturterm θ als θ_i einfließen.

6.11 Übertragung des traditionellen Gravitationsmodells auf einen aktuellen Datensatz

An einem einfachen Beispiel für den EU-Intrahandel sollen einige Ergebnisse des klassischen Gravitationsmodells zur Erklärung des bilateralen Handels dargestellt und reproduziert werden. Die grundlegenden Arbeiten zum Gravitationsmodell stammen aus den 60er Jahren. Dort wurden anhand einfacher Gravitationsmodelle Datensätze analysiert, die im Vergleich zur heutigen Verfügbarkeit sehr klein erscheinen. Darüber hinaus hat sich der Handel, durch die Globalisierung katalysiert, rasant weiterentwickelt. Viele Faktoren, die den Handel maßgeblich beeinflussen, wie z. B. die Verfügbarkeit von Transportkapazitäten und Transportmöglichkeiten, aber auch die neuen Kommunikationsstränge und die vernetzten Handelszentren haben sich im Zeitablauf stark verändert. Aus diesem Grund ist es von zentralem Interesse, ob die in den Anfängen gemachten Ergebnisse für das heutige Handelsgeschehen reproduziert werden können. Dieser Frage gehen wir im Folgenden nach.

In diesem Abschnitt wird das klassische Gravitationsmodell aufgegriffen, den Bedürfnissen der aktuellen Fragestellung angepasst und auf einen Datensatz angewandt, der ebenfalls auf den Daten des EU-Handels basiert. Es ist demnach leicht nachzuvollziehen, dass der komplexeren Analyse eine einfachere vorgeschaltet wird, um zunächst zu prüfen, ob die Anwendung des Gravitationsmodells auf aggregierte Handelsdaten weiterhin erfolgversprechend ist.

6.11.1 Typische traditionelle Gravitationsmodelle

Den in der Vergangenheit immer populärer gewordenen Gravitationsmodellen wird nachgesagt, dass sie einen großen Erklärungsbeitrag zu bilateralem Handel leisten und stabile Ergebnisse hervorbringen.

In Tabelle 6.11-1 werden nachfolgend die Ergebnisse einiger Schätzungen aus klassischen Beiträgen zur Entwicklung und Weiterentwicklung des Gravitationsmodells aus der entsprechenden Literatur vorgestellt.

Tabelle 6.11-1: Überblick über Ergebnisse typischer traditioneller Gravitationsmodelle[a)]

$$\ln PX_{i,j}^{t} = \ln \beta_0 + \beta_1 \ln Y_i^t + \beta_2 \ln Y_j^t + \beta_3 \ln Dist_{i,j} + \beta_{...} D_{i,j} + u_{i,j}^t$$

Modell	ln β0	β1	β2	β3	β...	R^2
Tinbergen (n=306)	-0,3783	0,7338 (0,0438)	0,6238 (0,0438)	-0,5981 (0,0405)	-	0,8248
Tinbergen (n=1722)	-0,6627 (0,68)	1,024 (0,027)	0,9395 (0,0269)	-0,8919 (0,0455)	Dummy für Handelspräferenzen	0,8094
Linnemann (n=3400)	0,13	0,99 (0,02)	0,85 (0,02)	-0,81 (0,03)	Dummy für Handelspräferenzen	0,79
Linnemann (n=2740)	0,15	0,96 (0,02)	0,82 (0,02)	-0,77 (0,03)	Dummy für Handelspräferenzen	0,804
Pulliainen (n=3782)	-11,9	0,83 (0,02)	0,73 (0,02)	-0,68 (0,03)	-	0,83
Bergstrand[b] (n=210)	1,90 (2,82)	0,80* (20,10)	0,65* (16,14)	-0,72* (12,15)	Dummy für Handelspräferenzen	0,80 (korrigiert)

a) = $PX_{i,j}^t$ als Warenwert in Mio. US-$ von i nach j zum Zeitpunkt t; $Y_{i(j)}^t$ als Bruttoinlandsprodukt des Landes i (j); $Dist_{i,j}$ als Entfernungsangabe zwischen den Handelspartnern i und j; $D_{i,j}$ als Dummyvariable für bestehende Handelspräferenzen zwischen i und j; $u_{i,j}^t$ als unerklärte Reststreuung; n = Anzahl der Beobachtungen.

Tinbergen und Linnemann verwenden nominale Werte für das Einkommen; Tinbergen verwendet nautische Meilen als Entfernungsangabe; n. v. = nicht verfügbar; Tinbergen gibt in Klammern die Standardabweichung an; Linnemann gibt in Klammern den Standardfehler an; Bergstrand gibt in Klammern den empirischen t-Wert an;

* = signifikant bei 1 % Irrtumswahrscheinlichkeit, ansonsten keine Angabe zur Irrtumswahrscheinlichkeit in der Originalliteratur;

[b] = Bergstrand untersuchte in diesem Modell den Warenstrom des Jahres 1965.

Quelle: Eigene Zusammenstellung nach TINBERGEN (1962); LINNEMANN (1966); PULLIAINEN (1963); BERGSTRAND (1988);

Anhand dieser Beiträge können zentrale Aussagen des Gravitationsmodells hinsichtlich der Determinanten zum bilateralen Handelswert zweier Länder zusammengefasst werden. Zum einen können die klassischen Determinanten ermittelt werden, die auch in zukünftigen Schätzungen Verwendung finden sollten, zum zweiten können die zu erwartenden Größenordnungen der entsprechenden Regressionskoeffizienten erfasst werden. Beide Ergebnisse können für die Reproduktion des klassischen Modells in den folgenden Abschnitten des Kap. 6 sowie der Weiterentwicklung und Anwendung des Gravitationsmodells auf einen disaggregierten Datensatz in Kap. 7 als Basis dienen.

Die dort verwendeten zu erklärenden und erklärenden Variablen bilden auch heute noch die Basis eines jeden Gravitationsmodells. Die zentrale Variable ist die zu erklärende Variable des aggregierten Warenstroms von einem Land in das andere Land. Sie wird traditionell in der Währung US-$ angegeben. Die erklärenden Variablen sind das verfügbare Einkommen des Import- und Exportlandes. Stellvertretend für das Einkommen wird in der Regel das Bruttoinlandsprodukt oder Bruttosozialprodukt herangezogen[231], als Annäherung für die Transportkosten die Entfernung zwischen den Handelspartnern. Eine weitere klassische erklärende Variable im Gravitationsmodell ist eine Dummyvariable, die eine Aussage über bestehende Handelspräferenzen zwischen den einzelnen Handelspartnern gibt[232]. Tabelle 6.11-1 zeigt, dass es auch im Vergleich verschiedener Autoren erfreulich stabile Ergebnisse, Datensätze und Modellvariationen gibt. Der Erklärungsbeitrag der Gravitationsmodelle ist sehr groß, mit einem unkorrigierten Bestimmtheitsmaß[233] von 79 % und höher. Die Regressionskoeffizienten der erklärenden Variablen Einkommen haben ein plausibles positives Vorzeichen und bewegen sich in einer Größenordnung von 0,62 bis 1,02. Die Regressionskoeffizienten geben in diesem klassischen doppellogarithmischen Modell auch gleichzeitig die Elastizitäten an. Somit nimmt der aggregierte wertmäßige Handelsstrom zwischen Land i und Land j um 0,62 bis 1,02 % zu, wenn das Bruttoinlandsprodukt des Landes i (j) um ein Prozent steigt.

Der Regressionskoeffizient der erklärenden Variablen Entfernung ist durchweg negativ, und bewegt sich in der Größenordnung von -0,59 bis -0,89. Auch dieser Wert entspricht der jeweiligen Elastizität. Nimmt die Entfernung zwischen den Handelspartnern um einen Prozent zu, so sinkt der Warenaustausch zwischen diesen Partnern um 0,59 (0,89) %.

6.11.2 Der Datensatz des aggregierten EU-Intrahandels

Auf Basis der oben gelegten Grundkenntnisse im Umgang mit Panelmodellen sollen hier exemplarisch die Daten des EU-Gesamthandels[234] der Jahre 1995 bis einschließlich 2000 untersucht werden. Aus diesen dort gewonnenen Erfahrungen sollen dann darauf aufbauend die Untersuchungen des großen SPS-Datensatzes im folgenden Kapitel erfolgen. Die Analyse orientiert sich stark an den Arbeiten von GREENE (1997).

Für die Analyse wurde ein Datensatz erstellt, der viele Eigenschaften hat, die auch für den im folgenden Kapitel erarbeiteten Datensatz zur Analyse der SPS-Notifications gelten. Er ist auch mit denjenigen Datensätzen vergleichbar, die in früheren Arbeiten zu traditionellen Gravitationsmodellen verwendet wurden.

Der Datensatz umfasst alle 14 EU-Mitgliedsstaaten des Basisjahres 2000 über einen Zeitraum von 1995 bis 2000. Dies würde 1176 Beobachtungspunkte ergeben. Da jedoch im

---

[231] Bei einer Analyse vieler Länder ist man oftmals auf die Datenverfügbarkeit angewiesen. Auf internationaler Ebene steht das Bruttoinlandsprodukt (GDP) bereits seit einem längerem Zeitraum für den größten Teil der internationalen Gemeinschaft zur Verfügung und bietet sich deshalb besonders für eine solche Analyse an.

[232] Ein klassisches historisches Beispiel hierfür ist die Zugehörigkeit zum Commonwealth. Ein neueres Beispiel wäre die Mitgliedschaft in der EU.

[233] Mit Ausnahme von BERGSTRAND (1988), der ein korrigiertes Bestimmtheitsmaß ausgewiesen hat.

[234] Die Analyse wird hierbei ausschließlich auf den Intrahandel beschränkt, da hier eine ausgezeichnete Datengrundlage zur Verfügung stand.

bilateralen Handel ein Land nicht mit sich selbst handeln kann, fallen 84 Beobachtungen[235] heraus und es verbleiben 1092 Beobachtungspunkte. Der erste große Vorteil bei Gravitationsmodellen ist bereits hierbei ersichtlich. Es werden schon bei einer überschaubaren Zahl von Ländern und nur wenigen Jahren große Datensätze als Berechnungsgrundlage erreicht, die dann auch oft zu validen Ergebnissen führen können.

Die zu erklärende Variable ist traditionell der Ex- bzw. Importwert[236] im bi- oder multilateralen Handel. Für die einzelnen EU-Mitglieder wurde der Jahresdurchschnitt des Exportwertes $PX^t_{i,j}$ (Exportwert des Landes i zu Land j zum Zeitpunkt t) in ECU/Euro gemessen.

Als erklärende Variablen wurden die klassischen Variablen wie das absolute Einkommen sowie das relative Einkommen ermittelt. Mit Y^t_i (Y^t_j) wird das Bruttoinlandsprodukt des Exportlandes i (Importlandes j) zu Marktpreisen zum Zeitpunkt t in ECU/Euro (mit dem gleichen Wechselkurs[237] umgerechnet) abgebildet. Am Beispiel des Importlandes Deutschland wird in den folgenden Schaubildern die Datengrundlage präsentiert.

In Schaubild 6.11-1 wird das Bruttoinlandsprodukt (Primärachse) der jeweiligen EU-Exporteure sowie der jeweilige Exportwert (Sekundärachse) für den Handel mit Deutschland für die Jahre 1995-2000 dargestellt.

Schaubild 6.11-1: EU-Exportwerte nach Deutschland und die Bruttoinlandsprodukte der jeweiligen EU-Exporteure

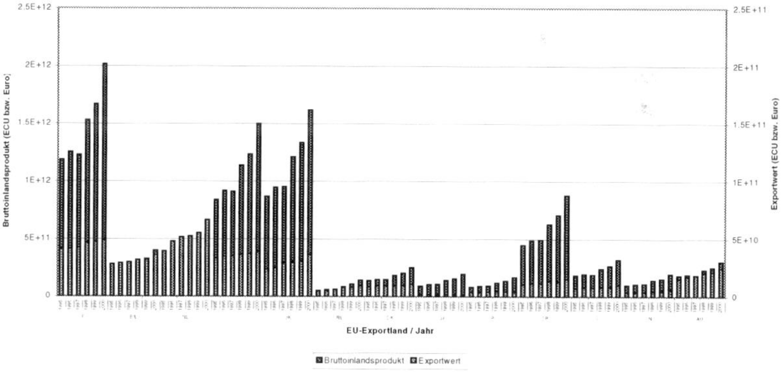

Quelle: EUROSTAT; EUROSTAT (2002); OECD (2002); IMF (2000); DEUTSCHE BUNDESBANK.

---

[235] 14 mal sechs Jahre.

[236] Es wird hierbei angenommen, dass der Exportwert gleich dem Importwert entspricht und somit keine komplementären Sach- und Dienstleistungen dem Gut hinzugefügt wurden. Dies entspricht auch der Handhabung der später verwendeten Daten der Comext-Datenbank, in der der Exportwert dem Importwert eines Landes entspricht.

[237] Die Daten zum Einkommen lagen als Werte in Dollar angegeben vor, so dass diese mit dem Wechselkurs zum ECU (später Euro) umgerechnet werden mussten. Zur allgemeinen Verwendung des Wechselkurses siehe Anhang A4.

Die Darstellung zeigt über den Zeitraum der sechs zur Untersuchung herangezogenen Jahre sowohl ein stetiges Wachstum des Bruttoinlandsproduktes als auch des Exportwertes.

Für das Pro-Kopf-Modell wird das Bruttoinlandsprodukt pro Kopf als erklärende Variable hinzugefügt[238]. Mit Y^t_i/Bev^t_i (Y^t_j/Bev^t_j) wird das Bruttoinlandsprodukt des Exportlandes i (Importlandes j) pro Kopf zu Marktpreisen zum Zeitpunkt t in ECU/Euro angegeben. Im Schaubild 6.11-2 wird ähnlich wie in Schaubild 6.12-1 nun das relative Bruttoinlandsprodukt (Primärachse) dem jeweiligen Exportwert (Sekundärachse) für den Handel mit Deutschland für die Jahre 1995-2000 gegenübergestellt.

Auch hier können wir einen Anstieg des Bruttoinlandsproduktes pro Kopf über die der Untersuchung zugrunde liegenden sechs Jahre feststellen.

Als eine weitere klassische erklärende Variable des Gravitationsmodells wird die Entfernung der Zentren[239] der einzelnen Länder zueinander ($Dist_{i,j}$) dem Pro-Kopf-Modell hinzugefügt[240]. Die Entfernungsangabe dient als Annäherungsvariable für die Transportkosten, die der klassischen Theorie folgend ebenfalls eine bedeutende Rolle in der internationalen Preisbildungs- und Handelstheorie spielen.

In Schaubild (6.11-3) wird die jeweilige Entfernung des EU-Exporteurs zum Importeur Deutschland gegen den Exportwert abgetragen.

Die Häufung der Beobachtungspunkte von links oben nach rechts unten lässt einen negativen Zusammenhang zwischen Entfernung und Exportwert vermuten. Die Verteilung der einzelnen Gruppen von Beobachtungspunkten, die jeweils die einzelnen Exporteure repräsentieren, legen darüber hinaus den Verdacht nahe, dass es neben der Entfernung andere, länderspezifische Gründe für den jeweiligen Exportwert gibt.

---

238 Mit der Verwendung der zusätzlichen erklärenden Variablen wird das klassische Problem der Multikollinearität dieses Ansatzes offensichtlich. Die erklärende Variable Bruttoinlandsprodukt ist direkt mit der weiteren erklärenden Variable Bruttoinlandsprodukt/Kopf mathematisch verbunden.

239 Da die Entfernungsangabe als Näherungsvariable für die Transportkosten eingesetzt wird, müssten eigentlich die jeweiligen Entfernungen der Handelszentren angeführt werden. Da es jedoch in einem Land mehrere solcher Zentren geben kann, wird in den folgenden Analysen die Entfernung der jeweiligen Hauptstädte herangezogen. Eine Möglichkeit der Erweiterung des Modells wäre eine Definition des wirtschaftlichen Hauptzentrums mit der entsprechenden Entfernungsangabe als erklärende Variable (siehe hierzu auch LINNEMANN (1966)).

240 Auf die Verwendung der Entfernung als erklärende Variable im zugrunde liegenden Modell der Tabelle 6.11-1 wurde verzichtet, da zum einen die hier erzielten Ergebnisse nicht mit den Ergebnissen u. a. von TINBERGEN (1962) vergleichbar wären und zum zweiten die Entfernung der Handelspartner bereits in den fixen Effekten einer potentiell zur Verwendung stehenden Fixed-Effects-Berechnung beinhaltet wären.

Schaubild 6.11-2: EU-Exportwert nach Deutschland und das Bruttoinlandsprodukt pro Kopf der jeweiligen EU-Exporteure

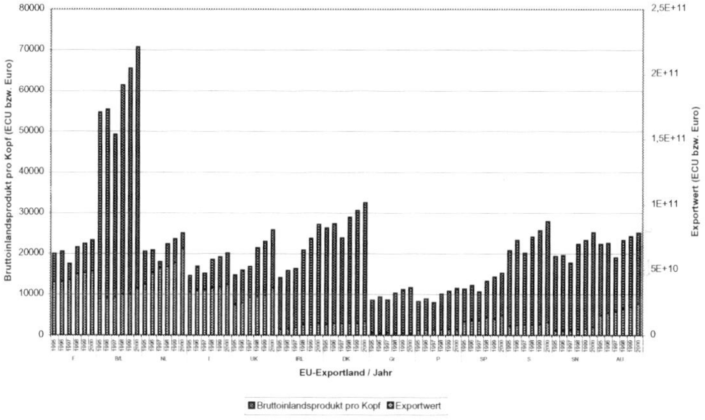

Quelle: Eurostat; Eurostat (2002); OECD (2002); IMF (2000); Deutsche Bundesbank.

Schaubild 6.11-3: EU-Exportwerte nach Deutschland vs. Entfernung des jeweiligen EU-Handelspartners

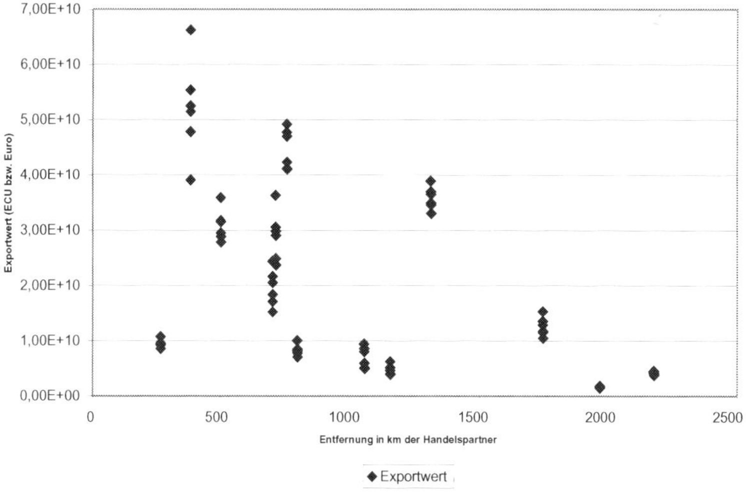

Quelle: Eigene Berechnungen nach EUROSTAT; OECD (2002); IMF (2000); DEUTSCHE BUNDESBANK.

6.11.3 Erste Ergebnisse der Übertragung des klassischen Modells auf den EU-Intrahandel

Es soll zum einen ein einfaches doppellogarithmisches Modell mit den erklärenden Variablen Einkommen des Import- und Exportlandes herangezogen werden (6.11-1) sowie zum anderen das von BERGSTRAND (1989) theoretisch untermauerte "Pro-Kopf-Modell" (6.11-2)[241]:

(6.11-1) $$\ln PX_{i,j}^{t} = \beta_0 + \beta_1 \ln Y_i^t + \beta_2 \ln Y_j^t + F_{i,j}(\varepsilon_{i,j}) + u_{i,j}^t$$

und

(6.11-2) $$\ln P\hat{X}_{i,j}^{t} = \ln \beta_0 + \beta_1 \ln Y_i^t + \beta_2 \ln(Y_i^t / Bev_i^t) + \beta_3 \ln Y_j^t + \beta_4 \ln(Y_j^t / Bev_j^t) + \beta_5 \ln Dist_{i,j} \quad .$$

Hinsichtlich der Ergebnisse der Gleichungen wird erwartet, dass gemäß der bisherigen Arbeiten die Vorzeichen der Regressionskoeffizienten des Bruttoinlandsproduktes sowohl für die des Exportlandes als auch für die des Importlandes in allen Verfahren positiv sind. Der Theorie der Gravitationsmodelle folgend, sollte der Handel zwischen zwei Ländern um so größer sein, je größer ihre ökonomische Bedeutung ist[242].

Für die Regressionskoeffizienten der Bruttoinlandsprodukte pro Kopf können aufgrund der in der Literatur sehr differenziert vorkommenden Ergebnisse nur schwer Erwartungen gebildet werden. BERGSTRAND (1989) differenzierte bei den erwarteten Vorzeichen z. B. hinsichtlich verschiedener Produktgruppen sowie im Betrag verschieden hoher Substitutionselastizitäten im Konsum. Auch andere in der Literatur dokumentierte Analysen zu Gravitationsmodellen mit Pro-Kopf-Variablen als erklärende Variablen[243] zeigen keine einheitlichen Vorzeichen der Regressionskoeffizienten.

Die Entfernung sollte in allen Modellen einen signifikant negativen Einfluss auf den bilateralen Handel zwischen den Ländern dieser Stichprobe haben. Mit den Ländern der EU wurde ein einheitlicher Wirtschaftsraum gewählt, dessen einzelne Länder zusammen ein "Cluster" bilden, der keine Transportwege aufweist, die mit unterschiedlichen Transportmitteln überwunden werden müssen[244]. Zwischen allen Länderpaaren wird demnach ein einheitlicher, von Wegstrecken abhängiger Transportpreis erwartet.

---

[241] Zur Erläuterung hinsichtlich der Verwendung der einzelnen Variablen siehe oben.

[242] In verschiedenen Studien wird auch mit dem Begriff der unterschiedlichen Wirtschaftskraft gearbeitet. Die darauf folgende Diskussion wird dann geführt, wenn mit entwickelten und weniger entwickelten Ländern als Untersuchungsobjekte gearbeitet wird. In diesem Fall sind die Untersuchungsobjekte jedoch die entwickelten EU-Staaten, deren Wirtschaftskraft als weitgehend homogen angesehen werden kann.

[243] Bereits LINDER (1961) griff als erklärende Variable den Unterschied im Pro-Kopf-Einkommen auf. THURSBY und THURSBY (1987) ist eine weitere Studie, in der dieser Ansatz verfolgt wird.

[244] Im Gegensatz zu einer Länderauswahl, die sich über den gesamten Erdball erstrecken kann, ist jedes ausgewählte Länderpaar der EU mit allen gängigen Transportmitteln (LKW, Bahn, Flugzeug) für den Warentransport erreichbar.

Aufgrund der zu erwartenden Heteroskedastizität wird zusätzlich eine bezüglich Heteroskedastizität konsistente Schätzung[245] nach WHITE (1980) durchgeführt.

Die Ergebnisse der Tabelle 6.11-2 entsprechen den Erwartungen an ein traditionelles Gravitationsmodell. Das zugrunde liegende Panel weist mit 14×13 Länderpaaren über einen Zeitraum von sechs Jahren einen genügend großen Beobachtungszeitraum auf.

Die Ergebnisse aller in Tabelle 6.11-2 dargestellten Regressionskoeffizienten einschließlich der Konstanten sind auf einem Signifikanzniveau kleiner als 0,1 % hoch signifikant von Null verschieden. Der LM-Test weist ebenso bei fast allen Schätzungen einen signifikant von Null verschiedenen Testkoeffizienten auf. Lediglich in der Fixed-Effects-Schätzung wird keine Heteroskedastizität auf der hier dargestellten Irrtumswahrscheinlichkeit von 0,1 % signifikant nachgewiesen. Nach RAMANATHAN (1998) ist demzufolge mit Heteroskedastizität in der gepoolten OLS-Schätzung wie auch in der Random-Effects-Schätzung zu rechnen. Für diesen Fall ist die Schätzung nach WHITE (1980) eine mögliche Alternative[246]. Lediglich in der Random-Effects-Schätzung müsste ein alternatives Schätzverfahren verwendet werden, auf das allerdings in diesem Beispiel verzichtet wird[247].

Die Ergebnisse der Gleichung im doppellogarithmischen Modell entsprechen gleichzeitig den Elastizitäten der jeweiligen Variablen.

Wenn im einfachen OLS-Modell das Bruttoinlandsprodukt zu Marktpreisen um ein Prozent im Exportland i (Importland j) ansteigt, steigt der Exportwert von Land i bzw. Importwert von Land j um 0,969 (0,955) % an. Dies entspricht einem sehr hohen Zuwachs mit einem marginalen Koeffizienten von 0,013 (0,012). Steigt das Bruttoinlandsprodukt zu Marktpreisen somit im Exportland (Importland) um einen ECU (bzw. Euro) an, so steigt der Exportwert (Importwert) um 0,013 (0,012) ECU (bzw. Euro). Bei diesen Ergebnissen ist jedoch zu beachten, dass die erklärenden Variablen der OLS-Schätzung nur knapp 73 % der Gesamtstreuung erklären können.

Das Fixed-Effects-Modell hingegen hat durch seine Spezifikation mittels der zusätzlichen 182 gruppenspezifischen Effekte einen deutlich höheren Erklärungsbeitrag mit knapp 99 % zu bieten. Der F-Test auf gruppenspezifische Unterschiede weist mit 166,15 einen hohen Wert aus und besagt damit, dass hoch signifikante gruppenspezifische Unterschiede signifikant nachgewiesen wurden.

---

[245] Zu Details dieses Verfahrens s. o.

[246] Die Regressionskoeffizienten bleiben gleich, die Varianzen und Kovarianzen sind jedoch bezüglich Heteroskedastizität konsistent und der Test wieder valide [RAMANATHAN (1998)].

[247] Siehe zu diesem Verfahren Kap. 6.10.4.

Tabelle 6.11-2: Ergebnisse der Anwendung eines einfachen klassischen Gravitationsmodells auf einen aktuellen Datensatz des EU-Intrahandels[a)]

$$\ln PX_{i,j}^{t} = \ln \beta_0 + \beta_1 \ln Y_i^t + \beta_2 \ln Y_j^t + F_{i,j}(\varepsilon_{i,j}) + u_{i,j}^t$$

	$\ln \beta_0$	β_1	β_2	$F_{i,j}$	$\varepsilon_{i,j}$ (Varianz)	$u_{i,j}^t$ (Varianz)	s^2 (Varianz)	$\overline{R}^2$	LM	F-Test HT	DW
OLS	-29,32*** (-30,97)	0,969*** (39,43)	0,955*** (38,85)	-	-	-	0,734	0,7255	47,2***	-	0,066***
OLS (White)	-29,32*** (-34,6)	0,969*** (42,79)	0,955*** (41,99)	-	-	-	0,734	0,7255	47,2***	-	0,066***
Fixed	-	0,363*** (6,07)	0,803*** (13,44)	182 St.	-	0,026	0,026	0,9904	8,14	F_{emp} 166,15	1,35***
Fixed (White)	-	0,363*** (5,78)	0,803*** (12,63)	182 St.	-	0,026	0,026	0,9904	8,14	F_{emp} 166,15	1,35***
Random	-12,48*** (-13,68)	0,574*** (15,39)	0,713*** (19,12)	-	0,71	-	0,97	0,7146	34,54***	HT 77,88	0,032***

Für die Erläuterung zur Verwendung der Variablen siehe den allgemeinen Teil zu den Gravitationsmodellen; LM = LM-Test; F-Test = empirischer F-Test; HT = Hausman-Test; DW = Durbin-Watson-Test;

a) = * (**, ***) statistisch signifikant auf dem 95 %- (99 %-, 99,9 %-) Niveau; in Klammern empirische t-Werte.

Quelle: Eigene Berechnungen.

Die Elastizitäten sind hier deutlich geringer als bei der OLS-Schätzung. Steigt das Bruttoinlandsprodukt zu Marktpreisen um ein Prozent im Exportland i (Importland j) an, so steigt der Exportwert von Land i bzw. Importwert von Land j um 0,363 (0,803) %. Dies entspricht einem marginalen Koeffizienten von 0,0047 (0,0103). Steigt das Bruttoinlandsprodukt zu Marktpreisen somit im Exportland (Importland) um einen ECU (bzw. Euro) an, so steigt der Exportwert (Importwert) um 0,0064 (0,0036) ECU (bzw. Euro).

Das Random-Effects-Modell ergibt in der Tendenz ähnliche Ergebnisse wie die bei Fixed Effects, auch wenn der Erklärungsbeitrag des Modells zur beobachteten Gesamtstreuung nur bei knapp 72 % liegt. Die Elastizitäten für das Bruttoinlandsprodukt zu Marktpreisen für das Exportland i (Importland j) liegen bei 0,574 (0,713) %, was einem marginalen Koeffizienten von 0,0074 (0,0092) entspricht.

Für den Test auf Random-Effects schlägt GREENE (1997) den Test nach BREUSCH und PAGAN (1980) vor.

Das Schätzverfahren ist ein zweistufiges Verfahren. In der ersten Stufe wendet man eine einfache Kleinstquadratschätzung an. Hier erhält man dann Informationen über die

Residuen. Mit Hilfe dieser wird eine Schätzung für Ω erstellt. Ω ist die Matrix mit den Varianzen für die unbestimmte und bestimmte Reststreuung. Die Formel nach GREENE (1997) lautet:

$$\text{(6.11-3)} \qquad LM = \frac{nT}{2(T-1)}\left[\frac{\sum_{i=1}^{n}\left(\sum_{t=1}^{T}\hat{u}_i^t\right)^2}{\sum_{i=1}^{n}\sum_{t=1}^{T}\hat{u}_i^{t\,2}}-1\right]^2 .$$

Dies ergibt im vorliegenden Fall einen empirischen Wert von:

$$\text{(6.11-3')} \qquad \mathrm{LM} = \frac{182\times 6}{2(6-1)}\left[\frac{4645{,}817}{799{,}605}-1\right]^2 = 2455{,}21 .$$

Der Testkoeffizient nach BREUSCH und PAGAN (1980) ergibt für das oben formulierte Modell den Wert 2455,21. Der Tabellenwert der Chi-Quadrat-Verteilung bei einem Freiheitsgrad von Zwei[248] [BREUSCH und PAGAN (1980)] liegt bei 5,99 (9,21), bei einer Irrtumswahrscheinlichkeit von 5 % (1 %). Somit kann die Nullhypothese, dass sich die Reststreuung der individuellen Komponente nicht signifikant von Null unterscheidet, mit einer Irrtumswahrscheinlichkeit von einem Prozent verworfen werden. Somit haben wir nach BREUSCH und PAGAN (1980) für diese Formulierung Random Effects positiv getestet. Das Random-Effects-Modell ist diesem Test zufolge vorzuziehen.

Der Hausman-Test weist jedoch einen signifikant von Null verschiedenen Testkoeffizienten auf. Die Nullhypothese, dass die Random-Effects-Schätzung effizient ist, muss deshalb verworfen werden. Die Fixed-Effects-Schätzer sind weiterhin konsistent[249]. Der Test ist jedoch bei der nachgewiesenen Heteroskedastizität nicht valide.

Ein in allen Modellen einhergehendes Problem ist die mögliche Autokorrelation der Residuen. Die Durbin-Watson-Statistik der in Tabelle 6.11-2 dargestellten Ergebnisse, weist auf dieses Problem hin. Da durch das Ignorieren der Autokorrelation die OLS-Schätzung nicht mehr länger BLUE ist, ist das Bestimmtheitsmaß in der Regel überschätzt und die t-Werte erscheinen signifikanter als sie in Wirklichkeit sind. Begegnet werden kann diesem Problem mit Hilfe eines von BEACH und MACKINNON (1978) vorgeschlagenen Algorithmus [zitiert in HALL und CUMMINS (1999b)]. Dieser Maximum-Likelihood-Ansatz ist ein iteratives Verfahren, welches die Stationarität der Daten gewährleistet. Einfachere Alternativen zum Umgang mit der Autokorrelation, wie die Änderung der Funktionsform oder die Verwendung der ersten Differenzen, die bereits in Kap. 6.7.2 beschrieben wurden, sollen nicht verwendet werden, um den Charakter des klassischen Gravitationsmodells nicht zu verändern und die Vergleichbarkeit nicht zu erschweren. Die Ergebnisse des oben beschriebenen Verfahrens,

---

[248] Die Anzahl der Freiheitsgrade entspricht der Anzahl der erklärenden Variablen [HALL und CUMMINS (1999a)].

[249] Siehe hierzu Kap. 6.8.3.2.3.

auf das mit dem OLS-Verfahren geschätzte Modell angewendet[250], zeigen die folgende Tabelle 6.11-3.

Tabelle 6.11-3: Ergebnisse der Anwendung eines einfachen klassischen Gravitationsmodells als OLS-Schätzung, bereinigt um Autokorrelation der Residuen erster Ordnung[a)]

$$\ln PX_{i,j}^{t\ \#} = \ln \beta_0^{\#} + \beta_1 \ln Y_i^{t\#} + \beta_2 \ln Y_j^{t\#} + v_{i,j}^{t}$$

= Mit Hilfe von ρ (RHO) um Autokorrelation korrigierter Parameter; $v_{i,j}$ = Neue, um Autokorrelation bereinigte, Reststreuung;

	$\ln \beta_0^{\#}$	β_1	β_2	ρ	s^2	$\bar{R}^2$	LM	DW
AR1 (ExactML)	3,38*** (2,67)	0,299*** (5,33)	0,387*** (7,11)	0,99*** (861,89)	0,28	0,8963	-	1,09***

a) = * (**, ***) statistisch signifikant auf dem 95 %- (99 %-, 99,9 %-) Niveau; in Klammern empirische t-Werte; (ExactML) = Prozedur, die die erste Beobachtung berücksichtigt und Stationarität der Daten garantiert. Es wird nach HALL und CUMMINS (1999b) der "Jacobian-Term" für die Beibehaltung der Stationarität verwendet.

Quelle: Eigene Berechnungen.

Die Signifikanzen der erklärenden Variablen sind immer noch sehr hoch, wobei es wenig erstaunt, dass die empirischen t-Werte gesunken sind. Erstaunlicher ist hier jedoch die Tatsache, dass das Bestimmtheitsmaß im Vergleich zum unkorrigierten OLS-Verfahren erfreulich angestiegen ist und damit das Modell mit knapp 90 % die beobachtete Streuung erklärt.

Die Elastizitäten für das Bruttoinlandsprodukt zu Marktpreisen im Exportland i (Importland j) sind mit 0,299 (0,378) % im Vergleich mit der Autokorrelation gesunken. Diese Werte entsprechen damit einem marginalen Koeffizienten von 0,00385 (0,00486).

Zusammenfassend kann gesagt werden, dass die Anwendung des einfachen Gravitationsmodells sehr gute Ergebnisse erbracht hat. So konnte das Gravitationsmodell erfolgreich auf einen Datensatz der EU-Exportwerte der Jahre 1995 bis einschließlich 2000 angewendet werden. Die Ergebnisse lassen sich auch sehr gut mit den ersten Arbeiten mit einem Gravitationsmodell von TINBERGEN (1962) vergleichen. TINBERGEN (1962) schätzte ein Gravitationsmodell mit den oben verwendeten erklärenden und zu erklärenden Variablen. Seine Ergebnisse mit der Methode der kleinsten Quadate zeigen erstaunliche Übereinstimmungen zu den hier dargestellten Ergebnissen. So lagen die Einkommenselastizitäten des Exportwertes bei TINBERGEN zwischen 1,024 (Exportland) und 0,94 (Importland), während sie in dem oben vorgestellten Modell zwischen 0,969 (Exportland) und 0,955 (Importland) liegen. Seine Berechnungen waren nur auf das einfache OLS-Schätzverfahren begrenzt, so dass wir nicht mehr in der Lage sind, die Ergebnisse mit den

[250] Auf die Möglichkeit der Anwendung des Korrekturverfahrens auf das Modell mit fixen und zufälligen Effekten wird hier verzichtet.

hier zusätzlich durchgeführten Analysen mit den standardisierten Varianzen, der Fixed- und Random-Effects-Modelle zu vergleichen.

Den diagnostizierten ökonometrischen Problemen der Heteroskedastizität sowie der Autokorrelation wurde teilweise mit Hilfe der in der Literatur empfohlenen Ansätzen der Standardisierung der Varianzen in der OLS- und Fixed-Effects-Schätzung[251] sowie der Korrektur um die Autokorrelation erster Ordnung mit Hilfe des Ansatzes von BEACH und MCKINNON (1978) begegnet. Dies wurde exemplarisch auf das mit dem OLS-Verfahren[252] geschätzte Modell angewandt. Nach WOOLDRIDGE (2002) liefert die nach WHITE (1980) durchgeführte standardisierte Schätzung auch im Falle von Autokorrelation im Fixed-Effects-Falle valide Ergebnisse.

Es bleibt insgesamt festzuhalten, dass die frühen Ergebnisse des Gravitationsmodells auch mit einem anderen, aber vergleichbaren Datensatz reproduzierbar sind.

6.11.4 Übertragung des klassischen Pro-Kopf-Modells auf den EU-Intrahandel

Nachdem das klassische Gravitationsmodell nach LINNEMANN (1960) und TINBERGEN (1962) mit zufriedenstellenden Ergebnissen auf den neuen Datensatz angewandt wurde, soll das zu schätzende Modell um die theoretischen Einflüsse von BERGSTRAND (1989) erweitert werden. Es soll getestet werden, in wie weit der Erklärungsbeitrag des Modells erhöht werden kann und wie sich die Koeffizienten zu einfachen Schätzung nach LINNEMANN (1960) und TINBERGEN (1962) verändern. Es werden nun folgend dem Modell, das bereits die erklärenden Variablen Bruttoinlandsprodukt zu Marktpreisen des Ex- und Importlandes, die Pro-Kopf-Werte des Bruttoinlandsproduktes Y^t_i/Bev^t_i (Y^t_j/Bev^t_j) der jeweiligen Länder sowie die Entfernung der einzelnen Länder zueinander ($Dist_{i,j}$) enthält, weitere Variablen hinzugefügt.

Im einfachen OLS-Modell haben wir eine Einkommenselastizität für das Exportland i (Importland j) von 0,788 (0,805) %. Dies entspricht einem marginalen Koeffizienten von 0,0101 (0,0104). Steigt das Bruttoinlandsprodukt zu Marktpreisen somit im Exportland (Importland) um einen ECU (bzw. Euro) an, so steigt der Exportwert (Importwert) um 0,0101 (0,0104) ECU (bzw. Euro). Die Elastizitäten liegen in ihrer Höhe ähnlich denen der einfachen OLS-Schätzung in Tabelle 6.11-1. Die Regressionskoeffizienten der Pro-Kopf-Variablen sind deutlich geringer. Der negative Wert des Regressionskoeffizienten für das Bruttoinlandsprodukt des Importlandes ist nicht unüblich. BERGSTRAND (1989) differenziert in seinen Arbeiten hinsichtlich der verschiedenen Produkte bei der Interpretation der positiven und negativen Vorzeichen. Der Regressionskoeffizient der Entfernungsvariablen hat einen im Betrag hohen negativen Wert von –0,994, der einem marginalen Koeffizienten von -4721967,02 entspricht. Mit jedem Kilometer Entfernung nimmt der Exportwert um 4,722 Mio.

---

[251] Die Schätzung mit standardisierten Varianzen im Random-Effects-Fall wäre nicht effizient.

[252] Das Verfahren ist auch auf das LSDV-Modell anwendbar.

ECU (bzw. Euro) ab. Der Erklärungsbeitrag hat durch die zusätzlichen Variablen zugenommen und liegt bei 87 %.

Tabelle 6.11-4: Ergebnisse der Anwendung eines klassischen Pro-Kopf-Gravitationsmodells auf einen aktuellen Datensatz des EU-Intrahandels[a)]

$$\ln PX_{i,j}^{t} = \ln \beta_0 + \beta_1 \ln Y_i^t + \beta_2 \ln(Y_i^t / Bev_i^t) + \beta_3 \ln Y_j^t + \beta_4 \ln(Y_j^t / Bev_j^t) + \beta_5 \ln Dist_{i,j} + F_{i,j}(\varepsilon_{i,j}) + u_{i,j}^t$$

	$\ln \beta_0$	β_1	β_2	β_3	β_4	β_5	$\varepsilon_{i,j}$ (Varianz)	$u_{i,j}^t$ (Varianz)	s^2 (Varianz)	$\overline{R}^2$	LM	F-Test HT	DW
OLS	-15,04*** (-13,61)	0,788*** (44,62)	0,354*** (8,29)	0,805*** (45,58)	-0,198*** (-4,65)	-0,994*** (-28,26)				0,8705	24,82***		0,125***
OLS (White)	-15,06*** (-12,79)	0,788*** (46,47)	0,354*** (8,57)	0,805*** (45,89)	-0,198*** (-4,11)	-0,994*** (-26,27)				0,8705	24,82***		0,125***
Fixed		1,503** (3,05)	-1,18* (-2,29)	1,69** (3,43)	-0,91 (-1,77)					0,9904	7,79**	F_{emp} 95,97***	1,32***
Fixed (White)		1,503** (2,65)	-1,18* (-2,01)	1,69** (3,09)	-0,91 (-1,62)					0,9904	7,79**	F_{emp} 95,97***	1,32***
Random	-7,13*** (-5,74)	0,718*** (18,14)	-0,14* (-2,37)	0,802*** (20,25)	-0,197** (-3,33)	-1,15*** (-16,59)	0,32	0,026	0,398	0,8515	27,4***	HT 53,16***	0,074***

Für die Erläuterung zur Verwendung der Variablen siehe den allgemeinen Teil zu den Gravitationsmodellen;
a) = * (**, ***) statistisch signifikant auf dem 95 %- (99 %-, 99,9 %-) Niveau; in Klammern empirische t-Werte.

Quelle: Eigene Berechnungen.

Das Fixed-Effects-Modell hingegen hat mit knapp 99 % durch die zusätzlichen Variablen zwar immer noch einen sehr hohen Erklärungsbeitrag, wobei die Koeffizienten hinsichtlich ihrer Signifikanz aber deutlich schlechter wurden. Der F-Test weist hoch signifikante gruppenspezifische Unterschiede auf. Auch die Größenordnungen der Koeffizienten sind nicht zufriedenstellend, da sie im Vergleich zu anderen Arbeiten zu groß sind.

Das Random-Effects-Modell hat ähnliche Ergebnisse wie das OLS-Modell. Die Elastizitäten für das Bruttoinlandsprodukt zu Marktpreisen des Exportlandes i (Importlandes j) liegen bei 0,718 (0,802) %, was einem marginalen Koeffizienten von 0,0092 (0,0103) entspricht.

Für den Test auf Random Effects wird wiederum der Test nach BREUSCH und PAGAN (1980) verwendet:

(6.11-3")
$$LM = \frac{182 \times 6}{2(6-1)}\left[\frac{2067,99}{376,066} - 1\right]^2 = 2210,32 .$$

Der Tabellenwert der Chi-Quadrat-Verteilung bei einem Freiheitsgrad von fünf[253] [BREUSCH und PAGAN (1980)] liegt bei 11,07 (15,09) für eine Irrtumswahrscheinlichkeit von 5 % (1 %). Somit kann die Nullhypothese mit einer Irrtumswahrscheinlichkeit von einem Prozent verworfen werden, da sich die Reststreuung der individuellen Komponente nicht signifikant von Null unterscheidet. Somit wird nach BREUSCH und PAGAN (1980) auch in dieser Konstellation positiv auf Random Effects getestet.

Auch in dieser Modellierung wird mit der signifikanten Durbin-Watson-Statistik auf das mögliche Problem der Autokorrelation der Residuen hingewiesen. Dem wird wieder mit dem bereits beschriebenen Verfahren der Bereinigung der Autokorrelation erster Ordnung begegnet.

Die in Tabelle 6.11-5 dargestellten Ergebnisse der um Autokorrelation bereinigten Schätzgleichung zeigen hier deutliche Unterschiede zu der unbereinigten Gleichung. Die empirischen t-Werte haben erwartungsgemäß abgenommen, während der gesamte Erklärungsbeitrag des Modells erfreulich zugenommen hat. Das Vorzeichen des Regressionskoeffizienten der erklärenden Variable Bruttoinlandsprodukt pro Kopf des Exportlandes wechselte von positiv in negativ. Gleichzeitig haben die Koeffizienten der absoluten Größen, mit Ausnahme der Entfernung, im Betrag abgenommen. Alle Koeffizienten sind bis auf die Konstante hoch signifikant von Null verschieden.

Tabelle 6.11-5: Ergebnisse der Anwendung eines einfachen klassischen Pro-Kopf-Gravitationsmodells als OLS-Schätzung um Autokorrelation der Residuen erster Art bereinigt[a)]

$$\ln PX_{i,j}^{t\,\#} = \ln \beta_0^{\#} + \beta_1 \ln Y_i^{t\,\#} + \beta_2 \ln(Y_i^t / Bev_i^t)^{\#} + \beta_3 \ln Y_j^{t\,\#} + \beta_4 \ln(Y_j^t / Bev_j^t)^{\#} + \beta_5 \ln Dist_{i,j}^{\#} + v_{i,j}^t$$

= Mit Hilfe von ρ (Rho) um Autokorrelation korrigierter Parameter; $v_{i,j}^t$ = Neue, um Autokorrelation bereinigte, Reststreuung;

	$\ln \beta_0^{\#}$	β_1	β_2	β_3	β_4	β_5	ρ	s^2	$\bar{R}^2$	LM	DW
AR1 (Exact-ML)	1,32 (0,91)	0,69*** (15,23)	-0,31*** (-4,27)	0,75*** (16,51)	-0,55*** (-7,59)	-1,32*** (-16,67)	0,97*** (276,45)	0,096	0.9646		1,233

a) = * (**, ***) statistisch signifikant auf dem 95 %- (99 %-, 99,9 %-) Niveau; in Klammern empirische t-Werte; (ExactML) = Prozedur, die die erste Beobachtung berücksichtigt und Stationarität der Daten garantiert. Es wird nach HALL und CUMMINS (1999b) der „Jacobian-Term" für die Beibehaltung der Stationarität verwendet.

Quelle: Eigene Berechnungen.

253 Anzahl der Freiheitsgrade entspricht der Anzahl der erklärenden Variablen [HALL und CUMMINS (1999a)].

7 DAS GRAVITATIONSMODELL ZUR ANALYSE DES BILATERALEN HANDELS MIT RINDFLEISCH UND RINDFLEISCHPRODUKTEN UNTER BERÜCKSICHTIGUNG VON SPS-MAßNAHMEN

7.1 VORGEHENSWEISE

In verkürzter Form lautet die Fragestellung der Arbeit: Die Effekte von handelspolitischen Maßnahmen, die im Bereich sanitärer und phytosanitärer Maßnahmen im bilateralen Handelsverkehr eingeführt wurden, sollen mit Hilfe eines geeigneten Modells identifiziert und quantifiziert werden. Auf Basis dieser Ergebnisse sollen Rückschlüsse auf die Wirkungen der Maßnahmen und die Zuverlässigkeit der bereits existierenden Meldeinstrumente zur Schaffung von Transparenz als zentrales Element zur Beseitigung nichttarifärer Handelshemmnisse gezogen werden. Diese bilateralen Handelsmaßnahmen können entweder als wirkungslose, handelshemmende, handelsumlenkende oder im Extremfall handelsunterbindende Maßnahmen in Form von unterschiedlichsten Auflagen für den bilateralen Handel auftreten.

In der jüngeren Vergangenheit wurden von vielen WTO-Mitgliedern Maßnahmen zum Schutze vor der in der EU aufgetretenen Tierseuche BSE beschlossen bzw. bekannt gegeben[254]. Aufgrund des Informationsdefizits hinsichtlich der Übertragungswege der Krankheit und der daraus entstanden öffentlichen Diskussion zum Zeitpunkt des Auftretens[255] von BSE wurden alle gemeldeten Maßnahmen als totale Handelsverbote für die dort erwähnten Produkte erlassen. Würde der Handel mit diesen Produkten jedoch auch tatsächlich ausgesetzt werden, wie es in den einzelnen Notifications gemeldet wurde, so würden ab dem Datum der Meldung nur noch Nullbeobachtungen bei den Importwerten der entsprechenden Länder vorzufinden sein. Der Handelseffekt sollte demnach eine Reduzierung der Importwerte um 100 % sein. Da die Untersuchungsobjekte alle diejenigen Länder sind, die SPS-Meldungen im Zusammenhang abgegeben haben, würde dies zwar zu einer brauchbaren allgemeinen Schätzung führen, die zentrale Variable, die Dummyvariable zu den SPS-Notifications, würde jedoch nicht signifikant, da ab diesem Zeitpunkt nur noch Nullbeobachtungen in die Schätzung einfließen würden. Wenn jedoch nicht alle Handelspartner den Handel mit den hier identifizierten Produkten aussetzten, würde es in der Schätzung über alle Beobachtungsobjekte bzw. Länderpaare lediglich zu einem signifikanten Absinken der Handelswerte mit den identifizierten Gütern kommen. Mit Hilfe der dort ermittelten Größe kann dann wiederum geschätzt werden, wie groß der Handelseffekte durch die den SPS-Meldungen zugrunde liegenden Handelsmaßnahmen tatsächlich ist.

---

[254] Wenn eine Maßnahme vom legislativen Organ eines Landes beschlossen wurde, muss diese nicht zwangsläufig international veröffentlicht werden.

[255] Siehe hierzu auch Kap. 4.5.

Durch BSE betroffene Bereiche sind dabei der Handel mit Rindvieh, Rindfleisch oder Produkten, die im Zusammenhang mit den ersten beiden Kategorien in Verdacht stehen, die Krankheit zu verschleppen und damit eine Gefahr für Mensch und Tier des eigenen (Import-)Landes bedeuten könnten. Sowohl der Beschluss als auch die Etablierung einer solchen Maßnahme im bilateralen Außenhandel an sich heißt noch nicht zwangsläufig, dass diese eine Auswirkung auf den Handel haben muss. Aus gewollten oder ungewollten Gründen kann eine Maßnahme unwirksam sein oder in ihrer Wirkung nicht den angestrebten Effekt haben. Mit Hilfe der in diesem Kapitel erarbeiteten Analyse soll der tatsächliche Handelseffekt von solchen Maßnahmen, die im Zusammenhang mit BSE von verschiedenen WTO-Mitgliedern gegenüber der EU beschlossen und über die WTO bekannt gegeben wurden, quantifiziert werden. Für die Bearbeitung dieser Fragestellung wurde das Gravitationsmodell gewählt. Das Gravitationsmodell wurde in der Vergangenheit sehr erfolgreich für die Schätzung des aggregierten bilateralen Handelsstroms herangezogen. Die klassischen Determinanten sind dabei die ökonomische Größe der jeweiligen Handelspartner, die Entfernung zueinander und eine größere Anzahl von Determinanten, deren Effekte allgemein als handelsschaffend oder handelshemmend beschrieben werden können.

In Kapitel 6 wurde das klassische Gravitationsmodell vorgestellt und bereits erfolgreich auf einen aktuellen Datensatz des EU-Intrahandels angewendet. Im folgenden Abschnitt der Arbeit soll dieses klassische Gravitationsmodell aufgegriffen und in einer modifizierten Form auf den disaggregierten Handel von ausgewählten WTO-Mitgliedsstaaten mit der EU angewendet werden.

Im Folgenden soll der für die Analyse der Fragestellung ermittelte Datensatz und seine besonderen Eigenschaften vorgestellt werden. Danach wird das bereits präsentierte Gravitationsmodell auf den neuen Datensatz angewandt. Es wird hierbei gezeigt werden können, dass den verschiedenen Maßnahmen, die in den SPS-Notifications identifiziert wurden, ein statistisch nachweisbarer Handelseffekt zugeordnet werden kann. Gleichzeitig wird auch auf die verschiedenen Schätzverfahren sowie die immanenten ökonometrischen Problemen eingegangen, denen in den bisherigen Arbeiten zum Gravitationsmodell wenig Platz eingeräumt wurde.

7.2 Der Datensatz

Mit der Etablierung der WTO als Nachfolger des GATT zum 01.01.1995 trat auch das SPS-Abkommen mit der Verpflichtung zur Meldung von SPS-Maßnahmen in Kraft. Wie bereits in Kapitel 3 vorgestellt wurde, ist in diesem Zusammenhang ein Meldewesen für die Etablierung von Maßnahmen im Bereich Außenhandel geschaffen worden. Die einzelnen Mitglieder sollen dadurch detaillierte Informationen darüber erhalten, welche Außenhandelsmaßnahmen im Zusammenhang mit potentiellen sanitären und phytosanitären Gefahren in Kraft getreten sind oder in Zukunft treten sollen. Die bei der WTO gemeldeten Daten wurden in der nun folgend beschriebenen Art ausgewertet.

7.2.1 Art der Auswertung des zugrunde liegenden Datenmaterials

Die SPS-Notifications der über die WTO zugänglichen Datenbank werden mittels Word- und Wordperfect-Dokumenten[256] über die Homepage der WTO veröffentlicht. Gleichzeitig ist auch eine HTML-Version[257] für einen schnelleren Download erhältlich. Es sind nur Einzelmeldungen der jeweiligen Mitglieder verfügbar. Es gibt weder eine aggregierte Zusammenstellung noch eine Auswertung durch die WTO an sich. Für die Veröffentlichung der einzelnen Meldung ist das jeweilige WTO-Mitglied selbst verantwortlich. Für die hier folgend dargestellte Auswertung wurden alle verfügbaren Dokumente des Zeitraums vom Stichtag 01.01.1995 bis 31.05.2002 in Form der Word- bzw. Wordperfect-Dokumente heruntergeladen.

Der hieraus entstandene Datenpool umfasst alle SPS-Meldungen der bis zum Stichtag 31.05.2002 aktuell 144 Mitglieder umfassenden WTO über einen Zeitraum von 89 Monaten bezüglich der vordefinierten Kategorien:

- "food safety";
- "animal health" und
- "plant protection".

Insgesamt umfasst der dadurch gewonnene Datensatz 3246 einzelstaatliche Meldungen im Zusammenhang mit SPS-Maßnahmen, die im Zeitraum vom 01.01.1995 bis zum 31.05.2002 neu etabliert oder grundlegend verändert wurden[258].

Die Meldungen an sich werden grundsätzlich in zwei verschiedene Arten unterschieden: a) die normale Meldung; b) die Korrektur- und Zusatzmeldungen. Die zweite unterscheidet sich von der normalen in der Art, dass diese zur Korrektur oder Aktualisierung einer normalen Meldung dient.

Mittels eines eigens für die Auswertung des Datensatzes geschriebenen Makros[259] wurden die wesentlichen Informationen im wahrsten Sinne des Wortes herausgeschnitten und in

---

[256] Dieser Dateityp wurde bei den älteren Dokumenten verwendet.

[257] "hypertext markup language" (HTML).

[258] Vor dem 01.01.1995 in Kraft getretene Maßnahmen sind nicht meldepflichtig.

[259] Wenn im Dateiformat Word eine Aufgabe wiederholt durchführt werden soll, können diese Aufgaben automatisiert werden, indem ein Makro verwendet wird. Ein Makro besteht aus einer Reihe von Word-Befehlen und Anweisungen, die zu einem einzigen Befehl gruppiert werden, so dass eine Aufgabe automatisch ausgeführt wird. Anstatt eine Reihe zeitaufwendiger wiederholter Aktionen in Word manuell durchzuführen, kann ein einziges Makro, sozusagen ein benutzerdefinierter Befehl, erstellt und ausgeführt werden, der die gewünschte Aufgabe automatisiert durchführt.

separate Word-Dokumente als Tabellen abgelegt. Diese einzelnen Dokumente wurden dann in einer Exceltabelle wieder zusammengefügt[260].

7.2.2 Informationen der Auswertung der SPS-Notification

Die einzelnen Meldungen sind durchweg nummeriert, wobei gleichzeitig nach Herkunft, Art und bisheriger Anzahl an Meldungen differenziert wird. Die von der WTO vergebene individuelle Dokumentennummer besteht im Falle der SPS-Meldungen aus der Kennung G für "Trade in Goods", SPS für eine SPS-Maßnahme, N für "Notification", dem jeweiligen Länderkürzel, z. B. EEC (in diesem Fall die "European Economic Countries") und der Anzahl der bisherigen Meldungen. Des Weiteren wird mit dem "Date of Circulation" der Zeitpunkt genannt, an dem die Meldung den anderen WTO-Mitgliedern über die Plattform der WTO zugänglich gemacht wurde. In der Spalte "Region/Country affected" sollten die Regionen bzw. die Länder benannt sein, für die diese Regelungen gelten sollen. Meistens wurde dort nichts angegeben. Unter "Product or Issue" soll entweder das betroffene Produkt genannt werden, oder es sollte der Stoff angegeben sein, der das betreffende Produkt negativ beeinflusst, was seltener der Fall war.

Unter "Objective" findet sich die Intention dieser Maßnahme, die entweder dazu dient, "food safety", "animal health", "plant safety", eine Kombination daraus oder aber anderen Gesichtspunkten, die nicht immer eindeutig den ersten drei Punkten zuzuordnen sind, zu betreiben.

Bei der "Deadline of Submission" wird der Zeitpunkt genannt, bis zu dem die einzelnen Mitglieder der WTO abkommensgemäß die Möglichkeit haben, Kommentare zu den geplanten Maßnahmen abzugeben[261].

Unter "Existence of an international standard" wird gefragt, ob bereits ein Standard in dem Zusammenhang mit dem das Produkt betreffende Problem existiert[262].

Wie in Schaubild 7.2-1 deutlich zu sehen ist, widmet sich der Großteil der Meldungen dem Bereich der Sicherheit der Nahrungsmittel, dem Hauptanliegen im Bereich der SPS-Maßnahmen. Geringste Bedeutung kommt scheinbar der Kategorie "human health" zu. Dies rührt aber wahrscheinlich daher, dass der Schutz der Gesundheit der Menschen, bzw. in diesen Fällen der Bevölkerung der einzelnen Mitgliedsstaaten, in erster Linie durch die

---

[260] Aufgrund der heterogenen Gestaltung der einzelnen Meldungen kam es hin und wieder zu Fehlern bei der Handhabung des Makros, die bei der Zusammensetzung der einzelnen Teile Probleme verursachte. Anhand einiger charakteristischer Merkmale konnte jedoch stichprobenhaft überprüft werden, inwieweit die einzelnen Teile übereinstimmten.

[261] Zu dem Verfahren der Meldung und den Möglichkeiten der Mitwirkung anderer Länder siehe Kap. 3.

[262] Wenn bereits ein Standard in diesem Zusammenhang existiert, muss hier ein höherer Standard benannt werden. Wenn noch kein Standard bekannt ist, wird durch das Land ein neuer international noch nicht existierender Standard eingeführt. Zur Problematik der Etablierung von Standards im Zusammenhang mit dem SPS-Abkommen siehe Kap. 3.

Sicherheit im Bereich der Importe gewährleistet wird, was dann wiederum dem Ziel des Schutzes von Tieren, Pflanzen und vor allem der Nahrungsmittel dient.

Schaubild 7.2-1: "Objective" der SPS-Meldungen (Stand 31.05.2002)[a)]

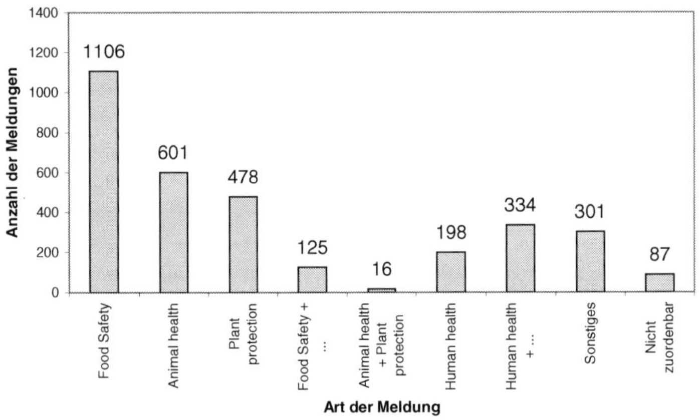

a) = Eine Meldung kann entweder nur einer Zielsetzung oder einer Kombination aus mehreren zugeordnet werden.

Quelle: Eigene Berechnungen nach WTO (2002).

Wird die Entwicklung der Anzahl der Meldungen auf jährlicher Basis in Schaubild 7.2-2 betrachtet, so ist deutlich zu sehen, dass die Anzahl der jährlichen Meldungen im Laufe der Zeit zunimmt. Dies kann zwei Ursachen haben. Zum einen müssen die einzelnen Staaten erst Erfahrungen im Umgang mit diesem neuen Verfahren zum Melden ihrer Handelsmaßnahmen sammeln[263]. Die dafür neu zu schaffenden Verwaltungsstrukturen in den jeweiligen Mitgliedsländern müssen sich erst bilden. Zum anderen kann das mit der zunehmenden Verflechtung der WTO einhergehende gestiegene Bedürfnis nach Schutz ein Grund sein, was generell zu einer Zunahme der Anzahl der Maßnahmen führt, die im Zusammenhang mit SPS-Gefahren etabliert wurden. Ein Beispiel aus der jüngeren Vergangenheit zeigt dies. Im Jahr 2002 wurde durch den Ausbruch der MKS in Europa in diesem Zusammenhang eine große Anzahl von Meldungen etabliert[264]. Damit sollte der Gefahr einer durch die Globalisierung wahrscheinlich werdenden Pandemie Einhalt geboten werden.

---

263 Die WTO zollt dieser Annahme in der Art Rechnung, dass sie eine Anleitung für die Erstellung von SPS-Maßnahmen herausgebracht hat, die frei zugänglich auf der Webseite der WTO heruntergeladen werden kann.

264 Die in diesem Zusammenhang große Häufung der SPS-Maßnahmen hat eine große Ähnlichkeit mit der im Zusammenhang mit BSE gemeldeten Maßnahmen. In weiteren Studien zur Verwendung des Gravitationsmodells sollte auch dieses Phänomen untersucht werden.

Schaubild 7.2-2: Entwicklung der Anzahl der SPS-Meldungen auf Jahresbasis

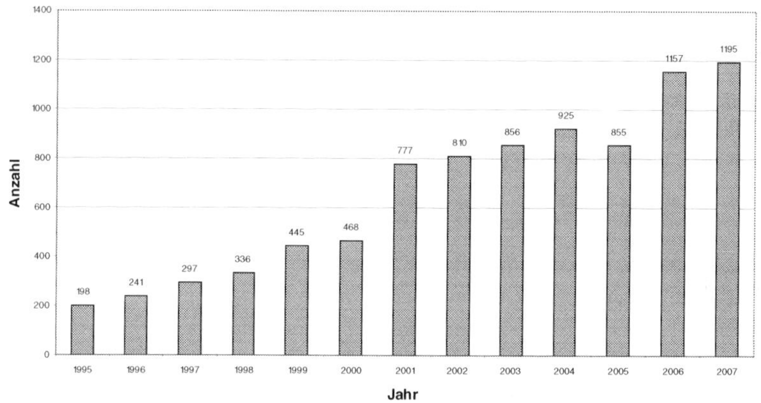

Quelle: Eigene Berechnungen nach WTO (2008).

7.2.3 Auswahl der Daten und des Beobachtungszeitraums

Das Handelsvolumen im Handel zwischen den WTO-Mitgliedern ist im Rahmen der Globalisierung immer größer geworden. Die Anzahl der Produkte und Produktgruppen sowie das Volumen und der Wert nahmen dabei eine schwer überschaubare Größe an. Das klassische Gravitationsmodell wurde ursprünglich auf das aggregierte Handelsvolumen zwischen Länderpaaren angewandt. Das Ziel der Arbeit ist es, die Verwendbarkeit eines solchen Gravitationsmodells für einen disaggregierten Handelsstrom zu testen. Es soll überprüft werden, ob signifikante Effekte auf den Handelsstrom nachgewiesen werden können, die im Zusammenhang mit einer Maßnahme stehen, welche zum Schutz vor sanitären und phytosanitären Gefahren durch die einzelnen Mitglieder ins Leben gerufen wurde. Die Datengrundlage zur Identifikation dieser einzelstaatlichen Maßnahmen, die der Theorie folgend einen handelsbeeinflussenden Effekt haben können, bilden die gesammelten SPS-Meldungen von der WTO-Homepage.

SPS-Meldungen betreffen im Allgemeinen nur Produkte oder Produktgruppen, die ein sanitäres und phytosanitäres Gefahrenpotential bedeuten können[265]. Somit können SPS-Maßnahmen nur einen vergleichbar geringen Anteil am Volumen und Wert des gesamten bilateralen Handels beeinflussen.

Da die Anzahl der SPS-Meldungen seit Inkrafttreten der entsprechenden Verträge zwar die Erwartungen übertroffen hat, aber im Vergleich zum aggregierten WTO-Handel vernachlässigbar gering erscheint, wurden die zu untersuchenden Produktgruppen in ihrer

---

[265] Es ist leicht ersichtlich, dass z. B. Zement seiner Herstellung und Verwendung nach i. d. R. kein sanitäres und phytosanitäres Gefahrenpotential haben kann.

Auswahl eingeschränkt. Hierbei sollte das Augenmerk auf den sensiblen Bereich der wichtigen Agrarmärkte gerichtet werden. Besonders vielversprechend erschien die Untersuchung des Rindfleischmarktes. Rindfleisch wird im transatlantischen Handel in der Regel gefroren oder, was in Anbetracht der langen Transportwege seltener der Fall ist, frisch gehandelt[266]. Hierbei werden auch nur ausgesuchte und gut zu vermarktende Stücke verwendet[267], deren Verarbeitungsstufe im überwiegenden Teil sehr gering ist. Zusammenfassend kann Rindfleisch mit Abstrichen als homogenes Gut und damit als Substitut für lokal produziertes Rindfleisch gesehen werden[268].

Ein weiterer wesentlicher Punkt, der zur Wahl der Produktkategorie Rindfleisch und seiner verwandten Produkte führte, waren die in diesem Zusammenhang zu verzeichnenden Ereignisse. Hier sollte im Speziellen der Fall der Rinderseuche BSE untersucht werden.

Im Zusammenhang mit BSE konnten im Zeitraum vom 01.01.1995 bis zum 31.05.2002, wie im Schaubild 7.2-3 zu sehen ist, 148 Meldungen von Nicht-EU-Staaten identifiziert werden[269].

Schaubild 7.2-3: Anzahl der SPS-Meldungen im Zusammenhang mit BSE im Zeitraum vom 01.01.1995 bis 31.05.2002

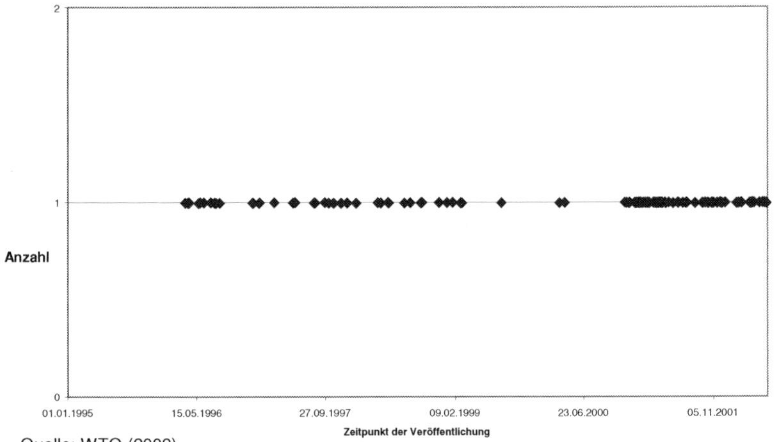

Quelle: WTO (2002).

[266] Siehe hierzu die detaillierte Darstellung des disaggregierten Handelsstromes mit Rindfleisch und Rindfleischprodukten in Kap. 4.

[267] Es ist in auf den Export von Agrarprodukten ausgerichteten Ländern oft zu beobachten, dass die hochpreisigen Produkte für die Beschaffung der Devisen und die niedrigpreisigen Produkte für den heimischen Markt vorgesehen sind.

[268] Sehr hohe Substitutionselastizitäten sind für die Anwendbarkeit des Gravitationsmodells wünschenswert.

[269] Die Stichworte bei der Suche der einzelnen Meldungen waren: BSE, "Bovine Spongiform Encephalopathy", Creutzfeld-Jakob sowie "prions".

Die Gefahr einer Übertragung der Rinderseuche BSE auf den Menschen wurde in der öffentlichen Diskussion als sehr hoch erachtet. Das spiegelt sich auch im politischen Aktionismus wider[270]. Die in diesem Zusammenhang in Kraft getretenen drastischen Maßnahmen waren dementsprechend sehr wirkungsvoll. Es ist demzufolge anzunehmen, dass der Nachweis eines Handelseffektes im Zusammenhang mit Rindfleisch und Rindfleischprodukten und BSE wahrscheinlich ist.

7.2.3.1 Einschränkung des Beobachtungszeitraumes

Der oben geschilderte Beobachtungszeitraum der zur Verfügung stehenden SPS-Meldungen vom 01.01.1995 bis zum 31.05.2002 wurde um elf Monate bis 30.06.2001 verkürzt. Zwei Gründe sind hierfür zu nennen:

- Das Auftreten der MKS in 2001 sollte nicht zu Verzerrungen der Untersuchung führen.
- Die Datenverfügbarkeit war aufgrund der speziellen Fragestellung eingeschränkt.

Da auch die Mitte 2001 in der EU auftretende MKS den Handel mit Rindfleisch und deren verwandte Produkte betreffen konnte, wurde der Beobachtungszeitraum verkürzt und dieses einschneidende Ereignis ausgeklammert. Es ist anzunehmen, dass eine große Anzahl von Ländern ihren Handel mit der EU in diesem Zusammenhang aussetzten, was bei einer Analyse der einzelnen Handelseffekte nicht eindeutig zuzuordnen wäre[271].

Da das Gravitationsmodell den bilateralen Handelsstrom auf Monatsbasis analysiert und diese Arbeit auf einige wenige BSE betreffende Produktgruppen konzentriert werden soll, spielt die Datenverfügbarkeit eine zentrale Rolle. Während aggregierte Handelsdaten für fast alle WTO-Mitglieder über einen langen Zeitraum in der zugänglichen Statistik verfügbar sind, ist die Situation bei monatlichen Daten für spezielle disaggregierte Handelsdaten etwas schwieriger. Um jedoch nicht die Untersuchungsobjekte auszuklammern, die nicht über eine solche detaillierte Dokumentation verfügen und um nicht eine Verzerrung in der Untersuchung zu riskieren, wurde die folgende Analyse auf den bilateralen Handel mit der EU konzentriert. Dessen detailliert dokumentierte Handelsstatistik lag der Untersuchung in dieser Arbeit für den Zeitraum vom 01.01.1995 bis 30.06.2001 in Form der Comext-Datenbank vor.

Die Fokussierung der Untersuchung nur auf den Export der EU schränkt die allgemeine Anwendung des klassischen Gravitationsmodells weiter ein.

---

[270] Im Rahmen der politischen Ökonomie kann dieses Phänomen als ein Mechanismus aus Angebot an und Nachfrage nach Protektion dargestellt werden [FREY (1985)].

[271] Siehe hierzu auch Kap. 4.6.

Da sich das zu untersuchende Phänomen der möglichen negativen Beeinflussung des Handels nur auf den Export der EU und nicht auf deren Import beschränken wird, soll auch nur der Exportwarenstrom mittels eines geeigneten Gravitationsmodells dargestellt werden.

Aufgrund der o. g. Gründe beschränkt sich die Untersuchung nur auf den monatlichen Export der EU im Zeitraum vom 01.01.1995 bis einschließlich 30.06.2001.

7.2.3.2 Einschränkung der Untersuchungsobjekte

Bei der Untersuchung der 147 mit BSE in Verbindung zu bringenden SPS-Notifications wurden 39 Handelspartner der EU mit insgesamt 31 betroffenen oder potentiell betroffenen Produkten identifiziert[272].

Hierbei wurde der Inhalt aller Meldungen nach Stichwörtern durchsucht, die einen positiven Hinweis gaben, dass die Meldung im Zusammenhang mit der Rinderseuche BSE von der entsprechenden nationalen Stelle veröffentlicht und eine Handelsmaßnahme etabliert wurde. Im zweiten Schritt wurden die Länder identifiziert, die diese Meldung veröffentlichten.

Im dritten Schritt wurden die Produkte identifiziert, die durch Maßnahmen betroffen wurden, die der Meldung zugrunde lagen. Diese Identifikation stellte sich aufgrund der inhomogenen Art der Meldungen als schwierig heraus. Durch die wenigen WTO-Vorgaben bei der Erstellung durch die nationale Meldestelle[273] ist zwar die Nennung der Produkte oder Produktkategorien erforderlich, wird aber in der Praxis entweder nicht korrekt durchgeführt oder nicht einheitlich beschrieben.

Es wurde deshalb bei der Identifikation angenommen, dass die Informationen über das Gefährdungspotential von bestimmten Produkten oder Produktgruppen in allen Ländern gleich vorhanden sind[274]. Darüber hinaus wird angenommen, dass die politischen Akteure in den zu untersuchenden Ländern gleich risikoavers[275] sind und bezüglich ihrer Maßnahmen ähnliche Entscheidungen im Bereich des Außenhandels treffen. Darauf aufbauend wird abschließend angenommen, dass alle zur Untersuchung herangezogenen Länder ihre Handelsmaßnahmen auf die gleichen Produkte und Produktkategorien angewendet haben, wenn die identifizierte Maßnahme mit BSE in Verbindung gebracht wurde.

Bei der Auswahl der EU-Handelspartner wurden bewusst alle Länder des Beobachtungszeitraumes bis 31.02.2002 herangezogen[276], die bis zu diesem Zeitpunkt eine Meldung zum Thema BSE veröffentlicht hatten. Damit wurden alle Handelspartner der EU

---

[272] Zum Vergleich: Im Zeitraum von 1995 bis 1999 wurden 131 SPS-Meldungen im Zusammenhang mit Geflügelprodukten veröffentlicht [JOSLING, ORDEN und ROBERTS (2001)].

[273] Siehe hierzu Kap. 3.

[274] Durch den globalen Austausch von wissenschaftlichen Ergebnissen und Nachrichten im Allgemeinen.

[275] Siehe zum Thema Risikoaversion auch MAGAT und VISCUSI (1992).

[276] Zur Erinnerung: Der Beobachtungszeitraum ist nicht identisch. Er umfasst einen kürzeren Zeitraum bis einschließlich 30.06.2001.

erfasst, die sich ernsthaft der Handhabung des Instrumentes der WTO-Notifications bedienen[277].

Folgende WTO-Mitglieder bzw. EU-Handelspartner wurden in den Datensatz aufgenommen[278]:

Argentinien (1), Australien (14), Bahrain (24), Brunei (25), Bulgarien (19), Chile (11), China (20), Costa Rica (9), Tschechoslowakei (4), Guatemala (22), Hong Kong (23), Indien (26), Indonesien (27), Israel (28), Japan (29), Jordanien (39), Kanada (12), Kolumbien (10), Lettland (31), Macao (32), Malaysia (33), Marokko (34), Mexiko (8), Neuseeland (7), Panama (35), Peru (36), Philippinen (6), Polen (5), Rumänien (37), Schweiz (13), Singapur (15), Slowakei (16), Slowenien (38), Südkorea (30), Thailand (17), Tschechische Rep. (21), Ungarn (3), Uruguay (18), USA (2).

In Schaubild 7.2-4 ist dargestellt, wie sich die einzelnen Meldungen auf die jeweiligen Meldeländer und den Zeitraum bis 31.05.2002 verteilen. Es ist auch hier deutlich eine Häufung der Meldungen im oberen Bereich[279] der Darstellung zu sehen, die sich relativ gleichmäßig über alle Länder hinweg bewegt.

Schaubild 7.2-4: SPS-Meldungen im Zusammenhang mit BSE im Zeitraum vom 01.01.1995 bis 31.05.2002 im Bezug zu den meldenden Ländern[a)]

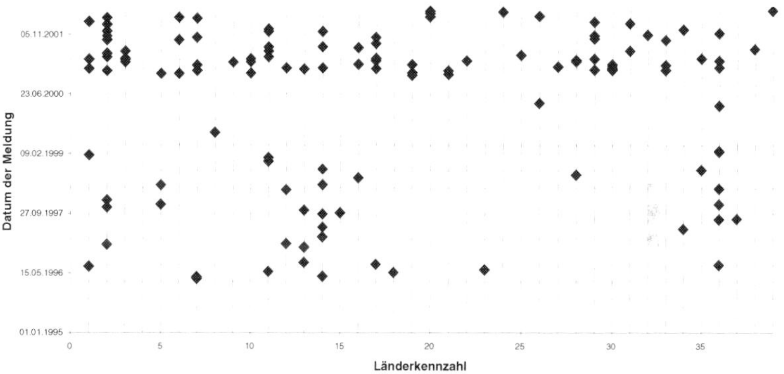

a) = Länderkennzahlen: Argentinien (1), Australien (14), Bahrain (24), Brunei (25), Bulgarien (19), Chile (11), China (20), Costa Rica (9), Tschechoslowakei (4), Guatemala (22), Hong Kong (23), Indien (26), Indonesien (27), Israel (28), Japan (29), Jordanien (39), Kanada (12), Kolumbien (10), Lettland (31), Macao (32), Malaysia (33), Marokko (34), Mexiko (8), Neuseeland (7), Panama (35), Peru (36), Philippinen (6), Polen (5), Rumänien (37), Schweiz (13), Singapur (15), Slowakei (16), Slowenien (38), Südkorea (30), Thailand (17), Tschechische Rep. (21), Ungarn (3), Uruguay (18), USA (2).

Quelle: Eigene Zusammenstellung aus WTO (2002).

---

277 Es ist anzunehmen, dass einige Länder im Untersuchungszeitraum zwar Handelsmaßnahmen der EU gegenüber durchführten, aber sich der verpflichtenden Meldung über die WTO-Homepage verweigerten. Mit der Auswahl der Länder, die sich dieser Meldung auch über den eigentlichen Untersuchungszeitraum bis 30.06.2001 bedienten, ist anzunehmen, dass sie auch frühere Handelsmaßnahmen gemeldet hätten, wenn diese von ihnen etabliert wurden.

278 In Klammern die interne Zuordnung von Nummern zur einfacheren Darstellung in den folgenden Tabellen und Schaubildern.

279 Gegen Ende des Beobachtungszeitraumes.

Weiterhin ist der Darstellung zu entnehmen, dass es bei der Häufigkeit von Meldungen Unterschiede über die Länder hinweg gibt. So ragen die USA (2), Australien[280] (14) und Peru (36) im Vergleich zu den anderen Nationen heraus. Die USA zeichnen sich durch eine Konzentration der Meldungen Ende 2001 bzw. Anfang 2002 aus, während Peru und Australien eine über den gesamten Beobachtungszeitraum kontinuierliche Verteilung aufweisen.

7.2.3.3 Inkrafttreten der einer Meldung zugrunde liegenden Außenhandelsmaßnahme

Bisher wurde lediglich vom Datum der Meldung gesprochen. Viel wichtiger ist jedoch das tatsächliche Inkrafttreten der Außenhandelsmaßnahme, die der Meldung zugrunde liegt.

Somit wurde das Datum des Inkrafttretens ("proposed date of entry into force") der entsprechenden Notification herausgearbeitet. Hierbei wurden wie bei allen anderen Bearbeitungsschritten, in der Auswertung der inhomogenen Meldungen Kompromisse eingegangen. Nicht immer ist in den SPS-Meldungen das Datum des Inkrafttretens genannt:

- In solchen Fällen wird zuerst auf das Datum der "adaption" geachtet[281]. Wenn dieses Datum vorhanden war, wurde es mit dem Datum des Inkrafttretens gleichgesetzt[282]. Wenn nicht vorhanden, wurde angenommen, dass die Notification sofort in Kraft getreten ist oder vielleicht sogar zum Zeitpunkt der Meldung in Kraft war und den Handel damit bereits beeinflusste.
- Wenn in der jeweiligen Meldung vermerkt war, dass die entsprechende nationale Behörde[283] des Landes die Regelungen der Notifications auf jeden Fall umsetzen wollte[284], wurde ebenfalls das Datum der Bekanntgabe herangezogen.
- Wenn mehrere Daten als Anhaltspunkte zur Bestimmung des Inkrafttretens zur Verfügung standen, wie z. B. "deadline for submission of comments", "proposed date of adaption" usw., wurde das jüngste Datum herangezogen. Wenn dieses Datum

[280] Australien zeichnet sich generell durch eine überdurchschnittlich häufige Nutzung des Systems der SPS-Meldungen aus [o.V. (2002)] .

[281] Meldung G/SPS/N/EEC/51 ist ein weiteres Beispiel wie mit dem Informationsdefizit umgegangen wurde. Dort wird lediglich genannt, dass die Maßnahme 20 Tage nach der "adaption" in Kraft tritt. In diesem Fall wurde angenommen, dass zuerst der Zeitraum abgewartet wird, der für Kommentare bereit gestellt wurde und danach erst (frühestens) ein Tag nach dieser Periode veröffentlicht werden konnte. Dies bedeutet, dass 21 Tage nach diesem Stichtag (für die Kommentare) im Idealfall die Maßnahme in Kraft trat.

[282] Bsp.: G/SPS/N/POL/6 sowie Bsp.: G/SPS/N/ARG/51 zeigen, dass eine Maßnahme schon in Kraft ist, wenn sie veröffentlicht wird.

[283] Die Exekutive oder die Legislative.

[284] Im Original wird der Begriff "to be determined" verwendet.

mitten im Monat war, wurde der nächste Erste des Folgemonats als Datum des Inkrafttretens eingetragen[285, 286].

Schaubild 7.2-5 zeigt die Unterschiede zwischen dem Datum der Meldung und dem des identifizierten Inkrafttretens der jeweiligen Meldungen.

Schaubild 7.2-5: Inkrafttreten und Meldedatum der SPS-Meldungen im Zusammenhang mit BSE im Zeitraum vom 01.01.1995 bis 30.06.2001 im Bezug zu den meldenden Ländern[a)]

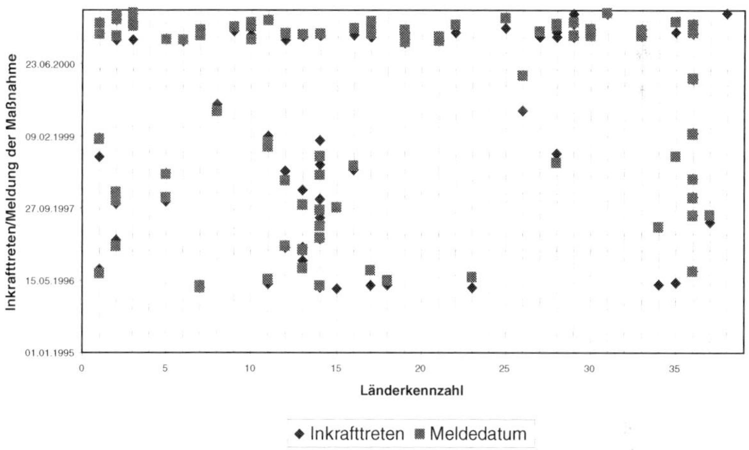

a) = Länderkennzahlen: Argentinien (1), Australien (14), Bahrain (24), Brunei (25), Bulgarien (19), Chile (11), China (20), Costa Rica (9), Tschechoslowakei (4), Guatemala (22), Hong Kong (23), Indien (26), Indonesien (27), Israel (28), Japan (29), Jordanien (39), Kanada (12), Kolumbien (10), Lettland (31), Macao (32), Malaysia (33), Marokko (34), Mexiko (8), Neuseeland (7), Panama (35), Peru (36), Philippinen (6), Polen (5), Rumänien (37), Schweiz (13), Singapur (15), Slowakei (16), Slowenien[287] (38), Südkorea (30), Thailand (17), Tschechische Rep. (21), Ungarn (3), Uruguay (18), USA (2).

Quelle: Eigene Zusammenstellung aus WTO (2002).

Zwei Besonderheiten in der Darstellung des Schaubildes 7.2-5 sind anzusprechen. So finden wir mit den Ländern Tschechoslowakei (4), China (20), Bahrain (24), Macao (32) und Jordanien (39) Länder, die im verkürzten Beobachtungszeitraum keine Meldung vorweisen

---

[285] Bsp.: G/SPS/N/USA/180.

[286] Da die folgende Analyse der Daten auf Monatsbasis durchgeführt werden sollte, musste eine Zuordnung der Maßnahme zu einem Monat durchgeführt werden. Somit wurde angenommen, dass aufgrund der Verwaltungsmaßnahmen eine Maßnahme, die in einem Monat beschlossen wurde, frühestens im Folgemonat vollständig Wirkung zeigen konnte.

[287] Im Falle Sloweniens wurde die Maßnahme im Juli 2001 bekannt gegeben, während aus der Notification zu entnehmen ist, dass sie bereits zum Juni in Kraft getreten war. Aus diesem Grund ist in dieser Darstellung des Zeitraumes bis Juni 2001 das Meldedatum dieser Maßnahme nicht enthalten.

können. Darüber hinaus ist zu sehen, dass der Großteil der Maßnahmen mit dem Zeitpunkt der Meldung in Kraft getreten sind oder in Kraft getreten waren.

Insgesamt konnten für den eingeschränkten Beobachtungszeitraum vom 01.01.1995 bis 30.06.2001 106 Meldungen identifiziert werden, die wirksam sein sollten.

7.2.4 Datenerhebung der erklärenden und der zu erklärenden Variablen des klassischen Gravitationsmodells

7.2.4.1 Der Handelswert BSE-bezogener Produkte als zu erklärende Variable

Mit der Annahme, dass alle zur Untersuchung herangezogenen Länder ihre Handelsmaßnahmen auf die gleichen Produkte und Produktkategorien angewendet haben, wird die zu erklärende Variable ermittelt, wenn die identifizierte Maßnahme bzw. SPS-Meldung mit BSE in Verbindung gebracht wurde.

Durch die inhomogene Art des Meldewesens ist in den meisten Fällen nicht ersichtlich, welche Produkte und Produktkategorien von der zugrunde liegenden Maßnahme betroffen sind[288]. Aus diesem Grund wurden alle mit BSE in Verbindung gebrachten Meldungen gesichtet und nach Hinweisen auf potentiell betroffene Produkte durchsucht. Das Ergebnis ist eine in Tabelle 7.2-1 dargestellte Liste unterschiedlicher Produkte. Wie oben dargestellt, wird im Folgenden angenommen, dass alle Länder ihre Maßnahmen gegenüber diesen in Tabelle 7.4-1 aufgeführten Produkten durchführen, auch wenn in der entsprechenden Notification eigentlich kein Hinweis darauf gefunden wurde.

Das Ergebnis der Auswertung der SPS-Notifications ist eine sehr lange und scheinbar heterogene Liste an Produkten und Produktgruppen, die im Zusammenhang mit BSE genannt werden. In den Notifications selber wird kein Hinweis auf die Zusammenhänge zwischen der möglichen Gefahr einer Übertragung der Tierkrankheit BSE mit den darin genannten Produkten geliefert. In einigen Fällen, wie lebenden Rindern, frischem, gefrorenem oder gekühltem Fleisch, ist ein möglicher Zusammenhang scheinbar auf den ersten Blick ersichtlich[289], während er in anderen Fällen wie Hutstumpen und Enzymen wohl nicht direkt erkennbar ist. Die Frage ist jedoch auch nicht, ob die veröffentlichten Handelsrestriktionen gerechtfertigt sind, sondern ob diese einen tatsächlichen Handelseffekt nach sich ziehen und wie groß dieser ist.

---

[288] In 91 der 106 Meldungen konnten die betroffenen Produkte nicht eindeutig identifiziert werden.

[289] Aufgrund der mittlerweile veröffentlichten wissenschaftlichen Grundlagen zu den Übertragungswegen der Krankheit. Diese Informationen waren jedoch zum Zeitpunkt der Veröffentlichung der SPS-Meldungen sowie der Ausbreitung der Krankheit in dem heutigen Umfang und der entsprechenden Qualität nicht vorhanden.

Tabelle 7.2-1: Potentiell durch BSE betroffene Produkte / Produktkategorien

Produkte/Produktkategorie	Kombinierte Nomenklatur
Lebende Tiere	0102
Frisches oder gekühltes Fleisch	0201
Gefrorenes Fleisch	0202
Wurstwaren und verwandte Produkte	1601
Fleisch, Schlachtnebenerzeugnisse oder Blut, zubereitet oder haltbar gemacht (ausgenommen Würste und ähnliche Erzeugnisse sowie Extrakte oder Säfte von Fleisch)	1602
Extrakte und Säfte von Fleisch, Fischen, Krebstieren, Weichtieren und anderen wirbellosen Wassertieren	1603
Fett von Rindern, Schafen oder Ziegen, roh oder ausgeschmolzen, auch ausgepresst oder mit Lösungsmitteln ausgezogen	1502
Teigwaren, auch gekocht oder mit Fleisch und anderen Stoffen gefüllt oder in anderer Weise zubereitet	1902
Mehl und Pellets von Fleisch, von Schlachtnebenerzeugnissen, von Fischen oder von Krebstieren, von Weichtieren oder anderen wirbellosen Wassertieren, ungenießbar	2301
Zubereitungen von der zur Fütterung verwendeten Art der Rückstände und Abfälle der Lebensmittelindustrie, zubereitetes Futter	2309
Gelatine und ihre Derivate, Hausenblase, andere Leime tierischen Ursprungs	3503
Waren tierischen Ursprungs, nichtlebende Tiere aller Art, ungenießbar	0511
Fleisch und genießbare Schlachtnebenerzeugnisse, gesalzen, in Salzlake, getrocknet oder geräuchert, sowie genießbares Mehl von Fleisch oder Schlachtnebenerzeugnissen	0210
Hutstumpen und Hutrohlinge, geflochten oder durch Verbindung von Streifen aller Art hergestellt	6502
Essbare Abfälle von Rindern	0206
Milch, Sahne, nicht konzentriert	0401
Milch, Sahne, konzentriert	0402
Buttermilch, Joghurt, Kefir, andere fermentierte Produkte	0403
Molke	0404
Butter, andere Milchfette	0405
Käse, Quark	0406
Rohe Häute und Felle	4101
Därme und Blasen	0504
Knochen und Stirnbeinzapfen, Roh, entfettet, einfach bearbeitet, mit Säure behandelt oder entleimt, sowie Mehl und Abfälle davon	0506
Zubereitungen zum Herstellen von Würzsoßen und zubereitete Würzsoßen, zusammengesetzte Würzsoßen, zusammengesetzte Würzmittel, Senfmehl, auch zubereitet, und Senf	2103
Suppen und Brühen	2104
Enzyme, präparierte Enzyme	3507
Vitamine und Pro-Vitamine, auch synthetisch hergestellt	2936
Duftstoffe und Duftwässer	3307
Besen, Bürsten und Pinsel	9603
Parfümzerstäuber und ähnliche Zerstäuber, Puderquasten und Kissen zum Auftragen von Kosmetik- oder Körperpflegemittel	9616

Quelle: Eigene Auswahl auf Grundlage von EUROSTAT.

Hinsichtlich der Größenzuordnung der Handelsströme der einzelnen Produkte zu den jeweiligen Handelspartnern der EU gibt es ebenfalls eine heterogene Struktur. So ist der größte Importeur von den o. g. Produktgruppen, im Durchschnitt des Handelswertes über den Beobachtungszeitraum, die Schweiz gefolgt von Japan. Wird der Fokus auf die Produkte lebende Rinder, gefrorenes, frisches und gekühltes Fleisch (KN 0102, 0201, 0202) gerichtet, so sind die Hauptimporteure der EU, gemessen am Durchschnitt des Importwertes über den Beobachtungszeitraum, die Schweiz und Marokko. Eine Übersicht über die Entwicklung der Handelswerte zeigen die Schaubilder 7.2-6 sowie 7.2-7[290].

Schaubild 7.2-6: Importwerte Japans und der Schweiz bezüglich der 31 mit BSE in Zusammenhang gebrachten Produktgruppen aus der EU

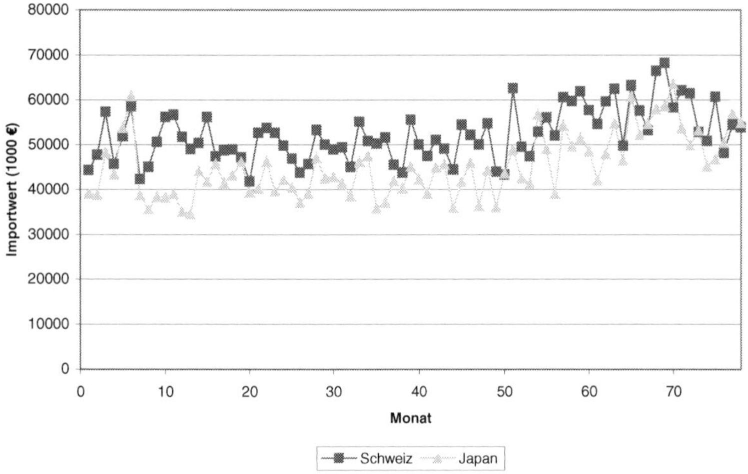

Quelle: Eigene Berechnungen auf der Grundlage von EUROSTAT.

Bei der Betrachtung der Handelswerte ist zu erkennen, dass die Werte monatlich stark schwanken. Insgesamt kann jedoch von einem recht gleichmäßigen Verlauf über den hier dargestellten Beobachtungszeitraum von 78 Monaten gesprochen werden, der keinem klar erkennbaren Trend folgt. Bei der Betrachtung der Importwerte für die drei bereits o. g. Produktgruppen sind in Schaubild 7.2-7 ähnliche Beobachtungen zu machen. Auch hier schwankt der monatliche Importwert relativ stark

[290] Eine graphische Aufbereitung der Entwicklung der Importwerte aller 31 identifizierten Produktgruppen findet sich in Anhang A4.

Schaubild 7.2-7: Importwerte Marokkos und der Schweiz von lebenden Rindern, Fleisch gefroren, frisch und gekühlt aus der EU

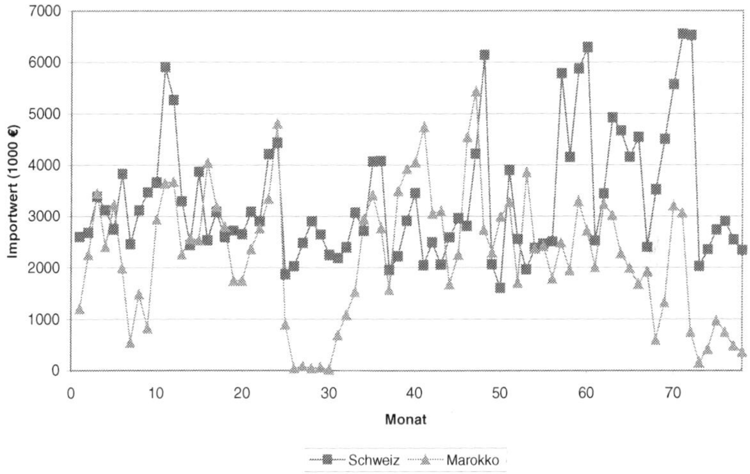

Quelle: Eigene Berechnungen auf der Grundlage von EUROSTAT.

Zwei Auffälligkeiten sind jedoch bemerkenswert. Zum einen nehmen die Schwankungen der Importwerte für die Schweiz im letzten Drittel des Beobachtungszeitraumes stark zu. Zum anderen kann bei den Importwerten Marokkos im gleichen Zeitraum ein negativer Trend in den Importwerten vermutet werden.

Zusammenfassend kann bei der Betrachtung der Handelsstatistik zu diesem Zeitpunkt festgehalten werden, dass es durch die angekündigten Handelsmaßnahmen der EU-Handelspartner zu keinem völligen Handelsstop mit den Produkten gekommen ist. Der Handelseffekt muss demnach deutlich geringer als 100 % ausfallen.

7.2.4.2 Die erklärenden Variablen

Die hier Verwendung findenden erklärenden Variablen sind die klassischen erklärenden Variablen des Gravitationsmodells, wie sie bereits in Kapitel 6 verwendet wurden. Dabei handelt es sich um das Bruttosozialprodukt sowohl absolut als auch relativ zur Bevölkerung des jeweiligen Landes. Aber auch die Entfernung der jeweiligen Handelspartner ist eine zentrale Größe zur Erklärung des bilateralen Handels.

7.2.4.2.1 Die Dummyvariable für BSE-bezogene Handelsmaßnahmen

Ein wichtiger Aspekt in der Modellierung dieser Arbeit ist nicht das Bestreben, die Koeffizienten der klassischen erklärenden Variablen zu erhalten, zu bewerten und mit den bereits in der Literatur zu findenden Koeffizienten zu vergleichen. Wichtiger sind die Koeffizienten der über das klassische Modell hinaus reichenden erklärenden Variablen[291]. Zentraler Bestandteil der Erklärung des bilateralen Handels dieser Arbeit soll die aus den SPS-Notifications gewonnene Erkenntnis über den Zeitpunkt der mit BSE in Zusammenhang zu bringenden Meldungen sein. Zu diesem Zweck wurde aus den Informationen eine Dummyvariable generiert.

Da die Arbeit auf Basis monatlicher Daten durchgeführt werden soll, nimmt sie in dem Monat, in dem eine mit BSE in Verbindung gebrachte Maßnahme identifiziert wurde, den Wert Eins an. Wenn die Handelsmaßnahme beendet wird, sollte die Dummyvariable wieder den Wert Null annehmen. Da bereits die Meldung zur Etablierung einer Maßnahme nicht in jedem Fall zuverlässig durchgeführt wurde, ist darüber hinaus wohl auch nicht gewährleistet, dass das Ende einer Maßnahme zuverlässig gemeldet wurde und die Information somit auch nicht in jedem Fall über die WTO-Homepage verfügbar war. Es wird demnach hier angenommen, dass die Handelsmaßnahmen, die im Zusammenhang mit BSE identifiziert und im überwiegenden Maße zum Ende des vorliegenden Beobachtungszeitraumes etabliert wurden, auch noch bis zu seinem Ende (dem 30.06.2001) in Kraft waren[292].

Eine weitere Annahme hinsichtlich der Handhabung der BSE-Notifications und der sich dahinter verbergenden handelspolitischen Maßnahmen hat mit der noch jungen Vergangenheit des Instrumentariums zu tun. Viele der mit BSE in Verbindung zu bringenden Notifications, die bereits sehr früh nach Etablierung des SPS-Abkommens und des Meldewesens veröffentlicht wurden, werden dieser Annahme entsprechend keine oder nur eine kurze Lebensdauer besessen haben. Indizien, die diese Annahme untermauern, sind die erst langsam ansteigende Anzahl von Meldungen insgesamt sowie die Feststellung, dass die wenigen bereits sehr früh im Zusammenhang mit BSE identifizierten Maßnahmen im Beobachtungszeitraum nicht wieder als außer Kraft gemeldet wurden. Dies legt den Verdacht nahe, dass sie nur eine sehr kurze Lebensdauer und marginale Handelseffekte hatten oder im Extremfall vielleicht nie in Kraft getreten waren.

Um dieser Annahme gerecht zu werden, wird die Dummyvariable in der Art modifiziert, dass sie in dem Monat, dem eine SPS-Meldung zugeordnet werden kann, eine Eins annimmt. Im Folgemonat nimmt diese wieder den Wert Null an. Grund hierfür ist die Annahme, dass es sich bei diesen sehr frühen Meldungen mehr um außenpolitische Signale an die EU und innenpolitische Beruhigungsparolen handelte als um tatsächliche handelspolitische

---

[291] Das klassische Gravitationsmodell wurde bereits mehrfach auf seine Anwendbarkeit getestet, so dass der interessanteste Aspekt die für die spezielle Fragestellung eingefügten neuen erklärenden Variablen sind [FITZSIMONS, HOGAN und NEARY (1999)]. Dies sind häufig Dummyvariablen wie z. B. in der Arbeit von AITKEN (1973) zur europäischen Integration.

[292] Siehe hierzu auch die Schaubilder 7.2-4 und 7.2-5.

Maßnahmen. Lediglich wenn eine weitere Meldung dieser Ersten folgte, wird diese Dummyvariable dauerhaft auf den Wert Eins geschaltet. Diese Regelung gilt einheitlich für alle Länder bis Ende 1998. Wird bei einem Land erst nach diesem Zeitpunkt eine SPS-Meldung im Zusammenhang mit BSE identifiziert, führt dies zu einer dauerhaften Umschaltung der kumulierten BSE-Dummy.

Wie bereits geschildert, konnten die einzelnen Meldungen aufgrund der inhomogenen und wenig standardisierten Meldeweise in den seltensten Fällen einem Produkt oder mehreren Produkten bzw. Produktkategorien zugeordnet werden. Aus diesem Grund wurde auf Basis der o. g. Annahmen angenommen, dass alle Produkte, die durch die Meldeländer mit einer Übertragung von BSE in Verbindung gebracht wurden, betroffen und im Handel beeinflusst wurden.

Da hinsichtlich der Produkte durch die Gleichbehandlung der einzelnen Meldungen nicht differenziert wurde, sorgte jede Erstmeldung eines Handelspartners der EU für ein Umschalten der Dummy von Null auf Eins. So war die in der zeitlichen Abfolge zuerst identifizierte Meldung die entscheidende für die Dummyvariable. Die der ersten Meldung nachfolgenden Meldungen veränderten die Dummyvariable dann nicht mehr, da sie bereits auf Eins geschaltet war[293].

7.2.4.2.2 Die quantitativen erklärenden Variablen

Die quantitative(n) erklärende(n) Variable(n) liegen als nominale Werte auf monatlicher Basis in ECU bzw. Euro vor. Während die SPS-Meldungen mit gelegentlichen Ausnahmen taggenau zugeordnet werden können, sind die zu erklärenden Variablen, wie das Bruttoinlandsprodukt, für die Mehrheit der Länder nur jährlich verfügbar.

Also wurden die jährlichen Bruttoinlandsprodukte pro Kopf, die in nationaler Währung des jeweiligen Landes recherchiert wurden, mit Hilfe der verfügbaren durchschnittlichen jährlichen Wechselkurse der nationalen Währung zum Dollar in die Einheitswährung Dollar umgerechnet[294]. Diese jährlichen Daten wurden durch 12 Monate dividiert[295], um ein durchschnittliches monatliches Bruttoinlandsprodukt (gesamt oder pro Kopf) zu erhalten.

Dann wurde der monatlich verfügbare Wechselkurs des ECU bzw. Euro pro Dollar herangezogen, um die jährlichen Durchschnittswerte in monatliche Werte mit Schwankungen des Außenwertes umzurechnen.

Da die EU der Handelsplatz mit der Einheitswährung ECU bzw. Euro war, bestimmt der Wert des jeweiligen Bruttoinlandsproduktes bzw. die in dieser Währung gemessene Kaufkraft die Nachfrage und somit den Handelsstrom des Importlandes auf dem Markt der EU.

---

[293] Siehe zur Veranschaulichung Tabelle 7.2-2.

[294] Dies wurde auch mit dem Bruttoinlandsprodukt der EU gemacht. Für eine detailliertere Darstellung der Berechnung und der damit verbundenen Vergleichbarkeit siehe Anhang A5.

[295] Mit Hilfe der jährlichen Bevölkerungsstatistik wurde auch der jeweilige Pro-Kopf-Wert errechnet.

7.2.4.2.3 Das Deflationieren

Ein mit Daten einer Zeitreihe einhergehendes Problem ist die Frage nach der Bereinigung der verwendeten Werte um die jeweiligen Preissteigerungen. Das Bereinigen der Werte sollte gerade aufgrund der Tatsache angesprochen werden, dass hierbei auch Preise als zu erklärende Variable mit einfließen. So ist die zu erklärende Variable des Exportwertes aus der Exportmenge multipliziert mit dem Preis entstanden.

Neben dem intertemporalen Kaufkraftvergleich, dem in erster Linie die Preisindizes der Lebenshaltung dienen, gibt es auch noch den interregionalen Preisvergleich zwischen Ländern mit verschiedenen Währungen [BLEYMÜLLER, GEHLERT und GÜLICHER (2000)]. Dieser interregionale Preisvergleich wird als Kaufkraftvergleich mit Hilfe der Kaufkraftparität bezeichnet [ANGERMANN und STAHMER (1984)]. Ein anderes Maß ist die Valutaparität [BLEYMÜLLER, GEHLERT und GÜLICHER (2000)]. Sie entspricht dem Wechselkurs. Für die tatsächlichen volumenmäßigen Unterschiede bei den Sozialproduktsberechnungen verschiedener Länder sollte in der Regel der Kaufkraftvergleich herangezogen werden. Die Kaufkraftparität gibt an, wie viele ausländische Geldeinheiten benötigt werden, um eine bestimmte Gütermenge zu kaufen, die im Inland nur eine einzige inländische Geldeinheit kostet [ANGERMANN UND STAHMER (1984)]. Wenn also jemand seine inländischen Geldeinheiten umtauscht und im Ausland den gleichen Warenkorb kauft, wird er dann gleich viel kaufen können bzw. mehr oder weniger? Ein Problem, was bei der Berechnung der Kaufkraftparität entstehen kann, ist die Vergleichbarkeit. So ist die Berechnung für den Vergleich zweier Länder noch recht einfach, da die beiden dort vorkommenden Verbrauchsgewohnheiten berücksichtigt werden können. Bei dem Vergleich mehrerer Länder jedoch würde es zu nicht übertragbaren Ergebnissen kommen, was bei der Berechnung für die Definition eines Basislandes spricht. Hinzu kommt noch, dass die Verbrauchsgewohnheiten der zu vergleichenden Länder sehr unterschiedlich sind, vor allem wenn es sich um Länder verschiedener Kulturkreise handelt. Das fängt schon mit dem Grundnahrungsmittel Brot an, das in Deutschland als Schwarzbrot, in Frankreich als Weißbrot und in China fast überhaupt nicht verwendet wird.

Für den Außenbeitrag wird keine gesonderte Kaufkraftparität angegeben [ANGERMANN und STAHMER (1984)]. Man geht davon aus, dass die Wechselkurse (Valutaparität) die Paritäten im Außenhandel widerspiegeln, sofern die Währungen frei handelbar sind. Darüber hinaus besteht ein Problem darin, dass die Wechselkurse nicht nur durch die Preisrelationen der Außenhandelsgüter bestimmt sind. Da in dieser Untersuchung jedoch nur mit Gütern operiert wird, die zum einen gehandelt werden und zum anderen als homogene Güter betrachtet werden können, kann weiter angenommen werden, dass es keine Preisrelationsunterschiede zwischen In- und Auslandspreis der betreffenden Güter gibt und damit auch keine weiteren Probleme bei der Anwendung dieser Preisschemata. Tabelle 7.2-2 verschafft einen Überblick über die Art der zur Verfügung stehenden Daten.

Tabelle 7.2-2: Beispielhafte Darstellung der Basisdaten[a)]

Zeit (Monat)	Importland j (1-39)	Produkt (1-31)	Y_i (ECU/Euro)	Y_j (ECU/Euro)	SPS-Meldung	Dummy
1	1	1+2+3+...+31	5,79643E+11	1,73E+10	0	0
2	1	1+2+3+...+31	5,71409E+11	1,71E+10	0	0
3	1	1+2+3+...+31	5,46085E+11	1,63E+10	1	1
4	1	1+2+3+...+31	5,36164E+11	1,60E+10	0	1
5	1	1+2+3+...+31	5,44193E+11	1,63E+10	0	1
...	...	...	...	...	...	...
76	1	1+2+3+...+31	7,39095E+11	2,51E+10	1	1
77	1	1+2+3+...+31	7,54126E+11	2,56E+10	0	1
78	1	1+2+3+...+31	7,72717E+11	2,63E+10	1	1

a) Zur Erläuterung: Zeit = 1. Monat entspricht Januar 1995; Importland entsprechend der Nummerierung in Kap. 7.2.3.2; Produkt: Summe der 31 mit BSE in Verbindung zu bringenden Produkte; $Y_{i(j)}$: Einkommen des jeweiligen Exportlandes (i) (Importlandes (j)); SPS-Meldung: Meldung im Zusammenhang mit BSE identifiziert; Dummy aus dem Datum der identifizierten SPS-Meldung entstanden.

Quelle: Eigene Darstellung.

7.2.4.3 Nullbeobachtungen

Es gibt einige traditionelle Argumente, die mit der Spezifikation der Gravitationsmodelle zu tun haben und später eine Ursache für falsche Ergebnisse sein könnten. Ein wichtiger Grund für solche verzerrten Ergebnisse kann der Ausschluss der Nullbeobachtungen sein [BRUN et al. (2005)].

In dem vorliegenden Datensatz ist aufgrund der Auswahl einiger disaggregierter Produkte des bilateralen Handels mit einer großen Anzahl von Nullbeobachtungen zu rechnen. Schaubild 7.2-8 kann hierzu einen Überblick verschaffen. Hier ist der Anteil der Nullbeobachtungen an den Gesamtbeobachtungen abgetragen. Dabei können auch die Unterschiede zwischen den einzelnen Produkten festgestellt werden. So gibt es Produkte mit einer sehr hohen Anzahl, und Produkte mit einer vergleichsweise kleinen Anzahl von Nullbeobachtungen.

Schaubild 7.2-8: Anteil der Nullbeobachtungen in den ausgewählten Produktgruppen sowie insgesamt

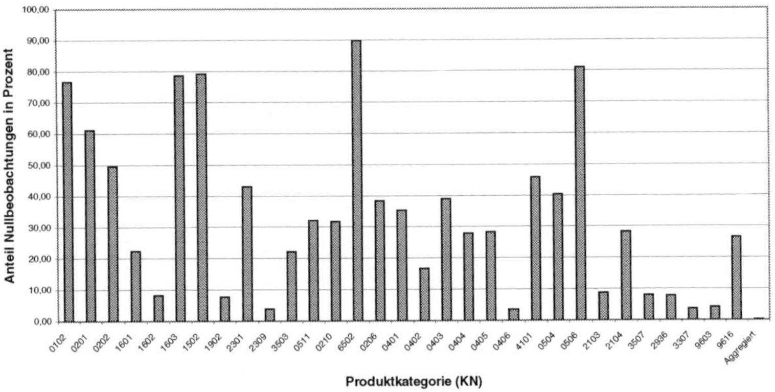

Quelle: Eigene Berechnungen auf der Grundlage von EUROSTAT.

In einer traditionellen Methode zur Beseitigung von Nullbeobachtungen werden diese durch andere Werte ersetzt[296]. Da das Gravitationsmodell jedoch in seiner Art als doppellogarithmisches Modell geschätzt wird, würden diese durch die Beibehaltung der Nullbeobachtungen herausfallen, da der natürliche Logarithmus von Null nicht definiert ist.

Wie in FRANKEL (1997) sowie BRUN et al. (2005) gezeigt wird, können Nullbeobachtungen durch eine Eins ersetzt werden. Der natürliche Logarithmus von Eins ergibt hierbei Null. Die Anzahl der Beobachtungen insgesamt, gerade im disaggregierten Modell, wird dadurch stark erhöht. Sie würde unter der Voraussetzung, dass auch in den anderen Variablen alle Informationen zur Verfügung stehen, die Anzahl der Beobachtungen im vorliegenden Datensatz von knapp 34 % auf 100 % erhöhen.

Als ersten Schritt in der ökonometrischen Analyse des Datensatzes sollen die Ansätze verwendet werden, mit denen bereits der Datensatz des EU-Intrahandels der Jahre 1995 bis 2000 analysiert und das Gravitationsmodell erfolgreich angewendet wurde.

7.3 AGGREGIERTE BERECHNUNG

Die Exportwerte der EU in die zahlreichen Länder des Datensatzes liegen für die 31 identifizierten Produkte, die im Zusammenhang mit BSE erwähnt wurden, disaggregiert vor. Da das Gravitationsmodell in der Literatur überwiegend auf den gesamten aggregierten Exportwert eines Landes angewendet wurde, soll dieser Ansatz in einer etwas modifizierten

[296] Die Nullbeobachtung an sich beinhaltet an sich auch schon eine Information.

Version[297] auch hier als erstes Verwendung finden. Gleichzeitig wird die Vergleichbarkeit mit dem Ansatz und Ergebnissen aus Kap. 6 gewährleistet.

7.3.1 Aggregierte Berechnung des Gravitationsmodells mit absoluten Werten

Für eine aggregierte Schätzung werden alle Produkte, die bei der vorangegangenen Analyse der SPS-Notifications mit BSE in Verbindung gebracht wurden, herangezogen[298].

Es wird die Summe der einzelnen Exportwerte der 31 betroffenen Produkte gebildet, die mit Hilfe der klassischen erklärenden Variablen in Form des Bruttoinlandsproduktes, des Bruttoinlandproduktes pro Kopf sowie der Entfernung der jeweiligen Handelspartner zueinander erklärt werden soll. Dafür wurde aus dem Rohdatensatz eine Datei erstellt. Sie enthält folgende Variablen:

- **$PX_{i,j}^t$**: Summe der Exportwerte der 31 identifizierten Produkte zum Zeitpunkt t[299];
- **Time**: 1 bis 78 Monate für den Zeitraum Januar 1995 bis Juni 2001;
- **Land**: 39 Handelspartner der EU. Ausgewählt auf Basis der SPS-Notifications im Zusammenhang mit BSE[300];
- **Y_i^t**: Bruttoinlandsprodukt des Exportlandes[301] (EU) in ECU (Euro) (absolut und nominal) pro Monat zum Zeitpunkt t;
- **Y_j^t**: Bruttoinlandsprodukt des Importlandes in ECU (Euro) absolut pro Monat zum Zeitpunkt t (inklusive monatliche Schwankungen durch Wechselkurs)[302];
- **$Dist_{i,j}$**: Entfernung der Handelspartner i und j in km;
- **Y_i^t/Bev_i^t**: GDP pro Kopf in der EU gemessen in ECU bzw. Euro (relativ und nominal) jeweils zum Zeitpunkt t;
- **Y_j^t/Bev_j^t**: GDP pro Kopf im Importland in ECU bzw. Euro (relativ und nominal);
- **$DBSEk_{i,j}^t$**: Dummy für eine BSE-Notification gegen die EU (i) des jeweiligen Importlandes (j) jeweils zum Zeitpunkt t; nimmt den Wert Eins an und behält diesen für den Rest des Untersuchungszeitraumes[303].

---

297 Die klassische Verwendung ist die Abbildung des gesamten Außenhandels eines Landes oder anders abzugrenzenden Region. Hier liegen allerdings nur die im Zusammenhang mit BSE identifizierten Produkte zur Untersuchung vor.

298 Es handelt sich somit nicht um die klassische Anwendung des Gravitationsmodells; das Modell hat aber dennoch artverwandte Vorbilder in der Literatur.

299 Der Variablenname Rind wurde deshalb gewählt, da es sich in den ausgewählten Produkten entweder um Rindfleisch, dessen Produkte oder Derivate handelt.

300 Alle Länder, die mindestens eine Meldung im Zusammenhang mit BSE über die Plattform der WTO gemeldet haben, wurden in die Strichprobe einbezogen. Dahinter steckt die Annahme, dass zwar andere Länder, die nicht über die WTO gemeldet haben (aus welchen Gründen auch immer), auch Handelseffekte in ihrem Außenhandel haben, die der meldenden Länder jedoch nachweisbar und damit quantifizierbar sind.

301 Da diese Untersuchung ihren Fokus auf den Exportstrom der EU hat, handelt es sich bei den Kennzahlen für das Exportland durchweg um die der EU.

302 Dic in der internationalen Statistik zu findende Abkürzung für Bruttoinlandsprodukt lautet GDP. Daher beginnt der Variablenname mlt G.

303 Ausnahme bilden vereinzelte Meldungen, die bereits sehr früh im Beobachtungszeitraum gemeldet wurden (siehe hierzu 7.2.4.2.1).

In einer ersten Analyse wird hier der klassische Ansatz eines Gravitationsmodells mit Bruttoinlandsprodukt des Im- und Exportlandes als erklärende Variablen für den Exportwert geschätzt. Entsprechend der in der Literatur abgedruckten und in Kapitel 6 reproduzierten Ergebnisse erwarten wir signifikant positive Regressionskoeffizienten der erklärenden Variablen Einkommen sowohl für das des Export- als auch für das des Importlandes.

Die Ergebnisse der Analyse des einfachen Gravitationsmodells in Tabelle 7.3-1 erstaunen auf den ersten Blick. Nach den in der Literatur gemachten Erfahrungen mit dem klassischen Gravitationsmodell sowie der erfolgreichen Anwendung auf den Datensatz des EU-Intrahandels, hätte man, ohne die besonderen Umstände zu beachten, auch auf diesen Datensatz angewandt ähnliche Schätzergebnisse erwartet.

Tabelle 7.3-1: Modell des aggregierten Exportes aller mit BSE in Verbindung gebrachten Produkte auf Basis eines einfachen Gravitationsmodells[a)]

$$\ln PX^{t}_{i,j} = \ln \beta_0 + \beta_1 \ln Y^{t}_{i} + \beta_2 \ln Y^{t}_{j} + F_{i,j}(\varepsilon_{i,j}) + u^{t}_{i,j}$$

	$\ln \beta_0$	β_1	β_2	$F_{i,j}$	$\varepsilon_{i,j}$ (Varianz)	$u_{i,j}^{t}$ (Varianz)	s^2 (Varianz)	$\overline{R}^2$	LM	F-Test HT	DW
OLS	10,11 (1,58)	-0,8 (-0,33)	0,33*** (31,47)	-	-	-	1,58	0,2537	41,07***	-	0,079***
Fixed	-	0,002 (0,03)	0,33*** (9,32)	39 St.	-	0,126	0,126	0,9406	183,6***	Femp 860,7***	1,00***
Random	8,05*** (4,05)	0,001 (0,002)	0,33*** (10,03)	-	1,45	-	1,58	0,2537	42,26***	HT 0,24	0,079***

a) = * (**, ***) statistisch signifikant auf dem 95 %- (99 %-, 99,9 %-) Niveau; in Klammern empirische t-Werte; n = 2926.

Quelle: Eigene Berechnungen.

Wie jedoch in Tabelle 7.3-1 auch zu sehen ist, konnte lediglich für die erklärende Variable $\mathbf{Y^t_j}$, Bruttoinlandsprodukt des jeweiligen Importlandes, ein signifikanter Regressionskoeffizient ermittelt werden. Er liegt mit 0,33 bei OLS, Fixed- und Random-Effects-Ansatz deutlich unter denen der in Kapitel 6 vorgestellten Ergebnissen. Der Erklärungsbeitrag der hier verwendeten Variablen liegt darüber hinaus mit knapp 42 % deutlich unter denen der in der Literatur zu findenden Ergebnissen und auch deutlich geringer als die in Tabelle 6.11-2 zu findenden Bestimmtheitsmaße von über 72 %. Sie wurden mittels eines klassischen Gravitationsmodells auf den EU-Intrahandel angewendet ermittelt.

Der F-Test auf gruppenspezifische Unterschiede im Fixed-Effects-Modell ist hoch signifikant. Der LM-Test ist ebenfalls hoch signifikant. Mit Heteroskedastizität muss in dieser Spezifikation gerechnet werden. Der Hausman-Test (HT) ist jedoch auch signifikant positiv[304]. Die mit dieser Teststatistik einhergehende Einschätzung, dass die Reststreuung des individuellen Effektes mit den unabhängigen Variablen korreliert, lässt das Fixed-Effects-Model präferieren. Der Wert für den Korrekturterm der Random-Effects-Schätzung Theta weist daraufhin, dass die Random-Effects-Schätzung mit der der Fixed-Effects-Schätzung vergleichbar ist[305].

Der DW-Test weist hoch signifikant auf Autokorrelation der Residuen hin. Um dem entgegenzuwirken, wird hier mit der Korrektur nach BEACH und MCKINNON (1978) [zitiert in HALL und CUMMINS (1999b)] vorgegangen (siehe Kap. 6). Die Ergebnisse finden sich in Tabelle 7.3-2.

Tabelle 7.3-2: Modell des aggregierten Exportes aller mit BSE in Verbindung gebrachten Produkte auf Basis eines einfachen Gravitationsmodells um Autokorrelation bereinigt[a)]

$$\ln PX^{t}_{i,j}{}^{\#} = \ln \beta_0{}^{\#} + \beta_1 \ln Y^{t}_{i}{}^{\#} + \beta_2 \ln Y^{t}_{j}{}^{\#} + v^{t}_{i,j}$$

= Transformation der Variablen mittels des iterativ ermittelten Terms[306]: ρ (Rho); $v^t_{i,j}$ = Neue, um Autokorrelation bereinigte, Reststreuung;

	$\ln \beta_0{}^{\#}$	β_1	β_2	ρ	s^2	$\bar{R}^2$	F-Test[b]	DW
AR1 (ExactML)	-4,67 (-0,68)	0,48 (1,86)	0,31*** (5,29)	0,97*** (222,03)	0,148	0,9297	19350,5***	2,36

a) = * (**, ***) statistisch signifikant auf dem 95 %- (99 %-, 99,9 %-) Niveau; in Klammern empirische t-Werte; [b] = Test auf gemeinsame Signifikanz der Regressionskoeffizienten; n = 2926.

Quelle: Eigene Berechnungen.

Die Bereinigung um die Autokorrelation hat das Modell aus Tabelle 7.3-1 deutlich verbessert. So ist das Bestimmtheitsmaß des Modells mit knapp 93 % sehr gut und übertrifft damit das des unkorrigierten Modells mit einem Bestimmtheitsmaß von knapp 26 % deutlich.

[304] Da eine Grundvoraussetzung für die Teststatistik konstante Varianzen sind, muss damit gerechnet werden, dass die Ergebnisse des HT nicht valide sind (siehe Kap.6).

[305] Die Random-Effects-Schätzung ist, wie in Kap. 6.7.3.2 dargestellt, eine Mischung aus einer Fixed-Effects-Schätzung und einer Schätzung der Gruppenmittelwerte. Je nachdem, wie der für die Schätzung notwendige Korrekturwert Thota ausfällt, zeigt sich die Tendenz entweder zu der Fixed-Effects- oder zur OLS-Schätzung hin.

[306] Siehe hierzu auch RAMANATHAN (1998).

Der empirische F-Wert[307] ist mit 19350,5 sehr hoch. Der Tabellenwert[308] für den F-Test ist für diese Schätzung 2,60. Somit ist der F-Wert statistisch höchst signifikant von Null verschieden und auch die Regressionskoeffizienten der Schätzung insgesamt statistisch signifikant von Null verschieden.

Die empirischen t-Werte hingegen haben erwartungsgemäß abgenommen[309]. Da der Regressionskoeffizient der erklärenden Variablen $\mathbf{Y^t}_i$ (Bruttoinlandsprodukt des Exportlandes) in der Schätzung mit Autokorrelation nicht signifikant von Null verschieden war, ist in dieser Modellierung nicht überraschend, dass er auch weiterhin nicht signifikant von Null verschieden ist.

7.3.2 Aggregierte Berechnung des Gravitationsmodells mit relativen Werten

Das in Kapitel 6.3 vorgestellte Gravitationsmodell, das mittels Pro-Kopf-Einkommensvariablen geschätzt wird, hat in der Literatur eine relativ weite Verbreitung[310]. Dementsprechend erscheint es notwendig, auch diese Modellierung auf den hier verwendeten speziellen Datensatz anzuwenden und die Ergebnisse zu analysieren. Aufgrund der auch in der Literatur zu findenden uneinheitlichen Ergebnisse bezüglich der Regressionskoeffizienten der relativen Einkommensvariablen ist auch hier dementsprechend schwer eine Aussage hinsichtlich der Erwartungen bezüglich der Vorzeichen und Größenordnungen zu machen.

Die zu erklärende Variable ist wieder der bereits bekannte aggregierte Exportwert, der mit BSE in Verbindung gebrachten Produkte von Exportland i[311] zum Importland j zum Zeitpunkt t. Die erklärenden Variablen sind das jeweilige absolute wie auch das relative Einkommen des Exportlandes i (Importlandes j) zum Zeitpunkt t sowie die klassische Entfernungsvariable.

Insgesamt haben die Ergebnisse des mit Tabelle 6.11-4 vergleichbaren Ansatzes auch in Tabelle 7.3-3 deutliche Unterschiede hervorgebracht. So sind auch hier Unterschiede in den Werten der Regressionskoeffizienten zu finden. Mit 0,54 beim OLS-Ansatz haben wir für das

---

307 Beim Verfahren zur Bereinigung um Autokorrelation wird der F-Wert nach folgender Formel [Verbeek (2002)] einfach berechnet:

$$F_{emp} = \frac{R^2}{1-R^2} \times \frac{N-k}{k-1}$$

mit: R^2 = Bestimmtheitsmaß, N = Anzahl der Beobachtungen, k = Anzahl der unabhängigen Variablen.

308 Vgl. mit der Tabelle in Ramanathan (1998): F-Verteilung (Irrtumswahrscheinlichkeit 1 %) mit m = 3 (FG des Zählers: k) und n = 2922 (FG des Nenners: N-k-1).

309 In einer Schätzung mit Autokorrelation zeigen die empirischen t-Werte in der Regel höhere Werte an als in Schätzungen ohne Autokorrelation [Ramanathan (1998)].

310 Obwohl das Modell mit relativen Einkommensvariablen in einigen Arbeiten theoretisch untermauert wurde, hat es in der Literatur noch lange nicht die Bedeutung der vergleichbaren Modelle mit absoluten Werten erlangt.

311 Zur Erinnerung sei hier nochmals wiederholt, dass es sich um die EU als Exporteur handelt.

Bruttoinlandsprodukt des Importlandes einen im Betrag deutlich geringeren Regressionskoeffizienten als im vergleichbaren Modell des EU-Intrahandels in Kap. 6.11.4, Tabelle 6.11-4. Er lag dort mit 0,805 deutlich höher und konnte als signifikant von Null verschieden getestet werden. Der Regressionskoeffizient des Bruttoinlandsproduktes pro Kopf des Importlandes ist mit -0,35 im Betrag etwas höher ausgefallen[312], während der der Entfernung mit -0,51 im Betrag deutlich niedriger ist als im vergleichbaren Modell des EU-Intrahandels mit -0,994. Die Regressionskoeffizienten der Variablen, die den Erklärungsbeitrag des Exportlandes liefern sollen, sind auch hier wieder, wie die in Tabelle 7.3-1 zu findenden Ergebnisse, nicht signifikant von Null verschieden.

Tabelle 7.3-3: Modell des aggregierten Exportes auf Basis eines einfachen Gravitationsmodells mit relativen und absoluten erklärenden Variablen[a)]

$$\ln PX_{i,j}^{t} = \ln \beta_0 + \beta_1 \ln Y_i^t + \beta_2 \ln(Y_i^t / Bev_i^t) + \beta_3 \ln Y_j^t + \beta_4 \ln(Y_j^t / Bev_j^t) + \beta_5 \ln Dist_{i,j} + F_{i,j}(\varepsilon_{i,j}) + u_{i,j}^t$$

	$\ln \beta_0$	β_1	β_2	β_3	β_4	β_5	$\varepsilon_{i,j}$ (Varianz)	$u_{i,j}^t$ (Varianz)	s^2 (Varianz)	$\overline{R}^2$	LM	F-Test HT	DW
OLS	275,1 (1,24)	-13,8 (-1,21)	14,67 (1,23)	0,54*** (45,08)	-0,35*** (-24,9)	-0,51*** (-27,36)	-	-	1,14	0,460	8,83**	-	0,108***
Fixed	-	-12,01** (-2,94)	12,72** (2,99)	-0,29 (-1,13)	0,64* (2,47)	-	-	0,125	0,125	0,941	183,5***	Femp 627,45***	1,01***
Rand-om	320,3*** (4,31)	-16,2*** (-4,17)	16,74*** (4,17)	0,47*** (5,19)	-0,13 (-1,46)	-0,45** (-2,97)	1,02	-	1,25	0,411	2,16	HAT 13,36**	0,099***

a) = * (**, ***) statistisch signifikant auf dem 95 %- (99 %-, 99,9 %-) Niveau; in Klammern empirische t-Werte.

Quelle: Eigene Berechnungen.

Auch hier konnte wieder Heteroskedastizität durch den LM-Test im OLS- und Fixed-Effects-Modell signifikant nachgewiesen werden, während der HT das Fixed-Effects-Modell signifikant gegenüber dem Random-Effects-Modell testet[313]. Der F-Test auf gruppenspezifische Unterschiede im Fixed-Effects-Modell ist hoch signifikant. Es konnten somit signifikante Unterschiede in den Handelsbeziehungen der hier definierten Länderpaare nachgewiesen werden.

---

312 Der signifikant von Null verschiedene Regressionskoeffizient hatte den Wert -0,198.

313 Da eine Grundvoraussetzung für die Teststatistik konstante Varianzen sind, muss damit gerechnet werden, dass die Ergebnisse des HT nicht valide sind (siehe Kap.6).

Darüber hinaus ist auch der Erklärungsbeitrag des Modells im Ansatz der OLS-Schätzung bzw. Random-Effects-Schätzung deutlich zurückgegangen. Hier wird erneut offensichtlich, dass es erhebliche Probleme mit der Multikollinearität zwischen den absoluten Variablen und deren relativen Variablen geben könnte. Die Korrelationskoeffizienten sind erwartungsgemäß[314] nahe Eins. Die Korrelationskoeffizienten mit den anderen erklärenden Variablen sind jedoch deutlich geringer. Ein weiteres Indiz für die Multikollinearität im Modell ist das im Fixed-Effects-Modell zu findende hohe Bestimmtheitsmaß mit im Vergleich geringen empirischen t-Werten für die Regressionskoeffizienten der zu erklärenden Variablen.

Auch in dieser Modellierung weist der DW-Test mit einem Wert zwischen 0,099 und 1,01 auf signifikante Autokorrelation der Residuen hin, so dass auch hier zur Vergleichbarkeit mit den oben dargestellten Ergebnissen die Schätzung nach BEACH und MCKINNON (1978) [zitiert in HALL und CUMMINS (1999b)] korrigiert wird. Die Ergebnisse finden sich in Tabelle 7.3-4.

Auch hier hat die Bereinigung des klassischen Modells mit relativen und absoluten Einkommensvariablen um Autokorrelation zu einer deutlichen Verbesserung des Bestimmtheitsmaßes geführt. So stieg der durch das Modell erklärte Anteil der beobachteten Streuung von knapp 46 % auf über 93 %.

Tabelle 7.3-4: Modell des aggregierten Exportes auf Basis eines einfachen Gravitationsmodells mit relativen und absoluten erklärenden Variablen um Autokorrelation bereinigt[a)]

$$\ln PX^{t}{}_{i,j}{}^{\#} = \ln \beta_0{}^{\#} + \beta_1 \ln Y^{t}{}_{i}{}^{\#} + \beta_2 \ln(Y_i^t / Bev_i^t)^{\#} + \beta_3 \ln Y^{t}{}_{j}{}^{\#} + \beta_4 \ln(Y_j^t / Bev_j^t)^{\#} + \beta_5 \ln Dist_{i,j}{}^{\#} + \nu_{i,j}^{t}$$

= Transformation der Variablen mittels des iterativ ermittelten Terms[315]: ρ (Rho); $v^t_{i,j}$ = Neue, um Autokorrelation bereinigte, Reststreuung;

	ln $\beta_0{}^{\#}$	β_1	β_2	β_3	β_4	β_5	ρ	s^2	$\overline{R}^2$	F-Test[b]	DW
AR1 (Exact ML)	640,96*** (4,02)	-32,21*** (-3,98)	32,78*** (4,06)	0,57*** (9,47)	-0,38*** (-5,43)	-0,57*** (-5,76)	0,95*** (177,35)	0,139	0,9341	8300,7***	2,42

a) = * (**, ***) statistisch signifikant auf dem 95 %- (99 %-, 99,9 %-) Niveau; in Klammern empirische t-Werte;

b = Test auf gemeinsame Signifikanz der Regressionskoeffizienten.

Quelle: Eigene Berechnungen.

Der empirische F-Wert[316] ist mit 8300,7 sehr hoch. Der Tabellenwert[317] für den F-Test ist für diese Schätzung 2,10. Somit ist der F-Wert statistisch höchst signifikant von Null

[314] Die Variable Einkommen pro Kopf ist mathematisch mit der Einkommensvariable verknüpft.

[315] Siehe hierzu auch RAMANATHAN (1998).

verschieden und die Regressionskoeffizienten der Schätzung insgesamt statistisch signifikant von Null verschieden. Auch die einzelnen Regressionskoeffizienten konnten hoch signifikant von Null verschieden getestet werden.

Der Regressionskoeffizient der klassischen erklärenden Variablen Entfernung konnte hier ebenfalls mit einem Wert von -0,57 hoch signifikant von Null verschieden getestet werden. Der Wert liegt im Betrag deutlich geringer als der, der im vergleichbaren Modell in Tabelle 6.11-5 mit -1,32 ermittelt wurde. Verglichen mit den in der Literatur zu findenden Ergebnissen entspricht der Wert den Erwartungen[318]. Der im Betrag hohe Wert für das Modell des EU-Intrahandels kann durch die Blockstruktur der zur Untersuchung zugrunde liegenden Länder begründet sein. Der in der EU dominante Transportweg ist die Straße. Hierdurch haben benachbarte Länder eine bessere Ausgangslage beim Handel als Länder, die weiter voneinander entfernt sind und deren Ware durch ein oder mehrere Transitländer transportiert werden muss. Darüber hinaus weisen Länder, die weniger nah zum wirtschaftlichen Zentrum Deutschland-Benelux-Frankreich-Italien liegen, ein deutliches wirtschaftliches Gefälle auf. Dies könnte über die Variable Entfernung zu einer Scheinkorrelation führen. Um diese These zu überprüfen, müssten separate Arbeiten zum europäischen Intrahandel durchgeführt werden[319], auf die hier jedoch verzichtet wurde.

Entgegen den Erwartungen ist der Regressionskoeffizient der Einkommensvariable des Exportlandes negativ. Ein negatives Vorzeichen bei der erklärenden Variable Einkommen des Exportlandes sagt aus, dass mit steigendem Einkommen der Exportwert dieser hier betrachteten Produkte sinkt bzw. mit sinkendem Einkommen der Exportwert der betroffenen Produkte steigt. Es gibt einige Ansätze, die diese unerwarteten Vorzeichen erklären können:

- Angebots- und Nachfragereaktionen der Basis der klassischen Mikrotheorie;
- makroökonomische Unterschiede zwischen den Handelspartnern;
- disaggregierte Betrachtung im Gegensatz zur klassischen aggregierten Betrachtung;
- hoher Verarbeitungsgrad der zu untersuchenden Produktgruppen;
- temporär inhomogene Präferenzen;
- die spezielle Datengrundlage;
- ökonometrische Probleme durch Multikollinearität.

---

[316] Beim Verfahren zur Bereinigung um Autokorrelation wird der F-Wert nach der Formel aus VERBEEK (2002) einfach berechnet (Siehe auch Fußnote 307).

[317] Vgl. mit der Tabelle in RAMANATHAN (1998): F-Verteilung (Irrtumswahrscheinlichkeit 1 %) mit m = 6 (FG des Zählers: k) und n = 2919 (FG des Nenners: N-k-1).

[318] In den Arbeiten von TINBERGEN (1962), PULLIAINEN (1963) und LINNEMANN (1966) finden sich Regressionskoeffizienten im Bereich von -0,56 bis -0,92 [LINNEMANN (1966)].

[319] Da der Gegenstand der Arbeit nicht die detaillierte Abbildung des EU-Intrahandels mittels eines Gravitationsmodells sein soll, wird auf Überprüfung der These verzichtet.

Aus der klassischen Mikrotheorie heraus kann mit einem steigendem inländischen Einkommen die Nachfragekurve nach rechts oben verschoben werden. Dies hat in einer offenen Volkswirtschaft auch Einflüsse auf den heimischen Verbrauch sowie auf die Exportangebotsfunktion des betroffenen Exportlandes. Gleichzeitig kann es je nach Außenhandelssituation und Größe des Landes Auswirkungen auf Preise haben.

Nach der Theorie der Gravitationsmodelle steigt der Wert des Außenhandels mit steigendem Einkommen an. Mit steigendem Einkommen, bei gleichzeitig gleichbleibender Bevölkerungsgröße, steigt der Anteil der kapitalintensiveren Produkte in der Produktion und damit auch im Export. Gleichzeitig sinkt der Anteil der arbeitsintensiveren Produkte im VW-Einkommen und im Exportanteil. Das Vorzeichen der erklärenden Variable Einkommen hängt sehr stark von den jeweiligen Faktoren der Produktion und Nachfrage des jeweiligen Gutes ab. So ist das Vorzeichen erwartungsgemäß positiv, wenn es sich bei der untersuchten Produktgruppe um eine Luxusgut im Konsum handelt, das sehr kapitalintensiv produziert wird und dessen Substitutionselastizität im Konsum über Eins liegt [BERGSTRAND (1989)]. Die erwarteten Vorzeichen eines typischen Gravitationsmodells sind demnach die eines kapitalintensiven Luxusgutes. Diese Erwartungen werden in der Regel bei der Analyse von Handelsströmen zwischen Industrieländern erfüllt. Wird jedoch der bilaterale Handel zwischen Ländern geschätzt, deren Kapitalausstattung unterschiedlich ist und gleichzeitig ein Güterstrom von arbeitsintensiven Produkten herangezogen wird, können sich die erwarteten Vorzeichen entsprechend den Annahmen verändern.

Die erklärende Variable Einkommen ist das Einkommen aus der Summe aller im heimischen Markt produzierten Güter multipliziert mit dem jeweiligen Preis. Das Einkommen eines Landes setzt sich somit aus dem Produktionswert der vielen verschiedenen Güter zusammen, die in dem jeweiligen Land produziert werden. Dabei ist ein Mix aus verschiedensten Gütern festzustellen. Dieser Gütermix reicht von kapitalintensiven Luxusgütern bis zu arbeitsintensiven Agrarrohprodukten. Die Zusammensetzung ist von der jeweiligen Ausstattung mit Arbeit und Kapital und dem entsprechenden Entwicklungsstand abhängig. Im aggregierten Handelsstrom, der in der Regel im Fokus der Untersuchung steht, ist ebenfalls eine Zusammenfassung verschiedenster Produkte zu finden. Im disaggregierten Handel konzentrieren wir uns auf eine oder mehrerer Produktgruppen. Wird der Exportwert eines in der Produktion arbeitsintensiven Gutes als zu erklärende Größe herangezogen und das aggregierte Einkommen von Sektoren verwendet, die zum überwiegenden Teil kapitalintensiv sind, kann es zu Verzerrungen und unterschiedlichen Vorzeichen bei einer disaggregierten Betrachtung kommen. Darüber hinaus können plötzliche Veränderungen in einzelnen Sektoren unterschiedliche Wirkungen haben. Haben wir eine große Veränderung im betrachteten Sektor k, wird die Veränderung im aggregierten Einkommen um so geringer ausfallen, je geringer auch die Bedeutung dieses Sektors an der Gesamtproduktion ist. Andererseits verändert sich das Gesamteinkommen vielleicht auch gar nicht, da der durch den Verlust an heimischen Konsum verringerte Einkommensanteil durch die gestiegenen Exporterlöse ausgeglichen wird.

Im Falle der mit BSE in Verbindung zu bringenden Güter aus den SPS-Notifications finden wir einige Güter, die entsprechend der Produktklassifikation einen hohen Verarbeitungsgrad aufweisen können. Unter diese Produkte fallen z. B. die Gruppe der Wurstprodukte, Enzyme, Duftstoffe, Kosmetikprodukte etc. Diese Produktgruppen können kaum als homogene Produkte mit vollständiger Substitution im Konsum angesehen werden und könnten damit eine der zentralen Annahmen hinsichtlich des Verzichtes auf Preise im klassischen Gravitationsmodell verletzen. Ist dies der Fall, so kann es im klassischen Gravitationsmodell ebenfalls zu verzerrten Ergebnissen kommen. Ein in der Literatur diskutierter Ausweg ist das Einbeziehen von lokalen Preisdifferenzierungen. Dies ist dann sinnvoll, wenn die Konsumenten Güter hinsichtlich ihrer Herkunft differenzieren [BERGSTRAND (1985)].

Ein weiterer Grund für abweichende Vorzeichen können unterschiedliche Präferenzen sein. Im Falle temporärer oder permanenter inhomogener Präferenzen kommt ein Aussage von DEARDORFF (1998) zum Tragen. Ohne Handelsschranken wird der durchschnittliche Handelswert dem des klassischen Gravitationsmodells mit den Einkommen der beiden Handelspartnern als erklärende Variable entsprechen. Gibt es unterschiedliche Präferenzen, werden auch die Ausgabenanteile unterschiedlich sein. Daraufhin wird auch der Wert der exportierten und importierten Güter schwanken, der bei homogenen Präferenzen erreicht wird. Betrachtet man also alle Länderpaare eines Marktes für Produkt k, wird die Summe und der Durchschnitt der Handelsmengen gleich sein, aber die Handelsanteile entsprechend den unterschiedlichen Präferenzen schwanken [DEARDORFF (1998)]. Im Fall des Auftretens von BSE kann es zu solchen Präferenzschwankungen kommen.

Eine weitere Erklärung für das nicht den Erwartungen entsprechende Vorzeichen kann hier die spezielle Datengrundlage bieten. Da wir hier nur ein Exportland und viele Importländer beobachten, kann der Erklärungsbeitrag der Variablen des Exportlandes durch seine geringe Varianz nicht besonders groß sein. Des Weiteren birgt die gleichzeitige Verwendung der relativen und absoluten Einkommensvariablen das Problem der Multikollinearität.

7.3.3 Aggregierte Darstellung des Handels unter Berücksichtigung der durch BSE vermuteten Handelseffekte

Die Verwendung des Bruttoinlandsproduktes des Exportlandes (EU) hat in den bereits vorgestellten Schätzungen hinsichtlich der im klassischen Modell zu erwartenden Vorzeichen zu keinen befriedigenden Ergebnissen geführt. Darüber hinaus bringt der klassische Ansatz mit der Verwendung der relativen und absoluten Größe einer erklärenden Variablen innerhalb eines Modells das Problem der Multikollinearität mit sich.

Unter der Berücksichtigung der bisher erzielten Ergebnisse und der oben geschilderten Problematik hinsichtlich der Verwendung der Einkommensvariable des Exportlandes (EU) sowie hinsichtlich der Verwendung der relativen und absoluten Größe einer erklärenden Variablen innerhalb eines Modells, wurde in den folgenden Schätzungen auf die Verwendung der relativen Einkommensvariable verzichtet.

7.3.4 Aggregierte Berechnung des Gravitationsmodells mit absoluten Werten unter Berücksichtigung möglicher BSE-Handelseffekte

In den folgenden Schätzungen ist die zu erklärende Variable auch weiterhin der aggregierte Exportwert der EU für die bereits beschriebenen 38 Produkte.

Hinzu gekommen ist die Dummyvariable $DBSEk^{t}_{i,j}$. Mit ihr werden die Handelsmaßnahmen der Notifications, die im Zusammenhang mit BSE von den einzelnen Importländern j erfasst und über die WTO veröffentlicht wurden, abgebildet. Diese Dummyvariable nimmt dann den Wert Null an, wenn keine Notification des Landes j gegenüber i (EU) vorliegt. Sie nimmt zu dem Zeitpunkt den Wert 1 an, wenn eine Notification im Zusammenhang mit BSE veröffentlicht wurde bzw. wirksam wird[320]. Mit den in Tabelle 7.3-5 und 7.3-6 dargestellten Erweiterungen soll gezeigt werden, welchen Erklärungsbeitrag diese Variable für die Darstellung des bilateralen Handelsstromes bringen kann.

In dem Modell, das der Schätzung der Tabelle 7.3-5 zugrunde liegt, ist die Basis der erklärenden Variablen wiederum das Bruttoinlandsprodukt des Importlandes j zum Zeitpunkt t sowie die Entfernung der beiden Handelspartner (i,j) zueinander[321].

In Tabelle 7.3-6 hingegen wird dann das Modell mit den relativen Einkommen in Form des Bruttoinlandsproduktes pro Kopf des Importlandes j zum Zeitpunkt t sowie auch hier die Entfernung der beiden Handelspartner (i, j) zueinander geschätzt. Beide Modelle wurden mit der in der für Gravitationsmodelle klassischen Methode der kleinsten Quadrate berechnet.

Die in Tabelle 7.3-5 dargestellten Ergebnisse zeigen erfreuliche Übereinstimmung mit den bisher erzielten Ergebnissen des Gravitationsmodells. Die Regressionskoeffizienten der erklärenden Variablen, Bruttoinlandsprodukt des Importlandes j und Entfernung der Handelspartner zueinander, liegen mit 0,34 (0,33) sowie -0,41 (-0,42) in etwa in der Höhe der bisherigen Berechnungen. Beide Regressionskoeffizienten sind hoch signifikant von Null verschieden. Dies entspricht einem marginalen Koeffizienten für das Bruttoinlandsprodukt von 0,00013 (0,00013) sowie für die Entfernung von -701,164 (-718,266).

Erhöht sich demnach das Bruttoinlandsprodukt des Importlandes um einen ECU bzw. Euro, erhöht sich auch der Wert der hier untersuchten importierten Güter im Land j um 0,00013 (0,00013) ECU bzw. Euro.

Verlängert sich der Transportweg zwischen dem Exporteur i und Importeur j jedoch um einen Kilometer, so sinkt der Wert der gehandelten Güter um 701 (718) ECU bzw. Euro. Dieser Wert liegt betragsmäßig unter dem der OLS-Schätzung des Modells in Tab. 7.3-3 mit einem Regressionskoeffizienten von -0,51 sowie betragsmäßig unterhalb der Ergebnisse für die Schätzung des EU-Intrahandels aus Kap. 6.11.4.

---

[320] Siehe Grundannahmen hinsichtlich der Bearbeitung der Notifications und Zuweisung der jeweiligen Daten des Inkrafttretens (Kap. 7.2.4.2.1).

[321] Erläuterung der Variablen s. o..

Tabelle 7.3-5: Modell des aggregierten Exportes auf Basis eines einfachen Gravitationsmodells mit absoluten erklärenden Variablen und BSE-Variable[a)]

$$\ln PX^{t}_{i,j} = \ln \beta_0 + \beta_1 \ln Y^{t}_{j} + \beta_2 \ln Dist_{i,j} + \beta_3 DBSEk^{t}_{i,j} + u^{t}_{i,j}$$

$$[\ln PX^{t}_{i,j}{}^{\#} = \ln \beta_0{}^{\#} + \beta_1 \ln Y^{t}_{j}{}^{\#} + \beta_2 \ln Dist_{i,j}{}^{\#} + \beta_3 DBSEk^{t}_{i,j}{}^{\#} + v^{t}_{i,j}$$

= Transformation der Variablen mittels des iterativ ermittelten Terms[322]: Rho; $v^{t}_{i,j}$ = Neue, um Autokorrelation bereinigte, Reststreuung;

	$\ln \beta_0$ $\ln \beta_0{}^{\#}$	β_1	β_2	β_3	ρ	s^2	$\overline{R}^2$	LM	DW
OLS	11,19*** (41,09)	0,34*** (34,74)	-0,41*** (-20,30)	-	-	1,38	0,3459	11,01**	0,089***
OLS (White)	11,19*** (35,20)	0,34*** (19,36)	-0,41*** (-23,87)	-	-	1,38	0,3459	11,01**	0,089***
AR1 (ExactML)	11,57*** (7,80)	0,34*** 6,61)	-0,47*** (-4,17)	-	0,96*** (201,62)	0,143	0,9323	-	2,40
OLS (mit DBSEktij)	11,54*** (41,80)	0,33*** (32,75)	-0,42*** (-20,98)	0,36*** (6,34)	-	1,37	0,3546	35,96***	0,093***
OLS (mit BSEktij) (White)	11,54*** (35,41)	0,33*** (18,52)	-0,42*** (-25,45)	0,36*** (7,19)	-	1,37	0,3546	35,96***	0,093***
AR1 (ExactML)	11,57*** (7,79)	0,34*** (6,61)	-0,47*** (-4,16)	-0,009 (-0,19)	0,96*** (201,57)	0,143	0,9323	-	2,40

a) = * (**, ***) statistisch signifikant auf dem 95 %- (99 %-, 99,9 %-) Niveau; in Klammern empirische t-Werte; n = 2926.

Quelle: Eigene Berechnungen.

Der Regressionskoeffizient der für diese Arbeit zentralen erklärenden Variable $DBSEk^{t}_{i,j}$ hat ein positives Vorzeichen. Mit 0,36 haben wir hier einen hoch signifikant positiven Effekt auf den Exportwert der 31 mit BSE in Verbindung gebrachten Produkte zum Zeitpunkt der Veröffentlichung der jeweiligen Notification nachgewiesen. Mit dem Datum des Inkrafttretens der in der Notification beschriebenen Maßnahme im Zusammenhang mit BSE wird der Handel mit den betroffenen Produkten der EU bei einem Regressionskoeffizient von 0,36 um relativ 0,433 bzw. 43 % in diese Länder erhöht[323]. Das positive Vorzeichen entspricht nicht

[322] Siehe hierzu auch RAMANATHAN (1998).

[323] Nach HALVORSEN und PALMQUIST (1980).

den Erwartungen an die Schätzung. Auch wenn, wie bereits in Kap. 7.2.4.1 gezeigt, kein 100 prozentiger Rückgang der Importe erwartet wird, sollte der Handel zumindest ab dem Zeitpunkt der SPS-Notification signifikant negativ beeinflusst werden. Die geringen Bestimmtheitsmaße der Schätzungen sowie das durch den DW-Koeffizient angezeigte Problem der Autokorrelation lassen jedoch vermuten, dass sowohl ökonometrische Probleme als auch das Fehlen von zusätzlichen erklärenden Variablen die Schätzung verzerren.

7.3.5 Aggregierte Berechnung des Gravitationsmodells mit relativen Werten unter Berücksichtigung möglicher BSE-Handelseffekte

Analog zur oben durchgeführten Erweiterung des Gravitationsmodells mit absoluten Werten aus Kap. 7.3.1 soll nun hier das in Kap. 7.3.2 geschätzte Gravitationsmodell mit relativen Werten um die Dummyvariable erweitert werden. Dabei wird von den Erfahrungen der ersten Schätzungen profitiert und auch gleichzeitig eine Schätzung mit standardisierten Varianzen nach WHITE (1980) durchgeführt.

Auch hier wird weiterhin der aggregierte Exportwert der EU für die bereits beschriebenen 38 Produkte geschätzt und um die bereits vorgestellte Dummyvariable $DBSEk^{t}_{i,j}$ erweitert.

Mit dem Austausch der erklärenden Variable Bruttoinlandsprodukt des Importlandes durch die entsprechende relative Größe Bruttoinlandsprodukt pro Kopf hat sich der Erklärungsbeitrag des Modells von vormals knapp 35 % auf knapp 9 % bei gleichzeitig immer noch signifikanten Ergebnissen erheblich verschlechtert. Der Regressionskoeffizient des Bruttoinlandsproduktes pro Kopf ist positiv und mit 0,068 (0,046) hoch signifikant von Null verschieden. Dies entspricht einem marginalen Koeffizienten für das Bruttoinlandsprodukt des Importeurs j von 67,166 (45,436) sowie für die Entfernung von -598,555 (-666,961).

Erhöht sich demnach das Bruttoinlandsprodukt des Importlandes um einen ECU bzw. Euro, erhöht sich auch der Wert der hier untersuchten importierten Güter um 67 (45) ECU bzw. Euro. Verlängert sich der Transportweg um einen Kilometer, sinkt der Wert der gehandelten Menge um 599 (667) ECU bzw. Euro. Der Regressionskoeffizient der erklärenden Variable $DBSEk^{t}_{i,j}$ ist mit einem Wert von 0,73 weiterhin entgegen den Erwartungen positiv und hoch signifikant von Null verschieden. Dies entspricht einer Erhöhung der Importe um 0,112 bzw. 11,2 %[324].

Durch die Einbeziehung dieser zusätzlichen erklärenden Variable hat sich jedoch der Erklärungsbeitrag des Modells im Vergleich zum Modell ohne die Dummyvariable für die Darstellung der SPS-Notifications etwas verbessert.

---

[324] Nach HALVORSEN und PALMQUIST (1980).

Der LM-Test auf Heteroskedastizität sowie der Test auf Autokorrelation sind beide hoch signifikant. Mit Heteroskedastizität und Autokorrelation muss somit in dieser Spezifikation gerechnet werden.

Tabelle 7.3-6: Modell des aggregierten Exportes auf Basis eines einfachen Gravitationsmodells mit relativen erklärenden Variablen und BSE-Variable[a)]

$$\ln PX_{i,j}^{t} = \ln \beta_0 + \beta_1 \ln(Y_j^t / Bev_j^t) + \beta_2 \ln Dist_{i,j} + \beta_3 DBSEk_{i,j}^{t} + u_{i,j}^{t}$$

$$[\ln PX_{i,j}^{t\,\#} = \ln \beta_0^{\#} + \beta_1 \ln(Y_j^t / Bev_j^t)^{\#} + \beta_2 \ln Dist_{i,j}^{\#} + \beta_3 DBSEk_{i,j}^{t\,\#} + \nu_{i,j}^{t}]$$

= Transformation der Variablen mittels des iterativ ermittelten Terms[325]: ρ (Rho); $v_{i,j}^t$ = Neue, um Autokorrelation bereinigte, Reststreuung;

	ln β_0 / ln $\beta_0^{\#}$	β_1	β_2	β_3	ρ	s^2	$\bar{R}^2$	LM	DW
OLS (ohne DBSEktij)	18,02*** (78,61)	0,068*** (5,02)	-0,35*** (-14,79)	-	-	1,94	0,0838	40,27***	0,064***
OLS (ohne DBSEktij) (White)	18,02*** (94,06)	0,068*** (5,29)	-0,35*** (-18,19)	-	-	1,94	0,0838	40,27***	0,064***
AR1 (ExactML)	18,47*** (13,06)	0,083 (1,10)	-0,44** (-2,88)	-	0,97*** (257,6)	0,15	0,9275	-	2,34
OLS (mit DBSEktij)	18,32*** (81,01)	0,046*** (3,29)	-0,39*** (-16,44)	0,73*** (11,15)	-	1,86	0,1208	92,53***	0,073***
OLS (mit DBSEktij) (White)	18,32*** (94,86)	0,045*** (3,50)	-0,39*** (-19,78)	0,73*** (11,58)	-	1,86	0,1208	92,53***	0,073***
AR1 (ExactML)	18,48*** (13,04)	0,083 (1,09)	-0,44** (-2,88)	-0,013 (-0,28)	0,97*** (257,72)	0,15	0,9275	-	2,34

a) = * (**, ***) statistisch signifikant auf dem 95 %- (99 %-, 99,9 %-) Niveau; in Klammern empirische t-Werte; n = 2926.

Quelle: Eigene Berechnungen.

Durch die Schätzung des Modells mit standardisierten Varianzen haben wir hier das Modell zwar nicht in seiner Schätzgüte verbessert, jedoch die empirischen t-Werte und damit die Signifikanz der einzelnen Regressionskoeffizienten erhöht. Die Bereinigung um die Autokorrelation hat die Anpassungsgüte des Modells erheblich verbessert, die empirischen t-Werte jedoch auch hier wieder erwartungsgemäß gesenkt. Somit hat sich die Signifikanz der erklärendon Variable Bruttoinlandsprodukt pro Kopf erheblich verschlechtert. Mit knapp 93 %

[325] Siehe hierzu auch RAMANATHAN (1998).

liefert das um Autokorrelation bereinigte Modell eine gute Schätzung. Der Regressionskoeffizient der erklärenden Variable $DBSEk^{t}_{i,j}$ ist auch hier, wie schon bei der Schätzung mit der absoluten Einkommensvariable in Tabelle 7.3-5, nicht signifikant von Null verschieden.

7.3.6 Zusammenfassung

Die besondere Zusammensetzung und Herleitung des zugrunde liegenden Datensatzes sowie die spezielle Produktauswahl erfordert eine Anpassung des klassischen Modells. Auch wenn es plausible Gründe für abweichende Vorzeichen der Einkommensvariablen des Exportlandes gibt, so ist wohl das zentrale Problem die Datengrundlage aufgrund der speziellen Fragestellung. Da wir hier nur ein Exportland und viele Importländer beobachten, kann der Erklärungsbeitrag der Variablen des Exportlandes durch seine geringe Varianz relativ klein sein. Die Ergebnisse mit diesen klassischen erklärenden Variablen des Exportlandes haben dies auch bestätigt.

Darüber hinaus wird mit der Produktauswahl auch nicht der klassische Ansatz des Gravitationsmodells verfolgt, der den gesamten Außenhandel eines Untersuchungsobjektes (Land, Region usw.) beobachtet. Es ist im Gegensatz zum klassischen Ansatz eine spezielle Auswahl von Produkten, die im Zusammenhang mit BSE in den entsprechenden Notifications genannt wird und deshalb auch problembehaftet ist. Das erste Problem, mit dem sich diese Produktkategorie auseinandersetzen muss, ist, dass sie laut den Berichten der Notifications im Verdacht steht, der Ausbreitung von BSE dienlich zu sein und deshalb vom Handel ausgeschlossen werden soll. Dies konnte mit dem oben dargestellten Modell bisher nicht nachgewiesen werden. Es wurde sogar das Gegenteil festgestellt. Mit dem Inkrafttreten der Notifications hat der Handelswert der Produkte signifikant zugenommen. Für dieses den Erwartungen zuwiderlaufende Schätzergebnis gibt es mehrere Erklärungsmöglichkeiten.

Im Falle der potentiell mit BSE in Verbindung zu bringenden Güter könnte jedoch eine zentrale Annahme hinsichtlich der Theorie zu klassischen Gravitationsmodellen verletzt sein. So werden im klassischen Gravitationsmodell Preisänderungen ausgeklammert, da davon ausgegangen wird, dass sich die Preise international angleichen.

Ein ökonometrisches Problem liegt in der möglichen Autokorrelation der Residuen verborgen. Das anhaltende Problem der Autokorrelation kann ohne die klassische Modellstruktur des doppellogarithmischen Ansatzes und der Beibehaltung der klassischen erklärenden Variablen mit dem Korrekturansatz nach BEACH und MCKINNON (1978) [zitiert in HALL und CUMMINS (1999b)] korrigiert werden. Die wenig überraschende Folge sind niedrigere empirische t-Werte. Der Grund hierfür ist, dass die ursprünglichen Tests durch die Anwesenheit der Autokorrelation verzerrt und demnach nicht valide waren. Durch die enorme Autokorrelation hat das Einfügen der für die Korrektur verantwortlichen zusätzlichen Variable Rho dazu geführt, dass das Bestimmtheitsmaß der Modelle im Vergleich zu dem der unkorrigierten Versionen erheblich zugenommen hat.

Die hier dargestellten Modelle wurden bis zu diesem Zeitpunkt überwiegend mit Hilfe der Methode der kleinsten Quadrate geschätzt. Die Schätzung unter Annahme von Fixed oder Random Effects brachte keine signifikanten Ergebnisse.

Die Ergebnisse der bisherigen Schätzungen führen zu der Einsicht, dass im nächsten Schritt im Wesentlichen das Bruttoinlandsprodukt des Importlandes und die Entfernung der Länder zueinander als erklärende Variablen verwendet werden sollen. Durch den Ausschluss der zugehörigen relativen Größe soll die damit verbundene Multikollinearität verhindert werden. Durch den Ausschluss der erklärenden Variablen des Exportlandes soll der beschriebenen Problematik in der Datengrundlage Rechnung gezollt werden. Darüber hinaus ist aufgrund der für ein Panel unüblich langen Zeitreihe über die Modellierung von Zeiteffekten als zusätzliche Erklärung der beobachteten Streuung nachzudenken.

7.4 ZEITEFFEKTE IM ATYPISCHEN PANEL

In einem typischen Panel ist die Anzahl der Querschnittsbeobachtungen N zumeist deutlich größer als die Dimension der Zeitreihe T (N >> T). In den Analysemethoden dieser typischen Panelmodelle ist die Verwendung der Techniken zur Zeitreihenanalyse entweder problematisch bzw. gar nicht vorgesehen [GREENE (1997); WOOLDRIDGE (2002); MÖNNICH (2003)].

7.4.1 Zeiteffekte im Fixed-Effects-Ansatz

In dem hier vorliegenden Panel liegen 39 Untersuchungspaare über einen Zeitraum von 78 Monaten vor. In solch einem atypischen Panel mit N < T können unter Umständen jedoch die klassischen Methoden der Zeitreihenanalyse eine größere Rolle im Panel spielen als normalerweise [WOOLDRIDGE (2002)]. Gleichzeitig ist auch auf die mit der Verwendung von Zeitreihendaten oftmals auftretenden Probleme zu achten. Eine klassische Möglichkeit, der Eigenart der Daten zu begegnen, ist die Einführung von Zeiteffekten in die Schätzgleichung. Dies wird durch eine Erweiterung des Least-Square-Dummy-Variable-Ansatzes (LSDV ≈ Fixed Effects) durch einen Zeiteffekt T erreicht [GREENE (1997)]. Im Wesentlichen handelt es sich um die Einführung von zusätzlichen Dummyvariablen für T in die klassische Darstellung des Fixed-Effects-Modells aus (6.7-2). Aufgrund der drohenden Singularität der Daten werden die Dummies auf T-1 begrenzt.

(7.4-1) $$Y_i^t = \beta_0 + \beta_{1,i} X_i^t + \gamma^t + F_i + u_i^t$$

mit[326]: β_0 als für das Gesamtmodell stehende Konstante, die den Annahmen des Fixed-Effects-Modells folgend gleich Null sein muss, da es gruppenspezifische Konstanten gibt; F_i als gruppenspezifische Konstante; sowie γ^t als Dummy für die Zeit mit t = T-1;

Die zusätzliche Dummyvariable γ^t, die den Zeiteffekt abbilden soll, gibt an, wie sich die zu erklärende Variable beim Wechsel von γ^{t-1} zu γ^t ändert. Die hier gemachten Beobachtungen dürfen nicht mit einem Trend verwechselt werden, der über einen Zeitraum von t > 2

---

[326] Siehe hierzu auch die allgemeine Darstellung eines Panelmodells in (6.2.2).

Aussagen hinsichtlich der Veränderung der zu erklärenden Variable macht. Ist jedoch bei den hier eingeführten Zeiteffekten eine längere Periode festzustellen, in der der Regressionskoeffizient der Dummies ein gleiches Vorzeichen aufweist, kann das als Hinweis auf einen der Beobachtungen zugrunde liegender Trend gelten. Das für die Schätzung von Zeiteffekten beschriebene Modell im Fixed-Effects-Ansatz (7.4-1) wird auf das in Tabelle 7.3-5 bereits vorgestellte Modell mit der hier betrachteten zu erklärenden und den erklärenden Variablen angepasst. Die Ergebnisse dieser Fixed-Effects-Schätzung inklusive der neu hinzugekommenen Zeiteffekte findet sich in Tabelle 7.3-7. Da auch hier aufgrund der nicht veränderten Struktur der Schätzung und der zugrunde liegenden Stichprobe mit Heteroskedastizität zu rechnen ist, wird auch gleichzeitig eine Schätzung mit standardisierten Varianzen nach WHITE (1980) durchgeführt.

Tabelle 7.3-7: Modell des aggregierten Exportes aller mit BSE in Verbindung gebrachten Produkte auf Basis eines einfachen Gravitationsmodells, um Zeiteffekte ergänzt[a)]

$$\ln PX_{i,j}^{t} = \ln \beta_0 + \gamma^t + \beta_1 \ln Y_j^t + \beta_2 \ln Dist_{i,j} + \beta_3 DBSEk_{i,j}^t + F_{i,j} + u_{i,j}^t$$

	$\ln \beta_0$	γ^t	β_1	β_2	β_3	$F_{i,j}$	s^2	$\overline{R}^2$	LM	F-Test	DW
Fixed	-	T-1=77 St. 68 St.*	0,33*** (9,31)	-	0,035 (1,42)	39 St.	0,116	0,9449	189,69***	673,1***	0,996***
Fixed (White)	-	T-1=77 St. 68 St.*	0,33*** (7,54)	-	0,035 (1,67)	39.St.	0,116	0,9449	189,69***	673,1***	0,996***

a) = * (**, ***) statistisch signifikant auf dem 95 %- (99 %-, 99,9 %-) Niveau; γ^t = Dummy für die Zeit (Anzahl Dummys sowie die Anzahl der Dummys mit entsprechender statistischen Signifikanz; in Klammern empirische t-Werte; n = 2926.

Quelle: Eigene Berechnungen.

Der LM-Test auf Heteroskedastizität sowie der Test auf Autokorrelation sind beide hoch signifikant. Mit Heteroskedastizität und Autokorrelation muss somit in dieser Spezifikation gerechnet werden. Der F-Wert ist statistisch höchst signifikant von Null verschieden und die Regressionskoeffizienten der Schätzung insgesamt statistisch signifikant von Null verschieden. Das Bestimmtheitsmaß ist mit knapp 95 % sehr hoch. Die in Tabelle 7.3-7 dargestellten Ergebnisse der geschätzten Zeiteffekte sind überwiegend hoch signifikant von Null verschieden, so dass dieses Modell dahingehend eine gute Alternative zum herkömmlichen Ansatz der Fixed Effects ergibt. Die geschätzten Regressionskoeffizienten der Zeiteffekte sind überwiegend signifikant positiv. Dies bedeutet, dass mit dem Übergang von dem Beobachtungsmonat t-1 zu t der Exportwert der mit BSE in Verbindung zu bringenden Gütergruppe zunimmt. Es ist gleichzeitig kein signifikant negativer Zeiteffekt festzustellen. Darüber hinaus kann festgestellt werden, dass unter den ersten 71 Zeiteffekten 66 signifikant von Null verschieden[327] sind. Dies entspricht einem Anteil von 93 %. Unter den letzten sieben Zeiteffekten vom Beobachtungsmonat 73 bis einschließlich 78 sind nur noch zwei signifikant von Null verschieden[328], was einen Anteil von knapp 34 % ausmacht. Diese hier gemachten Beobachtungen können den Schluss nach sich ziehen, dass den beobachteten Exportwerten der EU bei den hier definierten Produkten ein positiver Trend unterliegt, der jedoch im Vergleich zu den Monaten zuvor in den letzten Monaten der Beobachtungsperiode nicht mehr so klar ersichtlich scheint.

Die fehlende Signifikanz des Regressionskoeffizienten der erklärenden Variablen zu den BSE-Notifications hingegen ist weniger wünschenswert. Auch weiterführende Schätzungen mit den hier vorgestellten Zeiteffekten haben nicht signifikante Ergebnisse hinsichtlich dieser zentralen erklärenden Variablen ergeben und führen zu dem Schluss, derart modifizierte Modelle in der Weiterentwicklung des Gravitationsmodells vorerst zurückzustellen. Um die vermuteten Zeiteffekte besser zu modellieren, wird im Folgenden mit der klassischen Trendvariablen gearbeitet.

7.4.2 Der Trend

Die Berücksichtigung von Zeiteffekten in der Fixed-Effects-Schätzung nach GREENE (1997) hat zu keiner zufriedenstellenden Schätzung der Effekte der im Zusammenhang mit BSE identifizierten Notifications geführt. Im Folgenden soll daher die klassische Methode der Zeitreihenanalyse in Form des Einsatzes eines Trends Verwendung finden, um den vermuteten Zeiteffekt, der sich in den Daten verbergen könnte, darzustellen. Mit dieser Alternative zur bereits vorgestellten Methode der Zeiteffekte im Fixed-Effects-Ansatz soll eine bessere Schätzung des Modells insgesamt sowie der zentralen Regressionskoeffizienten im Speziellen erreicht werden.

Es wird hierfür angenommen, dass der gesamte Export aus der EU einem Trend unterliegt[329]. Ob dieser positiv oder negativ sein wird, kann nur schwer vorhergesagt werden, da dies von vielen Faktoren abhängig ist. Da es sich hierbei um ein Panel mit einer Zeitreihe von 78 monatlichen Beobachtungswerten handelt, ist dies eine durchaus übliche Annahme. Bei der Modellierung der Trendvariablen werden darüber hinaus folgende Annahmen getroffen:

1) Der Trend unterliegt angesichts der stetigen weltweiten Produktion von Rindfleisch keinem Jahreszyklus.

2) Es handelt sich um einen einfachen linearen Verlauf[330].

---

[327] Signifikant mit einer Irrtumswahrscheinlichkeit von 5 %.

[328] Signifikant mit einer Irrtumswahrscheinlichkeit von 5 %.

[329] Zur Modellierung mit Hilfe eines Trends siehe auch RAMANATHAN (1998).

[330] Es sind auch andere Verlaufsmöglichkeiten wie der quadratische, der kubische oder der linear-logarithmische Verlauf modellierbar.

3) Der Trend unterscheidet sich aus Sicht des Exporteurs für jeden Handelspartner[331].

Da es sich bei dem beobachteten Exporteur um die EU handelt, einem wirtschaftlichen und politischen Verbund vieler einzelner souveräner Staaten mit unterschiedlichen kulturellen und klimatischen Unterschieden, wird angenommen, dass auch die Produktion, der Konsum und die daraus resultierende summierte EU-Exportangebotsfunktion nur unwesentlich von einem Jahreszyklus beeinflusst wird. Aus diesen angeführten Gründen wird ein über den Beobachtungszeitraum konstanter Trend angenommen.

Die große Zahl unterschiedlicher Handelspartner der EU weist ebenfalls vielfältige Unterschiede in der eigenen heimischen Produktion- und Konsumstruktur auf. Da ist es nur verständlich anzunehmen, dass über die Zeit nicht jeder Importbedarf dem der anderen Importeure gleicht. Bei Verwendung eines Trends, der alle Beobachtungen gleich behandelt, würde ein negativer Trend in den Importen eines Importeurs A den positiven Trend des Importeurs B aufheben und das Ergebnis verfälschen[332]. Aus diesem Grund wird für jedes einzelne Länderpaar ein eigener Trend unterlegt (siehe Tabelle 7.4-1).

Tabelle 7.4-1: Darstellung der Modellierung des individuellen Trends für die unterschiedlichen Beobachtungspaare

Monat	Land	Trend1	Trend2	Trend3	Trend...
1	1	1	0	0	0
2	1	2	0	0	0
3	1	3	0	0	0
....	1	...	0	0	0
1	2	0	1	0	0
2	2	0	2	0	0
3	2	0	3	0	0
....	2	0	...	0	0
1	3	0	0	1	0
2	3	0	0	2	0
3	3	0	0	3	0
...	3	0	0	...	0

Quelle: Eigene Darstellung.

[331] Oder aus Sicht des Importeurs wird nicht jeder Import dem gleichen Trend unterliegen.

[332] Eine Schätzung des aggregierten Modells mit einem allgemeinen Trend für alle Exporte der EU hat zu nicht eindeutigen Ergebnissen geführt, weshalb hier auf eine Darstellung verzichtet wird.

Im Nachfolgenden wird das mit dem Trend unterlegte zu schätzende Modell vorgestellt, das seinerseits folgende erklärende Variablen enthält:

1) Bruttoinlandsprodukt zu Marktpreisen des Importlandes $\mathbf{Y_j^t}$;

2) Entfernung zwischen dem untersuchten Länderpaar $\mathbf{Dist_{i,j}}$;

3) Dummyvariable $\mathbf{DBSEk^t_{i,j}}$;

4) 39 (38 ohne Land 25[333]) Trendvariablen.

Mit der Einführung der Trendvariablen wurde neben einer neuen erklärenden Variablen auch ein neues ökonomisches Problem in das Modell eingebracht. Nicht nur die Exportwerte eines Länderpaares können einem Trend unterliegen, sondern auch die hier berücksichtigte notwendige erklärende Variable Bruttoinlandsprodukt. Tabelle 7.4-2 zeigt die Korrelationskoeffizienten der einzelnen Trendvariablen mit dem entsprechenden Brutto-inlandsprodukt zu Marktpreisen.

Tabelle 7.4-2: Korrelationskoeffizienten zwischen Trendvariable und Bruttoinlandsprodukt zu Marktpreisen

Y^t_j	$Trend_j$	Y^t_j	$Trend_j$	Y^t_j	$Trend_j$	Y^t_j	$Trend_j$
Land1	0,929	Land11	0,963	Land21	0,943	Land31	0,984
Land2	0,978	Land12	0,939	Land22	0,963	Land32	0,795
Land3	0,969	Land13	0,696	Land23	0,919	Land33	0,537
Land4	0,864	Land14	0,859	Land24	0,943	Land34	0,953
Land5	0,972	Land15	0,850	Land25	n.a.	Land35	0,976
Land6	0,764	Land16	0,968	Land26	0,972	Land36	0,864
Land7	0,276	Land17	-0,488	Land27	-0,158	Land37	0,983
Land8	0,973	Land18	0,953	Land28	0,954	Land38	0,969
Land9	0,938	Land19	0,611	Land29	0,678	Land39	0,978
Land10	0,636	Land20	0,976	Land30	0,339		

n.a. = nicht ausgewiesen.

Quelle: Eigene Berechnungen.

333 Für Land 25 (Brunei) gibt es aufgrund der Datengrundlage zahlreiche Nullbeobachtungen in der erklärenden Variablen Einkommen, so dass in der nachfolgenden Tabelle 7.4-2 kein geeigneter Korrelationskoeffizient ausgewiesen werden konnte. In der Schätzung des Modells findet er jedoch Berücksichtigung.

Die Korrelationskoeffizienten der einzelnen länderbezogenen Trendvariablen zeigen in Tabelle 7.4-2 eine hohe Korrelation mit dem entsprechenden Bruttoinlandsprodukt des jeweiligen Landes. Die mit dieser Korrelation einhergehende Multikollinearität beeinflusst auch das entsprechende Modell. Die entsprechenden OLS-Schätzer sind zwar weiterhin BLUE und die entsprechenden Tests valide, aber die Standardfehler der einzelnen Regressionskoeffizienten werden erhöht. Dies kann im Endeffekt zu niedrigeren empirischen t-Werten und weniger Signifikanzen führen [RAMANATHAN (1998)]. Aus dieser Problematik heraus wurden nach einer ersten OLS-Schätzung mit den 39 Trendvariablen[334] diejenigen aus der Gleichung ausgeschlossen, deren Regressionskoeffizient eine größere Irrtumswahrscheinlichkeit als 99,9 % hatte[335]. Somit wurde die Anzahl der Variablen, die Multikollinearität im Modell der Tabelle 7.4-3 verursachen können, begrenzt und der Effekt verringert [RAMANATHAN (1998)].

Aufgrund der bisher gemachten Erfahrungen mit den signifikanten Hinweisen auf Heteroskedastizität in den Schätzungen werden zusätzliche Schätzungen mit standardisierten Varianzen berechnet.

In allen Schätzungen der Tabelle 7.4-3 sind die Regressionskoeffizienten der erklärenden Variablen hoch signifikant von Null verschieden. Lediglich der Regressionskoeffizient der Variablen $DBSEk^{t}_{i,j}$ ist in der um die Autokorrelation bereinigten Schätzung nicht signifikant von Null verschieden. Ein Grund hierfür kann die weiterhin anzunehmende Multikollinearität der verbleibenden Variablen im Modell sein, die ein hohes Bestimmtheitsmaß bei gleichzeitig niedrigen t-Werten verursachen können.

Der F-Test auf gruppenspezifische Unterschiede im Fixed-Effects-Modell ist hoch signifikant. Der LM-Test ist ebenfalls bei allen Schätzungen hoch signifikant. Mit Heteroskedastizität muss also in dieser Spezifikation gerechnet werden. Der HT ist ebenfalls signifikant positiv[336]. Die mit dieser Teststatistik einhergehende Einschätzung, dass die Reststreuung des individuellen Effektes mit den unabhängigen Variablen korreliert, spricht für die Präferenz der Fixed-Effects-Schätzung.

Die Ergebnisse können mit denen in Tabelle 7.3-5 verglichen werden. Dort wurde das in Tabelle 7.4-3 dargestellte Modell jedoch ohne den individuellen Trend mit der Methode der OLS geschätzt. Die Ergebnisse ergeben erfreuliche Übereinstimmungen in der Größenordnung der Regressionskoeffizienten.

Lediglich das Bestimmtheitsmaß hat durch die zusätzlichen Trendvariablen zugenommen.

---

[334] 39 Importländer gehören der Stichprobe an.

[335] Dies entspricht einem Signifikanzniveau von 0,1 %.

[336] Da eine Grundvoraussetzung für die Teststatistik konstante Varianzen sind, muss damit gerechnet werden, dass die Ergebnisse des HT nicht valide sind (siehe Kap.6).

Tabelle 7.4-3: Modell des aggregierten Exportes aller mit BSE in Verbindung gebrachten Produkte auf Basis eines einfachen Gravitationsmodells, mit länderpaarspezifischem Trend unterlegt[a)]

$$\ln PX_{i,j}^{t} = \ln \beta_0 + \beta_1 \ln Y_j^t + \beta_2 \ln Dist_{i,j} + \beta_3 DBSEk_{i,j}^t + \beta_4 Trend_{i,j} + F_{i,j}(\varepsilon_{i,j}) + u_{i,j}^t$$

$$[\ln PX_{i,j}^{t\,\#} = \ln \beta_0^{\#} + \beta_1 \ln Y_j^{t\,\#} + \beta_2 \ln Dist_{i,j}^{\#} + \beta_3 DBSEk_{i,j}^{t\,\#} + \beta_4 Trend_{i,j}^{\#} + v_{i,j}^t]$$

= Transformation der Variablen mittels des iterativ ermittelten Terms[337]: ρ (Rho); $v^t_{i,j}$ = Neue, um Autokorrelation bereinigte, Reststreuung;

	$\ln \beta_0$ $\ln \beta_0^{\#}$	β_1	β_2	β_3	β_4	$F_{i,j}$	$\varepsilon_{i,j}$ (Varianz)	$u_{i,j}^t$ (Varianz)	ρ	s^2 (Varianz)	$\overline{R}^2$	LM	F-Test HT	DW
OLS	10,65*** (45,99)	0,38*** (38,21)	-0,44*** (-28,97)	-0,15*** (-3,69)	27 St.***	-	-	-	-	0,41	0,8102	99,83***		0,316***
OLS (White)	10,65*** (30,04)	0,38*** (18,94)	-0,44*** (-25,57)	-0,15*** (-4,37)	27 St.***					0,40	0,8102	99,83***		0,316***
AR1 (ExactML)	11,21*** (14,84)	0,36*** (11,29)	-0,45*** (-9,01)	-0,032 (-0,72)	10 St.*** 1 St.** 6 St.*				0,86*** (87,06)	0,13	0,9375			2,38
Fixed	-	0,89*** (18,14)	-	-0,18*** (-7,16)	9 St.*** 2 St.** 2 St.*	39 St.	-	0,107	-	0,107	0,9491	178,1***	Femp 214,52***	1,19***
Fixed (White)	-	0,89*** (16,79)	-	-0,18*** (-7,08)	9 St.*** 2 St.** 2 St.*	39 St.	-	0,107	-	0,107	0,9491	178,1***	Femp 214,52***	1,19***
Random	6,04*** (6,25)	5,89*** (18,21)	-0,45*** (-5,58)	-0,14*** (-5,78)	8 St.*** 3 St.** 5 St.*	-	0,29	-		1,46	0,4024	25,51***	HT 210,8***	0,087***

a) = * (**, ***) statistisch signifikant auf dem 95 %- (99 %-, 99,9 %-) Niveau; in Klammern empirische t-Werte; n = 2926.

Quelle: Eigene Berechnungen.

Der zweite und wohl wesentlichere Unterschied liegt, neben der Höhe des Bestimmtheitsmaßes im Regressionskoeffizienten der Variablen $DBSEk^t_{i,j}$. Er hat mit den zusätzlichen Variablen sein Vorzeichen von signifikant positiv in signifikant negativ gewechselt. Eine mögliche Erklärung hierfür ist, dass im Modell der Tabelle 7.3-5, durch das

Fehlen der Bereinigung der Schätzung um die individuellen Trends, die Dummyvariable

[337] Siehe hierzu auch RAMANATHAN (1998).

einen Teil dieses Trends als Null-Eins-Variable[338] fälschlicherweise abgebildet hat. Mit der Bereinigung um den individuellen Trend, sei er positiv oder negativ, konnte die Dummyvariable den tatsächlichen negativen Handelseffekt abbilden, der durch die Notifications und den zugrunde liegenden Maßnahmen auch erwartet wird. Insgesamt kann dieses Modell unter den hier erläuterten Erklärungsversuchen als überaus gelungen angesehen werden. Alle Koeffizienten haben die gemäß den vorher genannten Erwartungen richtigen Vorzeichen. Das Einkommen des Importlandes wirkt sich positiv und die Entfernung zwischen den Handelspartnern wirkt sich negativ auf die Importe aus. Individuelle Trends in den Importen der Entwicklungsländer aufgrund nationaler Gegenebenheiten sind überwiegend signifikant von Null verschieden. Hierbei sind sowohl positive als auch negative Trends im Import festzustellen. Dies steht allerdings nicht im Widerspruch zur Vermutung aus Kap. 7.4.1, dass ein positiver Trend dem gesamten Exporten bzw. Importen der untersuchten Länderpaare unterliegt. Hier wurden länderpaarspezifische Trends in die Schätzung eingeführt. Da sich die Importländer jedoch sowohl im Volumen als auch im hier untersuchten Importwert unterscheiden, können sich die unterschiedlichen Trends auf aggregierter Ebene je nach Gewichtung mittels Importwert aufheben bzw. ein insgesamt positiver Trend hervortreten. Tabelle 7.4-4 zeigt die länderpaarspezifischen Trends in den Handelswerten der EU mit den jeweiligen 39 Handelspartnern[339] in den Importen der betrachteten mit BSE in Verbindung zu bringenden Güter der einfachen Kleinstquadratschätzung aus Tabelle 7.4-3.

Wir finden zwölf positive und elf negative Trends in den Importwerten der einzelnen EU-Handelspartnern vor, die signifikant von Null verschieden sind. Dies zeigt, dass es doch Unterschiede in den einzelnen Handelsströmen geben kann, deren Nichtbeachtung zu Verzerrungen in den Schätzungen führen können. Mit der Berücksichtigung der individuellen Trends haben sich auch die Regressionskoeffizienten der Dummyvariable der BSE-Notifications entsprechend den ursprünglichen Erwartungen verändert.

Die Regressionskoeffizienten bewegen sich im Bereich von -0,18 bis -0,14 und sind hoch signifikant von Null verschieden. Zum Zeitpunkt des Inkrafttretens der Notifications im Zusammenhang mit BSE hat sich der Handelswert je nach Schätzmodell zwischen 13 und 16 % verringert[340]. Dies gilt für den aggregierten Handelswert. Es wird hierbei nicht hinsichtlich der einzelnen Produktgruppen oder Länderpaare unterschieden. Dies bedeutet jedoch auch, dass einzelne Produktgruppen mehr oder weniger stark durch die Handelsmaßnahmen betroffen sein könnten.

---

[338] Es handelt sich, wie schon beschrieben, aufgrund der speziellen Datenstruktur um eine Dummyvariable, die ab einem bestimmten Zeitpunkt ihren Wert von Null auf Eins wechselt und dann bis zum Ende des Beobachtungszeitraumes ihren Wert beibehält.

[339] Alle Trendvariablen die signifikant von Null verschieden sind bei einer Irrtumswahrscheinlichkeit kleiner 0,01 %.

[340] Nach HALVORSEN und PALMQUIST (1980).

Tabelle 7.4-4: Länderpaarspezifische Trends der Importwerte einer einfachen OLS-Schätzung[a)]

Länderpaar	Regressionskoeffizient β_4	Empirischer t-Wert
EU-USA	0,03	15,03
EU-Polen	0,01	7,11
EU-Phillipinen	0,01	6,77
EU-Neuseeland	-0,01	-6,06
EU-Mexico	0,01	8,29
EU-Costa Rica	-0,03	-20,65
EU-Kolumbien	-0,01	-6,98
EU-Kanada	0,01	4,21
EU-Schweiz	0,02	12,85
EU-Australien	0,02	9,03
EU-Singapore	0,02	14,38
EU-Slowakai	-0,01	-7,47
EU-Thailand	0,01	7,69
EU-Uruguay	-0,03	-16,41
EU-Guatemala	-0,01	-7,41
EU-Hong Kong	0,02	12,05
EU-Indien	-0,02	-10,00
EU-Indonesien	0,01	5,20
EU-Japan	0,02	10,81
EU-Südkorea	0,06	29,49
EU-Latvia	-0,01	-4,07
EU-Macao	-0,07	-39,33
EU-Malaysia	0,01	3,65
EU-Marokko	0,01	4,99
EU-Panama	-0,01	-5,36
EU-Rumänien	-0,06	-27,55
EU-Jordanien	0,02	9,32

a) = Trendkoeffizienten der OLS-Schätzung aus Tabelle 7.4-3; Alle Trendvariablen, die signifikant von Null verschieden sind bei einer Irrtumswahrscheinlichkeit < 0,01 %.

Quelle: Eigene Berechnungen.

7.5 Disaggregierte Betrachtung im Gravitationsmodell

Bisher wurden alle Produkte, die in den Notifications als von BSE betroffen identifiziert wurden, aggregiert betrachtet. Das hat den großen Vorteil, dass die vielen Nullbeobachtungen bei einer Betrachtung des disaggregierten Datensatzes in die Untersuchung mit einfließen würden, während sie in einem logarithmischen Ansatz einer differenzierteren Betrachtung bedürften. Darüber hinaus ist das klassische Gravitationsmodell in erster Linie für die Analyse des aggregierten Handels von Länderpaaren angewandt und in dieser Arbeit erfolgreich reproduziert worden. Es ist nur schwer abzusehen, in wie weit sich das Modell bei einer sehr disaggregierten Betrachtung bewähren wird. Zahlreiche Faktoren könnten das Modellergebnis beeinflussen, wenn das aggregierte Handelsvolumen aufgeteilt wird.

7.5.1 7.5.1 Einfache disaggregierte Betrachtung der verwendeten Modelle unter besonderer Berücksichtigung der Nullbeobachtungen

Im Folgenden sollen zum Vergleich einige bereits in dieser Arbeit vorgestellten Modelle, mit denen Schätzungen des aggregierten Datensatzes durchgeführt wurden, auf den disaggregierten Datensatz angewendet werden. In einer ersten disaggregierten Analyse wird der klassische Ansatz eines Gravitationsmodells mit Bruttoinlandsprodukt des Im- und Exportlandes als erklärende Variablen für den Exportwert geschätzt (siehe Tabelle 7.3-1). Entsprechend der in der Literatur abgedruckten und in Kapitel 6 reproduzierten Ergebnisse erwarten wir signifikant positive Regressionskoeffizienten der erklärenden Variablen Einkommen sowohl für das des Export- als auch für das des Importlandes.

Wegen der Verwendung der disaggregierten Variablen ist das Handhaben der vielen Nullbeobachtungen problematisch. Durch die Aggregation der Exportwerte aller 31 identifizierten Produkte sind bei der erklärenden Variablen keine Nullbeobachtung und im doppellogarithmischen Ansatz somit auch keine fehlenden Werte in den Berechnungen aufgetreten. Bei der disaggregierten Betrachtung hingegen kommt dieses Phänomen mehrfach vor[341], so dass hier eine Alternativstrategie zu der Verwendung der Originaldaten genutzt werden sollte. Es wurde hier der Ansatz des Austauschs der Nullbeobachtungen der zu erklärenden Variablen durch sehr kleine Werte gewählt.

Im Zuge der Problematik der Nullbeobachtungen wird deshalb ein modifizierter Datensatz verwendet, in der alle Nullbeobachtungen durch eine Eins, deren natürlicher Logarithmus Null ergibt, ersetzt werden[342].

Tabelle 7.5-1 zeigt, dass die erklärende Variable Bruttoinlandsprodukt des jeweiligen Importlandes in allen dargestellten OLS-Schätzungen einen deutlich höheren empirischen t-Wert hat als der t-Wert der vergleichbaren Variable des Exportlandes.

Bei der Fixed-Effects- und der Random-Effects-Schätzung ist der Unterschied nicht so groß. Auch die Größenordnung des Regressionskoeffizienten entspricht mit 0,61 (0,71; 0,69) für das mit OLS (Fixed Effects; Random Effects) geschätzte Modell, mit den um die Nullbeobachtungen bereinigten Daten, annäherungsweise der in Kapitel 6.11 für ein allgemeines Modell des EU-Intrahandels vorgestellten Ergebnisse. Der Erklärungsbeitrag der hier verwendeten Variablen liegt mit knapp 5 % (20 %; 5 %) jedoch sehr deutlich unter denen der in der Literatur zu findenden Ergebnisse und auch deutlich geringer als die bereits vorgestellten Ergebnisse auf Basis der aggregierten Daten (siehe Tabelle 6.11-2).

Der F-Test auf gruppenspezifische Unterschiede in den hier dargestellten Fixed-Effects-Modellen der disaggregierten Daten ist mit einem sehr hohen empirischen Wert auch jeweils

---

[341] Je disaggregierter der Handelsstrom, desto größer ist die Zahl der Nullbeobachtungen.

[342] Siehe Kap. 7.2.4.3.

hoch signifikant. Der LM-Test ist ebenfalls in fast allen Ansätzen hoch signifikant[343]. Mit Heteroskedastizität muss in dieser Spezifikation also gerechnet werden.

Tabelle 7.5-1: Modell des disaggregierten Exportes aller mit BSE in Verbindung gebrachten Produkte auf Basis eines einfachen Gravitationsmodells[a)]

$$\ln PX_{i,j}^{t} = \ln \beta_0 + \beta_1 \ln Y_i^t + \beta_2 \ln Y_j^t + F_{i,j}(\varepsilon_{i,j}) + u_{i,j}^t$$

	$\ln \beta_0$	β_1	β_2	$F_{i,j}$	$\varepsilon_{i,j}$ (Varianz)	$u_{i,j}^t$ (Varianz)	s^2 (Varianz)	$\overline{R}^2$	LM	F-Test HT	DW
OLS *aggregiert*	*10,11* *(1,58)*	*-0,8* *(-0,33)*	*0,33**** *(31,47)*	-	-	-	*1,58*	*0,2537*	*41,07****	-	*0,079****
OLS (mit Nullbeobachtung)	-3,66 (-1,63)	0,39*** (4,79)	0,19*** (53,99)	-	-	-	4,04	0,0469	394,28***	-	0,313***
OLS (ohne Nullbeobachtung) b)	-16,78*** (-3,33)	0,39* (2,08)	0,61*** (69,19)	-	-	-	30,52	0,0499	3,13	-	0,388***
Fixed *aggregiert*	-	*0,002* *(0,026)*	*0,33**** *(9,32)*	*39 St.*		*0,126*	*0,126*	*0,9406*	*183,6****	*F_{emp}* *890,7****	*1,00****
Fixed (mit Nullbeobachtung)	-	0,60*** (5,96)	0,16*** (4,18)	38 St. (ohne Brunei (25))	-	3,41	3,41	0,1954	481,47***	F_{emp} 306,13***	0,371***
Fixed (ohne Nullbeobachtung) b)	-	0,65** (2,81)	0,71*** (7,95)	38 St. (ohne Brunei (25))	-	25,65	25,65	0,2016	1249,16***	F_{emp} 467,15***	0,462***
Random *aggregiert*	*8,05**** *(4,05)*	*0,001* *(0,002)*	*0,33**** *(10,03)*	-	*1,45*	-	*1,58*	*0,2537*	*42,26****	*HT* *0,24*	*0,079****
Random (mit Nullbeobachtung)	-8,22*** (-3,71)	0,57*** (6,01)	0,18*** (5,66)	-	0,63	-	4,07	0,0468	407,79***	HT 2,06	0,311***
Random (ohne Nullbeobachtung) b)	-26,61*** (-5,28)	0,69** (3,13)	0,69*** (8,64)	-	4,87	-	30,55	0,0498	36,59***	HT 3,43	0,388***

a) = * (**, ***) statistisch signifikant auf dem 95 %- (99 %-, 99,9 %-) Niveau; in Klammern empirische t-Werte; n = 2926; kursiv sind die Ergebnisse der aggregierten Berechnung (siehe auch Tabelle 7.3-1); b) = Nullbeobachtungen wurden für die Berechnung durch eine Eins ersetzt; disaggregierte Berechnung mit Nullbeobachtungen: n = 61163 (ohne Brunei); disaggregierte Berechnung ohne Nullbeobachtungen: n = 90766 (ohne Brunei).

Quelle: Eigene Berechnungen.

343 Einzige Ausnahme ist die OLS-Schätzung ohne die Nullbeobachtungen.

Eine Besonderheit zeigt sich im Random-Effects-Modell mit den um die Nullbeobachtungen bereinigten Daten. Der Hausman-Test ist bei allen Random-Effects-Ansätzen nicht signifikant. Dies weist auf nicht fixe gruppenspezifische Unterschiede hin. Die mit dieser Teststatistik einhergehende Einschätzung, dass die Reststreuung des individuellen Effektes mit den unabhängigen Variablen nicht korreliert ist, lässt das Random-Effects-Modell deshalb überlegen erscheinen. Vorsicht ist jedoch bei der Einschätzung hinsichtlich der signifikant nachgewiesenen Heteroskedastizität geboten. Zwar ist der Testkoeffizient bei der Schätzung ohne die Nullbeobachtungen deutlich geringer als bei der Schätzung mit Nullbeobachtungen, doch die dahinter zu vermutende Heteroskedastizität macht den Test auf fixe oder zufällige Effekte nicht valide.

Das Modell zeigt auch bei der Verwendung disaggregierter Daten erfreuliche Eigenschaften. So sind die Regressionskoeffizienten der klassischen erklärenden Variablen alle signifikant von Null verschieden und entsprechen mit ihrem positiven Vorzeichen den Erwartungen. Dies spricht für die Stabilität des Modells hinsichtlich seiner Reproduzierbarkeit von Ergebnissen. Es kann somit auch auf einen Datensatz angewandt werden, der nicht mit denen aus der klassischen Analyse verglichen werden kann. Eine Auffälligkeit ist in den sehr niedrigen Werte für das korrigierte Bestimmtheitsmaß dieser Schätzungen festzustellen. Mit einem Bestimmtheitsmaß zwischen 5 % und 20 % als Erklärungsbeitrag des Modells für die beobachtete Streuung sind im Vergleich zu den sonst so hohen Werten in den klassischen Schätzungen des Gravitationsmodells ungewöhnlich niedrige Werte erzielt worden. Wird jedoch berücksichtigt, dass gerade bei einer solchen disaggregierten Betrachtung viele zusätzliche Erklärungsfaktoren hinzukommen können, die hier noch nicht aufgeführt sind, so muss dies wieder relativiert werden. Wenn einzelne, sehr spezielle Produkte untersucht werden, können viele zusätzliche Faktoren wirksam sein wie z. B. Schwankungen in der Produktion einzelner Lieferanten[344], persönliche Kontakte der einzelnen Importeure, unterschiedliche Verfügbarkeit von Frachtkapazitäten, Naturphänomene, die Einflüsse in Produktion, Transport und Vertrieb haben könnten. Die Ergebnisse des Versuchs, das klassische Gravitationsmodell auf disaggregierte Daten zu übertragen ist somit als sehr gelungen zu sehen.

7.5.2 Einfache disaggregierte Betrachtung der verwendeten Modelle unter Korrektur der Autokorrelation

Der DW-Test weist in allen Fällen auf Autokorrelation der Residuen hin. Mit der bereits bekannten Korrektur nach BEACH und MCKINNON (1978) [zitiert in HALL und CUMMINS (1999b)] wird eine Anpassung vollzogen, die folgende in Tabelle 7.5-2 dargestellten Ergebnisse hervorbringt.

[344] Für viele spezielle Produkte gibt es nur wenige Lieferanten. Hat ein Lieferant Schwierigkeiten in der Produktion und Auslieferung, kann es signifikante Effekte auf die Exporte in andere Länder haben.

Durch die Bereinigung der OLS-Schätzung um die Autokorrelation haben sich drei Phänomene gezeigt, die einer näheren Betrachtung bedürfen. Zum einen hat sich der empirische t-Wert des Regressionskoeffizienten der erklärenden Variablen Einkommen des Importlandes (Y_j^t) durch die Umwandlung des Datensatzes und der damit berücksichtigten Nullbeobachtungen deutlich erhöht. Zum zweiten hat sich das Bestimmtheitsmaß durch die Veränderungen des Datensatzes etwas verringert. Darüber hinaus hat sich drittens die Varianz der Residuen erhöht.

Tabelle 7.5-2: Modell des disaggregierten Exportes aller mit BSE in Verbindung gebrachten Produkte auf Basis eines einfachen Gravitationsmodells, um Autokorrelation bereinigt[a)]

$$\ln PX_{i,j}^{t\,\#} = \ln \beta_0^{\#} + \beta_1 \ln Y_i^{t\,\#} + \beta_2 \ln Y_j^{t\,\#} + v_{i,j}^t$$

= Transformation der Variablen mittels des iterativ ermittelten Terms[345]: Rho; $v^t_{i,j}$ = Neue, um Autokorrelation bereinigte, Reststreuung;

	$\ln \beta_0^{\#}$	β_1	β_2	ρ	s^2	$\overline{R}^2$	F-Test[b)]	DW
AR1 (ExactML) aggregiert	*-4,67 (-0,68)*	*0,48 (1,86)*	*0,31*** (5,29)*	*0,97*** (222,03)*	*0,148*	*0,9297*	*19350,5****	*2,36*
AR1 (ExactML) (mit Nullbeobachtung)	**-18,47*** (-6,32)**	**0,93*** (8,58)**	**0,15*** (14,49)**	**0,89*** (616,23)**	**1,26**	**0,7026**	**72244,5*****	**2,33**
AR1 (ExactML) (ohne Nullbeobachtung) c)	**-10,55 (-1,47)**	**0,17 (0,65)**	**0,59*** (22,29)**	**0,81*** (410,8)**	**10,72**	**0,6663**	**90615,4*****	**2,66**

a) = * (**, ***) statistisch signifikant auf dem 95 %- (99 %-, 99,9 %-) Niveau; in Klammern empirische t-Werte; n = 2926; kursiv sind die Ergebnisse der aggregierten Berechnung (siehe auch Tabelle 7.3-1); b) = Test auf gemeinsam Signifikanz der Regressionskoeffizienten; c) = Nullbeobachtungen wurden für die Berechnung durch eine Eins ersetzt; disaggregierte Berechnung mit Nullbeobachtungen: n = 61163 (ohne Brunei); disaggregierte Berechnung ohne Nullbeobachtungen: n = 90766 (ohne Brunei).

Quelle: Eigene Berechnungen.

Bereits bei den vorangegangenen Schätzungen hatte sich gezeigt, dass die Einkommensvariable des Importlandes, im Gegensatz zu der des Exportlandes, in dieser besonderen Fragestellung einen höheren Beitrag zur Erklärung der beobachteten Streuung leisten kann. Durch die Berücksichtigung der Nullbeobachtungen haben sich sowohl in den einfachen OLS-Schätzungen als auch in den Schätzungen, die um die Autokorrelation bereinigt

---

[345] Siehe hierzu auch RAMANATHAN (1998).

wurden, deutliche Verbesserungen in Form eines in beiden Fällen gestiegenen empirischen t-Wertes gezeigt.

Durch die Bereinigung der Schätzung um die Autokorrelation hat sich das Bestimmtheitsmaß von 4,7 % (4,9 %[346]) auf 70,3 % (66,7 %[347]) mehr als deutlich erhöht. Gleichzeitig hat sich durch die Berücksichtigung der Nullbeobachtungen, in der um Autokorrelation bereinigten Schätzung, eine geringfügig sinkende Tendenz des Bestimmtheitsmaßes gezeigt. Wird in diesem Zusammenhang ebenfalls bedacht, dass durch die Berücksichtigung der Nullbeobachtungen in der bereinigten Schätzung die Varianz der Residuen deutlich angestiegen ist, wird die Vermutung gestärkt, dass der hier zur Schätzung verwendete OLS-Ansatz verbessert werden könnte. Einerseits scheint die Wahl der erklärenden Variablen gut zu sein, während sich andererseits in der relativ großen unerklärten Reststreuung ein bis dato noch nicht identifiziertes Phänomen verbirgt.

7.5.3 Zusammenfassung

Bezogen auf alle drei Ansätze zur Berechnung, sind durch die Verwendung der disaggregierten Daten, einschließlich der Nullbeobachtungen, drei bemerkenswerte Unterschiede festzuhalten:

1) Die Signifikanzen der einzelnen Regressionskoeffizienten der erklärenden Variablen Bruttoinlandsprodukt des Exportlandes sind im Vergleich von aggregierter zu disaggregierter Schätzung durchweg besser geworden.

2) Das Bestimmtheitsmaß ist im Vergleich von aggregierter zu disaggregierter Schätzung drastisch gesunken.

3) Der empirische Wert für den LM-Test ist im Vergleich von aggregierter zu disaggregierter Schätzung erheblich angestiegen.

Durch die Verwendung der disaggregierten Daten und dem Austausch der Nullbeobachtungen der zu erklärenden Variablen durch kleine Werte haben sich folgende Tendenzen festgesetzt:

- Der Erklärungsbeitrag des Gesamtmodells in Form des Bestimmtheitsmaßes hat sich nicht wesentlich verändert.
- Der empirische t-Wert der erklärenden Variablen Bruttoinlandsprodukt zu Marktpreisen des Importlandes hat sich erhöht.
- Die Signifikanzen des Regressionskoeffizienten der erklärenden Variablen Bruttoinlandsprodukt zu Marktpreisen des Exportlandes sind hingegen schlechter geworden.

---

[346] Unter Berücksichtigung der Nullbeobachtungen.

[347] Unter Berücksichtigung der Nullbeobachtungen.

Es ist sehr erfreulich zu sehen, dass die erklärenden Variablen, die auch bisher in dem Modell einen hohen Erklärungsbeitrag lieferten, auch in der Schätzung des disaggregierten Datensatzes einen hohen Erklärungsbeitrag leisten können. Dies spricht für die Qualität der Variablen in diesen Schätzungen. Dass das Bestimmtheitsmaß insgesamt im disaggregierten Modell gesunken ist, verwundert insgesamt wenig, da mit der disaggregierten Analyse viele Produktunterschiede bzw. Produkteigenarten zum Vorschein kamen, die ebenfalls erklärt werden müssen. Ein Teil dieser zu erklärenden Streuung wurde bereits durch die Wahl des Fixed-Effects-Modells erklärt.

Eine weitere Besonderheit ist die Methode der Analyse, die ebenfalls einen wichtigen Erklärungsbeitrag für die Ergebnisse liefern könnte. Die Besonderheit des hier gewählten Ansatzes liegt in der Form, dass sich die erklärenden Variablen für jedes Produkt in ihrem Betrag wiederholen, während die zu erklärende Variable in ihrem Wert variiert (siehe Tabelle 7.2-2). Dies hat zur Folge, dass im Vergleich zu einem aggregierten Modell die Varianz in den zu erklärenden Variablen zugenommen hat, während sie in den erklärenden Variablen gleich geblieben ist. Die erklärenden Variablen erklären die beobachtete Streuung recht gut, wobei die empirischen t-Werte, durch die Aneinanderreihung der sich wiederholenden Cluster an erklärenden Variablen, sicherlich entweder multiplikativ oder additiv verknüpft sind.

Die Größe des empirischen Wertes des LM-Testes hat sicherlich einen ähnlichen Grund. Heteroskedastizität wurde auch schon im aggregierten Modell festgestellt. Die verursachenden Variablen mit der entsprechend verursachenden Varianz in der Reststreuung sind hier durch die wiederholte Verwendung als erklärende Variablen um ein vielfaches wiederholt, so dass der zu messende Effekt ebenfalls ein vielfaches der ursprünglich in dem aggregierten Modell zu findenden Varianz ist. Besonders wird dies im Vergleich der jeweiligen drei Berechnungen (aggregiert, disaggregiert, disaggregiert mit Austausch der Nullbeobachtungen) deutlich. Durch den Austausch der Nullbeobachtungen flossen mehr Beobachtungen in die Berechnung mit ein, was zu einem weiteren Anstieg der LM-Teststatistik führte.

7.5.4 Weiterentwicklung der disaggregierten Analyse

7.5.4.1 Weiterentwicklung der disaggregierten Analyse unter Berücksichtigung der BSE-Notifications

Durch die Bereinigung um Autokorrelation in Tabelle 7.5-2 bestätigen sich wieder einmal einige der oben bereits beobachteten Tendenzen. So nimmt durch die Bereinigung um die Autokorrelation der Erklärungsbeitrag der erklärenden Variablen des Exportlandes ab, während die des Importlandes zunimmt.

Als nächster Schritt werden, wie bereits beim aggregierten Modell durchgeführt, diejenigen erklärenden Variablen ausgewählt, die nach den bisherigen Berechnungen als diejenigen mit einem ausreichenden Erklärungsbeitrag identifiziert wurden und die den Besonderheiten des Untersuchungsobjektes angepasst sind. Die erklärenden Variablen sind demnach das

Bruttoinlandsprodukt zu Marktpreisen des Importlandes, die Entfernung der Handelspartner sowie die Dummyvariable für die BSE-Notifications.

Die Schätzergebnisse der OLS-Schätzung, der dazugehörigen um Heteroskedastizität bereinigten Schätzung, sowie der AR1-Schätzung der Tabelle 7.5-3 können mit den in Tabelle 7.3-5 dargestellten Ergebnissen der Schätzung des gleichen Modells des aggregierten Datensatzes verglichen werden. In den Schätzungen beider Datensätze wurden ähnliche Ergebnisse erzielt.

Tabelle 7.5-3: Modell des disaggregierten Exportes auf Basis eines Gravitationsmodells mit absoluten erklärenden Variablen unter Berücksichtigung der Nullbeobachtungen[a)]

$$\ln PX^t{}_{i,j} = \ln \beta_0 + \beta_1 \ln Y^t{}_j + \beta_2 \ln Dist_{i,j} + \beta_3 DBSEk^t_{i,j} + F_{i,j}(\varepsilon_{i,j}) + u_{i,j}{}^t$$

$$[\ln PX^t{}_{i,j}{}^{\#} = \ln \beta_0{}^{\#} + \beta_1 \ln Y_j^{t\#} + \beta_2 \ln Dist_{i,j}{}^{\#} + \beta_3 DBSEk^{t\ \#}_{i,j} + \nu^t_{i,j}]$$

= Transformation der Variablen mittels des iterativ ermittelten Terms[348]: ρ (Rho); $v^t_{i,j}$ = Neue, um Autokorrelation bereinigte, Reststreuung;

	ln β_0 ln $\beta_0^{\#}$	β_1	β_2	β_3	$F_{i,j}$	$\varepsilon_{i,j}$ (Varianz)	$u_{i,j}^t$ (Varianz)	ρ	s^2 (Varianz)	$\overline{R}^2$	LM	F-Test HT	DW
OLS	4,18*** (17,97)	0,68*** (77,69)	-1,42*** (-86,43)	0,23*** (4,96)	-	-	-	-	28,20	0,1221	99,81***	-	0,42***
OLS (White)	4,18*** (17,93)	0,68*** (70,59)	-1,42*** (-95,35)	0,23*** (4,96)	-	-	-	-	28,20	0,1221	99,81***	-	0,42***
AR1 (ExactML)	4,36*** (6,63)	0,68*** (27,19)	-1,42*** (-29,91)	0,096 (1,52)	-	-	-	0,789*** (388,76)	10,62	0,6695	-	-	2,64
Fixed	-	0,94*** (13,51)	-	-0,14* (-2,49)	38 St.	-	25,65	-	25,65	0,2015	1259,88***	245,04***	0,462***
Fixed (White)	-	0,94*** (13,29)	-	-0,14* (-2,42)	38 St.	-	25,65	-	25,65	0,2015	1259,88***	245,04***	0,462***
Random	0,0018 (0,0006)	0,88*** (14,42)	-1,46*** (-6,13)	-0,13* (-2,25)	-	2,55	-	-	28,37	0,1200	377,19***	HT 3,52	0,418***

a) = * (**, ***) statistisch signifikant auf dem 95 %- (99 %-, 99,9 %-) Niveau; Nullbeobachtungen wurden für die Berechnung durch eine Eins ersetzt; in Klammern empirische t-Werte; n = 90766.

Quelle: Eigene Berechnungen.

348 Siehe hierzu auch RAMANATHAN (1998).

So sind in beiden Datensätzen hoch signifikante Regressionskoeffizienten für die erklärenden Variablen Einkommen und Entfernung ermittelt worden.

In der OLS-Schätzung (AR1-Schätzung) liegen die Regressionskoeffizienten der erklärenden Variablen Bruttoinlandsprodukt des Importlandes j und Entfernung zueinander mit 0,68 (0,68) sowie -1,42 (-1,42) im Betrag deutlich über denen in der Schätzung des aggregierten Datensatzes mit 0,34 (0,33) sowie -0,41 (-0,42). Dies entspricht einem marginalen Koeffizienten für das Bruttoinlandsprodukt der Schätzung des disaggregierten Datensatzes von 0,00000095 (0,00000095) sowie für die Entfernung von -80,95 (-80,95).

Erhöht sich demnach das Bruttoinlandsprodukt des Importlandes um einen ECU bzw. Euro, erhöht sich auch der Wert der hier untersuchten importierten Güter im Land j um 0,00000095 (0,00000095) ECU bzw. Euro. Verlängert sich der Transportweg jedoch um einen Kilometer zwischen dem Exporteur i und Importeur j, so sinkt der Wert der gehandelten Güter um 80,95 (80,95) ECU bzw. Euro.

Der Regressionskoeffizient der Variablen $DBSEk^{t}_{i,j}$ liegt mit 0,23 (0,23) betragsmäßig nicht weit von der in Tabelle 7.3-5 dargestellten Ergebnisse der OLS-Schätzung mit 0,36 (0,36) entfernt. Mit dem Datum des Inkrafttretens der in der Notification beschriebenen Maßnahme im Außenhandel mit der EU im Zusammenhang mit BSE wird der Handel mit den betroffenen Produkten bei einem Regressionskoeffizienten von 0,23 um relativ 0,2586 bzw. 26 % in diese Länder erhöht[349]. Der sehr kleine marginale Koeffizient für das Bruttoinlandsprodukt der Schätzung überrascht nur auf den ersten Blick. Berücksichtigt man jedoch, dass sicherlich nicht jeder zusätzlich erwirtschaftete Euro in den betrachteten Ländern für eine der 31 betroffenen Gütergruppen ausgegeben wird, ist das Ergebnis plausibel. Zum Vergleich: der marginale Koeffizient der vergleichbaren OLS-Schätzung für die 31 betroffenen Gütergruppen im Aggregat aus Tab. 7.4-3 liegt bei 0,0000153.

Diese Werte der Regressionskoeffizienten liegen betragsmäßig deutlich unter denen aus der OLS-Schätzung des Modells in Tab. 7.3-5 sowie betragsmäßig deutlich unterhalb der Ergebnisse für die Schätzung des EU-Intrahandels aus Kap. 6.11.4. Der Grund hierfür liegt im disaggregierten Datensatz. Während der aggregierte Handel bei einer Erhöhung des Einkommens zunimmt, wird jedes einzelne Produkt nur einen kleinen Teil dazu beisteuern können.

In der hier dargestellten Fixed-Effects- sowie Random-Effects-Schätzung wurden signifikante negative Regressionskoeffizienten für die Variable $DBSEk^{t}_{i,j}$ für eine Schätzung mit den disaggregierten Daten ermittelt. Im Vergleich dazu sind die Regressionskoeffizienten der gleichen Variablen in der entsprechenden OLS-Schätzung hoch signifikant und positiv von Null verschieden. Wird somit eine zufällige oder fixe Komponente in der unbeobachteten Reststreuung vermutet, sollte man dem Random- oder Fixed-Effects-Ansatz gegenüber der Kleinstquadratschätzung den Vorzug geben. Die Folge wäre ein signifikant negativ

---

[349] Nach HALVORSEN und PALMQUIST (1980).

nachgewiesener Effekt von den bei der WTO dokumentierten SPS-Notifications. Wird jedoch der OLS-Ansatz präferiert, muss von einem signifikant positiven Effekt ausgegangen werden.

In allen Schätzungen konnte mittels des LM-Tests Heteroskedastizität signifikant nachgewiesen werden. Der F-Test auf gruppenspezifische Unterschiede im Fixed-Effects-Modell ist zwar hoch signifikant, während der HT das Fixed-Effects-Modell jedoch gegenüber dem Random-Effects-Modell als nicht signifikant testet[350]. Der Wert für den Korrekturterm der Random-Effects-Schätzung Theta weist jedoch daraufhin, dass die Random-Effects-Schätzung mit der der Fixed-Effects-Schätzung vergleichbar ist[351].

Es konnten somit zwar signifikante Unterschiede in den Handelsbeziehungen der hier definierten Länderpaare nachgewiesen werden, die aber nicht eindeutig als fix oder zufällig bezeichnet werden können. Gleichzeitig sind die erstmals in den Schätzungen schwach signifikant ermittelten negativen Regressionskoeffizienten der Variablen $DBSEk^{t}_{i,j}$ kein Anzeichen für eine gute Schätzung. Das negative Vorzeichen entspricht zwar den Erwartungen an die Regressionskoeffizienten der Dummyvariable, die Beurteilung der Gesamtgüte des Modells ist jedoch nicht zufriedenstellend.

Aufgrund der zugrunde liegenden langen Zeitreihe wird das Modell im nächsten Schritt um die bereits vorgestellten Zeiteffekte ergänzt, um damit die Stabilität des Modells zu überprüfen.

7.5.4.2 Weiterentwicklung der disaggregierten Analyse unter Berücksichtigung von klassischen Zeiteffekten

Mit der Einführung von Zeiteffekten wird auch in der disaggregierten Betrachtung dem langen Beobachtungszeitraum von 78 Monaten Rechnung getragen und die Schätzung um die klassischen Elemente einer Zeitreihenanalyse erweitert.

Als erste Modifikation wird der Fixed-Effects-Ansatz um einen Zeiteffekt erweitert. In diesem Fall handelt es sich um die Einführung von zusätzlichen Dummyvariablen für T nach GREENE (1997). Aufgrund der drohenden Singularität der Daten werden die Dummies auf T-1 begrenzt (s. o.). Es soll mittels dieser Erweiterung getestet werden, inwieweit die in Tabelle 7.5-3 des Kapitels 7.5.4.1 dargestellten Ergebnisse bei der Erweiterung des Modells stabil bleiben.

In der nun um die Zeiteffekte ergänzten OLS-Schätzung (AR1-Schätzung) stimmen die Regressionskoeffizienten der erklärenden Variablen Bruttoinlandsprodukt des Importlandes j und Entfernung von i und j zueinander mit 0,68 (0,74) sowie -1,42 (-1,34) im Wert fast exakt mit den Ergebnissen aus Tabelle 7.5-3 überein. Diese entsprechen den marginalen

[350] Zur Erinnerung: Da eine Grundvoraussetzung für die Teststatistik konstante Varianzen sind, muss damit gerechnet werden, dass die Ergebnisse des HT nicht valide sind (siehe Kap. 6).

[351] Die Random-Effects-Schätzung ist, wie in Kap. 6.7.3.2 dargestellt, eine Mischung aus einer Fixed-Effects-Schätzung und einer Schätzung der Gruppenmittelwerte. Je nachdem, wie der für die Schätzung notwendige Korrekturwert Theta ausfällt, zeigt sich die Tendenz entweder zu der Fixed-Effects- oder zur OLS-Schätzung.

Koeffizienten für das Bruttoinlandsprodukt der Schätzung des disaggregierten Datensatzes von 0,00000095 (0,0000011) sowie für die Entfernung von -80,95 (-76,39).

Tabelle 7.5-4: Modell des disaggregierten Exportes, um Zeiteffekte ergänzt und unter Berücksichtigung der Nullbeobachtungen[a)]

$$\ln PX^{t}_{i,j} = \ln \beta_0 + \gamma^t + \beta_1 \ln Y^{t}_{j} + \beta_2 \ln Dist_{i,j} + \beta_3 DBSEk^{t}_{i,j} + F_{i,j} + u^{t}_{i,j}$$

$$[\ln PX^{t}_{i,j}{}^{\#} = \ln \beta_0{}^{\#} + \gamma^{t\#} + \beta_1 \ln Y^{t\#}_{j} + \beta_2 \ln Dist_{i,j}{}^{\#} + \beta_3 DBSEk^{t}_{i,j}{}^{\#} + \nu^{t}_{i,j}]$$

= Transformation der Variablen mittels des iterativ ermittelten Terms[352]: ρ (Rho); $v^t_{i,j}$ = Neue, um Autokorrelation bereinigte, Reststreuung;

	$\ln \beta_0$ $\ln \beta_0{}^{\#}$	γ^t	β_1	β_2	β_3	ρ	$F_{i,j}$	s^2	$\overline{R}^2$	LM	F-Test	DW
OLS	3,63*** (12,92)	77 St. 63 St.*	0,68*** (77,25)	-1,42*** (-86,56)	0,33*** (6,28)			28,15	0,1237	154,8		0,4198***
AR1 (Exact-ML)	1,53*** (28,82)	77 St. 71 St.*	0,74*** (46,38)	-1,34*** (-32,38)	1,33 (1,86)	0,79*** (384,3)		10,58	0,7225	-		2,64
Fixed	-	77 St. 34 St.*	0,74*** (7,97)	-	-0,079 (-1,19)		38 St.	25,60	0,2030	1334,20***	F-Test 244,72***	0,462***
Fixed (White)	-	77 St. 34 St.*	0,74*** (7,89)	-	-0,079 (-1,17)		38 St.	25,60	0,2030	1334,20***	F-Test 244,72***	0,462***
AR1-Fixed[b)] (Exact-ML)	-	77 St. 46 St.*	0,64*** (45,89)	-	0,076 (1,01)	0,78*** (362,8)	38 St.	10,46	0,7288	-	-	2,64

a) = * (**, ***) statistisch signifikant auf dem 95 %- (99 %-, 99,9 %-) Niveau; Nullbeobachtungen wurden für die Berechnung durch eine Eins ersetzt; b) = Das Modell wird als LSDV-Modell geschätzt (siehe Kap. 6.7.1); in Klammern empirische t-Werte; γ^t = Dummy für die Zeit (Anzahl Dummys sowie die Anzahl der Dummys mit entsprechender statistischen Signifikanz; n =90768.

Quelle: Eigene Berechnungen.

Erhöht sich demnach das Bruttoinlandsprodukt des Importlandes um einen ECU bzw. Euro, erhöht sich auch der Wert der hier untersuchten importierten Güter im Land j um 0,00000095 (0,0000011) ECU bzw. Euro. Verlängert sich der Transportweg jedoch um einen Kilometer zwischen dem Exporteur i und Importeur j, so sinkt der Wert der gehandelten Güter um 80,95 (76,39) ECU bzw. Euro.

Der Regressionskoeffizient der Variablen $DBSEk^{t}_{i,j}$ liegt mit 0,33 betragsmäßig zwischen den in Tabelle 7.5-3 und 7.3-5 dargestellten Ergebnissen der OLS-Schätzungen des

---

[352] Siehe hierzu auch RAMANATHAN (1998).

disaggregierten (aggregierten) Datensatzes mit 0,23 (0,23) und 0,36 (0,36). Mit dem Datum des Inkrafttretens, der in der Notification beschriebenen Maßnahme im Außenhandel mit der EU im Zusammenhang mit BSE, wird der Handel mit den betroffenen einzelnen Produkten bei einem Regressionskoeffizienten von 0,33 der OLS-Schätzung um relativ 0,391 bzw. 39 % in diese Länder erhöht[353].

Die zusätzlich zur Schätzung aus Tabelle 7.5-3 eingeführten Zeiteffekte sind überwiegend hoch signifikant von Null verschieden. So ergibt das Modell eine gute Alternative zur Darstellung ohne Zeiteffekte. Die fehlende Signifikanz des Regressionskoeffizienten der erklärenden Dummyvariablen $DBSEk^{t}_{i,j}$ in der um Autokorrelation bereinigten Schätzung sowie in der Fixed-Effects-Schätzung ist weniger wünschenswert. Die signifikanten Teststatistiken beim Durbin-Watson-Test und beim LM-Test weisen auch hier auf das immanent vorherrschende Problem der Autokorrelation sowie Heteroskedastizität hin.

Im Vergleich zu den Ergebnissen der Schätzungen aus Tabelle 7.3-7 und 7.5-3 ergeben sich interessante Übereinstimmungen[354].

7.5.4.3 Weiterentwicklung der disaggregierten Analyse unter Berücksichtigung von länderpaarspezifischen Trends

In der disaggregierten Analyse werden wie bereits im aggregierten Modell übereinstimmende Ergebnisse bei der Integration der klassischen Zeiteffekte erzielt. Auch hier haben wir durchweg positive Zeiteffekte im Bezug zu den jeweiligen Vorperioden, soweit diese signifikant von Null verschieden sind. Lediglich in den letzten Monaten der Beobachtungsperiode können wieder überdurchschnittlich viele nicht signifikante Koeffizienten festgestellt werden, sowie ein negativer Koeffizient, der signifikant von Null verschieden ist[355]. Hier kann wieder die Vermutung aus Kap. 7.4.1 aufgegriffen werden, dass die Exporten der EU einem positiven Trend unterliegen, der jedoch auch wie in Kap. 7.5 länderspezifisch bzw. länderpaarspezifisch sein kann.

Die Tabelle 7.5-5 stellt die Ergebnisse der Schätzung eines Modells mit länderpaarspezifischen Trends, länderpaarspezifischen fixen Effekten sowie eine Bereinigung um Autokorrelation dar. Durch die Verwendung des Ansatzes mit fixen Effekten fällt zwangsläufig die erklärende Variable der Entfernung sowie die allgemeine Konstante heraus.

---

353 Nach HALVORSEN und PALMQUIST (1980).

354 Zu Tabelle 7.3-7 ergeben sich interessante Vergleichsmöglichkeiten der Fixed-Effects-Schätzung. Zu Tabelle 7.5-3 ergeben sich interessante Vergleichsmöglichkeiten der OLS- bzw. Fixed-Effects-Schätzung.

355 Diese Beobachtung gilt uneingeschränkt für die einfache OLS-Schätzung. Für die anderen Schätzungen sind die Ergebnisse ähnlich und lassen dieselbe Annahme zu.

Tabelle 7.5-5: Fixed-Effects-Modell des disaggregierten Exportes unter Berücksichtigung der Nullbeobachtungen und eines länderspezifischen Trends [a)]

Produkt	Kombinierte Nomenklatur	$\ln \beta_0^{\#}$	β_1	β_2	β_3	β_4	β_5	ρ	s^2	$\bar{R}^2$	F-Test	DW
Lebende Tiere	*0102*	-	*-0,06*[b] *(-1,68)*		*-0,68** *(-2,35)*	*38 St. (ohne Brunei 25)*	*4**** *0*** *4**	*0,24**** *(13,17*	*8,11*	*0,7581*	*18,30***	*2,02*
Frisches oder gekühltes Fleisch	*0201*	-	*0,26**** *(5,7)*		*-1,34**** *(-3,97)*	*38 St. (ohne Brunei 25)*	*5**** *1*** *5**	*0,41**** *(23,43)*	*8,68*	*0,7563*	*19,51***	*2,12*
Gefrorenes Fleisch	*0202*	-	*3,07**** *(72,56)*		*-1,95**** *(-5,69)*	*38 St. (ohne Brunei 25)*	*6**** *2*** *6**	*0,25**** *(13,28)*	*11,35*	*0,7381*	*20,06***	*1,98*
Wurstwaren und verwandte Produkte	*1601*	-	*0,73**** *(25,12)*		*-0,59** *(-2,34)*	*38 St. (ohne Brunei 25)*	*5**** *3*** *3**	*0,05*** *(2,82)*	*8,33*	*0,7143*	*29,41***	*1,93*
Fleisch, Schlachtneben-erzeugnisse oder Blut, zubereitet oder haltbar gemacht (ausgenommen Würste und ähnliche Erzeugnisse sowie Extrakte oder Säfte von Fleisch)	1602	-	0,57*** (27,80)		-0,32[a] (-1,78)	38 St. (ohne Brunei 25)	2*** 4** 1*	-0,01 (-0,663)	4,71	0,7017	28,4**	1,92
Extrakte und Säfte von Fleisch Fischen, Krebstieren, Weichtieren und anderen wirbellosen Wassertieren	*1603*	-	*1,52**** *(-2,03)*		*-0,5** *(-2,03)*	*38 St. (ohne Brunei 25)*	*2**** *2*** *5**	*0,04** *(1,99)*	*8,05*	*0,6358*	*10,51***	*1,97*
Fett von Rindern, Schafen oder Ziegen, roh oder ausgeschmolzen, auch ausgepresst oder mit Lösungsmitteln ausgezogen	1502	-	2,29*** (85,76)		0,11 (0,46)	38 St. (ohne Brunei 25)	10*** 5** 3*	0,053** (2,87)	6,92	0,7257	16,52**	1,75

Produkt	Kombinierte Nomenklatur	$\ln \beta_0^{\#}$	β_1	β_2	β_3	β_4	β_5	ρ	s^2	$\overline{R}^2$	F-Test	DW
Teigwaren, auch gekocht oder mit Fleisch und anderen Stoffen gefüllt oder in anderer Weise zubereitet	1902	-	0,92*** (53,81)		-0,15 (-1,03)	38 St. (ohne Brunei 25)	5*** 0** 5*	0,082*** (4,46)	2,73	0,7899	33,99**	1,99
Mehl und Pellets von Fleisch, von Schlachtnebenerzeugnissen, von Fischen oder von Krebstieren, von Weichtieren oder anderen wirbellosen Wassertieren, ungenießbar	*2301*	-	*0,20*** (4,35)*		*-1,04** (-2,99)*	*38 St. (ohne Brunei 25)*	*13*** 3** 1**	*0,40*** (23,74)*	*9,2*	*0,8158*	*22,81***	*2,09*
Zubereitungen von der zur Fütterung verwendeten Art der Rückstände und Abfälle der Lebensmittel-industrie, zubereitetes Futter	2309	-	0,49**** (22,66)		-0,03 (-0,20)	38 St. (ohne Brunei 25)	1*** 1** 2*	0,5*** (21,87)	1,42	0,8192	72,36**	2,59
Gelatine und ihre Derivate, Hausenblase, andere Leime tierischen Ursprungs	*3503*	-	*0,54*** (21,56)*		*-0,72** (-3,26)*	*38 St. (ohne Brunei 25)*	*6*** 4** 1**	*-0,06** (-3,21)*	*7,58*	*0,7449*	*34,2***	*2,00*
Waren tierischen Ursprungs, nichtlebende Tiere aller Art, ungenießbar	0511	-	0,39*** (12,68)		-0,35 (-1,32)	38 St. (ohne Brunei 25)	6*** 4** 2*	-0,009 (-0,5)	9,91	0,7143	17,76**	1,80
Fleisch und genießbare Schlachtnebenerzeugnisse, gesalzen, in Salzlake, getrocknet oder geräuchert, sowie genießbares Mehl von Fleisch oder Schlachtnebenerzeugnissen	*0210*	-	*-0,09** (-3,18)*		*-0,59* (-2,26)*	*38 St. (ohne Brunei 25)*	*10*** 4** 3**	*0,03 (1,45)*	*9,42*	*0,7320*	*19,36***	*1,99*

Produkt	Kombinierte Nomenklatur	$\ln \beta_0$ #	β_1	β_2	β_3	β_4	β_5	ρ	s^2	$\bar{R}^2$	F-Test	DW
Hutstumpen und Hutrohlinge, geflochten oder durch Verbindung von Streifen aller Art hergestellt	6502	-	0,45** (3,4)		-0,19 (-1,01)	38 St. (ohne Brunei 25)	3*** 3**	0,06** (3,15)	4,39	0,6211	6,56**	2,03
Essbare Abfälle von Rindern	0206	-	0,49*** (13,7)		-0,47 [b] (-1,77)	38 St. (ohne Brunei 25)	3*** 4** 3*	0,28*** (15,48)	6,6	0,8310	23,022	2,06
Milch, Sahne, nicht konzentriert	0401	-	1,04*** (45,07)		-0,61** (-3,00)	38 St. (ohne Brunei 25)	6*** 4** 2*	0,015 (0,8)	5,68	0,8315	40,26**	1,95
Milch, Sahne, konzentriert	0402	-	0,59*** (18,15)		0,005 (0,017)	38 St. (ohne Brunei 25)	4*** 4** 4*	0,19*** (10,54)	7,71	0,7466	28,05**	2,01
Buttermilch, Joghurt, Kefir, andere fermentierte Produkte	0403	-	0,64*** (18,66)		-0,21 (-0,75)	38 St. (ohne Brunei 25)	8*** 5** 1*	0,1*** (5,48)	9,82	0,7599	27,9**	2,01
Molke	0404	-	0,51*** (15,20)		-0,61* (-2,21)	38 St. (ohne Brunei 25)	12*** 3** 7*	0,18*** (9,66)	8,25	0,7631	15,48**	2,04
Butter, andere Milchfette	0405	-	0,39*** (13,75)		-0,54* (-2,11)	38 St. (ohne Brunei 25)	9*** 4** 2*	-0,03 (-1,52)	9,47	0,7331	21,49**	1,73
Käse, Quark	0406	-	0,57*** (40,51)		-0,21 [b] (-1,69)	38 St. (ohne Brunei 25)	4*** 5** 1*	-0,008 (-0,44)	2,2	0,7947	74,05**	1,79
Häute	4101	-	0,65*** (18,78)		-0,05 (-0,16)	38 St. (ohne Brunei 25)	5*** 2** 3*	0,13*** (7,07)	9,52	0,7938	36,44**	2,02
Därme und Blasen	0504	-	0,5 (1,78)		-0,53* (-2,24)	38 St. (ohne Brunei 25)	4*** 3** 3*	-0,02 (-0,99)	8,02	0,8177	30,48**	1,99
Knochen und Stirnbeinzapfen, Roh, entfettet, einfach bearbeitet, mit Säure behandelt, sowie Mehl und Abfälle davon	0506	-	0,78** (2,94)		-0,32 (-1,22)	38 St. (ohne Brunei 25)	5*** 2**	0,25*** (14,11)	6,53	0,7023	14,23**	2,05

Produkt	Kombinierte Nomenklatur	$\ln \beta_0^{\#}$	β_1	β_2	β_3	β_4	β_5	ρ	s^2	$\bar{R}^2$	F-Test	DW
Zubereitungen zum Herstellen von Würzsoßen und zubereitete Würzsoßen, zusammengesetzte Würzsoßen, zusammengesetzte Würzmittel	2103	-	0,47*** (26,54)		-0,13 (-0,86)	38 St. (ohne Brunei 25)	5*** 4** 1*	0,0002 (0,01)	3,45	0,7814	31,72**	2,13
Suppen und Brühen	2104	-	0,45*** (14,82)		-0,009 (-0,03)	38 St. (ohne Brunei 25)	3*** 6** 6*	-0,033[a] (-1,79)	10,41	0,6878	17,64**	1,84
Enzyme, präparierte Enzyme	3507	-	0,56*** (35,51)		0,21 (1,53)	38 St. (ohne Brunei 25)	2*** 2** 1*	-0,006 (-0,32)	2,72	0,8074	23,8**	2,04
Vitamine und Pro-Vitamine, auch synthetisch hergestellt	2936	-	1,37*** (110,3)		0,16 (1,51)	38 St. (ohne Brunei 25)	7*** 2** 3*	0,03 (1,34)	1,61	0,8714	67,38**	1,99
Duftstoffe und Duftwässer	3307	-	0,53*** (22,14)		0,03 (0,18)	38 St. (ohne Brunei 25)	2*** 2** 2*	0,5*** (25,73)	1,76	0,8080	61,92**	2,59
Besen, Bürsten und Pinsel	9603	-	0,55*** (70,15)		0,07 (0,98)	38 St. (ohne Brunei 25)	4*** 1** 9*	-0,05** (-2,69)	0,74	0,8941	155,45**	1,91
Parfümzerstäu-ber und ähnliche Zerstäuber, Puderquasten und Kissen zum Auftragen von Kosmetik	9616	-	2,23*** (71,15)		-0,40 (-1,49)	38 St. (ohne Brunei 25)	7*** 2** 1*	0,05** (2,69)	9,62	0,7075	23,74**	2,09

Das Fixed-Effects-Modell wurde aus technischen Gründen in diesen Schätzungen auf die klassische $F(n-1, nT-n-K) = \frac{(R_u^2 - R_p^2)/(n-1)}{(1-R_u^2)/(nT-n-K)}$ Weise eines "least squares dummy variable" (LSDV) Modells mit Dummies für die unterschiedlichen Länderpaare ($DFixe_{i,j}$) geschätzt (siehe hierzu auch Kap. 6.7.1); der F^{emp} für den Test auf Signifikanz der Gruppeneffekte im Fixed-Effects-Modell nach 16.8-3 aus Kap. 6.8.3.2.4 mit: n für die Beobachtungsobjekte, T für die Zeitperiode, K für die Regressoren der gepoolten Schätzung ohne die Konstante, u für unbestimmtes Modell (Fixed-Effects) und p für ein gepooltes Modell der einfachen OLS-Schätzung mit einer Konstanten (Abweichend von dem o. g. Kap. werden hier die um Autokorrelation bereinigten Schätzungen mit n=39, T=78 und K=42 (39 Zeitvariablen, zwei trad. Variablen und Rho) verglichen).

a) = * (**, ***, [b]) statistisch signifikant auf dem 95 %- (99 %-, 99,9 %-, 90 %-) Niveau; In Klammern empirische t-Werte; Nullbeobachtungen wurden für die Berechnung durch eine Eins ersetzt.

Quelle: Eigene Berechnungen.

Die in Tabelle 7.5-5 dargestellten Ergebnisse entsprechen allen Erwartungen. Hinsichtlich der Vorzeichen kann festgestellt werden, dass alle signifikanten Regressionskoeffizienten der erklärenden Variable Einkommen mit Ausnahme der Produktkategorie 0210 (Fleisch und genießbare Schlachtnebenerzeugnisse, ...) positiv sind. Darüber hinaus sind alle signifikant von Null verschiedenen Regressionskoeffizienten der erklärenden Variablen hinsichtlich der BSE-Notifications negativ. Zur besseren Übersicht wurden diese Schätzungen der Produktgruppen in der Tabelle 7.5-5 kursiv geschrieben. Der F-Test hinsichtlich der Frage, ob alle geschätzten Konstanten der Fixed-Effects-Schätzung gleich sind, wurde ebenfalls in allen Schätzungen nachgewiesen. Darüber hinaus ist in fast allen Schätzungen die vorher signifikant nachgewiesene Autokorrelation herausgerechnet worden. Lediglich in einigen Schätzungen konnte Rho nicht signifikant geschätzt werden. Die Einführung der gruppenspezifischen Trends zur Differenzierung der unterschiedlichen Tendenzen war sehr erfolgreich, jedoch unterschiedlich in den Ergebnissen. So ist sowohl die Zahl als auch die Vorzeichen der signifikant geschätzten Trends unterschiedlich hinsichtlich Importländern und Produktgruppen. So wurden bei der Schätzung des Handelswertes von Produktgruppe 0404 (Molke) 22 signifikante Trends geschätzt, während in der Produktkategorie 2309 (Zubereitungen von der zur Fütterung verwendeten...) nur vier signifikant von Null verschiedene Trends ermittelt wurden.

Einen interessanteren Einblick bieten jedoch die Schätzungen, bei denen man von der Gesamtübersicht auf einzelne Produkte der Schätzungen fokussiert. Die Produkte, bei deren Exportwerten signifikante Regressionskoeffizienten hinsichtlich der Dummyvariablen im Zusammenhang mit den BSE-Notifications geschätzt wurden, sind in Tabelle 7.5-6 aufgelistet. Ihnen gegenüber sind die Produkte aufgeführt, die im Zusammenhang mit BSE von einzelnen Ländern als vom Import betroffen gemeldet, aber in den disaggregierten Schätzungen aus Tabelle 7.5-5 keine signifikanten Regressionskoeffizienten für die hier zentrale Dummyvariable $\mathbf{DBSEk}^{t}_{i,j}$ ermittelt wurden.

Unter den auf der linken Seite aufgeführten Produkten finden sich alle Produktgruppen der ursprünglichen Liste, die in der öffentlichen Diskussion als mit BSE in Verbindung zu bringen waren und als mögliche Überträger galten. Hierzu gehören die lebenden Tiere, die daraus gewonnen Schlachtkörper, gekühlt oder gefroren, sowie die direkt daraus gewonnen Produkte wie Wurstwaren, Gelatine und Fleischmehl. Hinzu kommen noch sonstige Produkte wie essbare Abfälle von Rindern, Därme und Blasen, Käse und Quark sowie andere weniger bekannte Produktgruppen.

Tabelle 7.5-6: Übersicht über die Produkte hinsichtlich der Signifikanz des Regressionskoeffizienten der Dummyvariablen[a)]

Signifikanter Regressionskoeffizient $DBSEk^{t}_{i,j}$		**<u>Nicht</u> signifikanter Regressionskoeffizient $DBSEk^{t}_{i,j}$**
Produktgruppe	relative Veränderung in %	Produktgruppe
Lebende Tiere	**-0,49***	Fett von Rindern, Schafen oder Ziegen, roh oder ausgeschmolzen, auch ausgepresst oder mit Lösungsmitteln ausgezogen
Frisches oder gekühltes Fleisch	**-0,74*****	Teigwaren, auch gekocht oder mit Fleisch und anderen Stoffen gefüllt oder in anderer Weise zubereitet
Gefrorenes Fleisch	**-0,86*****	Zubereitungen von der zur Fütterung verwendeten Art der Rückstände und Abfälle der Lebensmittelindustrie, zubereitetes Futter
Wurstwaren und verwandte Produkte	**-0,45***	Waren tierischen Ursprungs, nichtlebende Tiere aller Art ungenießbar
Fleisch, Schlachtnebenerzeugnisse oder Blut, zubereitet oder haltbar gemacht (ausgenommen Würste und ähnliche Erzeugnisse sowie Extrakte oder Säfte von Fleisch)	**-0,27[b]**	Hutstumpen und Hutrohlinge, geflochten oder durch Verbindung von Streifen aller Art hergestellt
Extrakte und Säfte von Fleisch Fischen, Krebstieren, Weichtieren und anderen wirbellosen Wassertieren	**-0,39***	Milch, Sahne, konzentriert
Mehl und Pellets von Fleisch, von Schlachtnebenerzeugnissen, von Fischen oder von Krebstieren, von Weichtieren oder anderen wirbellosen Wassertieren, ungenießbar	**-0,65****	Buttermilch, Joghurt, Kefir, andere fermentierte Produkte
Gelatine und ihre Derivate, Hausenblase, andere Leime tierischen Ursprungs	**-0,51*****	Häute
Fleisch und genießbare Schlachtnebenerzeugnisse, gesalzen, in Salzlake, getrocknet oder geräuchert, sowie genießbares Mehl von Fleisch oder Schlachtnebenerzeugnissen	**-0,45***	Knochen und Stirnbeinzapfen, Roh, entfettet, einfach bearbeitet, mit Säure behandelt oder entleimt, sowie Mehl und Abfälle davon
Essbare Abfälle von Rindern	**-0,37[b]**	Zubereitungen zum Herstellen von Würzsoßen und zubereitete Würzsoßen, zusammengesetzte Würzsoßen, zusammengesetzte Würzmittel, Senfmehl, auch zubereitet und Senf
Milch, Sahne, nicht konzentriert	**-0,46****	Suppen und Brühen
Molke	**-0,46***	Enzyme, präparierte Enzyme
Butter, andere Milchfette	**-0,42***	Vitamine und Pro-Vitamine, auch synthetisch hergestellt
Käse, Quark	**-0,19[b]**	Duftstoffe und Duftwässer
Därme und Blasen	**-0,41***	Besen, Bürsten und Pinsel
		Parfümzerstäuber und ähnliche Zerstäuber, Puderquasten und Kissen zum Auftragen von Kosmetik- oder Körperpflegemittel

a) = Zugehöriger Regressionskoeffizient ist mit: * (**, ***, [b]) statistisch signifikant auf dem 95 %- (99 %-, 99,9 %-, 90 %-) Niveau; Berechnung der relativen Veränderungen nach HALVORSEN und PALMQUIST (1980).

Quelle: Zusammenstellung aus eigenen Berechnungen.

Unter den auf der rechten Seite zu findenden Produkten sind überwiegend stark verarbeitete Produkte tierischen Ursprungs wie Suppen und Brühen, Zubereitungen zum Herstellen von Würzsoßen..., Hutstumpen und Hutrohlinge, Teigwaren, auch gekocht oder mit Fleisch und anderen Stoffen gefüllt,... oder Produktgruppen, die lediglich entfernt einen Zusammenhang mit dem Rohstoff Rindfleisch aufweisen können, wie Duftstoffe und Duftwässer, Parfümzerstäuber und ähnliche Zerstäuber etc. sowie Enzyme und präparierte Enzyme. Gleichzeitig finden sich hier auch solche Produktgruppen, unter die auch solche fallen, die nicht nur auf Rindvieh als Rohstoff zurückzuführen sind, sondern auch auf Schwein, Ziegen, Schafe usw.

Der bereits bei der Diskussion hinsichtlich der Auswahl der Produktgruppen erwähnte Verdacht, dass bei der Auswahl der in den SPS-Notifications genannten Produkte nicht immer nach neutralen Gesichtspunkten ausgewählt, sondern der aktuellen Meinung der jeweiligen Öffentlichkeit Rechnung getragen wurde, wird hier erneut bestätigt. Da bei diesen Produkten das Gravitationsmodell eine gute Erklärung der beobachteten Exportwerte lieferte, jedoch keinen signifikanten Effekt im Zusammenhang mit den veröffentlichten Notifications geschätzt werden konnte, legt dies den Schluss nahe, dass diese Produkte zwar in den Notifications als betroffen benannt wurden, aber ein tatsächlicher Handelseffekt nicht nachgewiesen werden konnte. Somit wurden die Produkte auch nicht im Handel beschränkt. Die Angaben in den Notifications müssen dementsprechend kritisch bewertet werden.

Selbst wenn ein Land in seiner Meldung auf verschiedene Produkte hinweist, deren Import verstärkt kontrolliert oder gar unterbunden werden soll, so muss bei der praktischen Umsetzung wohl in erster Linie auf Produkte oder Produktgruppen, die ein hohes sanitäres und phytosanitäres Gefahrenpotential bieten, geachtet werden[356]. Somit können SPS-Maßnahmen nur einen vergleichbar geringen Anteil am Volumen und Wert des gesamten bilateralen Handels beeinflussen.

Nicht zu vergessen ist die theoretische Fundierung des Gravitationsmodells, wenn Produkte und Produktgruppen untersucht werden, die in ihrer Gesamtheit als nicht homogen angesehen werden können. Hier kommt es zu Schwierigkeiten mit der Theorie nach DEARDORFF (1998) und BERGSTRAND (1985, 1988, 1989) und damit zu Verzerrungen im Modell. Bei Gütern, die nicht als vollkommen substitutiv im Verbrauch angesehen werden können, sollten dementsprechend Preise eine wichtige Rolle in den Modellen einnehmen. Damit könnte in diesen Fällen eine Verbesserung der Modelle erreicht werden, die aber im Kern von den klassischen Gravitationsmodellen abweichen und mit dem Problem zu kämpfen haben, dass die notwendigen Preise ermittelt werden müssen.

Die Schätzungen zeigen bei den direkt mit Rindern, Rindfleisch und seinen Verarbeitungsprodukten in Verbindung zu bringenden Produktgruppen signifikante Effekte im Handelswert. So sinkt der Handelswert der EU-Exporte in die ausgewählten Importländer bei

---

[356] Es ist leicht ersichtlich, dass Parfüm und Duftstoffe ein höhere Gefahrenpotential aufweisen als die lebenden Rinder.

lebenden Rindern um 49 %. Bei den international wichtigeren Handelsgütern Rindfleisch, frisch, gekühlt und gefroren sinkt der Handelswert sogar zwischen 74 und 86 %. Bei den anderen Produkten sinkt er zwischen 37 und 65 %. Eine Ausnahme hierbei ist die Produktgruppe Käse und Quark mit einem Rückgang von 19 %.

7.5.4.4 Zusammenfassung der Ergebnisse zur Weiterentwicklung der disaggregierten Analyse

Durch die Einführung der klassischen Zeiteffekte hat sich die OLS-Schätzung im Vergleich zur Schätzung in Tabelle 7.5-3 nur unwesentlich verändert. Die Regressionskoeffizienten sind im Betrag und in der Signifikanz identisch. Auch die sonstigen Teststatistiken haben sich nicht geändert. Gleichzeitig sind fast alle Regressionskoeffizienten der zusätzlichen Dummyvariablen für den Zeiteffekt signifikant getestet worden. Die Erweiterung der Fixed-Effects-Schätzung hat hingegen nicht zu einer Verbesserung der Ergebnisse geführt. Die empirischen t-Werte der Regressionskoeffizienten sind gesunken. Nur knapp die Hälfte der Regressionskoeffizienten der zusätzlichen Dummyvariablen, die für die Zeiteffekte neu eingeführt wurden, hat sich als signifikant erwiesen.

Im Vergleich zu den Ergebnissen aus Tabelle 7.3-7 kann die Fixed-Effects-Schätzung besser beurteilt werden. So liegt der Unterschied dieser beiden Schätzungen daran, dass die eine mit disaggregierten Daten und die andere mit aggregierten Daten durchgeführt wurde.

In beiden Fällen sind hoch signifikante positive Regressionskoeffizienten für die Variable Einkommen des Importlandes geschätzt worden. Darüber hinaus sind keine signifikanten Regressionskoeffizienten für die Dummyvariable $DBSEk^{t}_{i,j}$ ermittelt worden. In beiden Fällen wurde Heteroskedastizität und Autokorrelation signifikant getestet. Der große Unterschied liegt in der Erklärung der beobachteten Streuung. Während das Modell den disaggregierten Datensatz nur zu knapp 20 % (73 % in der um Autokorrelation bereinigten Fixed-Effects-Schätzung) erklärt, konnte das gleiche Modell den aggregierten Datensatz zu knapp 95 % erklären. Auch die Anzahl der signifikanten Regressionskoeffizienten der Zeiteffekte war in der Schätzung des aggregierten Datensatzes mit 68 deutlich höher als die der Schätzung des disaggregierten Datensatzes mit 34.

Dem ersten Problem kann mit Hilfe des Verfahrens von BEACH und MCKINNON (1978) [zitiert in HALL UND CUMMINS (1999b)] begegnet werden. Bei der Betrachtung der Ergebnisse sollte jedoch auch Rücksicht auf die Besonderheiten der hier zugrunde gelegten Stichprobe genommen werden.

Es handelt sich hierbei, wie bereits beschrieben, nicht um einen klassischen Datensatz, der für ein Gravitationsmodell bestimmt ist. Im Gegensatz zum klassischen Ansatz sind hier nur Exportwerte eines Exporteurs (EU) abgebildet, die gleichzeitig die Importe vieler anderer Länder darstellen.

In Gravitationsmodellen wird der bilaterale Handel im Rahmen einer Querschnittsanalyse durchgeführt, der mikrotheoretisch auf einer Gleichgewichtsanalyse basiert. Die strukturellen Gleichungen werden jedoch nicht als simultan zu schätzendes System aus Angebots- und

Nachfragegleichungen geschätzt, sondern in der reduzierten Form. Dies verringert den Umfang der Schätzung und entbindet vom Identifikationsproblem der Parameter in simultanen Schätzungen. Wenn wir uns bei den Gravitationsmodellen weg von den globalen Modellen bilateralen Handels aggregierter Güterströme bewegen, kommen wir auch in die Grauzonen der entsprechenden Theorie. Dort können dann auch andere mikroökonomische Theorie zur Erklärung der beobachteten Phänomene herangezogen werden. Gleichzeitig ist die Bedeutung der Beziehungen der Elastizitäten der Angebots- und Nachfragegleichungen des ursprünglichen Gleichungssystems zu beachten, aufgrund derer die Preisvariable entfernt und eine reduzierte Fassung geschätzt wurde.

Im Falle der potentiell mit BSE in Verbindung zu bringenden Güter könnte in einigen Fällen eine zentrale Annahme hinsichtlich der Theorie zu klassischen Gravitationsmodellen verletzt sein. So werden im klassischen Gravitationsmodell Preisänderungen ausgeklammert, da davon ausgegangen wird, dass sich die Preise international angleichen. Dies ist unter anderem dann gegeben, wenn es sich bei den Gütern um Produkte handelt, die sowohl in der Produktion als auch im Konsum international vollständig substituierbar sind [BERGSTRAND (1985)]. Ein Hinweis darauf, dass Konsumenten Unterschiede zwischen den Produkten machen und diese somit als nicht vollständig substituierbar annehmen, sind Preisunterschiede bzw. Preisaufschläge [BERGSTRAND (1985)]. Im Falle der mit BSE in Verbindung zu bringenden Güter aus den SPS-Notifications finden wir einige Güter, die entsprechend der Produktklassifikation einen hohen Verarbeitungsgrad aufweisen können und damit einige Kriterien für Güter aufweisen, die nicht vollständig substituierbar sein könnten. Unter diese Produkte fallen z. B. die Gruppe der Kosmetikprodukte, Teigwaren, Bürsten usw. Diese Produktgruppen können nur sehr schwer als homogene Produkte mit vollständiger Substitution im Konsum angesehen werden. Sie könnten damit eine der zentralen Annahmen hinsichtlich des Verzichtes auf Preise im klassischen Gravitationsmodell verletzen. Ist dies der Fall, kann es im klassischen Gravitationsmodell zu verzerrten Ergebnissen kommen. Es ist daher bereits aus dieser Sichtweise auch wenig verwunderlich, dass bei diesen Produkten kein signifikanter Handelseffekt nachgewiesen wurde. Ein in der Literatur diskutierter Ausweg ist das Einbeziehen von lokalen Preisdifferenzierungen. Dies ist dann sinnvoll, wenn die Konsumenten Güter hinsichtlich ihrer Herkunft differenzieren [BERGSTRAND (1985)].

Die Fixed-Effects-Schätzung hat sich entsprechend der Testergebnisse als das für die Beantwortung der Fragestellung sowohl bei der aggregierten als auch bei der disaggregierten Schätzung bestes Schätzmodell herausgestellt. Durch die fixen Effekte wird ein Großteil der länderpaarspezifischen Effekte aufgefangen und die beobachtete Streuung erklärt. Bei der Untersuchung der aggregierten Handelsströme der 31 identifizierten Produktgruppen konnte ein signifikanter Effekte auf den Handelswert zum Zeitpunkt des Inkrafttretens der BSE-Notifications nachgewiesen werden. Wichtiger Bestandteil der Schätzung war dabei die Berücksichtigung der länderpaarspezifischen Trends in den Handelsströmen. Dies zeigt, dass es doch Unterschiede in den einzelnen Handelsströmen geben kann, deren Nichtbeachtung zu Verzerrungen in den Schätzungen führen können.

8 SCHLUSSBETRACHTUNG

Die vorgelegte Arbeit widmet sich den sanitären und phytosanitären Handelsmaßnahmen im internationalen Warenverkehr. Diese wurden entsprechend ihrer Auswirkungen definiert und in den Kontext zu anderen nichttarifären Handelshemmnissen gesetzt. Des Weiteren wurden die hieraus entstehenden Effekte auf Handel und Wohlfahrt diskutiert. Da es sich um Maßnahmen handelt, die den Handel beeinflussen können, wurde auch die Bedeutung der institutionellen Rahmenbedingungen dargestellt, die die Handhabung dieser Maßnahmen regeln und disziplinieren. Mit einem ausführlichen Überblick wurde der Stand der Methodik zur Quantifizierung dieser wichtigen Maßnahmen aus der Gruppe der nichttarifären Handelshemmnisse beschrieben. Aus dieser Diskussion wurde die Methode zur Analyse des bilateralen Handels mit Hilfe von Gravitationsmodellen ausgewählt und sowohl deren Methodik sowie deren theoretischer Unterbau als auch deren Anwendung an einem einfachen Beispiel des bilateralen Handels der EU-Mitglieder ausführlich vorgestellt. Auf Basis dieses Konzeptes wurde dann der Markt für Rindfleisch und einige der daraus entstehenden Verarbeitungsprodukte ausgewählt, um die im Zusammenhang mit der Rinderseuche BSE durch die einzelnen WTO-Partner veröffentlichten Maßnahmen in diesem Marktsegment zu quantifizieren. Mit Hilfe dieser Quantifizierung sollten Aussagen hinsichtlich der Zuverlässigkeit des Meldewesens der WTO sowie der sich daraus ableitenden Effekte auf den Handelswert der betroffenen Produkte möglich werden.

Mit der Gründung der WTO wurde das Provisorium des GATT institutionalisiert. Die vorhandenen Abkommen wurden übernommen und modifiziert oder neu erstellt, wie mit dem SPS-Abkommen. Ein neues Streitschlichtungsverfahren, das wesentliche Verbesserungen zu seinem Vorgänger aufweist, ergänzt diese Abkommen. Durch die Automatisierung und Verrechtlichung wurde das Verfahren der Streitbeilegung zu einem justiziablen Instrument innerhalb der WTO. Die durchgesetzte formelle Reform des Mechanismus stellt eine Neuorientierung des GATT-Systems dar mit dem Bestreben, juristisch nachvollziehbaren Entscheidungen den Vorrang vor politisch motivierten Verhandlungslösungen zu geben. Ein Sanktionsmechanismus gegenüber WTO-Mitgliedern rundet diese Reform ab und kann für die Durchsetzung der vereinbarten Regeln sorgen.

Mit dem Abkommen über die Regelung zur Anwendung sanitärer und phytosanitärer Handelsmaßnahmen wurde der zunehmenden Bedeutung dieser besonderen Gruppe der Maßnahmen im internationalen Handelsverkehr Rechnung getragen. Mit der abnehmenden Bedeutung der tarifären Handelsbeschränkungen, der besonderen Berücksichtigung der nichttarifären Handelsbeschränkungen sowie der zunehmenden Bedeutung des Schutzes von Konsumenten bei wachsendem internationalen Handel mit Nahrungsmitteln, hat die Bedeutung der sanitären und phytosanitären Handelshemmnisse zugenommen. Im entsprechenden WTO-Abkommen sind die Regeln festgelegt, wann eine solche Maßnahme als berechtigte Schutzmaßnahme gilt und wann sie als unerlaubtes Handelshemmnis anzusehen ist. So sind WTO-Mitglieder berechtigt, ein höheres Schutzniveau als in den internationalen Standards zugrundezulegen, wenn sie dieses Vorgehen wissenschaftlich als Ergebnis eines objektiven Risikoevaluierungsverfahrens begründen können.

Mit der zunehmenden Bedeutung der sanitären und phytosanitären Handelsmaßnahmen wächst auch gleichzeitig die Bedeutung für die wissenschaftliche Analyse. Sanitäre und phytosanitäre Maßnahmen weisen die außergewöhnliche Eigenschaft auf, dass sie sich sowohl positiv, neutral oder auch negativ auf die gesamtgesellschaftliche Wohlfahrt auswirken können. Die Quantifizierung dieser Auswirkungen ist eine der großen zukünftigen Aufgaben der ökonomischen Wissenschaft. Eine vielversprechende Methode hierzu ist die der Quantifizierung mithilfe der Gravitationsmodelle. Während die Verwendung des Gravitationsmodells eine lange Tradition in der Ökonomie hat, gab es viele Vorbehalte gegenüber diesem Ansatz. Diese Vorbehalte liegen in der angeblich mangelnden theoretischen Fundierung des Modells begründet. In der vorliegenden Arbeit konnten jedoch diese Vorbehalte ausgeräumt und sowohl die erfolgreiche Anwendung in der ökonomischen Literatur als auch die theoretische Fundierung dargestellt werden. Sie machen das Gravitationsmodell zu einer verlässlichen Methode zur Quantifizierung bilateraler Handelsströme. Mit dem hier offenbarten ökonometrischen Ansatz können vielfältige Fragestellungen untersucht werden. So kann mit einem Gravitationsmodell der Effekt einer Vielzahl von sanitären und phytosanitären Maßnahmen quantifiziert werden. Sowohl quantitative als auch qualitative Variablen finden in diesem Modell Verwendung. Das klassische Gravitationsmodell wurde hier erfolgreich auf einen neuen Datensatz angewandt, der als Untersuchungsobjekt den bilateralen Handel zwischen 14 EU-Ländern über einen Zeitraum von sechs Jahren hatte. Die Ergebnisse entsprachen vollends den Erwartungen. Die Vorzeichen erfüllten alle den in den klassischen Vorbildern zu entnehmenden Erwartungen. Die Größenordnung der Koeffizienten glich den bisher veröffentlichten Arbeiten. Die Kriterien zur Auswahl des geeigneten Ansatzes bezüglich fixer oder zufälliger Gruppeneffekte konnten entsprechend dargestellt werden.

Mit dem Rindfleischmarkt, als dem hier zentral in die Quantifizierung eingehenden Beispiel, wurde ein sehr schwieriger Markt ausgesucht. Der Weltmarkt für Rindfleisch ist auf Länderebene durch einige große Produzenten mit einem gleichzeitig hohen Eigenverbrauch gekennzeichnet. Zugleich gibt es einige große Nettoexporteure auf dem Weltmarkt. Die EU als Ganzes ist in der Vergangenheit durch ihre Agrarpolitik zu einem großen Nettoexporteur aufgestiegen, wobei es innerhalb der EU sehr große Unterschiede in der Handelsbilanz der Einzelstaaten gibt. Durch die zahlreichen Einflüsse auf den innereuropäischen Markt für Rindfleisch und die veränderten Rahmenbedingungen für agrarpolitische Einflussnahmen im Rahmen des GATT und der WTO nimmt diese Handelsposition kontinuierlich ab. Gleichzeitig ist der Weltmarkt für Rindfleisch durch zahlreiche Zollquoten und traditionelle Handelsbeziehungen determiniert, deren dadurch determinierten Handelsströme aber auch durch Kaufkraftveränderungen und Produktionsschwierigkeiten veränderbar sein können. In der Vergangenheit haben drei große Ereignisse diese Handelsströme beeinflusst: die wirtschaftliche Krise in Fernost, der Ausbruch der Rinderseuche BSE sowie der Ausbruch der auch Rinder gefährdenden MKS. Obwohl BSE in der Regel ein auf Rinder beschränktes

Problem ist, gibt es auch bestätigte Fälle der Übertragung auf Menschen. MKS hingegen ist nach dem Stand der Wissenschaft für Menschen ungefährlich, kann aber durch die Übertragungsrate und die gefährdeten Tierarten einen vergleichsweise höheren ökonomischen Schaden anrichten.

Der Grund für die Auswahl dieses so stark durch verschiedene Ereignisse beeinflussten Marktes lag u. a. in den Ereignissen selbst. Das seit dem 01.01.1995 in Kraft getretene SPS-Abkommen der WTO sowie die für Transparenz sorgende Verpflichtung zur Veröffentlichung von SPS-Meldungen haben besonders im Zusammenhang mit BSE und MKS zu zahlreichen Handelsmaßnahmen im Bereich der sanitären und phytosanitären Maßnahmen durch die einzelnen WTO-Mitglieder gegenüber der EU geführt. Gleichzeitig wurden somit viele dieser Maßnahmen über die WTO gemeldet und damit, wie es im Sinne des zukünftigen Umgangs mit nichttarifären Handelshemmnissen üblich sein soll, transparent gemacht. Diese Meldungen bildeten die Datenbasis für die hier vorgestellte Analyse mittels eines für diese disaggregierte Fragestellung modifizierten Gravitationsmodells. Mit Hilfe eines Querschnittes über die Meldungen im Zusammenhang mit BSE wurden die potentiell durch diese Seuche betroffenen Produktgruppen identifiziert. Es stellte sich heraus, dass es sowohl direkt mit Rindvieh und Rindfleisch in Verbindung zu bringende Produkte waren, als auch Produkte, die auf den ersten Blick nicht mit Rindfleisch oder BSE in Verbindung zu bringen waren.

Die klassischen Determinanten des Gravitationsmodells und deren Koeffizienten standen in diesen Berechnungen nicht im Vordergrund des Interesses. Von zentraler Bedeutung war in erster Linie, mit Hilfe eines für die spezielle Fragestellung modifizierten guten Gravitationsmodells Aufschluss über die Koeffizienten der Dummyvariablen $DBSEk^{t}_{i,j}$ zu erhalten. Diese qualitative Variable steht für den Zeitpunkt einer mit BSE in Verbindung zu bringenden Meldung der einzelnen WTO-Partner, die über die WTO-Datenbank abrufbar ist. Zu diesem Zweck wurde die Dummyvariable in ein vorher getestetes Modell eingeführt.

Verschiedene Variationen der klassischen Verwendung einer Intercept-Dummyvariablen wurden hierbei getestet. Es wurde die einfache klassische Verwendung als Null- und Eins-Variable gebraucht, wobei auch abweichend von der klassischen Verwendung, die Annahme getestet wurde, dass die Maßnahme nach einer gewissen Zeit nicht mehr durchgeführt wird und der Handel damit wieder ungehindert fließen kann. In diesem Fall wurde die Dummyvariable nach einer im Vorhinein festgelegten Zeitperiode wieder auf Null gesetzt. Auch wurde die Annahme getestet, dass eine Maßnahme im politischen Aktionismus ein- und ausgeführt wurde, aber das Interesse am ungehinderten Handel nach einer gewissen Zeitperiode[357] wieder steigt und weniger streng kontrolliert wurde oder nur noch ausgesuchte Produktgruppen kontrolliert wurden. Dies wurde mit einem Koyck-Lag [RAMANATHAN (1998)] in Kombination mit der Dummyvariablen versucht. Mit dieser Variation wurde versucht, aus der qualitativen Variablen mit Hilfe zusätzlicher Annahmen mehr Information in die

---

[357] Wenn das Interesse der Medien und der Bevölkerung sinkt oder auf einen anderen Sachverhalt fokussiert wird.

erklärende Variable einzubringen und so aus der qualitativen Variablen eine Art quantitative Variable zu machen.

Darüber hinaus wurden weitere Annahmen hinsichtlich der Wirkungsweise und Dauer der SPS-Meldungen und der zur Identifizierung der Wirkungen generierten Dummyvariablen gemacht. Da einige Meldungen im Bezug zum Beobachtungszeitraum sehr früh etabliert und gleichzeitig keine Meldungen zur Aufhebung dieser Maßnahmen gefunden wurden, wurde eine einheitliche Zeitperiode festgelegt, nach der eine Maßnahme im vorliegenden Datensatz wieder außer Kraft gesetzt wurde. Die entsprechende Dummyvariablen nahm dann wieder den Wert Null an.

Einige Länder hatten bereits sehr frühzeitig die eine oder andere SPS-Meldung im Zusammenhang mit BSE veröffentlicht. Nach der o. g. Art der Festlegung der Dummyvariablen ist die erste Dummyvariable dann die Entscheidende für das Umschalten von Null auf Eins, da anzunehmen ist, dass bei einem großen zeitlichen Unterschied zwischen der ersten und den darauffolgenden Meldungen die erste schon nicht mehr in Kraft ist und Wirkung zeigt. Diesbezüglich wurde die erste Meldung und somit die Dummyvariable in der Wirkung nur über einen gewissen Zeitraum auf Eins geschaltet und dann wieder auf Null. Eine weitere Variante war, die erste Meldung zu ignorieren und diese als Test oder als politischen Warnschuss für die EU zu deuten.

Die Vereinheitlichung und Umrechnung der ursprünglich auf Jahresbasis recherchierten erklärenden Variablen auf eine monatliche Basis ist nicht unproblematisch. Durch die Aufteilung der Jahreswerte in zwölf gleich große Monatswerte sind zyklische Schwankungen, die normalerweise in den Monatseinkommen zu vermuten sind, nicht enthalten. Die jährlichen Schwankungen jedoch zeigen sich beim Jahreswechsel (Dezember/Januar) der jeweiligen Beobachtungsperiode. Hierbei kann es vorkommen, dass einige durch die jährlich deutlich zu erkennenden Sprünge hervorgerufenen Effekte nicht erkannt werden. Eine ökonometrische Methode, diesem Problem zu begegnen und den Effekt zu mildern, ist es, diesen mittels einer Dummyvariablen herauszurechnen. Dabei müsste für jedes der Beobachtungsjahre eine Dummyvariable eingeführt werden, die den Wert Eins annimmt, sobald das betreffende Jahr mit dem Januar beginnt. Aufgrund der Vielzahl der Dummies und des geringen Erklärungsbeitrages, die diese Dummies in Tests ergeben haben, wurde in den vorhandenen Modellen darauf verzichtet.

Die Schätzergebnisse der verschiedenen Schätzansätze sind insgesamt vorsichtig zu beurteilen. Zum einen ist der im Gravitationsmodell verwendete Datensatz nicht der klassische aggregierte Außenhandelsstrom, zum anderen ist hier keine Betrachtung eines disaggregierten Länderpaarpools durchgeführt worden, sondern vielmehr die bilateralen Beziehungen eines Exportlandes zu vielen Importländern über eine vergleichsweise sehr lange Zeitreihe. Darüber hinaus ist die Grundlage der hier zentralen Variablen $DBSEk^{t}_{i,j}$ aufgrund der kurzen Lebensdauer des Informations- und Meldesystems nicht besonders zuverlässig. Es bestätigte sich die allgemeine Einschätzung von Gravitationsmodellen, dass diese bei der Schätzung eines disaggregierten Handelsstroms einzelner Produkte sehr sensibel auf Veränderungen der Modellstruktur reagieren.

Unter Berücksichtigung dieser besonderen Umstände konnten insgesamt einige interessante Ergebnisse erzielt werden. So hat sich die einfache OLS-Schätzung des Datensatzes sowohl auf den aggregierten als auch auf den disaggregierten Datensatz als sehr stabil erwiesen. Die Ergebnisse können auch im Vergleich zu den in der Vergangenheit mit dem klassischen Gravitationsmodell erzielten Ergebnissen mithalten. Sie bestätigen sich auch in der dominanten Verwendung dieses Ansatzes in der gesichteten Literatur.

Die Ergebnisse des im Fixed-Effects- und Random-Effects-Ansatzes geschätzten Ergebnisse hingegen bedürfen differenzierterer Betrachtung. So konnte festgestellt werden, dass die Modelle ohne direkte Anpassung an die disaggregierte Fragestellung instabiler wurden, je disaggregierter die Schätzung erfolgte. Auch ist immer auf die zugrunde liegenden Annahmen hinsichtlich der Eigenschaften der unbeobachteten Reststreuung zu achten, die nicht unwesentlich von der Fragestellung und der Auswahl der Stichprobe abhängen können.

Die hier durchgeführte quantitative Analyse des bilateralen Handels betrifft in erster Linie diejenigen Produkte, die in den WTO-Dokumenten als diejenigen identifiziert wurden, die durch BSE-Handelseffekte betroffen sein könnten. Da es sich jedoch auch um Produktgruppen handelt, die sowohl Rind- als auch andere Fleischarten umfassen, kann ein Rückgang der Importe von Rindfleischprodukten durch zusätzliche Importe von anderen Fleischprodukten kompensiert oder sogar überkompensiert werden[358]. Dies würde dann zu einem positiven Effekt führen, der nicht mit dem vermuteten Absinken der Rindfleischimporte übereinstimmen würde. Um diese Annahme zu bestätigen, wurden auch Berechnungen für den Handel mit Produkten und Produktgruppen durchgeführt, die eindeutig nur Rinder sowie Rindfleisch enthalten. Hier wurden jedoch unbefriedigende Ergebnisse erzielt, so dass die o. g. Annahme nicht bestätigt werden konnte.

Berücksichtigt werden sollte auch, dass Importeure, die eine Gefährdung vermuten, manchmal nicht die staatlichen Organe benötigen, sondern aus eigenem Antrieb den Handel einschränken oder unterbinden. Dies kann auch aufgrund des in der Bürokratie aufgebauten Verwaltungsapparates mit einer höheren Geschwindigkeit geschehen. Wenn es sich allerdings um Importeure handelt, deren Handelstätigkeit nicht durch die importierten Risiken beeinflusst wird, kann es sogar gegenteilige Effekte haben. Dies kann von der Umleitung der Ware über Drittländer bis hin zum Schmuggel reichen.

Bei den Ergebnissen können grundsätzlich zwei Ansätze unterschieden werden: zum einen die Schätzung der Summe aller 31 identifizierten Produkte sowie zum anderen die individuelle Schätzung der einzelnen Produktgruppen. Bei beiden Ansätzen hat sich die Schätzung der beobachteten Streuung durch ein Fixed-Effects-Modell mit länderpaar-

---

[358] Siehe hierzu Kap. 4 mit der Darstellung der Handelssituation am Markt für Rinder und Rindfleisch sowie den hieraus geschätzten Auswirkungen auf andere Märkte.

spezifischen Trends als äußerst zuverlässig erwiesen. Um der Autokorrelation in den für ein Panel recht ungewöhnlich langen Zeitreihe Rechnung zu tragen, wurde diese in den individuellen Schätzungen herausgerechnet. Bei der aggregierten Schätzung aller 31 Produktgruppen hat sich mit dem Zeitpunkt des Inkrafttretens der Notifications im Zusammenhang mit BSE der Handelswert je nach Schätzmodell zwischen 13 und 16 % verringert. Es wird bei dieser aggregierten Betrachtung jedoch nicht hinsichtlich der einzelnen Produktgruppen oder Länderpaare unterschieden. Dies bedeutet jedoch auch, dass einzelnen Produktgruppen mehr oder weniger stark durch die Handelsmaßnahmen betroffen sein könnten. Eine detailliertere Analyse bietet die separate Schätzung eines Fixed-Effects-Modells mit länderpaarspezifischen Trends jeder einzelnen Produktgruppe. Die Schätzungen zeigen bei den direkt mit Rindern, Rindfleisch und seinen Verarbeitungsprodukten in Verbindung zu bringenden Produktgruppen signifikante Effekte im Handelswert. So sinkt der Handelswert der EU-Exporte in die ausgewählten Importländer bei lebenden Rindern um 49 %. Bei den international wichtigeren Handelsgütern Rindfleisch, frisch, gekühlt und gefroren sinkt der Handelswert sogar zwischen 74 und 86 %. Bei den anderen Produkten sinkt er zwischen 37 und 65 %. Es zeigt sich demnach, dass den Ankündigungen in den Notifications, die über die WTO veröffentlicht wurden, erhebliche Handelseffekte folgten.

Insgesamt hat sich die Methode der Gravitationsmodelle zur Quantifizierung sanitärer und phytosanitärer Handelshemmnisse als vielversprechend und nützlich erwiesen. Die theoretische Fundierung dieses Instrumentes ist für die Analyse der entsprechenden Fragestellungen bezüglich der Handelseffekte ausreichend. Kritisch wird die Analyse bei der Analyse disaggregierter Daten. Dort reagiert das Gravitationsmodell sehr sensibel auf Änderungen der Modellstruktur. Die Ergebnisse der Analyse des Rindfleischmarktes und seiner ausgewählten Verarbeitungsprodukte sind unter der Berücksichtigung der besonderen Umstände, in der sich dieser Markt befindet, unplausibel und entsprechen den Erwartungen. Gleichzeitig ist aufgrund der Ergebnisse darauf zu schließen, dass sich in den SPS-Notifications der einzelnen WTO-Partner nicht immer alle tatsächlichen Handelsmaßnahmen wiederfinden. Das lässt den Schluss zu, dass das Instrument der SPS-Notifications entweder aufgrund der kurzen Biografie noch nicht richtig genutzt wird oder aufgrund des potentiellen Missbrauches dieser Gruppe der nichttarifären Handelsmaßnahmen auch in Zukunft nicht genutzt werden wird.

Aufgrund dieser Rückschlüsse sollte zum einen die Unterstützung in der Schulung der einzelnen WTO-Mitglieder zum Umgang mit den neuen Instrumenten im Zusammenhang mit den SPS-Notifications sowohl erhöht, als auch der WTO als Institution ein Mechanismus zur Überprüfung, Beurteilung und Sanktionierung in die Hand gegeben werden, um die Transparenz aller SPS-Maßnahmen zu gewährleisten. Gleichzeitig bieten die Notifications in Zukunft eine vielversprechende Quelle zur Ermittlung der tatsächlichen Handelseffekte, wobei der Analyseaufwand noch sehr groß ist. Zur vereinfachten Auswertung müsste das Meldeverfahren standardisiert und die Benennung der betroffenen Produktgruppen über international anerkannte Klassifikationen durchgeführt werden.

9 LITERATURVERZEICHNIS

AITKEN, N. (1973): The Effect of the EEC and EFTA on European Trade: A Temporal Cross-section Analysis. In: *American Economic Review*, 63. Jg., H. 5, S. 881-892.

AKERLOF, G. (1970): The Markets for Lemons: Qualitative Uncertainty and the Market Mechanism. In: *Quarterly Journal of Economics*, 84. Jg., H. 1, S. 488-500.

ALFNES, F. und RICKERTSEN, K. (2003): European Consumers Willingness to Pay for U.S. Beef in Experimental Auction Markets. In: *American Journal of Agricultural Economics*, 85. Jg., H. 2, S. 396-405.

AMT FÜR AMTLICHE VERÖFFENTLICHUNGEN DER EUROPÄISCHEN GEMEINSCHAFTEN (EUROSTAT), Comext Datenbank. Verschiedene Jgg., Brüssel.

AMT FÜR AMTLICHE VERÖFFENTLICHUNGEN DER EUROPÄISCHEN GEMEINSCHAFTEN (EUROSTAT) (2002): Eurostat Jahrbuch 2002. Luxemburg.

ANDERSON, J.E. und VAN WINCOOP, E. (2003): Gravity with Gravitas: A Solution to the Border Puzzle. In: *The American Economic Review*, 93. Jg., H.1, März, S. 170-192.

ANDERSON, K. (2002): Peculiarities of Retaliation in WTO Dispute Settlement. London.

ANGERMANN, O. und STAHMER, C. (1984): Berechnung von Kaufkraftparitäten im Rahmen der internationalen Organisation. In: *Wirtschaft und Statistik*, H. 5, S. 385-393.

ANTLE, J.M. (1995): Choice and Efficiency in Food Safety Policy. Washington, D.C.

BALDWIN, R. (1970): Nontariff Distortions of International Trade. Washington, D.C.

BALTAGI, B. (1995): Econometric Analysis of Panel Data. New York.

BEACH, C.M. und MACKINNON, J.G. (1978): A Maximum Likelihood Procedure for Regression with Autocorrelated Errors. In: *Econometrica*, 46. Jg., H.1, S. 51-58.

BEEF (2006): Additional Information. *www.beef.org/ncbasafety.aspx*, Stand 09.12.2006.

BEGHIN, J.-C. und BUREAU, J.-C. (2001): Quantification of Sanitary, Phytosanitary, and Technical Barriers to Trade for Trade Policy Analysis. Working Paper, Center for Agricultural and Rural Development, Iowa.

BERGSTRAND, J.H. (1985): The Gravity Equation in International Trade: Some Microeconomic Foundations and Empirical Evidence. In: *Review of Economics and Statistics*, 67. Jg., H. 3, S. 474-481.

BERGSTRAND, J.H. (1988): The Gravity Equation in International Trade: Some Microeconomic Foundations and Emperical Evidence. In: *Allgemeines Statistisches Archiv*, 72. Jg., H. 2, S. 150-170.

BERGSTRAND, J.H. (1989): The Generalized Gravity Equation, Monopolistic Competition, and the Factor-Proportions Theory in International Trade. In: *Review of Economics and Statistics*, 71. Jg., H. 1, S. 143-153.

BERRISCH, G.M. und GRACE, D. (2002): Im Stahlstreit muß Europa nicht auf die WTO warten. Ausnahmevorschrift erlaubt Aussetzung von Zollerleichterungen. In: *Frankfurter Allgemeine Zeitung*, 20.03.2002, S. 28.

BHAGWATI, J. (1988): Protectionism. London.

BHAGWATI, J. (1996): The Demands to Reduce Domestic Diversity among Trading Nations. In: BHAGWATI, J. und HUDEC, R.E. (Hrsg.): Fair Trade and Harmonization. Cambridge, S. 9-40.

BHARGAVA, A., FRANZINI, L. und NARENDRANATHAN, W. (1983): Serial Correlation and the Fixed Effects Model. In: *Review of Economic Studies*, 49. Jg., H. 4, S. 533-549.

BLEYMÜLLER, J, GEHLERT, G. und GÜLICHER, H. (2000): Statistik für Wirtschaftswissenschaftler. 12. Auflage. München.

BÖCKER, A. und MAHLAU, G. (1998): BSE-Medienberichterstattung auf regionaler Ebene: Bestandteile, Entwicklung und Auswirkungen auf das Konsumentenverhalten. Referat auf der 39. Jahrestagung der GeWiSoLa in Bonn, Bonn.

BOOM, A. (1995): Asymmetric International Minimum Quality Standards and Vertical Differentiation. In: *The Journal of Industrial Economics*, 43. Jg., H. 1, S. 101-119.

BREUSCH, T. und PAGAN, A. (1980): The LM Test and Its Applications to Model Specifications in Econometrics. In: *Review of economic studies*, 47. Jg., H. 1, S. 239-254.

BRUN, J.-F.; CARRÉRE, C.; GUILLAUMONT, P. und DEMELO, J.D. (2005): Has Distance Died? Evidence from a Panel Gravity Model. In: *The World Bank Economic Review*, 19. Jg., H. 1, S. 99-120.

BÜTLER, M. und HAUSER, H. (2000): The WTO Dispute Settlement System: A First Assessment from an Economic Perspective. Working Paper, Tilburg/St. Gallen.

BUNDESMINISTERIUM FÜR ERNÄHRUNG, LANDWIRTSCHAFT UND VERBRAUCHERSCHUTZ (BMELV) (2006): Maul- und Klauenseuche - Fragen und Antworten. http:// www.bmelv.de, Stand 13.12.2006.

BUREAU, J.-C.; MARETTE, S. und SCHIAVINA, A. (1998): Non-tariff Trade Barriers and Consumers` Information: The Case of the EU-US Trade Dispute over Beef. In: *European Review of Agricultural Economics*, 25. Jg, H. 4, S. 437-462.

BUREAU, J.-C., JONES, W., GOZLAN, E. und MARETTE, S. (2002): Issues in Demand for Quality and Trade. In: KRISSOFF, B., BOHMAN, M. und CASWELL, J.A. (Hrsg.), Global Food Trade and Consumer Demand for Quality. New York, S. 3-32.

BURTON, M. und YOUNG, T. (1992): The Structure of Changing Tastes for Meat and Fish in Great Britain. In: *European Review of Agricultural Economics*. 19. Jg., H. 2, S. 165-180.

BUZBY, J.-C. und ROBERTS, D. (1999): Food Safety and International Trade in the Twenty-first Century. In: *Choices*, Fourth Quarter, S. 23-27.

CALVIN, L. und KRISSOFF, B. (1998): Technical Barriers to Trade: A Case Study of Phytosanitary Barriers and U.S.-Japanese Apple Trade. In: *Journal of Agricultural and Resource Economics*, 23. Jg., H. 2, S. 351-366.

CHAMBERS, R.G. und WEISS, M. (1992): Revisiting Minimum-Quality Standards. In: *Economics Letters*, 40. Jg., H. 2, S. 197-201.

CHRISTERSON, B. (1994): World Trade in Apparel: An Analysis of Trade Flows Using the Gravity Model. In: *International Regional Science Review*, 17. Jg., H. 2, S. 151-166.

COHEN, B. (2000): The Impact of the World Trade Organization´s Current Rules on the Ability of Governments to Respond to New Agricultural Technologies. Tagungsbeitrag zur "Conference on Designing Agricultural Systems and Food Supply in a Crowded World". Wageningen.

CORDEN, M. (1971): The Theory of Protection. Oxford.

DEARDORFF, A. (1998): Determinants of Bilateral Trade: Does Gravity Work in a Neoclassical Work? Aus: FRANKEL, J.A. (Hrsg.): The Regionalization of the World Economy. Chicago, S. 7-32.

DEARDORFF, A. und STERN, R. (1985): Methods of Measurement of Nontariff Barriers. Genf.

DE HAAN, C. (2001): The Livestock Revolution: Environmental, Social and health impacts. Opening speech of the 10th. International Conference of the Association of Institutions for Tropical Veterinary Medicine "Livestock, Community and Environment". 20-23 August 2001. Kopenhagen.

DELGADO, C., ROSEGRANT, M., STEINFELD, H., EHUI, S. und COURBOIS, C. (1999): Livestock to 2020. The Next Food Revolution. 2020 Vision Initiative Food, Agriculture, and the Environment Discussion Paper 28. IFBRI, FAO and ILRI. International Food Policy Research Institute, Washington, D.C.

DEUTSCHE BUNDESBANK: Devisenkursstatistik. Statistisches Beiheft zum Monatsbericht. Verschiedene Jgg.

DIJKHUIZEN, A.A; HORST, H.S. und JALVINGH, A.W. (1997): A New Approach to Integrate Risk Analysis and Economics. In: *Epidémiol. santé anim.*, 56. Jg., H. 1, S. 31-33.

DIXIT, A. und NORMAN, V. (1978): Advertising and Welfare. In: *Bell Journal of Economics*, 9. Jg., H. 1, S. 1-17.

EBEL, E.D.; HORNBAKER, R.H. und NELSON, C.H. (1992): Welfare Effects of the National Pseudorabies Eradication Program. In: *American Journal of Agricultural Economics*, 74. Jg., H. 3, S. 638-645.

ECKERT, S. (1998): Ökonomische Effekte von Lebensmittelskandale: Das Beispiel BSE. Arbeitsbericht des Instituts für Agrarpolitik und Marktforschung der JLU Gießen, Nr. 25. Giessen.

EUROPEAN COMMISSION (1994): European Economy. EC Agricultural Policy for the 21st century. Luxemburg

EUROSTAT: Comext Datenbank. Verschiedene Jgg., Brüssel.

FITZSIMONS, E., HOGAN, V. und NEARY, P. (1999): Explaining the Volume of North-South Trade in Ireland: A Gravity Model Approach. In: *The Economic and Social Review,* 30. Jg., H. 4, S. 381-401.

FISCHER, R. und SERRA, P. (2000): Standards and Protection. In: *Journal of International Economics*, 52. Jg., H. 2, S. 377-400.

FOCK, G. (1997): Die BSE-Debatte in Politik und Presse und deren Wirkung auf den Fleischmarkt. Diplomarbeit, Institut für Agrarökonomie Kiel, Kiel.

FRANKEL, J. (1997): Regional Trading Blocs in the World Economic System. Washington.

FREY, B.S. (1985): Internationale Politische Ökonomie. München.

FREY, B.S. (1991): Public Choice. Ergebnisse der letzten 10 Jahre. In: *Wirtschaft und Statistik*, H. 10, S. 492-496.

GABLER (1988): Gabler Wirtschafts-Lexikon. 12., vollständig neu bearbeitete und erweiterte Auflage. Wiesbaden.

GANSLANDT, M. und MARKUSEN, J.R. (2001): Standards and Related Regulations in International Trade: A Modeling Approach. Cambridge.

GLISMANN, H.H. (1996): Wirtschaftliche Auswirkungen mengenmäßiger Importbeschränkungen. Kieler Studien, Institut für Weltwirtschaft an der Universität Kiel, Kiel.

GOLDSTEIN, J.; KAHLER, M.; KEOHANE, R.O. und SLAUGHTER, A.-M. (2000): Introduction: Legalization and World Politics. In: *International Organization*, 54. Jg., H. 3, S. 385-399.

GREENAWAY, D. (1983): Trade Policy and the New Protectionism. New York.

GREENE, W.H. (1997): Econometric Analysis. New Jersey.

HALL, B.H. und CUMMINS, C. (1999a): Time Series Processor Version 4.5: Users Guide Including an Introductionary Guide. Palo Alto.

HALL, B.H. und CUMMINS, C. (1999b): Time Series Processor Version 4.5: Reference Manual. Palo Alto.

HALVORSEN, R. und PALMQUIST, R. (1980): The Interpretation of Dummy Variables in Semilogarithmic Equations. In: *American Economic Review*, 70. Jg., H. 3, S. 474-475.

HANSEN, A., HERZFELD, T. und THIELE, H. D. (2006): Die Märkte für Vieh und Fleisch. In: *Agrarwirtschaft*, 55. Jg., H. 1, S. 55-68.

HAUSER, H. (2000): Die WTO-Streitschlichtung aus einer Law and Economics Perspektive. St.Gallen.

HAUSER, H. und SCHANZ, K.-U. (1995): Das neue GATT: Die Welthandelsordnung nach Abschluß der Uruguay-Runde. München.

HAUSMAN, J.A. (1978): Specification Tests in Econometrics. In: *Econometrica*, 46. Jg., H. 6, S. 1251-1271.

HENRICHSMEYER, W. und WITZKE, H.P. (1994): Agrarpolitik Band 2: Bewertung und Willensbildung. München.

HENSON, S. (1998): Costs Associated with Divergent National Products Standards and Conformity Assessment Procedures and the Impact on International Trade. Aus: ORGANIZATION FOR ECONOMIC COOPERATION AND DEVELOPMENT (OECD) (Hrsg.): Regulatory Reform in the Global Economy Asian and Latin America Perspective. Paris, S. 10-24.

HENSON, S. und HEASMAN, M. (1998): Food Safety Regulation and the Firm: Understanding the Compliance Process. In: *Food Policy*, 23. Jg., H. 1, S. 9-24.

HENSON, S. und LOADER, R. (1999): Impact of Sanitary and Phytosanitary Standards on Developing Countries and the Role of the SPS Agreement. In: *Agribusiness*, 15. Jg., H. 3, S. 355-369.

HENSON, S., LOADER, A. und SWINBANK, R. (1999): The Impact of Sanitary and Phytosanitary Measures on Developing Country Exports of Agricultural and Food Products. Genf.

HERRMANN, A. (1995): Strengere Regeln für den Welthandel: Chancen für weniger Protektionismus? In: *ifo-Schnelldienst*, 48. Jg., H. 3 (Jan.), S. 3-11.

HERRMANN, R. (2002): Ökonomische Konsequenzen von BSE in Deutschland. In: *Deutsche tierärztliche Wochenschrift*, 109. Jg., H. 8, S. 358-361.

HERRMANN, R., THOMPSON, S. und KRISCHIK-BAUTZ, S. (2002): Bovine Spongiforme Encephalopathy and Generic Promotion of Beef: An Analysis for "Quality From Bavaria". In: *Agribusiness*, 18. Jg., H. 3, S. 369-385.

HERRMANN, R., KRAMB, M.C. und MÖNNICH, C. (2001a), Mitarbeit an der Studie "Agriculture in the WTO: Issues in Reforming Tariff-Rate Import Quotas in the Agreement on Agriculture in the WTO". (Commissioned Paper No. 13, International Agricultural Trade Research Consortium), St. Paul, MN. Mit DE GORTER, H. , SHELDON, I., ABBOTT, P., LIAPIS, P., BARICHELLO, R., MACLAREN, D., BOUGHNER, D., BUREAU, J.-C., MORSE, A., CHOI, J.-S., SKULLY, D.W., COLEMAN, J.R.,, SUMNER, D. und TANGERMANN, S.. Aus: DE GORTER, H. und SHELDON, I. (Hrsg.). Im Internet verfügbar unter http://www.umn.edu/iatrc. (Stand 10.02.2004).

HILLMAN, J.S. (1991): Technical Barriers to Agricultural Trade. Boulder.

HOFF, K. (2003): Wohlfahrtseffekte der Gemeinschaftswerbung. Eine theoretische und empirische Analyse. In: *Berichte über Landwirtschaft*. 81. Jg., H. 1, S. 128-149.

HOOKER, N.H. und CASWELL, J.A. (1999): A Framework for Evaluating Non-Tariff Barriers to Trade Related to Sanitary and Phytosanitary Regulations. In: *Journal of Agricultural Economics*, 50. Jg., H. 2, S. 234-246.

HSIAO, C. (1986): Analysis of Panel Data. London.

HSIAO, C. (1996): Random Coefficients Models. Aus: MÁTYÁS, L. und SEVESTRE, P. (Hrsg.): The Econometrics of Panel Data. A Handbook of the Theory with Applications. Dordrecht, S. 77-98.

HUDEC, R.E. (1998): Does the Agreement on Agriculture Work? Agricultural Disputes after the Uruguay Round. Minnesota.

INTERNATIONAL MONETARY FUND (IMF): International Financial Statistics Yearbook. Verschiedene Jgg., Washington.

INTERNATIONAL MONETARY FUND (IMF) (2000): International Financial Statistics Yearbook. Washington.

ISARD, P. (1977): How far can we push the "Law of one price"? In: *American Economic Review*, 67. Jg., H. 5, S. 942-948.

JAMES, S. (2000): An Economic Analysis of Food Safety Issues Following the SPS-Agreement: Lessons from the Hormones Dispute. Policy Discussion Paper, Centre for International Economic Studies, Adelaide.

JAMES, S. und ANDERSON, K. (1998): On the Need for more Economic Assessment of Quarantine Policies. In: *The Australian Journal of Agricultural and Resource Economics*, 42. Jg., H. 4, S. 425-444.

JENSEN, P.E. (2000): Analysis of Bilateral Trade Patterns with Panel Data. In: *Review of International Economics*, 8. Jg., H. 1, S. 86-99.

JOSLING, T. (1977): Government Price Policies and the Structure of International Agricultural Trade. In: *Journal of Agricultural Economics*, 28. Jg., S. 261-278.

JOSLING, T., ORDEN, D. und ROBERTS, D. (2001): Technical Barriers in the Global Poultry Market: A Search for "Missing Trade". Selected presentation to the IATRC symposium on "Trade in Livestock Products" Auckland, New Zealand.

JOSLING, T. und TANGERMANN, S. (1994): The Significance of Tariffication in the Uruguay Round Agreement on Agriculture. Vancouver.

JOSLING, T. und TANGERMANN, S. (1999): Implementation of the WTO Agreement on Agriculture and Developments for the Next Round of Negotiations. In: *European Review of Agricultural Economics*, 26. Jg., H. 3, S. 371-388.

JOSLING, T., TANGERMANN, S. und WARLEY, T.K. (1996): Agriculture in the GATT. New York.

KALBASI, H. (2001): The Gravity Model and Global Trade Flows. In: *Iranian Economic Review*, 5. Jg., H. 1, S. 1-22.

KEMMING, H. (1980): Raumwirtschaftstheoretische Gravitationsmodelle. Eine Untersuchung ihrer analytischen Grundlagen. Berlin.

KOESTER, U. (1992): Grundzüge der landwirtschaftlichen Marktlehre, 2. Auflage. München.

KOESTER, U. (2005): Grundzüge der landwirtschaftlichen Marktlehre. 3., völlig neubearbeitete und wesentlich erweiterte Auflage. München.

KINSEY, J. (1993): GATT and the Economics of Food Safety. In: *Food Policy*, 18. Jg., H. 2, S. 163-176.

KRAMB, M.C. (1998): Ökonomik nichttarifärer Handelshemmnisse im EU-Agrarhandel. Diplomarbeit, Institut für Agrarpolitik und Marktforschung, Gießen.

KRAMB, M.C. (2001): Die Entscheidungen des Dispute Settlement-Verfahrens der WTO im Hormonstreit zwischen der EU und den USA - Implikationen für den zukünftigen Umgang mit dem SPS-Abkommen. Diskussionsbeitrag Nr.3, Zentrum für internationale Entwicklungs- und Umweltforschung, Gießen.

KRAMB, M.C. (2002), Eine ökonomische Analyse von sanitären und phytosanitären Aussenhandelsmaßnahmen am Beispiel des "Hormonstreites" zwischen der EU und den USA. In: BROCKMEIER, M., F. ISERMEYER und S. VON CRAMON-TAUBADEL (Hrsg.), Liberalisierung des Weltagrarhandels – Strategien und Konsequenzen. (Schriften der Gesellschaft für Wirtschafts- und Sozialwissenschaften e.V., Bd. 37), Münster-Hiltrup: Landwirtschaftsverlag, S. 127-137.

KREISSL-DÖRFLER, W. (2002): Arbeitsdokument 1. Nichtständiger Ausschuß für Maul- und Klauenseuche. Europäisches Parlament, Brüssel.

KÜBECK, J. (1999): WTO: Es geht um mehr als um Landwirtschaft. Im Vorfeld der Welthandelsrunde. In: *Agrarische Rundschau*, H. 5, S. 1-24.

LAIRD, S. (1997): Quantifying Commercial Policies. Aus: FRANCOIS, J.F. und REINERT, K.A. (Hrsg.): Applied Methods for Trade Policy Analysis: A Handbook. Cambridge, University Press. S. 27-75.

LAIRD, S. und YEATS, A. (1990a): Quantitative Methods for Trade-Barrier Analysis. London.

LAIRD, S und YEATS, A. (1990b): Trends in Nontariff Barriers of Developed Countries, 1966-1986. In: *Weltwirtschaftliches Archiv*, 126. Jg., H. 2, S. 299-325.

LATIN-FOCUS (2002): The Leading Source for Latin American Economies. http://www.latin-focus.com. Stand 11/2002.

LEEBRON, D.W. (1996): Lying Down with Procrustes: An Analysis of Harmonization Claims. Aus: BHAGWATI, J. und HUDEC, R.E. (1996): Fair Trade and Harmonization. Cambridge, S. 41-117.

LEELAND, H. (1979): Quacks, Lemons, and Licensing: A Theory of Minimum Quality Standards. In: *Journal of Political Economy*, 87. Jg., H. 6, S. 1328-1346.

LEIER, K.-P. (1999): Fortentwicklung und weitere Bewährung: Zur derzeitigen Überprüfung des Streitbeilegungsverfahrens in der WTO. In: *EuZW*, H. 7, S. 204-212.

LINDER, S.B. (1961): An Essay on Trade and Transformation. New York.

LINDSEY, B. (2000): Free Trade from the Bottom Up. In: *Cato Journal*, 19. Jg., H. 3, S. 359-369.

LINNEMANN, H. (1966): An Economic Study of International Trade Flows. Amsterdam.

LLOYD, T., MCCORRISTON, S., MORGAN, C.W. und RAYNER, A.J. (2001): The Impact of Food Scares on Price Adjustment in the Beef Market. In: *Agricultural Economics*, 25. Jg., H. 2/3, S. 347-357.

LOOS, C. und HÖNTGESBERG, P. (2006): Zoonosen. http://www.qualimedic.de, Stand 21.10.2006.

LOY, J.-P. (1999): Auswirkungen der BSE-Krise auf die Verbraucherpreise für Rindfleisch in Deutschland. Aus: BERG, E., HENRICHMEYER, W. und SCHIEFER, G. (Hrsg.): Agrarwirtschaft in der Informationsgesellschaft. Schriften der GeWiSoLa, Bd. 35, S. 249-256.

MACLAREN, D. (1997): Uncertainty Aversion and Technical Barriers to Trade: An Australian Example. In: ROBERTS, D. und D. ORDEN (Hrsg.): Understanding Technical Barriers to Agricultural Trade. Proceedings of a Conference of the International Agricultural Trade Research Consortium (IATRC). St. Paul. S. 255-271.

MADDALA, G. (1977): Econometrics. New York.

MAGAT, W. und VISCUSI, W.K. (1992): Informational Approaches to Regulation. Cambridge.

MAHE, L.P. (1997): Environment and Quality Standards in the WTO: New Protectionism in Agricultural Trade? A European Perspective. In: *European Review of Agricultural Economics*, 24. Jg., H. 3, S 480-503.

MAHE, L.P. und ORTALO-MAGNÉ (1998): International Co-Operation in the Regulation of Food Quality and Safety Attributes. OECD Workshop on Emerging Trade Issues in Agriculture. Paris.

MASKUS, K.E., OTSUKI, T. und WILSON, J. (2001): An Empirical Framework for Analyzing Technical Regulations and Trade. Aus: MASKUS, K.E. und WILSON, J.S. (Hrsg.): Quantifying the Impact of Technical Barriers to Trade: Can It Be Done? S. 29-57.

MÁTYÁS, L. (1996): Error Component Models. Aus: MÁTYÁS, L. und SEVESTRE, P. (Hrsg.): The Econometrics of Panel Data. A Handbook of the Theory with Applications. Dordrecht, S. 50-76.

MCPHERSON, M.A., REDFEARN, M.R. und TIESLAU, M.A. (2000): A Re-Exmanination of the Linder Hypothesis: A Random-Effects Tobit Approach. In: *International Economic Journal*, 14. Jg., H. 3, S. 123-136.

MENG, W. (1998): WTO-Recht als Steuerungsmechanismus der Neuen Handelsordnung. Aus: KLEIN, M., MENG, W. und RODE, R. (Hrsg.): Die neue Welthandelsordnung der WTO. Amsterdam, S. 19-74.

MERKLE, R. (1994): Der Codex Alimentarius der FAO und WHO. Bayreuth.

MÖNNICH, C. (2003): Tariff Rate Quotas and their Administration. Theory, Practice and an Econometric Model for the EU. Frankfurt.

MOENNIUS, J. (1999): Information versus Product Adaption: The Role of Standards in Trade. Working Paper, San Diego.

NDAYISENGA, F. und KINSEY, J. (1994): The Structure of Nontariff Trade Measures on Agricultural Products in High-Income Countries. In: *Agribusiness*, 10. Jg., H. 4, S. 275-292.

NEUSSER, K. (2000): Die Analyse von Panel-Daten. Vorlesungsunterlagen zur Mikroökonometrie Wintersemester 2000/2001. Universität Bern.

NEVEN, D.I. (2000): Evaluating the Effects of Non Tariff Barriers. The Economic Analysis of Protection in WTO Disputes. Working Paper, Centre for Economic Policy Research.

NIELSEN, N.A. und JEPPESEN, L.F. (2001): The Beef Market in the European Union. Working Paper Nr. 75, The Aarhus School of Business.

NORTH, D.C. (1992): Institutionen, institutioneller Wandel und Wirtschaftsleistung. Aus dem Amerikanischen übersetzt von Monika Streissler. Tübingen.

NUNN, M. (1997): Quarantine Risk Analysis. In: *Australian Journal of Agricultural and Resource Economics*, 41. Jg., H. 4, S. 559-578.

O´CONNOR, B. und COSTILLAS, A.B. (1997): The Impact of the WTO on Trade in Food and Agricultural Products. In: *European Food Law Review*, 8. Jg., H. 2, S. 119-145.

ORDEN, D. und ROBERTS, D. (1997): Understanding Technical Barriers to Agricultural Trade. Proceedings of a Conference of the International Agricultural Trade Research Consortium (IATRC). St. Paul.

ORGANIZATION FOR ECONOMIC COOPERATION AND DEVELOPMENT (OECD) (1997): The Uruguay Round Agreement on Agriculture and Processed Agricultural Products. Paris.

ORGANIZATION FOR ECONOMIC COOPERATION AND DEVELOPMENT (OECD) (1999): Food Safety and Quality. Trade Considerations. Paris.

ORGANIZATION FOR ECONOMIC COOPERATION AND DEVELOPMENT (OECD) (2002): Statistics Portal, www.oecd.org, Stand 21.11.2002.

ORGANIZATION FOR ECONOMIC COOPERATION AND DEVELOPMENT (OECD) (2003): The Impact of Regulations on Agro-food Trade. The Technical Barriers to Trade (TBT) and Sanitary and Phytosanitary Measures (SPS) Agreements. Paris.

ORTNER, K.M. (1999): Die OECD und die WTO-Evaluierungsrunde 1999. In: *Der Förderungsdienst*, 47. Jg., H. 10, S. 329-343.

OTSUKI, T.; WILSON, J.H. und SEWADEH, M. (2001): What Price Precaution? European Harmonisation of Aflatoxin Regulations and African Groundnut Exports. In: *European Review of Agricultural Economics*, 28. Jg., H. 2, S. 263-283.

O.V. (1999): Call for more Open Risk Assessment Procedures. In: *World Food Law monthly*, No. 15, Juni, S. 9.

O.V. (2000a): Bananenstreit beschert der EU Schadensersatzforderungen. Verfahren wegen amerikanischer Strafzölle / Mögliche Handhabe für Opfer von Handelsaktionen. In: *Frankfurter Allgemeine Zeitung*, 11.10.2000, S. 19.

O.V. (2000b): WTO-Panel erweitert Sanktionskatalog. Ecuador darf gegenüber EU geistige Eigentumsrechte verletzen. In: *Frankfurter Allgemeine Zeitung*, 27.3.2000, S. 18.

O.V. (2001a): Von Streichhölzern, Flugzeugen, Bananen und Fleisch. In: *Neue Züricher Zeitung*, 03./04.11.2001, S. 8.

O.V. (2001b): Die Unvollendete. Die WTO-Streitschlichtung - Anspruch und Realität. In: *Neue Züricher Zeitung*, 03./04.11.2001, S. 8.

O.V. (2002): Gutes Zeugnis für Australiens Handelspolitik in der WTO. Weiterhin geringe Subventionen für den Agrarsektor - Kritik an Quarantänemaßnahmen und Gesundheitsvorschriften - Europäische Union moniert die fehlende wissenschaftliche Absicherung von Entscheidungen. In: *Agra-Europe*, vom 30.09.2002, Europa-Nachrichten 18.

OYEJIDE, A.T., OGUNKOLA, O.E. und BANKOLE, A.S. (2000): Quantifying the Trade Impact of Sanitary and Phytosanitary Standards: What is Known and Issues of Importance for Sub-Saharan Africa. Washington.

PANAGARIYA, A. (2000): Preferential Trade Liberalization: The Traditional Theory and New Developments. In: *Journal of Economic Literature*, 38. Jg., H. 6, S. 287-331.

PETERSMANN, E.-U. (1988): Grey Area Trade Policy and the Rule of Law. In: *Journal of World Trade*, 22. Jg., H. 2, S. 23-44.

PÖYHÖNEN, P. (1963): A Tentative Model for the Volume of Trade between Countries. In: *Weltwirtschaftliches Archiv*, 90. Jg., S. 93-100.

PROBST, F.W.: Die Märkte für Schlachtvieh und Fleisch. In: *Agrarwirtschaft*, H. 1, verschiedene Jgg.

PULLIAINEN, K. (1963): A World Trade Study: an Econometric Model of the Pattern of the Commodity Flows in International Trade in 1948-1960. In: *Ekonomiska Samfundets Tidskrift*, 16. Jg., H. 2, S. 78-91.

RAMANATHAN, R. (1998): Introductory Econometrics with Applications. 4. Auflage. Fort Worth.

RICHTER, R. und FURUBOTN, E.G. (1999): Neue Institutionenökonomik. Eine Einführung und kritische Würdigung. Tübingen.

ROBERTS, D. (1998a): Preliminary Assessment of the Effects of the WTO Agreement on Sanitary and Phytosanitary Trade Regulations. In: *Journal of International Economic Law*, 1. Jg., H. 3, S. 377-405.

ROBERTS, D. (1998b): Implementation of the WTO Agreement on the Application of Sanitary and Phytosanitary Measures: The First Two Years. Working Paper, International Agricultural Trade Research Consortium (IATRC).

ROBERTS, D. (1999): Analyzing Technical Trade Barriers in Agricultural Markets: Challenges and Priorities. In: *Agribusiness*, 15. Jg., H. 3, S. 335-354.

ROBERTS, D. (2001): The Integration of Economics into SPS Risk Management Policies: Issues and Challenges. Aus: ANDERSON, K.; MCRAE, C. und WILSON, D. (Hrsg.): The Economics of Quarantine and the SPS-Agreement. Adelaide, S. 9-28.

ROBERTS, D. und DEREMER, K. (1997): Overview of Foreign, Technical Barriers to US-Agricultural Exports. Staff Paper, USDA, Economic Research Service, Washington, D.C.

ROBERTS, D, JOSLING, T. und ORDEN, D. (1998): Technical Barriers to Agricultural Trade: An Analytical Framework. Washington, D.C.

ROBERTS, D., JOSLING, T. und ORDEN, D. (1999): A Framework for Analyzing Technical Trade Barriers in Agricultural Markets. Technical Bulletin Nr. 1876, U.S. Department of Agriculture, Economic Research Service, Washington, D.C.

RODE, R. (1998): Regimewandel vom GATT zur WTO. Aus: KLEIN, M., MENG, W. und RODE, R. (Hrsg.): Die neue Welthandelsordnung der WTO. Amsterdam, S. 1-18.

RONNEN, U. (1991): Minimum Quality Standards, Fixed Costs, and Competition. In: *RAND Journal of Economics*, 22. Jg., H. 4, S. 490-504.

ROSE, K. und SAUERNHEIMER, K. (1992): Theorie der Außenwirtschaft. 11. Auflage. München.

ROSE, A.K. (2003a): Which International Institutions Promote International Trade? Discussion Paper Nr. 3764, Centre for Economic Policy Research, London.

ROSE, A.K. (2003b): Do We Really Know that the WTO Increases Trade? Working Paper, Haas School of Business, Berkeley.

RUSSENSCHUCK, V. (2001): Einzelnen hilft das Recht der Welthandelsorganisation wenig. Im Kampf gegen Handelshemmnisse brauchen Unternehmen Hilfe ihrer Staaten. In: *Frankfurter Allgemeine Zeitung*, 28.02.2001, S. 29.

SARRIS, A.H. (1981): Empirical Models of International Trade in Agricultural Commodities. Aus: MCCALLA, A.F. und JOSLING, T.E. (Hrsg.): Imperfect Markets in Agricultural Trade. Montclair, S. 87-112.

SCHERER, F.M. (1987): Selling Costs. Aus: EATWELL, J.; MILGATE, M. und NEWMAN, P (Hrsg.): The New Palgrave: A Dictionary of Economics. London, S. 300-301.

SCHLINDWEIN, B. und SEUSER, K. (1996): Die Märkte für Rindfleisch unter Einfluß von BSE: Entwicklung der Spannen. Analyse der ZMP, Bonn.

SCHMITZ, P.M. (1984): Instability Effects of Non-Tariff Trade Barriers on World Beef Markets. In: *Quarterly Journal of International Agriculture*, 23. Jg., H. 2, S. 115-128.

SHELDON, I. M. (2002): Regulation of Biotechnology: Will We Ever 'Freely' Trade GMOs? In: *European Review of Agricultural Economics*, 29. Jg., H. 1, S. 155-176.

SITTMANN, J.W. (1997): Das Streitbeilegungsverfahren der World Trade Organization (WTO). "Understanding on Rules and Procedures Governing the Settlement of Disputes". In: *RIW*, H. 9, S. 749-753.

SOUTHEY, C. (1996): Beef Consumption well Below pre BSE Levels. In: *Financial Times*, vom 05.06.1996, S. 10.

SPREEN, T.H., VANSICKLE, J.J. und BREWSTER, C.M. (2002): Trade Distortion in a Free-trade Zone: The Case of Sanitary and Phytosanitary Restrictions. Aus: MOSS, C.B., RAUSSER, G.C., SCHMITZ, A., TAYLOR, T.G. und ZILBERMAN, D. (Hrsg.): Agricultural Globalization Trade and the Environment. Boston, S. 253-267.

STANTON, G. (1997): Implications of the WTO Agreement on Sanitary and Phytosanitary Measures. Aus: ORDEN, D. und ROBERTS, D. (Hrsg.): Understanding Technical Barriers to Agricultural Trade. Proceedings of a Conference of the International Agricultural Trade Research Consortium (IATRC). St. Paul, S. 75-78.

SUMNER, D.A. und LEE, H. (1997): Sanitary and Phytosanitary Trade Barriers and Empirical Trade Modeling. Aus: ORDEN, D. und ROBERTS, D. (Hrsg.): Understanding Technical Barriers to Agricultural Trade. Proceedings of a conference of the International Agricultural Trade Research Consortium (IATRC). St. Paul, MN, S. 273-283.

SWANN, P., TEMPLE, P. und SHURMER, M. (1996): Standards and Trade Performance; The UK Experience. In: *The Economic Journal*, 106. Jg., September, S. 1297-1313.

SWINBANK, A. (1999): The Role of the WTO and the International Agencies in the SPS Standard Setting. In: *Agribusiness*, 15. Jg., H. 3, S. 323-333.

TANGERMANN, S. (1998): Die Implementierung des WTO-Abkommens und die Agrarpolitik der Europäischen Union. In: HERRMANN, R., D. KIRSCHKE und P.M. SCHMITZ (Hrsg.) (1998), Landwirtschaft in der Weltwirtschaft. Festschrift anlässlich des 60. Geburtstages von Prof. Ulrich Koester. Agrarwirtschaft, Sonderheft Nr. 158, Holm, S. 207-234.

THALMANN, G. und NÖCKLER, A. (2001): Das Auftreten der Maul- und Klauenseuche - Ein historischer Überblick. In: *Deutsche tierärztliche Wochenschrift*, 108. Jg., H. 12, S. 484-494.

THIERMANN, A. (1997): Implementation of the WTO's Agreement on Sanitary and Phytosanitary Measures: The U.S. Perspective. Aus: ORDEN, D. und ROBERTS, D. (Hrsg.): Understanding Technical Barriers to Agricultural Trade. Proceedings of a Conference of the International Agricultural Trade Research Consortium (IATRC), St. Paul, S. 63-69.

THILMANY, D. und BARRETT, C.B. (1996): Regulatory Barriers in an Integrating World Food Market. In: *Review of Agricultural Economics*, 19. Jg., H. 1, S. 91-107.

THORNSBURY, S.; ROBERTS, D.; DEREMER, K. und ORDEN, D. (1999): A First Step in Understanding Technical Barriers to Agricultural Trade. Aus: PETERS, G.H. und VON BRAUN, J. (Hrsg.): Food Security, Diversification and Resource Management: Refocusing the Role of Agriculture? Brookfield, S. 453-463.

THURSBY, J.G. und THURSBY, M.C. (1987): Bilateral Trade Flows, the Linder Hypothesis and Exchange Risk. In: *The Review of Economics and Statistics*, 69. Jg., H. 3, S. 488-495.

TIETJE, C. (1997): Normative Grundstrukturen der Behandlung nichttarifärer Handelshemmnisse. Univ. Diss., Hamburg.

TINBERGEN, J. (1962): Shaping the World Economy. Suggestions for an International Policy. New York.

TWESTEN, H. (1999): Gene, Hormone & Co.. In: *DLG-Mitteilungen*, 114. Jg., H. 12, S. 20-22.

V. ALVENSLEBEN, R. (1995): Den Imageverlust von Fleisch bremsen. In: *DLG-Mitteilungen*, 110. Jg., H. 2, S. 55-57.

VERBEEK, M. (2002): A Guide to Modern Econometrics. Chichester.

WALL, H.J. (1999): Using the Gravity Model to Estimate the Costs of Protection. In: *Review*, 81. Jg., H. 1, S. 33-40.

WALTER, I. und CHUNG, J.W. (1972): The Pattern of Non-Tariff Obstacles to International Market Access. In: *Weltwirtschaftliches Archiv*, 108. Jg., S. 122-136.

WEBER, A. und MOOS, F. (1999): Rechtswirkungen von WTO-Streitbeilegungsentscheidungen im Gemeinschaftsrecht. In: *EuZW*, H. 8, S. 229-236.

WEBER, P. (2000): Analyse des internationalen Fleischmarktes. Institut für Agrarwirtschaft, ETH Zürich.

WECK-HANNEMANN, H. (1992): Politische Ökonomie des Protektionismus. Eine institutionelle und empirische Analyse. Frankfurt.

WEUSTENFELD, I. (1997): Die Bananenmarktordnung der EG und der Handel mit Drittstaaten: insbesondere zur Rechtmässigkeit von Titel IV EG-VO 404/93 und zu den Auswirkungen von völkerrechtswidrigem sekundären Gemeinschaftsrecht. Bonn.

WHITE, H. (1980): A Heteroskedasticity-Consistent Covariance Matrix Estimator and a Direct Test for Heteroskedasticity. In: *Econometrica*, 48. Jg., H. 4, S. 817-838.

WILSON, C. (1980): The Nature of Equilibrium in Markets with Adverse Selection. In: *Bell Journal of Economics*, 11. Jg., H. 1, S. 108-130.

WILSON, N. und ANTÓN, J. (2003): Combining Risk Assessment and Economics in Managing a SPS Risk. Conference Paper, International Agricultural Trade Research Consortium (IATRC), Capri.

WINKELMANN, L. und WINKELMANN, R. (1997): The Costs of Non-Tariff Barriers to Trade: Evidence from New Zealand. In: *Weltwirtschaftliches Archiv*, 133. Jg., H. 2, S. 270-281.

WÖHLKEN, E. (1990): Einführung in die landwirtschaftliche Marktlehre. 3. Auflage, Stuttgart

WOOLDRIDGE, J.M. (2002): Econometric Analysis of Cross Section and Panel Data. Cambridge und London.

WORLD TRADE ORGANIZATION (WTO) (1994): Agreement on the Application of Sanitary and Phytosanitary Measures. Genf.

WORLD TRADE ORGANIZATION (WTO) (1997): EC Measures Concerning Meat and Meat Products (Hormones), Complaint by the United States. Report WT/DS26/R/USA of the Panel vom 18.08.1997.

WORLD TRADE ORGANIZATION (WTO) (2000): Agreement on the Application of Sanitary and Phytosanitary Measures. http://www.wto.org, Stand 02.02.2000. Genf.

WORLD TRADE ORGANIZATION (WTO) (2001): SPS Body looks at Current Epidemics, 'Equivalence' and Standard-Setting. Genf.

WORLD TRADE ORGANIZATION (WTO) (2008): Documents Online. Stand 01.2007.

WORLD TRADE ORGANIZATION (WTO) (2005): Implementation - the SPS Comittee SPS Agreement Training Module: Chapter 4. http://www.wto.org/english/tratop_e/sps_e/sps_agreement_cbt_e/c4s2p1_e.htm, Stand 24.01.2007.

YOUNG, L.M. und MILJKOVIC, D. (1999): The Sanitary and Phytosanitary Agreement of NAFTA and the GATT. Briefing Nr.8, Trade Research Center, Bozeman.

ZENTRALE MARKT- UND PREISBERICHTSSTELLE (ZMP): ZMP-Marktbilanz. Vieh und Fleisch. Deutschland - Europäische Union - Weltmarkt. Verschiedene Jgg. Bonn

ZIMMERMANN, R. (1999): Regionale Integration und multilaterale Handelsordnung. Köln.

ZIPPEL, W. (1993): Ökonomische Grundlagen der europäischen Integration. München.

ANHANG

Anhang A1: Die Ausarbeitung eines Standards innerhalb der Codex Alimentarius Kommission

Die Ausarbeitung eines Codex Standards ist ein achtstufiger Prozess.

1. Schritt: Die Codex Kommission überlegt, sich einen Standard zu entwickeln und welche Bereiche (subsidiary bodies) hierzu beteiligt werden müssen.

2. Schritt: Das Sekretariat der Codex Kommission entwickelt einen Entwurf für einen Standard (proposed draft standard).

3. Schritt: Das Sekretariat verteilt diesen Entwurf an die Mitglieder der Kommission.

4. Schritt: Die eingehenden Kommentare werden (soweit möglich) in einem Entwurf für einen möglichen Standard (proposed draft standard) eingearbeitet.

5. Schritt: Das Sekretariat sendet diesen Entwurf an die Codex Kommission oder dem Exekutiv kommitee mit der Absicht, ihn als Entwurf anzunehmen (draft standard).

6. Schritt: Dieser draft standard wird an alle Mitglieder und interessierte internationale Organisationen mit allen seinen möglichen Aspekten und den möglichen wirtschaftlichen Interessen beigefügt.

7. Schritt: Die Kommentare werden vom Sekretariat in einen neuen draft standard eingearbeitet.

8. Schritt: Dieser neue draft standard wird vom Sekretariat an die Codex Kommission gesendet mit allen Kommentaren, die hierzu mit eingegangen sind. Die Annahme eines Standards als Codex Standard wird im Normalfall im Konsensverfahren durchgeführt. Es ist aber auch eine Abstimmung möglich, bei der die Mehrheit über die Annahme oder Ablehnung dieses Standards entscheidet.

Neben der Annahme neuer Standards werden die bereits vorhandenen Standards auch überprüft und verändert. Der Prozess der Änderung von Standards erfolgt in der Art wie bei seiner Neuaufnahme.

Diese Codex Standards werden den einzelnen Regierungen und internationalen Organisationen zugesandt, um die Standards anzunehmen. Diese An- oder Übernahme beruht auf dem Prinzip der Freiwilligkeit. Die Umsetzung der Standards liegt in der Eigenverantwortung der jeweiligen Mitglieder.

ANHANG A2: NEGATIVE EXTERNALITÄTEN

MACLAREN (1997) spricht in seinem Beitrag von negativen Externalitäten bei den potentiellen Effekten auf Menschen, Tiere, Pflanzen und deren Gesundheit, die Marktversagen hervorrufen können. Dieses Marktversagen tritt ein, wenn die negativen Externalitäten entweder erst verzögert wahrgenommen werden oder eine generelle Unsicherheit über den Ausbruch dieser Externalitäten vorherrscht. Somit kann man bei der Beurteilung solcher Maßnahmen oftmals nicht auf die standardisierten Kosten-Nutzen-Analysen zurückgreifen. Berücksichtigt muss bei einer solchen Analyse ebenso:

- In der Regel werden solche Gefahren durch eine politische Agentur beurteilt. In der Regel handelt es sich hierbei um Gefahren, deren Eintrittswahrscheinlichkeit und Gefahrenpotential nicht richtig beurteilt werden kann, sog. "low-probability-, high-consequence-" Fälle.
- Das Entscheidungsproblem der Politik kann auf drei Elemente (bzw. Konzepte) reduziert werden: Konsequenzen, Entscheidungsmöglichkeiten, allgemeine Umstände.

  Somit sind die Entscheidungen eine Funktion der allgemeinen Umstände, die zu bestimmten Konsequenzen führen.

  Welche Entscheidungen herangezogen werden, hängt u.a. davon ab, welche Präferenzen vorliegen, die dann natürlich auch in die Überlegungen mit einfließen können.
- Eine Aussage über die rationale Beziehung in Situationen, die nicht deterministisch sind, ist die Unterscheidungsmöglichkeit von Präferenzen über die möglichen Konsequenzen hinweg, die wiederum mit den allgemeinen Umständen zusammenhängen.
- Die subjektive Erwartungsnutzentheorie geht davon aus, dass Individuen bei der Beurteilung von unsicheren Fällen eine einheitliche, additive und subjektive Wahrscheinlichkeit heranziehen. Die Präferenzen sind dabei eine Linearkombination dieser Wahrscheinlichkeiten.
- Der Entscheidungsträger wählt diejenige Entscheidung, die den größten subjektiven Erwartungsnutzen hat.
- Es wurde aber auch gezeigt, dass die subjektive Erwartungsnutzentheorie nach einigen Autoren nicht die bestmögliche deskriptive Theorie ist. Ein Kritikpunkt, der hierbei genannt wird, ist der Punkt, inwieweit Vorstellungen (beliefs) in Wahrscheinlichkeiten ausgedrückt werden können. Hierbei kann bei Risiko auf eine bestimmte Wahrscheinlichkeitsverteilung zurückgegriffen werden. Bei Unsicherheit ist der Entscheidungsträger unsicher über die Wahrscheinlichkeitsverteilung. Diese Wahrscheinlichkeiten sind somit vage oder unklar. Zwei Autoren schlagen vor, die verschiedenen Wahrscheinlichkeiten in drei Typen zu unterteilen (Präzise, unklar,

unbekannt), um diese dann in eine Matrize einzubauen. Das Ellsberg-Paradox zeigt, daß Spieler die unzweideutigen Wahrscheinlichkeiten denjenigen vorziehen, die unklar bzw. zweideutig sind.

- In der Realität sind die Wahrscheinlichkeiten eher unbekannt, d. h. zweideutig. Diese Zweideutigkeit rührt von den fehlenden Informationen her. Bei der Modifikation von sanitären Handelshemmnissen kommt diese Unklarheit dadurch zustande, dass es verschiedene Meinungen und Deutungen der vorhandenen Informationen durch die Wissenschaftler gibt. Hier stellt sich dem Entscheidungsträger auch die Frage, welcher Wissenschaftler wohl recht haben mag. Dieses Problem ist auch der Grund für die limitierende Rolle der Wissenschaft in politischen Entscheidungsprozessen.

Die politischen Entscheidungsträger werden mehr noch als durch wissenschaftliche Erkenntnisse durch die Vorstellung der Öffentlichkeit hinsichtlich der Risiken beeinflusst, selbst wenn ihnen klar ist, dass diese Wahrnehmung verzerrt ist.

- Wenn Spieler eine Information zur Wahrscheinlichkeit eines Ereignisses haben und nun neue Erkenntnisse zu einer Alternativsituation bekommen, kehren sie auch dann zu ihrer alten Entscheidung zurück, wenn die Alternative nicht zweideutig ist. Sie werden aber die neue Alternative dann nutzen, wenn sie kein solches individuelles Wissen vorweisen können.

- Eine mögliche Erklärung im politischen Bereich ist die Abneigung gegen Mehrdeutigkeit als den Ausdruck des Widerstrebens der Entscheidungsträger, mit fehlenden oder unvollständigen Informationen zu arbeiten. Dies tritt dann zutage, wenn Alternativen mit unterschiedlichen Graden von Mehrdeutigkeit vorhanden sind.

ANHANG A3: TABELLENWERTE DURBIN-WATSON-TEST

Tabelle A3-1: 5% Ober- und Untergrenze des Durbin-Watson-Tests im Panel[a)]

		N = 100		N = 500		N = 1000	
		d_u	d_o	d_u	d_o	d_u	d_o
T = 6	K = 3	1,859	1,880	1,939	1,943	1,957	1,959
	K = 9	1,839	1,902	1,935	1,947	1,954	1,961
T = 10	K = 3	1,891	1,904	1,952	1,954	1,967	1,968
	K = 9	1,878	1,916	1,949	1,957	1,965	1,970

a) = T = Anzahl der Beobachtungen innerhalb der Zeitreihe; K = Anzahl der erklärenden Variablen; N = Anzahl der Beobachtungen; d_u = Untergrenze, d_o = Obergrenze.

Quelle: BHARGAVI et al. (1983).

Anhang A4: Importwerte der wichtigsten Handelspartner für 31 im BSE-Zusammenhangidendifizierte Produkte

Japan

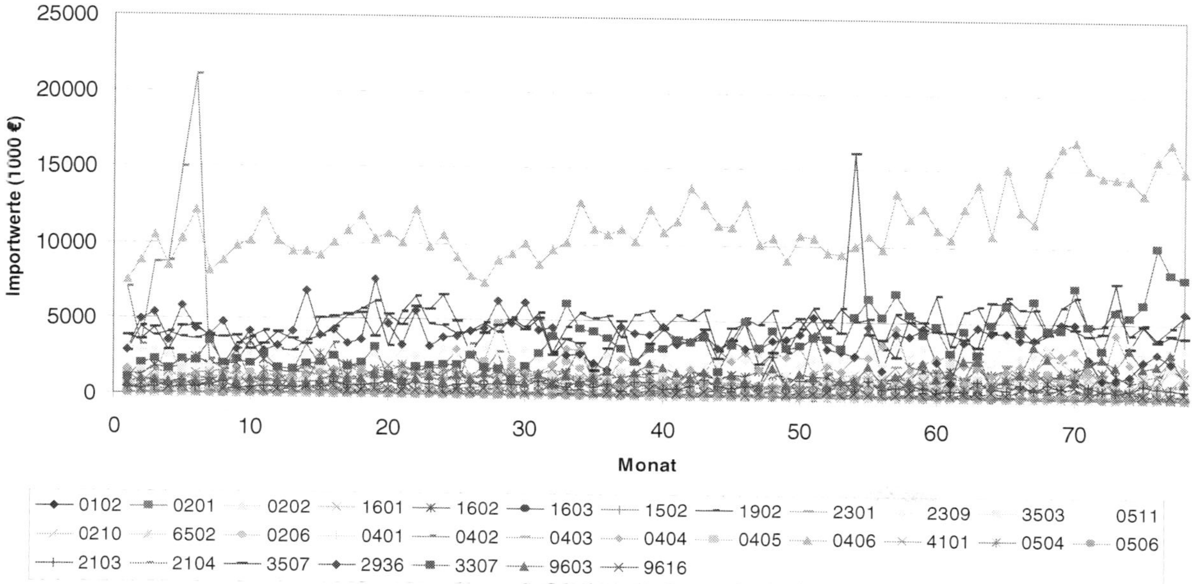

Marokko

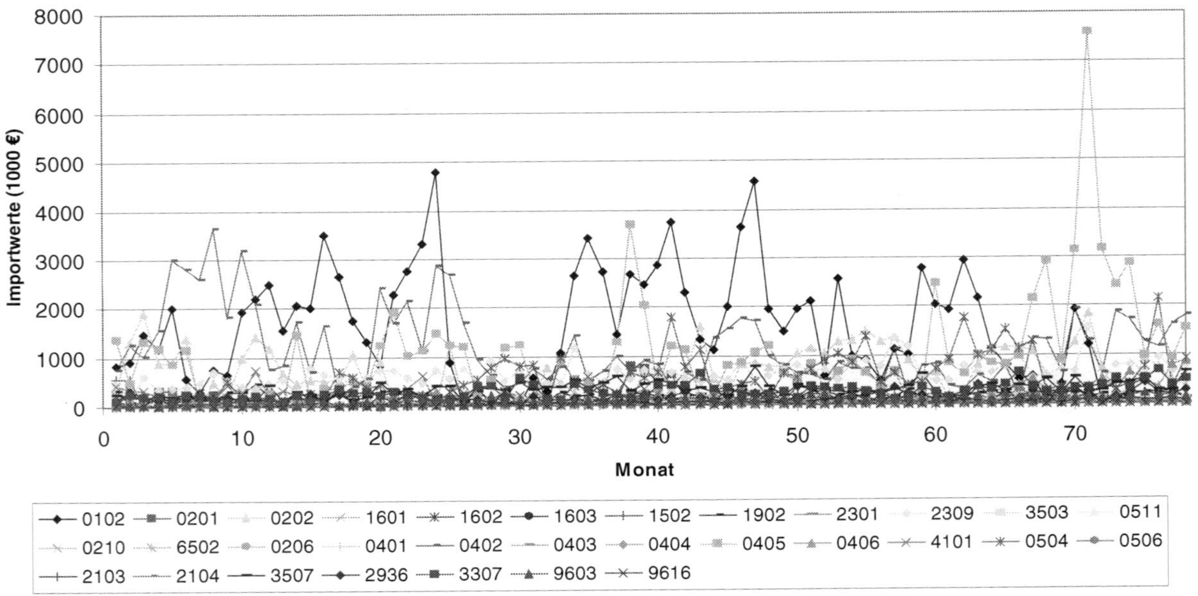

8000
7000
6000
5000
4000
3000
2000
1000
0
Importwerte (1000 €)
0
10
20
30
40
50
60
70
Monat
0102
0201
0202
1601
1602
1603
1502
1902
2301
2309
3503
0511
0210
6502
0206
0401
0402
0403
0404
0405
0406
4101
0504
0506
2103
2104
3507
2936
3307
9603
9616

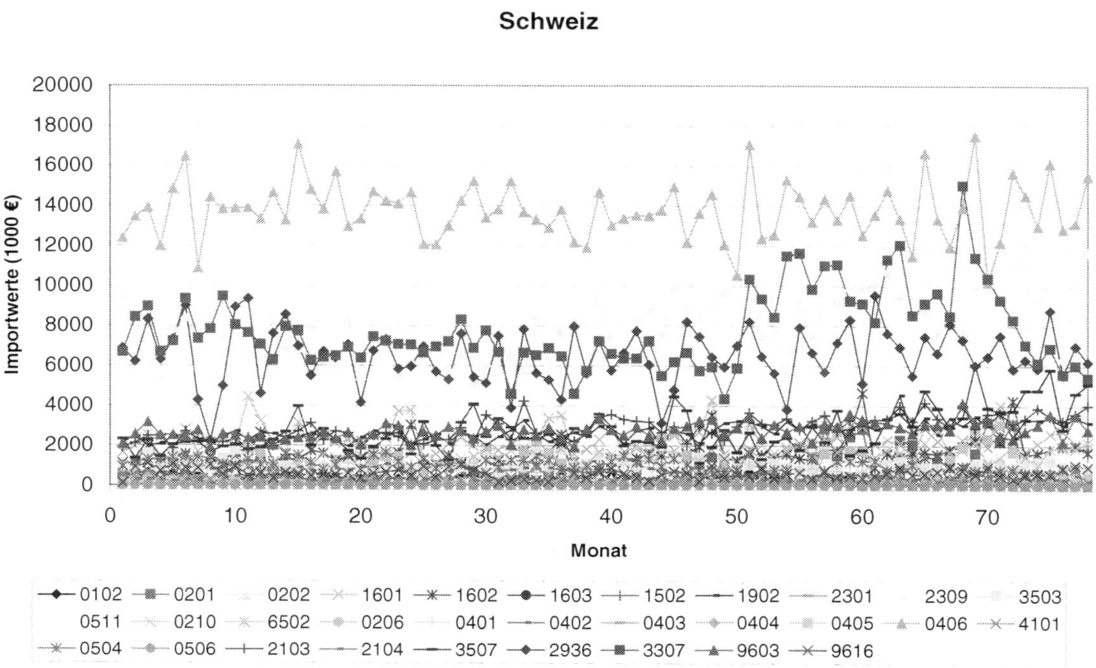
Schweiz
Importwerte (1000 €)
20000
18000
16000
14000
12000
10000
8000
6000
4000
2000
0
0
10
20
30
40
50
60
70
Monat
0102
0201
0202
1601
1602
1603
1502
1902
2301
2309
3503
0511
0210
6502
0206
0401
0402
0403
0404
0405
0406
4101
0504
0506
2103
2104
3507
2936
3307
9603
9616

ANHANG A5: DARSTELLUNG DER EINKOMMENSBERECHNUNG

Das absolute monatliche Bruttoinlandsprodukt (GDP) des Exportlandes[1] ist aus dem nationalen Bruttoinlandsprodukt in heimischer Währung (im Falle der EU in ECU oder Euro) berechnet worden.

Die Quellen hierfür sind EUROSTAT (2002) und IMF. Die Internetquelle LATIN-FOCUS (2002) und dient als ergänzende Basis für die Ermittlung der länderspezifischen Variablen. Mit den dort gelieferten Informationen wurden die Informationen des IMF ergänzt.

Für die Verwendung der Daten in einem Gravitationsmodell werden monatlich verfügbare Einkommen benötigt. Da allerdings nur jährliche Daten zur Verfügung standen, wurden diese Werte, von ECU (Euro) in jährliche Dollarwerte umgerechnet und dann mit dem monatlichen Wechselkurs ECU/Dollar wieder in ECU (bzw. Euro) umgewandelt. Somit wurde im Modell ein monatlich schwankender Außenwert der EU erzielt. Damit wurden gleichzeitig auch die Währungsschwankungen im Modell mitberücksichtigt[2].

Für eine relative Einkommensvariable wird das bereits berechnete monatliche Einkommen durch die Bevölkerungszahl geteilt. Damit erhält man das monatlich zur Verfügung stehende Pro-Kopf-Einkommen in ECU (Euro). Somit wird man auch in den relativen Werten ebenfalls monatliche Schwankungen des Einkommens erhalten.

Die Werte für die Importländer wurden ähnlich denen des Exportlandes berechnet. Die Variable des Bruttoinlandsproduktes des Importlandes stellt das jährlich absolut im Importland zur Verfügung stehende Einkommen dar. Gleichzeitig wurde auch mit Hilfe der Daten zur Bevölkerung eine relative Einkommensvariable ermittelt. Beide Variablen wurden aus dem nationalen Bruttoinlandsprodukt in heimischer Währung und der Bevölkerungszahl erstellt.

Für eine monatliche Einkommensvariable wurde auch hier die entsprechende Variable für das Jahreseinkommen durch 12 dividiert. Damit wurde das monatliche absolute/relative BIP in heimischer Währung ermittelt.

Da sich im Gegensatz zum Exportland für die Importländer die Datenbasis weniger gut darstellte, war die Umrechnung der jeweils nationalen Währung in die für das Modell gewählte Handelswährung Euro (ECU) etwas schwieriger. Die 12 Monatswerte wurden mit dem in der Literatur zu findenden jährlichen Wechselkurs der nationalen Währung zum Dollar umgerechnet, so dass die absoluten und relativen Werte der Importländer einheitlich in Dollar zur Verfügung standen.

---

[1] In diesem Fall der EU.

[2] Gerechtfertigt ist dieses Verfahren, da es sich bei dem Modell um eine Betrachtung des Exportangebotes und der Importnachfrage handelt und somit der Wert des Einkommens auf einem internationalen Markt herangezogen wird.

Diese Werte wiederum wurden mit dem Wechselkurs, der bereits durch die Ermittlung der Einkommensvariablen des Importlandes bekannt ist, von Dollar in Euro (ECU) umgewandelt. Somit liegen auch hier monatliche schwankende Einkommensvariablen des Importlandes in Euro (ECU) vor.

Schriften zur Internationalen Entwicklungs- und Umweltforschung

Herausgegeben vom

Zentrum für internationale
Entwicklungs- und
Umweltforschung
der Justus-Liebig-Universität Gießen

Band 1 Hans-Rimbert Hemmer / Rainer Wilhelm: Fighting Poverty in Developing Countries. Principles for Economic Policy. 2000.

Band 2 Lorenz King / Martin Metzler / Tong Jiang (eds.): Flood Risks and Land Use Conflicts in the Yangtze Catchment, China and at the Rhine River, Germany. 2001.

Band 3 Ingrid-Ute Leonhäuser (ed.): Women in the Context of International Development and Cooperation. Review and Perspectives. Selected Papers and Abstracts presented at the Justus-Liebig-University Gießen 26.–28. October 2000. 2002

Band 4 Margit Schratzenstaller: Internationale Mobilität von und internationaler fiskalischer Wettbewerb um Direktinvestitionen. 2002.

Band 5 Armin Bohnet u.a.: Theoretische Grundlagen und praktische Gestaltungsmöglichkeiten eines Finanzausgleichssystems für die VR China. Unter Mitwirkung von Chen Biyan, Chen Shixin, Ge Licheng, Ge Naixu, Ge Zhuying, Ma Shuanyou, Markus Peplau, Yang Zhigang, Zhu Qiuxia. 2003.

Band 6 Armin Bohnet / Matthias Höher (eds.): The Role of Minorities in the Development Process. 2004.

Band 7 Thi Phuong Hoa Nguyen: Foreign Direct Investment and its Contributions to Economic Growth and Poverty Reduction in Vietnam (1986–2001). 2004.

Band 8 Andreas Böcker / Roland Herrmann / Michael Gast / Jana Seidemann: Qualität von Nahrungsmitteln. Grundkonzepte, Kriterien, Handlungsmöglichkeiten. 2004.

Band 9 Christina Mönnich: Tariff Rate Quotas and Their Administration. Theory, Practice and an Econometric Model for the EU. 2004.

Band 10 Reimund Seidelmann / Ernst Giese (eds.): Cooperation and Conflict Management in Central Asia. 2004.

Band 11 Claudia Ohly: Das Steuersystem im ungarischen Transformationsprozess. Ein Beitrag zur Transformationstheorie. 2004.

Band 12 Nicole Mau: Umweltzertifikate. Der Einsatz von Umweltzertifikaten in der Landwirtschaft am Beispiel klimarelevanter Gase. 2005.

Band 13 P. Michael Schmitz (Hrsg.): Water and Sustainable Development. 2005.

Band 14 Ira Pawlowski: Die Wettbewerbsfähigkeit der ukrainischen Milchwirtschaft. Messung von Marktverzerrung und Politikeinfluß im Transformationsprozeß. 2005.

Band 15 Kirsten Westphal (ed.): A Focus on EU-Russian Relations. Towards a close partnership on defined road maps? 2005.

Band 16 Andreas Langenohl / Kirsten Westphal (eds.): Conflicts in a Transnational World. Lessons from Nations and States in Transformation. 2006.

Band 17 Rosemarie von Schweitzer: Home Economics Science and Arts. Managing Sustainable Everyday Life. 2006.

Band 18 Dörthe List: Regionale Kooperation in Zentralasien. Hindernisse und Möglichkeiten. 2006.

Band 19 Michael Gast: Determinanten ausländischer Direktinvestitionen. OECD-Länder als Investoren und besonderer Aspekte der Ernährungswissenschaft. 2007.

Band 20 Kim Schmitz: Die Bewertung von Multifunktionalität der Landschaft mit diskreten Choice Experimenten. 2008.

Band 21 Kerstin Kötschau / Thilo Marauhn (eds.): Good Governance and Developing Countries. Interdisciplinary Perspectives. 2008.

Band 22 Armin Bohnet (ed.): Poland on its Way to a Federal State? 2008.

Band 23 Johannes Harsche: Regionale Inzidenz und ökonomische Bestimmungsgrößen der Gemeinsamen Europäischen Agrarpolitik. 2009.

Band 25 Marc Christopher Kramb: Sanitäre und phytosanitäre Handelsbeschränkungen unter dem Einfluss des WTO-Abkommens. Ein Gravitationsansatz unter besonderer Berücksichtigung des EU-Rindfleischsektors. 2009.

www.peterlang.de

FSC
www.fsc.org
MIX
Papier | Fördert gute Waldnutzung
FSC® C083411

Kolibri 360 GmbH
Ferdinand-Jühlke-Straße 7
99095 Erfurt, Deutschland
produktsicherheit@kolibri360.de